高职高专系列教材

化工装置仿真实训

侯 侠 于秀丽 主编

中国石化出版社

内容提要

本书结合中国化工行业的实际，较系统地介绍了化工行业中合成氨生产、甲醇生产、乙烯生产、醋酸生产、聚丙烯生产的装置仿真实训内容，同时又结合化工生产及高职类化工专业学生的就业广泛性，同时介绍了常减压蒸馏装置及催化重整装置的仿真实训内容。

为了更好地使学生进行各类装置的操作，在最后两章中介绍了设备的使用与维护、化工仪表的相关知识。

本书可作为高职高专院校、本科院校举办的职业技术学院化工技术类专业及相关专业教材，也可作为五年制高职、成人教育化工及相关专业的教材，还可供从事化工技术工作的人员参考。

图书在版编目(CIP)数据

化工装置仿真实训/侯侠,于秀丽主编.—北京：
中国石化出版社,2013.6(2020.8重印)
(高职高专系列教材)
ISBN 978-7-5114-2112-8

Ⅰ.①化… Ⅱ.①侯… ②于… Ⅲ.①化工设备-计算机仿真-高等职业教育-教材 Ⅳ.①TQ05-39

中国版本图书馆CIP数据核字(2013)第097683号

中国石化出版社出版发行

地址:北京市东城区安定门外大街58号
邮编:100011 电话:(010)57512500
发行部电话:(010)57512575
http://www.sinopec-press.com
E-mail:press@sinopec.com
北京科信印刷有限公司印刷
全国各地新华书店经销

*

787×1092毫米 16开本 21.75印张 539千字
2013年8月第1版 2020年8月第4次印刷
定价:50.00元

前　　言

本书是根据高职高专教材的编写要求而编写的教材。此教材可根据各学院的实际教学内容进行选择学习，每一章节自成一个实训环节。

本书作为高职高专及其相关专业人才培养的专业必修课程，其任务是通过不同装置仿真软件的学习，使学生能够掌握合成氨装置、甲醇装置、乙烯装置、醋酸装置、聚丙烯装置、常减压蒸馏装置及催化重整装置等的基本原理、流程、参数控制、实际操作等内容。另外为了加强煤化工专业人才对实际操作的掌握，专门在部分章节中加入了实际操作及原理分析等内容的习题。同时，为了使学生能够更好地掌握各个装置的操作，还在最后两章中介绍了设备的使用与维护、化工仪表的相关知识。

本书包括12章。其中第一章化工装置仿真基础知识，主要介绍装置仿真软件的基本使用内容；第二章合成氨装置仿真，主要介绍此装置氨合成的原理、工艺流程、工艺条件的选择、合成冷冻单元及氨合成单元的操作规程等内容；第三章甲醇装置仿真，主要介绍甲醇用途、合成原理、工艺及甲醇合成操作；第四章乙烯裂解装置仿真，主要介绍了乙烯裂解原理、方法、工艺流程及操作；第五章丙烯压缩制冷装置仿真，主要介绍裂解气的组成、分离方法及裂解气的压缩制冷、操作；第六章乙烯分离装置仿真，主要介绍气体净化、裂解气深冷分离及乙烯分离装置的操作；第七章醋酸装置仿真，主要介绍乙醛氧化制醋酸的原理、工艺及操作；第八章聚丙烯装置仿真，主要介绍聚丙烯的用途、合成原理、方法、操作；第九章及第十章是常减压装置仿真及催化重整装置仿真，主要从拓展的角度介绍原理、工艺设备及操作。第十一章化工设备的使用及维护，主要介绍管道、阀门、泵、换热器、塔、反应器等设备的使用与维护；第十二章主要介绍化工仪表相关知识。

本书由兰州石化职业技术学院侯侠、于秀丽主编，兰州石化公司任立鹏参编，兰州石化职业技术学院马祥麟、王雪香参编。侯侠老师主要编写第一章、第三章、第四章、第五章、第六章、第九章、第十章；于秀丽老师主要编写第十二章；马祥麟老师参编第二章，王雪香老师参编第七章、第八章，任立鹏工程师参编第十一章。全书由侯侠统稿。

由于编者水平有限，时间有限，书中疏漏之处在所难免，欢迎老师和读者批评指正。

目　　录

第一章 化工装置仿真基础知识

第一节 概 述

随着石油资源匮乏和国内石油供应不足，我国石油对外依存度逐渐增加(2010 年石油对外依存度 53.79%，预测 2020 年石油对外依存度达 60%)，同时我国的能源结构特点是多煤少油，因此煤化工越来越成为我国重要的能源基础，在中国能源、化工领域中占有越来越重要地位。煤化工产业的健康发展对于降低我国石油对外依存度、保证国家能源安全都具有战略意义。

煤化工行业是指所有以煤炭为原料的化学工业。按不同工艺路线可以分为煤焦化、煤气化和煤液化，按产品路线可以分为煤焦化-焦炭-电石、煤气化-合成氨、煤制醇醚、煤制烯烃、煤制油等。目前所说的煤化工包括煤焦化、合成氨制尿素等传统煤化工，也包括煤制醇醚、煤制烯烃和煤制油的新型现代煤化工，见图 1-1 所示。

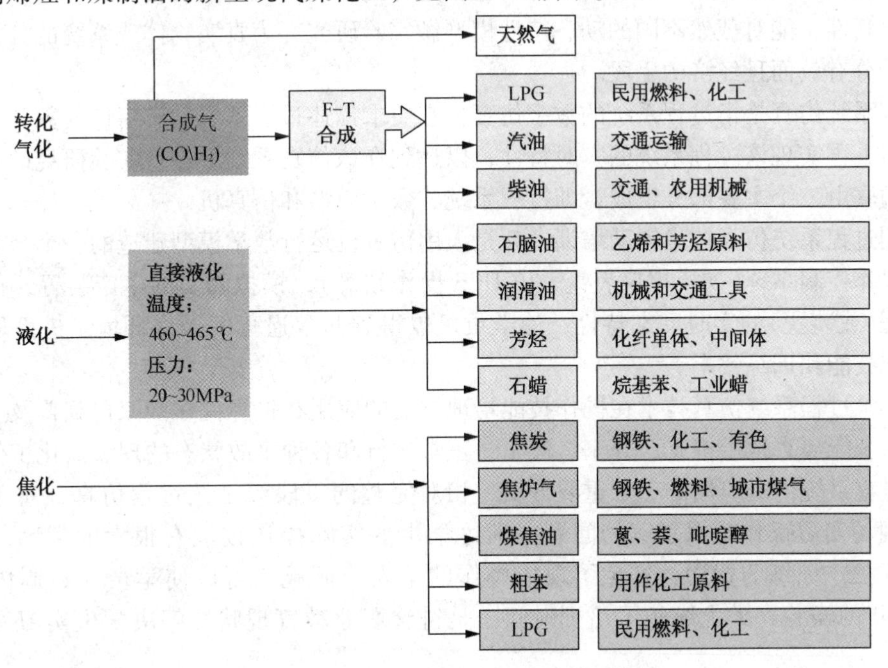

图 1-1 煤化工工艺路线图

综上所述煤化工是以煤为原料，经过化工过程而制取各种石油化工产品的工业。现代煤化工过程的特点：生产过程处理的物料基本上呈流程型，一般为连续化操作；处理过程都包括改变物质状态、结构、性质的生产过程，且各过程往往在密闭状态下进行；规模较大，通常存在高温、高压过程，部分原料易燃易爆或有毒性，生产操作具有一定的危险性等。化工过程的上述特点，决定了从事煤化工生产的人员必须具有综合的理论知识和很强的实际操作能力。这种能力的获得主要是通过现场实习，而随着现代煤化工的发展，企业为了保证和维持生产过程的正常运转，往往限制学生在实习过程中动手的能力，这样就达不到实际操作技能的训练目的。在实际教学过程中，该问题可通过仿真技术的应用，得到很好地解决和补充。

石油化工又称石油化学工业，指化学工业中以石油为原料生产化学品的领域，广义上也包括天然气化工。石油化工的范畴以石油及天然气生产的化学品品种极多、范围极广。石油化工原料主要为来自石油炼制过程产生的各种石油馏分和炼厂气，以及油田气、天然气等。石油馏分(主要是轻质油)通过烃类裂解、裂解气分离可制取乙烯、丙烯、丁二烯等烯烃和苯、甲苯、二甲苯等芳烃，芳烃亦可来自石油轻馏分的催化重整。石油轻馏分和天然气经蒸汽转化、重油经部分氧化可制取合成气，进而生产合成氨、合成甲醇等。从烯烃出发，可生产各种醇、酮、醛、酸类及环氧化合物等。随着科学技术的发展，上述烯烃、芳烃经加工可生产包括合成树脂、合成橡胶、合成纤维等高分子产品及一系列制品，如表面活性剂等精细化学品，因此石油化工的范畴已扩大到高分子化工和精细化工的大部分领域。石油化工生产一般与石油炼制或天然气加工结合，相互提供原料、副产品或半成品，以提高经济效益。

仿真是对代替真实物体或系统的模型进行实验和研究的一门应用技术科学，按所用模型分为物理仿真和数字仿真两类。物理仿真是以真实物体或系统，按一定比例或规律进行微缩或放大后的物理模型为实验对象，如飞机研制过程中的风洞实验。数字仿真是以真实物体或系统规律为依据，建立数学模型后在仿真机上进行的研究。与物理仿真相比，数字仿真具有更大的灵活性，能对截然不同的动态特性模型做实验研究，为真实物体或系统的分析和设计提供了十分有效而且经济的手段。

过程系统仿真是指过程系统的数字仿真，它要求描述过程系统动态特性的数学模型，能在仿真机上再实现该过程系统的实时特性，以达到在该仿真系统上进行实验研究的目的。过程系统仿真由三个主要部分组成，即过程系统、数学模型和仿真机。

采用过程系统仿真技术辅助培训，就是人用仿真机运行数学模型建造的一个与真实系统相似的操作控制系统(如模拟仪表盘、仿 DCS 操作站等)，模拟真实的生产装置，再现真实生产过程(或装置)的实时动态特性，使学员可以得到非常逼真的操作环境，进而取得非常好的操作技能和训练效果。

近年来过程系统仿真技术在操作技能培训方面的应用在世界许多国家得到普及。这种仿真培训系统能逼真地模拟工厂开车、停车、正常运行和各种事故状态的现象。化工仿真培训系统是过程系统仿真应用的一个重要分支，相对完整的工段级工艺过程仿真，对于解决学生生产现场实习操作难以了解的问题、训练学生的实际操作技能有很大的帮助，同时节省了实际操作训练的费用，避免了现场操作的不安全问题，可以使学员在数周内取得现场 2 ~ 5 年的经验，大大缩短了培训时间。是符合职业教育现状、解决学生实习实训的有效手段。

针对煤化工专业的课程体系，结合煤化工生产的特点及工艺，将甲醇装置仿真、合成氨装置仿真、醋酸装置仿真、乙烯裂解装置仿真、丙烯压缩装置仿真、烯烃分离装置仿真纳入到实训课程体系中；同时结合现代煤化工生产的需求，将油品生产的相关单元也纳入到实训课程体系中，如常减压装置仿真、催化重整装置仿真等，使煤化工专业的实训课程饱满、充实。

第二节　装置仿真培训系统学员站的使用方法

一、仿真培训软件的启动

（一）单机运行

仿真培训软件单机运行是指学员在学员操作站上自行启动仿真培训软件，学员操作站不受教师站管理系统授权控制。

1. 启动仿真软件

启动计算机，单击“开始”按钮，弹出上拉菜单，将光标移到“程序”，并在随后弹出的菜单中依次指向“东方仿真”、“大型化工流程仿真教学软件”、“甲醇”，单击“甲醇”，输入姓名和学号，点击“自由训练”。

2. 培训项目选择

按培训要求双击“冷态开车”、“正常运行”、“正常停车”或“其他事故处理”项目。

3. DCS 类型选择

选择通用 DCS 风格、TDC3000 风格、IA 系统或 CS3000 风格，单击“启动培训单元”。

（二）网络运行

与单机运行不同的是教师指令台在启动的同时指定启动装置、培训工况、训练模式等，或者考试时指定使用的试卷。

1. 启动仿真软件

方法同单机运行，选择在线考核。

2. 培训教室选择

选择培训教室，点击“连接”；再一次确认本人信息。

二、学员操作站的操作方法

（一）进程切换

进入仿真培训系统后，在 Windows 的任务栏中可以见到工艺仿真系统、操作质量评分系统。

两个软件之间的切换采用 Windows 的标准任务切换方式，用鼠标左键点任务图标即可在两个任务间切换。在培训中且不可将“评分系统”退出，否则系统无法正常工作。

操作质量评分系统主要功能包括：工艺操作指导和操作诊断评定。操作方法在后面介绍。

（二）学员操作站的退出

在工艺菜单中选择“系统退出”命令或点击“窗口关闭”按钮。

（三）装置仿真软件的操作方法

1. 状态恢复

在工艺菜单中选择“重做当前任务”命令。

2. 切换工艺内容

在工艺菜单中选择“切换工艺内容”命令，选择需要的其他工艺单元。

3. 培训项目选择

在工艺菜单中选择培训项目选择命令，选择需要的其他培训项目。

4. 进度存盘

在工艺菜单中选择“进度存盘”命令，打开“保存快门窗口”，输入文件名，点击“保存”进行进度存盘。

5. 进度重演

在工艺菜单中选择“进度重演”命令，打开“读取快门窗口”，选择保存文件，点击“打开”进行进度重演。进度存盘和进度重演结合使用，可对难控制的步骤反复操作，避免了从头操作，节省练习时间。

6. 系统冻结(解冻)

在工艺菜单中选择“冻结”命令，经确认程序冻结，同时菜单项变为解冻；在工艺菜单中选择“解冻”命令，经确认程序解冻，同时菜单项变为冻结。当暂停仿真操作时，可选择系统冻结命令。

7. 变量监视

在工具菜单中选择“变量监视”命令，打开变量监视窗口，变量监视的内容包括：变量名、位号、描述、当前值、上限值、下限值等。

8. 仿真时钟

在工具菜单中选择“仿真时钟设置”命令，选择需要的时标，单击“应用”按钮。在仿真练习时，可根据实际情况选择时标，以加快或减慢工艺仿真过程，正常时间时标为100%，最快时标为300%，最慢时标为30%。

9. 学员成绩显示

在智能评价系统的浏览菜单中选择“成绩”命令，调出学员成绩单窗口，可获得学员成绩的详细信息。

10. 报警

在画面菜单中选择“报警”命令，可打开报警窗口。可以查看操作过程中的报警信息及各报警点值的上限和下限。

三、操作质量评分系统的操作——软件功能概述及软件使用说明

操作质量评分系统通过对用户的操作过程进行跟踪，在线为用户提供如下功能：

1. 操作状态指示

对当前操作步骤和操作质量所进行的状态以不同的颜色表示出来。

(1) 操作步骤状态及提示

红色小圆点：表示本步还没有开始操作，即还未满足此步的起始条件。

绿色小圆点：表示本步已满足起始条件，但未满足终止条件，即未操作。

红色叉号：表示本步操作已经结束，但操作不正确。

绿色对号：表示本步操作已经结束，且操作完全正确。

震荡曲线：质量操作步骤。

(2) 步骤属性

双击“普通步骤”可打开普通步骤属性窗口：可察看该步骤的描述以及起始条件和终止条件。

双击“质量步骤”可打开质量步骤属性窗口：可察看该步骤的起始条件、终止条件、质量指标、标准值、上偏差、下偏差、最大上偏差、最大下偏差、零限上偏差、零限下偏差。

双击“过程步骤”可打开过程属性窗口：可察看该过程的起始条件、终止条件、过程时间等。

2. 操作方法指导

可在线给出操作步骤的指导说明，对于操作质量可给出关于这条质量指标的目标值、上下允许范围、上下评定范围。

3. 操作诊断及诊断结果指示

对操作过程进行实时跟踪检查，并根据组态结果对其进行诊断，将操作错误的操作过程或操作动作列举出来，以便用户以后对这些错误操作进行重点培训。

4. 操作评定及生成评定结果

对操作过程进行实时评定，并给出整个操作过程的综合评分，还可根据需要生成评分文件。在操作质量评分系统的浏览菜单中选择“成绩命令”(或 ctrl + c)，调出学员成绩单窗口。

第二章　合成氨装置仿真

第一节　氨合成的基本原理

氨的合成是提供液氨产品的工序，是整个合成氨生产过程中的核心部分，氨合成反应是在较高压力和催化剂存在下进行的。由于反应后气体中氨含量不高，一般只有10%～20%，故采用分离氨后的氢氮气体循环的回路流程。

一、氨合成反应的化学平衡

氨合成反应为：

$$\frac{1}{2}N_2+\frac{3}{2}H_2=NH_3(g)\quad \Delta H^{\circ}_{298}=-46.22kJ/mol \tag{2-1}$$

式(2-1)氨合成反应的化学平衡常数 K_p 可表示为：

$$K_p=\frac{p_{NH_3}}{p_{N_2}^{\frac{1}{2}}p_{H_2}^{\frac{3}{2}}}=\frac{1}{p}\times\frac{y_{NH_3}}{y_{N_2}^{\frac{1}{2}}y_{H_2}^{\frac{3}{2}}} \tag{2-2}$$

压力较低时，化学平衡常数可由下式计算：

$$\lg K_p=\frac{2001.6}{T}-2.6911\lg T-5.513\times10^{-5}T+1.8489\times10^{-7}T^2+3.6842 \tag{2-3}$$

当压力在1.01～101.33 MPa下，化学平衡常数可由下式求得：

$$\lg K_p=\frac{2074.8}{T}-2.49431\ \lg T-\beta T+1.8564\times10^{-7}T^2+I(2-4)$$

平衡氨含量及其影响因素：已知原始氢氮比为 r，总压为 p，反应平衡时氨、惰性气体的平衡含量分别为 y_{NH_3} 和 y_i，则氨、氢、氮等组分的平衡分压分别为：

$$p_{NH_3}=py_{NH_3};\qquad p_{H_2}=p\times\frac{r}{1+r}(1-y_{NH_3}-y_i);$$

$$p_{N_2}=\frac{1}{1+R}(1-y_{NH_3}-y_i)$$

将各平衡分压代入得：

$$\frac{y_{NH_3}}{(1-y_{NH_3}-y_i)^2}=K_pp\times\frac{r^{1.5}}{(1+r)^2} \tag{2-5}$$

由式(2-5)看出，平衡含量是温度、压力、氢氮比和惰性气体含量的函数。

(1) 温度和压力的影响

当 $r=3$、$y_i=0$ 时，式(2-5)可简化为：

$$\frac{y_{NH_3}}{(1-y_{NH_3})^2}=0.325K_pp \tag{2-6}$$

由式(2-6)可知，提高压力、降低温度、K_pp 数值增大，y_{NH_3} 随之增大。

（2）氢氮比的影响

$r=3$ 时平衡氨含量具有最大值。若考虑组成的影响，其值约在2.68～2.90之间。

（3）惰性气体的影响

当氢氮混合气含有惰性气体时，就会使平衡氨含量降低。

综上所述，提高压力、降低温度和惰性气体含量，平衡氨含量随之增加。

二、氨合成反应的热效应

氨合成反应的热效应不仅取决于温度，而且与压力、气体组成有关。

在工业生产中，反应物为氢、氮、氨及惰性气体的混合物。由于高压下气体为非理想气体，气体混合时吸热，总反应热效应（ΔH_R）为反应热（ΔH_F）与混合热（ΔH_M）之和。即：

$$\Delta H_R = \Delta H_F + \Delta H_M \tag{2-7}$$

第二节　氨合成催化剂

一、化学组成和结构

长期以来，人们对氨合成催化剂做了大量的研究工作，发现对氨合成有活性的一系列金属为Os、U、Fe、Mo、Mn、W等，其中以铁为主体并添加有促进剂的铁系催化剂，价廉易得、活性良好、使用寿命长，从而获得了广泛应用。

目前，大多数铁系催化剂都是用经过精选的天然磁铁矿通过熔融法制备的，称熔铁催化剂。从磁铁矿制备的催化剂活性，优于共沉淀法制备的催化剂。铁系催化剂活性组分金属铁未还原前为FeO和Fe_2O_3，其中FeO质量分数占24%～38%，Fe^{2+}/Fe^{3+}约为0.5，一般在0.47～0.57之间，成分可视为Fe_3O_4，具有尖晶石结构。作为促进剂的成分有K_2O、CaO、MgO、Al_2O_3、SiO_2等多种。

加入Al_2O_3能与FeO作用形成$FeAl_2O_4$，同样具有尖晶石结构，所以Al_2O_3能与Fe_3O_4形成固溶体，在Fe_3O_4中均匀分布。当铁系催化剂用氢还原时，氧化铁被还原为$\alpha-Fe$，而未还原的Al_2O_3仍保持着尖晶石结构起到骨架作用，从而防止铁细晶长大，增大了催化剂表面，提高了活性。Al_2O_3的加入使催化剂的表面积增大，氨含量亦随之增加，二者有相似的变化趋势。所以Al_2O_3为结构型促进剂，是通过改善还原态铁的结构而呈现出促进作用。MgO的作用与Al_2O_3相似，也是结构型促进剂。

K_2O的作用与Al_2O_3不同，在$Fe-Al_2O_3$催化剂中添加K_2O后，催化剂的表面积有所下降，然而活性反而显著增大。K_2O为电子型促进剂，它可以使金属电子逸出功能降低。氮活性吸附在催化剂表面上形成偶极子时，电子偏向于氮，电子逸出功降低有助于氮的活性吸附，从而提高其活性。CaO也属于电子型促进剂，同时CaO能降低熔体的熔点和黏度，有利于Al_2O_3与Fe_3O_4固溶体的形成。此外，还可以提高催化剂的热稳定性。SiO_2一般是磁铁矿的杂质，具有“中和”K_2O、CaO等碱性组分的作用，SiO_2还具有提高催化剂抗水毒害和耐烧结的性能。

过高的促进剂含量对活性反而不利。通常制成的催化剂为黑色不规则颗粒，有金属光泽，堆密度约为2.5～3.0kg/L，空隙率约为40%～50%。

催化剂还原后，Fe_3O_4晶体被还原成细小的$\alpha-Fe$晶体，还原前后表观体积并无显著改变，因此除去氧后的催化剂便成为多孔的海绵状结构。催化剂的颗粒密度与纯铁的密度($7.86g/cm^3$)相比要小得多，这说明孔隙率是很大的。一般孔呈不规则树枝状，还原态催化剂的总表面积约为$4\sim16m^2/g$。

二、催化剂的还原和使用

氨合成催化剂的活性不仅与化学组成有关，在很大程度上还取决于制备方法和还原条件。

催化剂还原反应式为：

$$Fe_3O_4 + 4H_2 = 3Fe + 4H_2O \tag{2-8}$$

确定还原条件的原则一方面是使Fe_3O_4充分还原为$\alpha-Fe$，另一方面是还原生成的铁结晶不因重结晶而长大，以保证有最大的比表面积和更多的活性中心。为此，宜选取合适的还原温度、压力、空速和还原气组成。

还原温度对催化剂活性影响很大。只有达到一定温度还原反应才开始进行，提高还原温度能加快还原反应的速率、缩短还原时间；但催化剂还原过程也是纯铁结晶体组成的过程，要求$\alpha-Fe$晶粒越细越好，还原温度过高会导致$\alpha-Fe$晶体长大，从而减小催化剂表面积使活性降低。实际还原温度一般不超过正常使用温度。

降低还原气体中的p_{H_2O}/p_{H_2}有利于还原，为此还原气中氢含量宜高，水汽含量宜低，尤其是水汽含量的高低对催化剂活性影响很大。水蒸气的存在可以使已还原的催化剂反复氧化还原，造成晶粒变大使活性降低，为此要及时除去还原生成的水分，同时尽量采用高空速保持还原气体中的低水汽含量。至于还原压力低一些为宜，但仍要维持一定的还原空速($10000h^{-1}$以上)。

工业上还原过程多在氨合成塔内进行，还原温度借外热(如电加热器或开工加热炉)维持，并严格按规定的温度与时间的关系曲线进行。一般温度升到300℃左右即开始出水，以后升温与维持温度出水先后进行。最后还原温度在500～520℃左右，视催化剂类型而定。

催化剂的还原也可以在塔外进行，即催化剂的预还原。采用预还原催化剂不仅可以缩短合成塔的升温还原时间，而且也避免了在合成塔内不适宜的还原条件对催化剂活性的损害，使催化剂得以在最佳条件下进行还原，有利于提高催化剂的活性，为强化生产开辟了新的途径。还原后的活性铁，遇到空气后会发生强烈的氧化反应致使催化剂烧结失去活性。为此，预还原后的催化剂必须进行“钝化”操作，即在100～140℃下用含少量氧的气体缓慢加以氧化，使催化剂表面形成氧化铁保护膜。使用预还原催化剂的氨合成塔，只需稍加还原即可投入生产。

还原结束后的催化剂初活性高，床层温升快，容易过热。进行一段时间的较低负荷生产可以避免催化剂早期衰老，延长其使用寿命。

催化剂在使用中活性不断下降，其原因是：细结晶长大改变了催化剂的结构；催化剂中毒以及机械杂质遮盖而使比表面积下降，尤其是上层催化剂的活性下降最为明显。使用前后促进剂成分的改变甚微，而上中层表面积显著下降，孔隙率增加，平均孔径增大。这说明使用中由于结晶长大，其结构趋向于一种活性很低的稳定状态。结构变化导致的活性下降是不可逆的。为此，生产中要严格控制催化剂床层温度，尽量减少温度波动，特别是避免超越催化剂所允许的使用温度范围。

使用后硫含量明显增高，尤其是上层催化剂更为严重，说明含硫化合物对催化剂有毒性作用。能使催化剂中毒的物质有氧及氧化合物(CO、CO_2、H_2O等)、硫及硫的化合物(H_2S、

SO_2等)、磷及磷的化合物(Ph_3)、砷及砷化合物(AsH_3)以及润滑油、铜氨液等。硫、磷、砷及其化合物的中毒作用是不可逆的。氧及氧化合物是可逆毒物，中毒是暂时性的，一旦气体成分得到改善，催化剂的活性可以得到恢复。气体中夹带的油类或高级烃类在催化剂上裂解析炭，起到堵塞微孔、遮盖活性中心的作用，中毒作用介于可逆与不可逆之间。另外，润滑油中的硫分同样可引起催化剂的中毒。采用铜洗净化工艺的合成氨系统，若将铜氨液代入氨合成塔中，则催化剂的表面被其覆盖，也会造成催化剂活性降低，在生产中应十分注意。因此，氢氮原料气送往合成系统之前应充分清除各类毒物，以保证原料气的纯度，一般规定$(CO+CO_2)\leqslant 10cm^3/m^3$。

此外，氨合成塔停车时降温速度不能太快，以免催化剂粉碎，卸出催化剂前一般进行钝化操作。

如果对催化剂使用得当，维护保养得好，使用数年仍能保持相当高的催化活性。

第三节　工艺条件的选择

实际生产中反应不可能达到平衡，合成工艺参数的选择除了考虑平衡氨含量外，还要综合考虑反应速率、催化剂使用特性以及系统的生产能力、原料和能量消耗等，以期达到良好的技术经济指标。氨合成的工艺参数一般包括温度、压力、空速、氢氮比、惰性气体含量和初始氨含量等。

1. 温度

与其他可逆放热反应一样，氨合成反应存在着最佳温度T_m(或称最适宜温度)，它取决于反应气体的组成、压力以及所用催化剂的活性。

从理论上看，合成反应按最佳温度曲线进行时，催化剂用量最少、合成效率最高。但由于反应初期，合成反应速率很高，故实现最佳温度不是主要问题，而实际上受种种条件的限制不可能做到这一点。例如，氨合成塔进气氨含量为4%($p=30.4MPa$，$y_{惰}=12\%$)，T_m已超过600℃，也就是说催化剂床层入口温度应高于600℃，而后床层轴向温度逐渐下降。此外，温度分布递降的反应器在工艺实施上也不尽合理，它不能利用反应热使反应过程自热进行，需额外用高温热源预热反应气体以保证入口的温度。所以，在床层的前段不可能按最佳温度操作。在床层的后段氨含量已经比较高，反应温度依最佳温度曲线操作是有可能的。

氨合成反应温度，一般控制在400～500℃之间(依催化剂类型而定)。催化剂床层的进口温度比较低，大于或等于催化剂使用温度的下限，依靠反应热床层温度迅速提高，而后温度在逐渐降低。床层中温度最高点，称为“热点”，不应超过催化剂的使用温度。到生产后期催化剂活性已经下降，操作温度应适度提高。

鉴于氨合成反应的最适宜温度随氨含量提高而降低，要求随反应的进行不断移出反应热。生产上按降温方法的不同，氨合成塔内件可分为内部换热式和冷激式。内部换热式内件采用催化剂床层中排列冷管或绝热层间安置中间换热器的方法，以降低床层的反应温度，并预热未反应气体。冷激式内件采用反应前尚未预热的低温气体进行层间冷凝，以降低反应气体的温度。

2. 压力

从化学平衡和化学反应速率的角度看，提高操作压力是有利的。合成氨装置的生产能力随压力提高而增加，而且压力高时，氨分离流程可以简化。例如，高压下分离氨，只需水冷却就已足够，设备较为紧凑，占地面积也小。但是，压力高时对设备材质、加工制造的要求均高。同时，高压下反应温度一般较高，催化剂使用寿命较短。

生产上选择操作压力的主要依据是能量消耗及已包括能量消耗、原料费用、设备投资在内的所谓综合费用，也就是说主要取决于技术经济效果。

从能量消耗和综合费用分析，可以认为30MPa左右仍是氨合成比较适宜的操作压力。

关于操作压力，几十年来变动甚大，第二次世界大战后各国普遍采用30~50MPa，中国中小型氨厂大多采用20~32MPa。

3. 空间速度

当操作压力及进塔气体组成一定时，对于既定结构的氨合成塔，提高空速，出口气体的氨含量下降即氨净值降低。但增加空速，合成塔的生产强度（指单位时间、单位体积催化剂生成氨的量）有所提高。

在其他条件一定时，增加空速能提高催化剂生产强度，但加大空速将使系统阻力增大、循环功耗增加，氨分离所需的冷冻负荷也加大。同时，单位循环气量的产氨量减少，所获得的反应热也相应减少。当单位循环气的反应热降低到一定程度时，合成塔就难以维持“自热”。

一般操作压力为30MPa的中压法合成氨，空速在20000~30000h^{-1}之间，氨净值10%~15%。大型合成氨厂为充分利用反应热，降低功耗并延长催化剂使用寿命，通常采用较低的空速。如操作压力15MPa的轴向冷激式合成塔，空速为10000h^{-1}，氨净值10%；而操作压力26.9MPa的径向冷激式合成塔，空速为16200h^{-1}，氨净值12.4%。

4. 合成塔进口气体组成

合成塔进口气体组成包括氢氮比、惰性气体含量与初始氨含量。

如前所述当氢氮比为3时，对于氨合成反应，可得最大平衡氨含量。但从动力学角度分析，最适宜氢氮比随氨含量的不同而变化。

氢氮比的影响：实际2.8~2.9之间。当使用钴催化剂时其适宜的氢氮比是2.2。因氨合成反应氢与氮总是按3:1的比例消耗，所以新鲜气中的氢氮比应控制在3:1，否则，循环气中多余的氢或氮会逐渐积累，造成氢氮比失调使操作条件恶化。

合成系统中惰性气体含量的高低，影响到合成有效气体成分的高低，惰性气体含量降低，可以相对提高氢、氮气体的分压，有利于氨合成反应的平衡及氨合成反应的速度，即有利于提高合成塔的氨净值及产量。但排放过多会增加新鲜气的消耗量，损失原料气有效成分。另外，调节惰性气体含量可以改变触媒床的温度分布和系统总压力，当转化率过高而使合成塔出口温度过高时，提高惰气含量可以解决温度过高的问题。此外，在系统给定压力操作下，为了维持一定的产量，必须确定合适的惰气含量，从而选择合适的排放量。一般要求循环气中16%~20%（活性好）或12%~16%（活性低）。

入口氨含量：降低入口氨含量，反应速率加快，氨净值增加，生产能力提高。但进口氨含量的高低需综合考虑冷冻功及循环机的功耗。通常操作压力为25~30MPa时采用一级氨冷，进口氨含量控制在3%~4%；而压力为20MPa合成时采用二级氨冷，进合成塔氨含量控制在2%~3%；压力在15MPa左右时采用三级氨冷，进塔氨含量控制在1.5%~2%。

第四节　工艺流程

一、氨的分离方法

因受到氨合成反应平衡温度的限制，氨合成时只能有一部分氮气和氢气合成为氨。所以出氨合成塔气体中有氨、氮气、氢气和惰性气体(甲烷、氩气)，将氨从气体混合中分离工业生产上有两种方法：

(1) 水吸收法

氨在水中溶解度很大，与溶液呈平衡的气相氨分压很小。因此，用水吸收法分离氨效果良好。但气相亦为水蒸气饱和，为防止催化剂中毒，循环气需严格脱除水分后才能进入合成塔。

水吸收法得到的产品是浓氨水。从浓氨水制取液氨尚需经过氨水蒸馏及气氨冷凝等步骤，消耗一定的热量，故工业上采用此法者很少。

(2) 冷凝法

该法是冷却含氨混合气，使其中大部分气氨冷凝以便与不冷凝的氢氮气分开。加压下气相中饱和氨含量随温度的降低、压力的增高而减少。若不计惰性气体对氨热力学性质的影响，饱和氨含量可依式(2－9)计算。

$$\lg y_{NH_3}^{0} = 4.1856 + \frac{1.9060}{\sqrt{P}} - \frac{1099.5}{T} \qquad (2-9)$$

式中 $y_{NH_3}^{0}$——气相氨平衡含量,%；

P——混合气总压力，MPa；

T——温度，K。

若考虑到其他气体组分对气相氨平衡含量的影响，其值可由手册中查取。

含氨混合气的冷却是在水冷却器和氨冷却器中实现的。冷冻用的液氨由冷冻循环系统供给，或为液氨产品的一部分。液氨在氨分离器中与气体分开，减压送入储槽。储槽压力一般为1.6～1.8MPa。液氨冷凝过程中部分氢氮气及惰性气体溶解其中，溶解气体大部分在液氨储槽中减压释放出来，称之为储槽气或弛放气。

气体在液氨中的溶解度(标注状况)可按亨利定律近似计算。

二、氨合成回路流程

氨合成的工艺流程，包括氨的合成，氨的分离，氮、氢原料气的压缩与循环系统，反应热回收利用，排放部分弛放气以维持循环气中惰性气体的平衡，从而构成一个回路流程。

回路流程设计在于合理地配置上述几个步骤。其中主要是合理地确定循环压缩机、新鲜原料气补入及弛放气排放的位置，以及确定氨分离的冷凝级数(冷凝法)、冷热交换的安排和热能回收的方式。

采用有油的往复式压缩机的氨合成系统，由于压缩后气体中夹带油雾，新鲜气补入及循环压缩机的位置均不宜在氨合成塔之前。同时循环压缩机还应尽可能设置在流程中气量较少、温度较低的部位，以降低功耗。

采用离心式压缩机的氨合成系统，由于气体中无油雾，因此没有上述的限制。而且新鲜气与循环气的压缩往往是在同一压缩机的不同段里进行，有的甚至新鲜气与循环气直接在压缩机的缸内混合。因此，新鲜气的补入与循环压缩机在流程中可以是同一部位。

至于弛放气体的排放，应设在惰性气体含量高、氨含量较低的部位。氨分离冷凝级数以及冷热交换的安排都以节省能量为原则，同时也应尽量回收合成反应热以降低系统的能量消耗。

由于采用压缩机的型式、氨分离冷凝级数、热能回收形式以及各部分相对位置的差异，而形成不同的流程。

凯洛格(kellogg)大型氨厂氨合成工艺流程见图2-1所示。

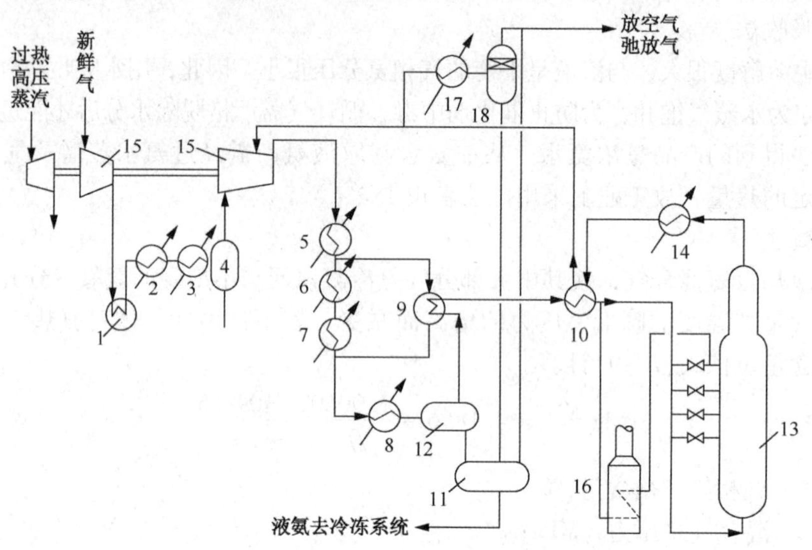

图2-1 凯洛格氨合成工艺流程

1—新鲜气甲烷化气换热器；2，5—水冷却器；3，6，7，8—氨冷却器；
4—冷凝液分离器；9—冷热交换器；10—塔前预热器；
11—低压氨分离器；12—高压氨分离器；13—氨合成塔；14—锅炉给水预热器；
15—离心压缩机；16—开工加热炉；17—放空气氨冷却器；18—放空气分离器

在该类流程中采用蒸汽透平驱动的带循环段的离心式压缩机，气体中不含油污，但新鲜气中尚含微量二氧化碳和水蒸气，需经氨冷最终净化。可以直接把它配置于氨合成塔之前。氨合成反应热除预热进塔气体外，还用于加热锅炉给水或副产高压蒸汽，热量回收较好。另外，由于合成塔操作压力较低(15 MPa)，采用三级氨冷将气体冷却至-23℃，以使氨分离较为完全。

反应热用于加热锅炉给水。新鲜气在离心压缩机的第一缸中压缩，经新鲜气甲烷化气换热器、水冷却器及氨冷却器逐步冷却到8℃。除去水分后进入压缩机第二缸继续压缩并与循环气在缸内混合，压力升到15.3MPa，温度为69℃，经过水冷却器，气体温度降至38℃。而后气体分为两路，一路约50%的气体经过两级串联的氨冷却器6和氨冷却器7。一级氨冷器6中液氨在13℃下蒸发，将气体进一步冷却到1℃。另一路气体与高压氨分离器来的-23℃的气体在冷热换热器内换热，降温至-9℃，而来自氨分离器的冷气体则升温到24℃，两路气体汇合后温度为-4℃，再经过第三级氨冷器，利用-33℃下蒸发的液氨进一步冷却到-23℃，然后送往高压氨分离器。分离液氨后的含氨2%的循环气经冷热交换器和热热换热器预热至141℃进轴向冷激式氨合成塔。

高压氨分离器中的液氨经减压后进入冷冻系统，弛放气与回收氨后的放空气一并用作燃料。

该流程除采用离心式压缩机并回收氨合成反应热预热锅炉给水外，还具有如下一些特点：采用三级氨冷，逐级将气体降温至-23℃，冷冻系统的液氨亦分三级闪蒸，三种不同压力的氨蒸气分别返回离心式氨压缩机相应的压缩级中，这比全部氨气一次压缩至高压、冷凝后一次蒸发到同一压力的冷冻系数大、功耗小；流程中弛放气排放位于压缩机循环段之前，此处惰性气体含量最高，但氨含量也最高，由于回收排放气中的氨，故对氨损失影响不大；此外，氨冷凝在压缩机循环段之后进行，可以进一步清除气体中夹带的密封油、CO_2等杂质，缺点是循环功耗较大。

三、弛放气回收

在原料气的最终净化过程中，除深冷分离法外，采用甲烷化或铜氨液吸收法，随新鲜氮氢气进入循环系统的甲烷和氩，因其不参与反应，在循环中不断累积，为了保持这些惰性气体的合理浓度，需要排放部分循环气，还有从氨储槽中排放出一部分溶解在液氨中的氮氢气，通称储槽气，这些从合成系统中排出的气体，称其为弛放气，一般组成(体积分数)为氢60%～70%、氮20%～25%、甲烷7%～12%、氩3%～8%。

弛放气带出的氢气损失一般约占合成氨厂氢损失的10%，如采取措施回收，即可节能0.5～0.7GJ/t NH_3。

20世纪80年代以来开发成功中空纤维膜分离、变压吸附和深冷分离技术，用来回收氢气。

四、氨合成塔

1. 结构特点及基本要求

氨合成塔是合成氨生产的主要设备之一。

氨在高温、高压和催化剂存在的条件下由氢氮气合成，氢、氮对碳钢有明显的腐蚀作用。造成腐蚀的原因如下：

① 氢脆。氢溶解于金属晶格中，使钢材在缓慢变形时发生脆性破坏。

② 氢腐蚀。即氢渗透到钢材内部，使碳化物分解并生成甲烷，$Fe_3C + 2H_2 \longrightarrow 3Fe + CH_4$，反应生成的甲烷聚积于晶界微观孔隙中形成高压，导致应力集中沿晶界出现破坏裂纹。若甲烷在靠近钢表面的缺陷中聚积还可以出现宏观鼓泡。氢腐蚀与压力、温度有关，温度超过221℃，氢分压大于1.4MPa，氢腐蚀就开始发生。

③ 在高温、高压下，氮与钢中的铁及其他很多合金元素生成硬而脆的氮化物，导致金属机械性能的降低。

为了适应氨合成反应条件，氨合成塔通常都由内件与外筒两部分组成，内件置于外筒之内。进入合成塔的气体先经过内件与外筒之间的环隙，内件外面设有保温层，以减少向外筒的散热。因此，外筒主要承受高压(操作压力与大气压力之差)，但不承受高温，可用普通低合金钢或优质低碳钢制成。在正常情况下，寿命可达40～50年以上。内件虽然在500℃左右的高温下操作，但只承受环隙气流与内件气流的压差，一般仅1～2MPa，从而可降低对内件材料的要求。内件一般可用合金钢制作，使用寿命一般比外筒短得多。内件由催化剂筐(触媒筐)、热交换器、电加热器三个主要部分构成，大型氨合成塔的内件一般不设电加热器，开工时由塔外加热炉供热还原催化剂。

合成塔内件的催化剂床层因换热形式的不同，大致分为连续换热式、多端间接换热式和多段冷激式三种塔型。此外，也有绝热式合成塔内件，在催化剂床层不进行热量的交换。不论何种塔型，在工艺上对氨合成塔的要求是共同的。主要要求如下：

① 在正常操作条件下，反应能维持自热；塔的结构要有利于升温、还原，保证催化剂有较大的生产强度。

② 催化剂床层温度分布合理，充分利用催化剂的活性。

③ 气流在催化剂床层内分布均匀，塔的压力降小。

④ 换热器传热强度大、体积小，高压容器空间利用率（催化剂体积/合成塔总容积）高。

⑤ 灵活稳定。调节灵活，具有较大的弹性。

⑥ 结构简单可靠，各部件的连接和保温合理，内件在塔内有自由伸缩的余地以减少热应力。

上述要求在实施时有时是矛盾的，合成塔设计就在于分清主次妥善解决这些矛盾。

氨合成塔内件结构繁多，目前主要有冷管式和冷激式两种塔型。前者属于连续换热式，后者属于多段冷激式。近年来将传统的塔内气流轴向流动改为径向流动以减小压力降、降低循环功耗而普遍受到了重视。

2. 冷管式氨合成塔

在催化剂床层中设置冷管，利用在冷管中流动的未反应的气体移出反应热，使反应比较接近最适宜温度线进行。中国小型氨厂多采用冷管式内件，早期为双层套管并流冷管，1960年以后开始采用三套管并流冷管和单管并流冷管。

冷管式氨合成塔的内件由催化剂筐、分气盒、热交换器和电加热器组成。

催化剂床层顶部不设置绝热层，反应热在此完全用来加热气体，温度上升快。在床层的中、下部为冷管层，并流三套管由并流双套管演变而来。二者的差别仅在于内冷管一为单层，一为双层。双层内冷管一端的层间间隙焊死，形成“滞气层”，“滞气层”增大了内外管件的热阻，因而气体在内管温升小，使床层与内外管间环隙气体的温差增大，改善了上部床层的冷却效果。

并流三套管的主要优点是床层温度分布较合理，催化剂生产强度高，如操作压力为30MPa，空速20000～30000h^{-1}，催化剂的生产强度可达40～60t/(m^3·d)，结构可靠、操作稳定、适应性强。其缺点是结构较复杂，冷管与分气盒占据较多空间，催化剂还原时床层下部受冷管传热的影响升温困难，还原不易彻底。在中国此类内件广泛用于ϕ(800～1000)mm的合成塔。

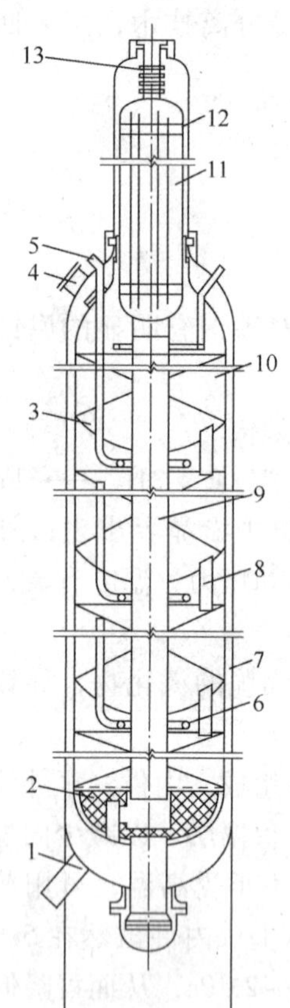

图2-2 立式轴向四段冷激式氨合成塔

1—塔底封头接管；2—氧化铝球；3—筛板；4—人孔；5—冷激气接管；6—冷激管；7—下筒体；8—卸料管；9—中心管；10—催化剂床；11—换热器；12—上筒体；13—波纹连接管

3. 冷激式氨合成塔

冷激式氨合成塔有轴向冷激和径向冷激之分。图2-2为大型氨厂立式轴向四段冷激式氨合成塔（凯洛格型）。

该塔外筒形状为上小下大的瓶式，在缩口部位密封，以便解决大塔径造成的密封困难。内件包括四层催化剂、层间气体混合装置（冷激管和挡板）以及列管式换热器。气体由塔底封头接管进入塔内，向上流经内外筒之环隙以冷却外筒。气体穿过催化剂筐缩口部分向上流过换热器与上筒体的环形空间，折流向上穿过换热器的管间，被加热到400℃左右入第一层催化剂。经反应后温度升至500℃左右，在第一、二层间反应气与来自冷激气接管的冷激气混合降温，而后进第二层催化剂。依此类推，最后气体由第四层催化剂层底部流出，而后折流向上穿过中心管与换热器的管内，换热后经波纹连接管流出塔外。

该塔的优点：用冷激气调节反应温度，操作方便，而且省去许多冷管，结构简单，内件可靠性好，合成塔筒体与内件上开设人孔，装卸催化剂时，不必将内件吊出，外筒密封在缩口处。

但该塔也有明显缺点：瓶式结构虽便于密封，但在焊接合成塔封头前，必须将内件装妥。日产1000t的合成塔总重达300t，运输与安装均较困难，而且内件无法吊出，因此设计时只考虑用一个周期。维修上也带来不便，特别是催化剂筐外的保温层损坏后更难以检查修理。与轴向冷激式合成塔比较，径向合成塔具有如下优点：

① 气体呈径向流动，流速远较轴向流动为低，使用小颗粒催化剂时，其压力仍然较小，因而合成塔的空速较高，催化剂的生产强度较大；

② 对于一定氨生产能力的合成塔，催化剂装填量较少，故塔直径较小，采用大盖密封便于运输、安装与检修。

五、反应热的回收利用

（1）提高合成塔进气温度

合成塔进气点的温度高，相应地出塔温度必然也高。出塔温度高，有利于余热的回收利用。随着抗氮氢腐蚀钢的研制成功，允许出口气体温度提高到350℃，而提高合成塔进气的温度最简便的措施是加设换热器，利用合成塔出口气体的余热预热合成塔进口气体。

（2）热能回收的方法

从余热回收来看，其方法不外有两种：一是用来加热锅炉给水；一是直接利用余热副产蒸汽。目前大型氨厂两者均有采用，而一些中型氨厂多用后者。如用于副产蒸汽，按废热锅炉安装的位置又可分为两类：塔内副产蒸汽合成塔（内置式）和塔外副产蒸汽合成塔（外置式）。

内置式副产蒸汽合成塔是在塔内几层催化剂层间设冷却盘管，高压循环水作热载体在锅炉与盘管间自然环流，高压循环水的压力与塔出口气体压力相等。此类塔直接从催化剂床层取出热量，能产生较高压力的蒸汽，热能利用好；催化剂床层调温方便、稳定。但塔的结构复杂，冷却盘管容易损坏，它的容积利用系数也低。此外，对高压循环水水质要求高，目前已很少采用。

外置式副产蒸合成塔，根据反应器抽出位置的不同分为：① 前置式副产蒸汽合成塔，抽气位置在换热器之前，反应气出催化剂床层即入废热锅炉换热，然后回换热器，此法可产生2.5~4MPa的蒸汽；② 中置式副产蒸汽合成塔，抽气位置在Ⅰ、Ⅱ换热器之间，由于气体温度较前置式低，可产生1.3~1.5MPa的蒸汽；③ 后置式副产蒸汽合成塔，抽气位置在换热器之后，可产生0.4MPa的低压蒸汽。

外置式与内置式比较，具有结构简单、附属设备少、制造检修方便等优点。但外置式由于从塔内移出一部分热量，为了维持自热，塔内换热器传热面积大（后置式除外），空速不能提高，因而催化剂生产强度较低，而且对材质耐高温、耐腐蚀性能的要求也较高。

大型氨厂根据本身的特点，采用预热锅炉给水或副产蒸汽的方法回收热能。此法与后置式废热锅炉相似，但对大型氨厂更为合适。其优点是锅炉给水预热后再由天然气蒸汽转化系统的高温废热产生高压蒸汽，或在合成回路直接产生高压蒸汽，而高压蒸汽使用价值高。

第五节 合成冷冻单元操作指南

一、合成系统操作原则

严格执行合成系统的工艺操作指南，保证稳定合成塔的正常生产。负责本岗位的开、停车及事故处理，根据产品质量要求，生产合格成品氨；同时负责合成系统所有的换热器、水冷器的正常运转，做好设备和工艺管线的日常维护工作。加强巡回检查力度，并做好本岗位的交接班和原始数据记录，保证整个装置的安全平稳运行。

合成系统的反应与以下方面有关：

① 温度：因为合成反应是放热反应，提高温度会降低氨的平衡百分比，与此同时又使反应加快。这就是说在远离平衡的条件下，提高温度会导致转化率的提高：而对转化率接近平衡百分比的合成系统来讲，提高温度则会导致转化率的降低。

② 压力：氨的合成反应是体积缩小的反应，氨的平衡百分比会随压力的提高而提高。与此同时提高压力也使反应速度加快，因此，在较高的压力下转化率会提高。

③ 空间速度：空间速度与停留时间是成反比的关系。在产量处于正常值或低于正常值时，增加送入合成塔的气体流量(其他条件不变)会使产量增加。改变空间速度的常用方法是改变循环速率，循环速率提高时催化剂床内的温度便会降低，因为单程转化率降低了，而压力却会提高，因为氨产量增加了。

④ 氢/氮比：进入合成系统的新鲜合成气，其氢氮比通常都应该是3:1，因为氢和氮是在3:1的条件下合成氨的。在正常操作条件下，如果长期氢氮比失调就会造成系统压力偏高或压力降低，从而造成合成塔垮塔事故的发生。

⑤ 惰性气体：合成系统设有惰性气体吹出阀，在生产过程中这是为了控制氩和其他惰性气体的浓度，否则，它们就会在合成回路中逐渐积累，导致转化率降低、压力增高、产量减少的事故发生。

⑥ 合成气流量：单单增加合成气进料流量会使氨的产量增加，它还会对前面的几个工艺条件产生以下影响：系统压力将增高、催化剂床的温度将升高、惰性气体含量会提高、氢/氮比会发生变化。反过来说减少合成气流量，就会有相反的影响。

二、系统加量操作

当系统在一台气化炉生产时，另一台气化炉投气后往系统并气中，首先要加强各岗位间的联系、配合。合成冷冻岗位要严密监视合成气压缩机入口压力的变化，若压力升高并出现微量放空时，及时联系机组岗位，根据需要对合成气压缩机升速；同时检查阀的开度，缓慢关闭阀(由机组岗位关)，以减少合成气压缩机的循环量，使入口全部吸入氮洗气，减少放空量。合成塔入口阀缓缓增加开度，直到全开；根据三段床层入口温度的升高而逐渐增加开度，一般情况下开度为50%。并调节冷激气量阀来调节触媒层温度，使各段床层稳定在工艺指标内操作。随着新鲜气量增加，氨产量逐渐由20t/h左右升到40t/h以上，去各闪蒸槽的氨量增加，要及时调节好三个闪蒸槽的液位，把冷氨及时送往氨储罐内储存，并要及时开大液氨切断阀，防止液位高高报警后，使合成气压缩机退气和冰机停车。及时调整冰机系统各段闪蒸槽的压力，防止因系统加量使闪蒸压力升高而影响冷凝温度。要与机组岗位密切配合好，调整负荷在最佳状态。

三、控制项目

1. 合成塔入口温度的调节

控制范围：合成塔入口温度：≤230℃；

控制目标：合成塔入口温度：≤230℃；

控制方式：合成塔入口温度十分重要，会直接影响合成塔触媒层温度的波动。操作中首先要稳定入塔温度，才能稳定触媒层温度。原始开车中，入塔温度主要由合成废锅旁路来调节。一般情况下合成废锅旁路是全开的，以减少出塔气进入合成废锅的流量，提高壳程温度，进而使管程温度升高，入塔温度指示升高。操作中可以根据需要来调节合成废锅旁路的开度，但温度要 <325℃。

正常操作见表2-1。

表2-1 合成塔的正常操作

影响因素	调整方法
合成废锅旁路线开度	联系现场调整合成废锅旁路线开度
合成塔三段床层温度	适当提高或降低三段床温度来提高或降低合成塔出口温度

异常处理见表2-2。

表2-2 异常处理

现象	原因	处理方法
入口温度波动大	合成塔床层温度波动	稳定进塔入气量
	系统加量过快	联系相关岗位，减慢加量速度

2. 触媒层温度的调节

控制范围：触媒层热点温度：430.0~520.0℃；

控制目标：热点温度：430.0~520.0℃；

控制方式：影响触媒层温度的因素比较多。如果当气体成分、生产负荷、入塔气温度等条件都在正常范围时，触媒层的热点温度主要用冷激气量来调节。合成塔在正常生产中，主要控制去触媒层第二内部换热器的量，从而控制去第三触媒管A管、B管的入口气体温度。所以第三触媒管的热点温度由冷激气量来调节，并间接影响到塔出口温度的升降。主要控制去触媒层第一内部换热器的流量，调节去第二触媒层的入口气体温度。当第二触媒层热点温度太高时，可适当增加通过冷激气量的流量，降低二段触媒的入口温度。一般情况下当一段床层温度急骤下降反应不及时，二段床层的气体成分相对比原来好，故易导致二段床层温度急升。此时应作停车处理，重新升温导气，直到一段床层温度正常。因此，从总体上讲，操作中只要一段床层的热点温度稳定，则整个合成塔触媒层温度也相对稳定。所以，合成塔触媒层温度是个整体，调节中不要多种手段同时用，要力求小调节，勤调节，才能稳定操作。在合成塔触媒使用的前三年，尽量使床层温度保持在相对较低的温度生产（480℃ ±5℃操作），以防止触媒因长期高温操作而使活性下降，触媒提前衰老的现象发生。在三年以后触媒使用时间增加、活性逐渐下降时，可以逐渐提高床层的热点温度在490℃ ±5℃操作，以便增加活性，使合成率保持在相对稳定状态下生产。在触媒使用末期，热点温度可以提到505℃ ±5℃，使床层触媒在高温区获得较高的氨净值，以弥补因触媒使用天数增加、活性下降而使氨净值降低的损失。

正常操作见表2－3。

表2－3　正常操作方法

影响因素	调　整　方　法
冷激气量	通过调整阀的开度来调节一床温度
二段入口气量	通过调整阀的开度来调节二床温度和控制去触媒层第一内部换热器的流量
三段入口气量	通过调整阀的开度来调节三床温度控制去触媒层第二内部换热器的量
氢氮比	联系液氮洗岗位及时调整氢氮比

异常处理见表2－4。

表2－4　异常处理

现象	引起异常的原因	异常处理方法
合成塔触媒层温度急剧下降	系统减量	降低循环压制机转速，减少循环流量
	冷激量太大	关小阀
	氢氮比严重失调	通知液氮洗岗位调整氢氮比，开吹除阀，改善系统气体成分
	惰性气体含量超标	开吹除阀，降低惰性气体含量
	触媒失效	更换触媒
	触媒中毒，失去活性	查清中毒原因，暂时中毒可点燃进行升温还原，永久中毒停车更换触媒
塔出口温度下降	合成塔触媒层温度下降	关小阀，减少冷激气量
	阀开度太大，三床温度下降	调整阀开度，提高三段床层温度
合成塔触媒层温度急剧上升	系统加量，循环流量未及时加上	通知机组对循环压缩机提速
	循环气流量突然减少	关死放空阀，并投自动位置
	冷激气量调节不当	调整阀开度，增加冷激气量

3. 系统气体成分调节

控制范围：氢氮比是3:1；

控制目标：氢氮比是3:1；

控制方式：随着生产时间的延长，系统中会积累部分惰性气体，惰性气含量的升高会影响合成率下降。可用阀控制吹除量，把惰气排往燃料气系统进行燃烧。但吹除时间不能太长，否则会降低系统压力，进而也会影响到合成率的下降。因此，操作中一般采取间断性吹除。使 Ar 含量保持在 1.0% ~1.2%(摩尔比)。在 H_2/N_2 比严重失调的情况下，也可打开阀吹除，以调整系统内的氢氮比，维持正常生产。

影响因素与调节方法见表 2 –5。

表 2 –5　影响因素与调节方法

影响因素	调整方法
惰性气体含量	通过放空吹出降低惰性气体含量
氮洗岗位波动	联系氮洗岗位稳定工艺

异常处理见表 2 –6。

表 2 –6　异常处理

现象	引起异常的原因	异常处理方法
合成塔床层温度波动或不涨	氢氮比失调	联系氮洗岗位调整氢氮比，严重时做系统减量处理
	系统中惰性气体含量高	通过吹出降低惰性气体含量

4. 系统压力的调节

控制范围：合成气压缩机入口压力：4.000 ~4.450MPa；

控制目标：4.000 ~4.450MPa；

控制方式：在正常生产中当合成系统压力缓缓升高时，可以用增加循环量，即关闭旁路阀的开度，增加合成塔的气量。单位时间内通过的气量越多，得到的氨产量也多。因合成反应是等体积缩小反应，则压力会下降。若旁路阀已关闭，则可以用增加合成气压缩机转速来提高系统压力，以达到降低压力的目的。一般情况下，通过上述处理，系统压力即会正常。在系统减量时，先降低压缩机的转速，来降低系统压力，然后，可以逐渐开大阀以维持压力在正常范围内。正常操作中放空阀不允许有放空量，但也不得使压力低于 4.2MPa 操作，以维持整个合成氨系统的压力稳定。

正常操作见表 2 –7。

表 2 –7　正常操作

影响因素	调整方法
合成气压缩机转速	适当提高或降低转速来降低或提高入口压力
合成气压缩机防喘	单负荷生产或开车过程中可通过开大或关小防喘来提高或降低入口压力

异常处理见表 2 –8。

表 2 –8　异常处理

现象	引起异常的原因	异常处理方法
入口压力突然上升	合成气压缩机跳车	按停车处理步骤来进行停车处理，查明原因后复工开车
	防喘阀突然打开	手动恢复阀位，联系仪表查明原因，紧急情况做停车处理

5. 系统阻力的控制

控制范围：合成系统阻力：<1.000MPa；

控制目标：PDIA604：<1.000MPa；

控制方式：正常操作中要经常关注合成气压缩机循环段的阻力指示，尤其在系统满负荷生产中更要注意压力的操作。若系统阻力太高，要检查阀的开度是否太小；系统中的 N_2 是否太高，一般情况下适当开大阀的开度，系统阻力会下降。若系统中 N_2 含量太高，可以调节氢氮比。在紧急状况下可以通过降低合成气压缩机的转速、降低压缩机的出口压力来保持压力的正常。另外，在操作中也要关注合成塔阻力的指示。尤其在原始开车中系统均压过程中，若阀开度<30%很容易造成压力升高，严重时会造成爆破，以保护合成塔内的列管和内件不受损坏。因此开车中要及时调整阀的开度，使阻力降低到最低限度，将有利于稳定操作。

正常操作见表 2－9。

表 2－9　正常操作

影响因素	调整方法
氢氮比	联系氮洗岗位调整氢氮比在工艺范围内
阀的开度	增加阀的开度来降低系统阻力
合成气压缩机的出口压力	适当降低转速来降低合成气压缩机的出口压力

异常处理见表 2－10。

表 2－10　异常处理

现象	引起异常的原因	异常处理方法
合成系统阻力突然增高	进合成塔的气量突然中断	检查阀的开度，查明原因，调整 H 阀开度
	氢氮比严重失调，氮含量太高	联系氮洗岗位尽快调整氢氮比在工艺范围内

6. 氨分离器的液面控制

控制范围：30.0%～70.0%；

控制目标：30.0%～70.0%；

控制方式：正常生产中氨分离器的液位由自动控制，并设有高报警与低报警，当液位升到90%时，液位即高高报警，合成气压缩机的出口阀与循环段入口阀自动关闭，以保护机组高速旋转的叶轮、不被氨液滴损坏。因此，在原始开车与正常操作中要调节好氨分离器的液位在正常值，如阀排放不及时可打开旁路阀。分离器液位太低会造成高压气体串入收集槽内，影响安全生产，同时会造成原料气的浪费。尤其在系统突然停车时，更要及时关闭切断阀，严禁高压气体串入低压容器的现象发生。

正常操作见表 2－11。

表 2－11　正常操作

影响因素	调整方法
阀位	利用阀来控制液面

异常处理见表 2－12。

表 2－12　异常处理

现象	引起异常的原因	异常处理方法
液面居高不降	阀故障	开大阀，无效时可打开旁路阀，同时联系仪表处理
水冷却器的爆破板突然爆破	冷却器列管漏，高压气串入水系统	系统停车处理，迅速放压。并联系分析工对爆破孔进行取样分析 H_2 含量
	循环水系统故障，压力升高	联系调度，循环水岗位处理故障
	爆破板质量有问题	爆破板且出，进行更换

7. 合成废热锅炉液位

控制范围：液位 35.0%～60.0%；

控制目标：35.0%～60.0%；

控制方式：由锅炉给水泵中抽送来的水，通过液位控制阀控制锅炉液面，调节阀失效时进水量通过调节阀的切断阀进行控制，进水量小可以通过调节阀的旁路增加进水量。废热锅炉连续排污阀要有一定的开度，可以防止锅炉水质超标。

正常操作见表 2－13。

表 2－13　正常操作

影响因素	调整方法
锅炉给水压力波动	联系给水泵岗位稳定压力
上水阀漏量大	用前截至阀控制上水量
锅炉排污太大，上水过大	适当较少排污量来控制上水量

异常处理见表 2－14。

表 2－14　异常处理

现象	引起异常的原因	异常处理方法
废锅的锅炉水中断	锅炉水系统故障，给水泵停造成汽包液位低报警	降低转速，减少循环流量停车检修
汽包液位持续下降	调节阀故障	联系仪表进行处理，用调节阀旁路上水
	上水压力低	联系甲醇洗岗位调整锅炉给水泵出口压力
蒸汽过热器的蒸汽出口管爆破板爆破	锅炉水满，造成废锅超压	调整锅炉水液位到正常值
	开车中，没有及时打开放空阀，造成废锅蒸汽系统超压	开大蒸汽放空阀降低废锅压力
	向管网并汽时，没有排尽内的积水	排尽 EA605 内的积水，更换爆破板
	蒸汽过热漏	系统作紧急停车处理，工艺处理合格后联系检修，进行检修

第六节　氨合成工段仿真系统

一、合成系统工艺流程简述

从甲烷化来的新鲜气(40℃、2.6MPa、$H_2/N_2=3:1$)先经压缩前分离罐(104－F)进合成气压缩机(103－J)低压段，出低压段的新鲜气先经136－C用甲烷化进料气冷却至93.3℃，再经水冷器(116－C)冷却至38℃，最后经氨冷器(129－C)冷却至7℃，后与氢回收来的氢气混合进入中间分离罐(105－F)，从中间分离罐出来的氢气、氮气再进合成气压缩机高压段。

合成回路来的循环气与经高压段压缩后的氢气、氮气混合进压缩机循环段，从循环段出来的合成气进合成系统水冷器(124－C)。经(124－C)冷却后气体分为两股流，一股经一二级氨冷器(117－C和118－C)冷却，另一股进并联交换器(120－C)与分氨后的冷气换热，然后两股气流合并进三级氨冷器(119－C)冷却至－23.3℃进氨分离器(106－F)分离液氨，液氨送往冷冻中间闪蒸槽(107－F)，(106－F)分氨后的气体进并联换热器(120－C)回收冷量后再进合成气热交换器(121－C)，升温至141℃进氨合成塔(105－D)进行反应。出合成塔气体经锅炉给水预热器(123－C)回收热量后再进合成气热交换器(121－C)预热入塔合成气，出121－C的反应气进合成气压缩机(103－J)循环段重复上述循环。

弛放气在进103－J前抽出，经过弛放气氨冷器(125－C)冷却及弛放气分离器(108－F)分出冷凝液氨后送往氢回收装置，108－F分出的液氨送往冷冻的中间闪蒸槽(107－F)。

二、冷冻系统工艺流程简述

合成来的液氨进入中间闪蒸槽(107－F)，闪蒸出的不凝性气体作为燃料气送一段炉燃烧。液氨减压后送至三级闪蒸罐(112－F)进一步闪蒸后，作为冷冻用的液氨进入系统中。冷冻的一、二、三级闪蒸罐操作压力分别为：0.4MPa(G)、0.16MPa(G)、0.0028MPa(G)，三台闪蒸罐与合成系统中的第一、二、三氨冷器相对应，它们是按热缸吸原理进行冷冻蒸发循环操作的。液氨由各闪蒸罐流入对应的氨冷器，吸热后的液氨蒸发形成的气液混合物又回到各闪蒸罐进行气液分离，气氨分别进氨压缩机(105－J)各段气缸，液氨分别进各氨冷器。

由液氨接收槽(109－F)来的液氨逐级减压后补入到各闪蒸罐。一级闪蒸罐(110－F)出来的液氨除送第一氨冷器(117－C)外，另一部分作为合成气压缩机(103－J)一段出口的氨冷器(129－C)和闪蒸罐氨冷器(126－C)的冷源。氨冷器(129－C)和126－C蒸发的气氨进入二级闪蒸罐(111－F)，110－F多余的液氨送往111－F。111－F的液氨除送第二氨冷器(118－C)和弛放气氨冷器(125－C)作为冷冻剂外，其余部分送往三级闪蒸罐(112－F)。112－F的液氨除送119－C外，还可以由冷氨产品泵(109－J)作为冷氨产品送液氨储槽储存。

由三级闪蒸罐(112－F)出来的气氨进入氨压缩机(105－J)一段压缩，一段出口与111－F来的液氨汇合进入二段压缩，二段出口气氨先经压缩机中间冷却器(128－C)冷却后，与110－F来的气氨汇合进入三段压缩，三段出口的气氨经氨冷凝器(127－CA、127－CB)，冷凝的液氨进入接收槽(109－F)。109－F中的闪蒸气去闪蒸罐氨冷器(126－C)，冷凝分离出来的液氨流回 109 – F，不凝气作燃料气送一段炉燃烧。109 – F 中的液氨一部分减压后送至一级闪蒸罐(110 – F)，另一部分作为热氨产品经热氨产品泵(1 – 3P – 1，2)送往尿素装置。

三、工艺仿真范围

(1)合成氨系统

1)反应器：105 – D；

2)炉子：102 – B；

3)换热器：124 – C、120 – C、121 – C、117 – C(管侧)、118 – C(管侧)、119 – C(管侧)、123 – C、125 – C(管侧)；

4)分离罐：105 – F、106 – F、108 – F；

5)压缩机 ：103 – J(工艺管线)。

(2)冷冻系统

1)换热器：127 – C、147 – C、117 – C(壳侧)、129 – C(壳侧)、118 – C(壳侧)、119 – C(壳侧)、125 – C(壳侧)；

2)分离罐：107 – F、109 – F、110 – F、111 – F、112 – F；

3)泵：1 – 3p – 1(2)、109 – JA/JB；

4)压缩机：105 – J(工艺管线部分)。

四、控制回路一览表

本合成氨装置合成工段仿真培训系统共涉及到仪表控制回路如下，这些回路的详细内容见表 2 – 15、表 2 – 16，两表给出了仪表回路的公位号、回路描述、工程单位元、正常设定及正常输出。这些内容仅供操作参考。

表 2 – 15　合成系统回路一览表

回路名称	回路描述	工程单位	设定值	输出
PIC182	104 – F 压力控制	MPa	2. 6	50
PRC6	103 – J 转速控制	MPa	2. 6	50
PIC194	107 – F 压力控制	MPa	10. 5	50
FIC7	104 – F 抽出流量控制	kg/h	11700	50
FIC8	105 – F 抽出流量控制	kg/h	12000	50
FIC14	压缩机总抽出控制	kg/h	67000	50
LICA14	121 – F 罐液位元控制	%	50	50

表 2 – 16　冷冻系统回路一览表

回路名称	回路描述	工程单位	设定值	输出
PIC7	109 – F 压力控制	MPa	1. 4	50
PICA8	107 – F 压力控制	MPa	1. 86	50
PRC9	112 – F 压力控制	kPa	2. 8	50
FIC9	112 – F 抽出氨气体流量控制	kg/h	24000	0
FIC10	111 – F 抽出氨气体流量控制	kg/h	19000	0
FIC11	110 – F 抽出氨气体流量控制	kg/h	23000	0
FIC18	109 – F 液氨产量控制	kg/h	50	50
LICA15	109 – F 罐液位元控制	%	50	50

续表

回路名称	回路描述	工程单位	设定值	输出
LICA16	110 – F 罐液位元控制	%	50	50
LICA18	111 – F 罐液位元控制	%	50	50
LICA19	112 – F 罐液位元控制	%	50	50
LICA12	107 – F 罐液位元控制	%	50	50

五、装置冷态开工过程

(1)合成系统开车

① 投用 LSH109(104 – F 液位低联锁)，LSH111(105 – F 液位低联锁)；

② 打开 SP – 71，把工艺气引入 104 – F，PIC – 182 设置在 2.6MPa 投自动；

③ 显示合成塔压力的仪表换为低量程表；

④ 投用 124 – C(图 1 现场开阀 VX0015 进冷却水)，123 – C(现场开阀 VX0016 进锅炉水预热合成塔塔壁)，116 – C(现场开阀 VX0014)，打开阀 VV077、VV078 投用 SP35(现场合成塔底右部进口处)；

⑤ 按 103 – J 复位，然后启动 103 – J(现场启动按钮)，开泵 117 – J 注液氨(冷冻系统图的现场画面)；

⑥ 开 MCV23，HCV11，把工艺气引入合成塔 105 – D，合成塔充压；

⑦ 逐渐关小防喘振阀 FIC7，FIC8，FIC14；

⑧ 开 SP – 1 副线阀 VX0036 均压后(一小段时间)，开 SP – 1，开 SP – 72(在合成塔图画面上)及 SP – 72 前旋塞阀 VX0035；

⑨ 当合成塔压力达到 1.4MPa 时换高量程压力表；

⑩ 关 SP – 1 副线阀 VX0036，关 SP – 72 及前旋塞阀 VX0035，关 HCV – 11；

⑪ 开 PIC – 194 设定在 10.5MPa，投自动；

⑫ 开入 102 – B 旋塞阀 VV048，开 SP – 70；

⑬ 开 SP – 70 前旋塞阀 VX0034，使工艺气循环起来；

⑭ 打开 108 – F 顶 MIC18 阀；

⑮ 投用 102 – B 联锁 FSL85；

⑯ 打开 MIC17 进燃料气，102 – B 点火，合成塔开始升温；

⑰ 开阀 MIC14 调节合成塔中层温度，开阀 MIC15、MIC16，控制合成塔下层温度；

⑱ 停泵 117 – J，停止向合成塔注液氨；

⑲ PICA – 8 设定在 1.68MPa 投自动；

⑳ LIC – 14 设定在 50% 投自动，LICA – 13 设定在 40% 投自动；

㉑ 当合成塔入口温度达到反应温度 380 时，关 MIC17，102 – B 熄火，同时打开阀门 HCV11 进原料气。靠氨合成反应热继续升高温度；

㉒ 关入 102 – B 旋塞阀 VV048，现场打开氢气补充阀 VV060；

㉓ 逐渐开启 MCV11；

㉔ 开 MIC – 13 进冷激起调节合成塔上层温度；

㉕ 106 – F 液位 LICA – 13 达 50% 时，开阀 LCV13，把液氨引入 107 – F。

(2)冷冻系统开车

① 投用 LSH116(109 – F 液位低联锁)，LSH118(110 – F 液位低联锁)，LSH120(111 – F 液位低联锁)，PSH840，841 联锁；

② 投用 127 – C（现场开阀 VX0017 进冷却水)；

③ 打开 109 – F 充液氨阀门 VV066，建立 80% 液位(LICA15 至 80%)后关充液阀；

④ PIC – 7 设定 1.4MPa，投自动；

⑤ 开三个制冷阀(在现场图开阀 VX0005、VX0006、VX0007)；

⑥ 按 105 – J 复位按钮，然后启动 105 – J(在现场图开启动按钮)，开出口总阀 VV084；

⑦ 开 127 – C 壳侧排放阀 VV067；

⑧ 开阀 LCV15 建立 110 – F 液位；

⑨ 开出 129 – C 的截止阀 VV086；

⑩ 开阀 LCV16 建立 111 – F 液位，开阀 LCV18 建立 112 – F 液位；

⑪ 投用 125 – C(打开阀门 VV085)；

⑫ 当 107 – F 有液位时开 MIC – 24，向 111 – F 送氨；

⑬ 开 LCV – 12 向 112 – F 送氨；

⑭ 关制冷阀(在现场图关阀 VX0005、VX0006、VX0007)；

⑮ 当 112 – F 液位达 20% 时，启动 109 – J 向外输送冷氨；

⑯ 当 109 – F 液位达 50% 时，启动 1 – 3P 向外输送热氨。

六、正常操作规程

正常操作重要参数值见表 2 – 17 ~ 表 2 – 19。

表 2 – 17　温度设计值

位号	说明	设计值/℃	位号	说明	设计值/℃
TR6 – 15	出 103 – J 二段工艺气温度	120	TI1 – 48	合成塔二段中温度	430
TR6 – 16	入 103 – J 一段工艺气温度	40	TI1 – 49	合成塔三段入口温度	380
TR6 – 17	工艺气经 124 – C 后温度	38	TI1 – 50	合成塔三段中温度	400
TR6 – 18	工艺气经 117 – C 后温度	10	TI1 – 84	开工加热炉 102 – B 炉膛温度	800
TR6 – 19	工艺气经 118 – C 后温度	–9	TI1 – 85	合成塔二段中温度	430
TR6 – 20	工艺气经 119 – C 后温度	–23.3	TI1 – 86	合成塔二段入口温度	419.9
TR6 – 21	入 103 – J 二段工艺气温度	38	TI1 – 87	合成塔二段出口温度	465.5
TI1 – 28	工艺气经 123 – C 后温度	166	TI1 – 88	合成塔二段出口温度	465.5
TI1 – 29	工艺气进 119 – C 温度	–9	TI1 – 89	合成塔三段出口温度	434.5
TI1 – 30	工艺气进 120 – C 温度	–23.3	TI1 – 90	合成塔三段出口温度	434.5
TI1 – 31	工艺气出 121 – C 温度	140	TR1 – 113	工艺气经 102 – B 后进塔温度	380
TI1 – 32	工艺气进 121 – C 温度	23.2	TR1 – 114	合成塔一段入口温度	401
TI1 – 35	107 – F 罐内温度	–23.3	TR1 – 115	合成塔一段出口温度	480
TI1 – 36	109 – F 罐内温度	40	TR1 – 116	合成塔二段中温度	430
TI1 – 37	110 – F 罐内温度	4	TR1 – 117	合成塔三段入口温度	380
TI1 – 38	111 – F 罐内温度	–13	TR1 – 118	合成塔三段中温度	400
TI1 – 39	112 – F 罐内温度	–33	TR1 – 119	合成塔塔顶气体出口温度	301
TI1 – 46	合成塔一段入口温度	401	TRA1 – 120	循环气温度	144
TI1 – 47	合成塔一段出口温度	480.8	TR5 – (13 – 24)	合成塔 105 – D 塔壁温度	140.0

表2-18　重要压力设计值

序号	位号	说明	设计值/MPa
1	PI59	108-F罐顶压力	10.5
2	PI65	103-J二段入口流量	6.0
3	PI80	103-J二段出口流量	12.5
4	PI58	109-J/JA后压	2.5
5	PR62	1-3P-1/2后压	4.0
6	PDIA62	103-J二段压差	5.0

表2-19　重要流量设计值

序号	位号	说明	设计值/(kg/h)
1	FR19	104-F的抽出量	11000
2	FI62	经过开工加热炉的工艺气流量	60000
3	FI63	弛放氢气量	7500
4	FI35	冷氨抽出量	20000
5	FI36	107-F到111-F的液氨流量	3600

七、装置正常停工过程

1. 合成系统停车

关阀MIC18弛放气(108-F顶)。

停泵1-3P-1/2(现场)。

工艺气由MIC-25放空，103-J降转速。

依次打开FCV14、FCV8、FCV7，注意防喘振。

逐渐关MIC14、MIC15、MIC16、MIC11、MIC12合成塔降温。

106-F液位LICA-13降至5%时关LCV-13。

108-F液位LICA-14降至5%时关LCV-14。

关SP-1、SP-70。

停125-C、129-C(现场关阀VV085、VV086)。

停103-J。

2. 冷冻系统停车

逐渐关阀FV11、105-J降转速。

关MIC-24。

107-F液位LICA-12降至5%时关LCV-12。

现场开三个制冷阀VX0005、VX0006、VX0007，提高温度蒸发剩余液氨。

待112-F液位LICA-19降至5%时停泵109-JA/B。

停105-J。

八、事故列表

1. 105-J跳车

事故原因：105-J跳车。

现象：FIC-9、FIC-10、FIC-11全开；LICA-15、LICA-16、LICA-18、LICA-19逐渐下降。

处理方法：

停1-3P-1/2，关出口阀。

全开 FCV14、FCV8，开 MIC25 放空，103 – J 降转速。
开 SP – 1A，SP – 70A。
关 MIC – 18、MIC – 24，氢回收去 105 – F 截止阀。
LCV13、LCV14、LCV12 手动关掉。
关 MIC13、MIC14、MIC15、MIC16、HCV1、MIC23。
停 109 – J，关出口阀。
LCV15、LCV16A/B、LCV18A/B、LCV19 置手动关。

2. 1 – 3P – 1(2) 跳车

事故原因：1 – 3P – 1(2) 跳车。
现象：109 – F 液位 LICA15 上升。
处理方法：① 打开 LCV15，调整 109 – F 液位；② 启动备用泵。

3. 109 – J 跳车

事故原因：109 – J 跳车。
事故现象：112 – F 液位 LICA19 上升。
事故处理：① 关小 LCV18A/B，LCV12；② 启动备用泵

4. 103 – J 跳车

事故原因：103 – J 跳车。
现象：① SP – 1，SP – 70 全关；② FIC – 7，FIC – 8，FIC – 14 全开；③ PCV – 182 开大。
处理方法：
① 打开 MIC25，调整系统压力。
② 关闭 MIC18、MIC24，氢回收去 105 – F 截止阀。
③ 105 – J 降转速，冷冻调整液位。
④ 停 1 – 3P，关出口阀。
⑤ LCV13、LCV14、LCV12 手动关掉。
⑥ 关 MIC13、MIC14、MIC15、MIC16、HCV1、MIC23。
⑦ 切除 129 – C、125 – C。
⑧ 停 109 – J，关出口阀。

九、自动保护系统

在装置发生紧急事故无法维持正常生产时，为控制事故的发展，避免事故蔓延发生恶性事故，确保装置安全，并能在事故排除后及时恢复生产。装置自保系统自保值见表 2 – 20。

① 在装置正常生产过程中，自保切换开关应在“ON”位置，表示自保投用。

② 开车过程中，自保切换开关在“OFF”位置，表示自保摘除。

表 2 – 20　自保值

自保名称	自保值
LSH109	90
LSH111	90
LSH116	80
LSH120	60
PSH840	25.9
PSH841	25.9
FSL85	25000

十、合成氨装置仿真图

合成氨装置仿真图见图2－3～图2－7所示。

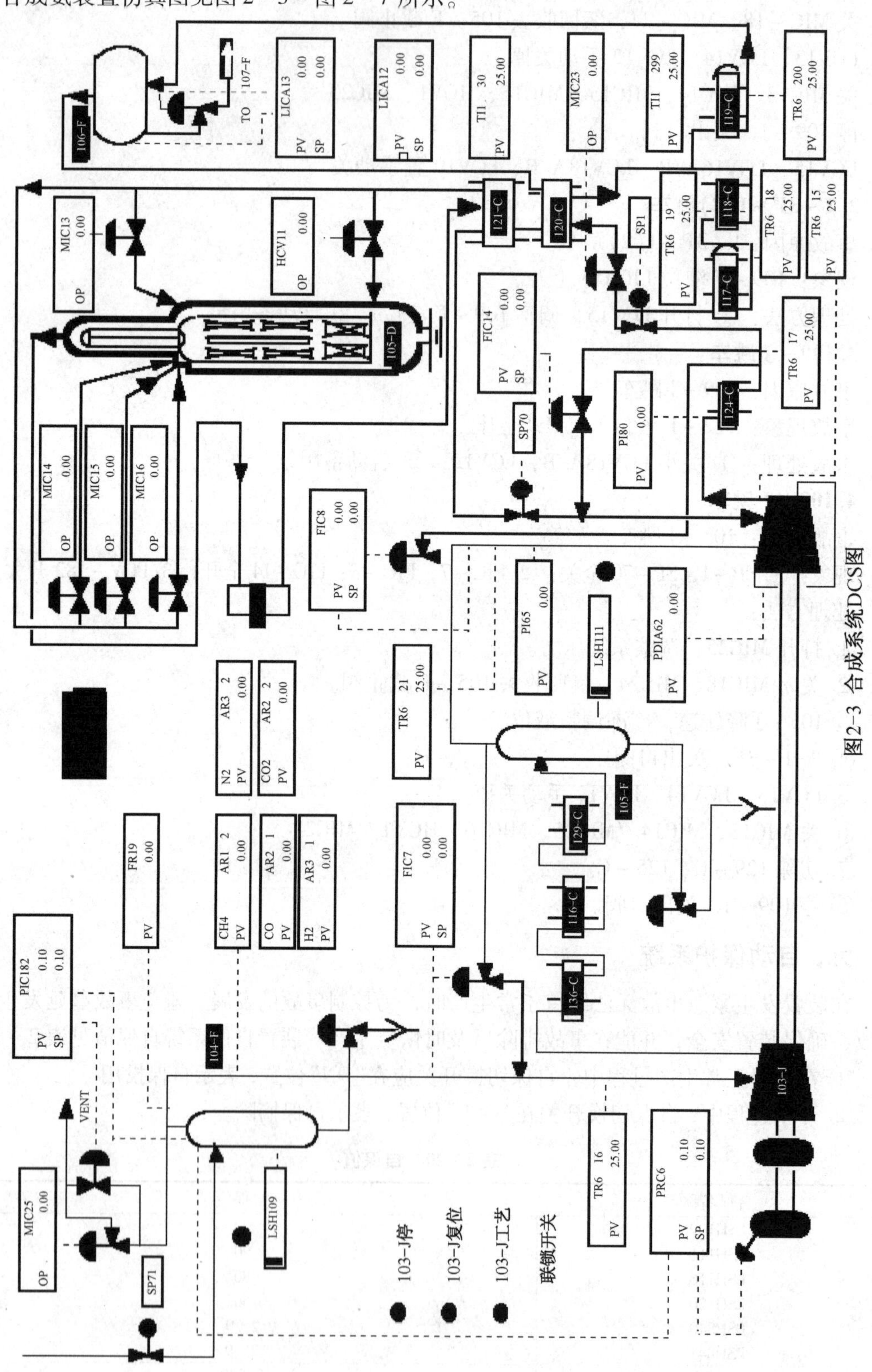

图2-3 合成系统DCS图

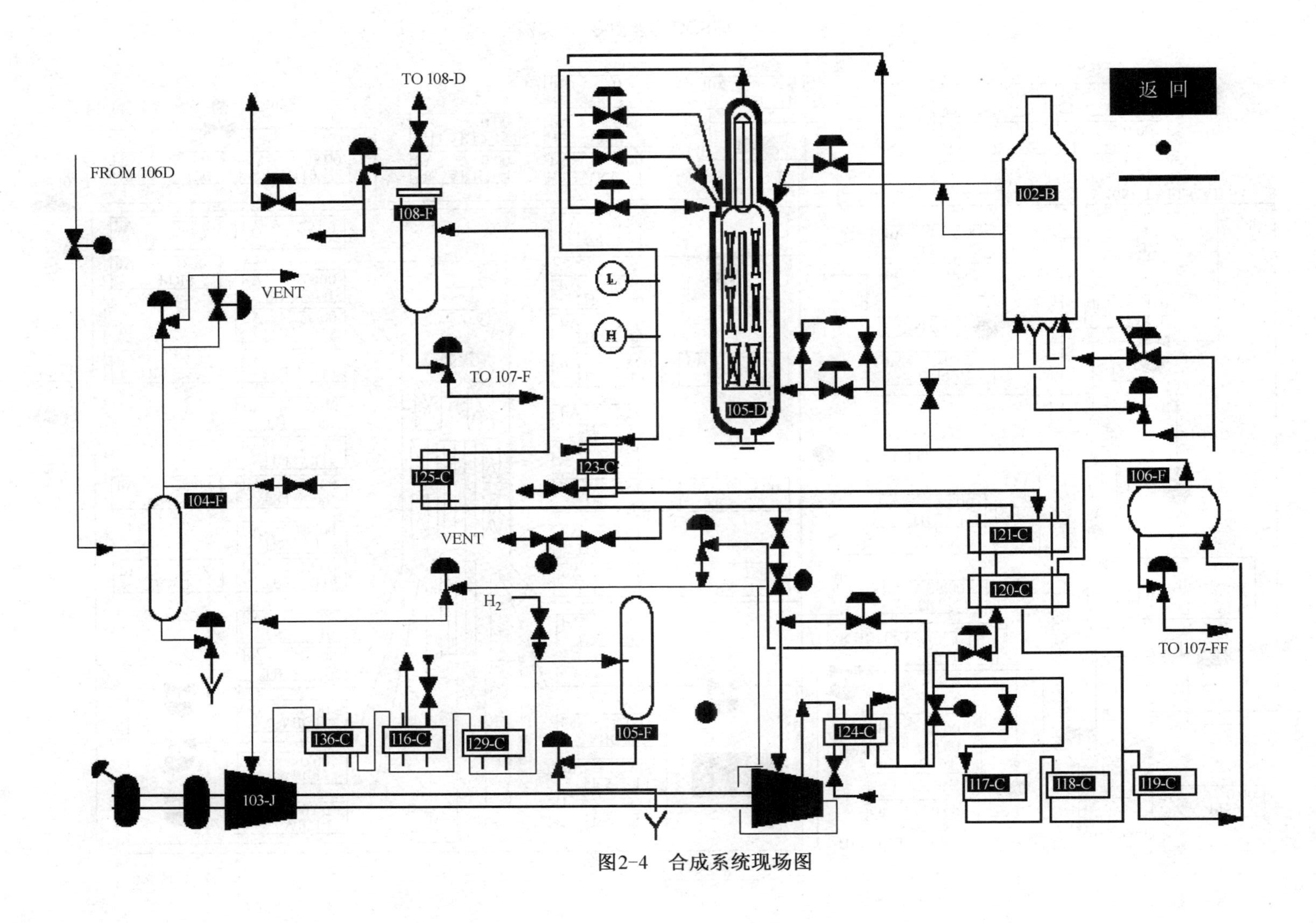
返 回
FROM 106D
TO 108-D
108-F
VENT
TO 107-F
102-B
105-D
L
H
104-F
125-C
123-C
VENT
106-F
121-C
120-C
H$_2$
TO 107-FF
105-F
124-C
136-C
116-C
129-C
103-J
117-C
118-C
119-C
图2-4　合成系统现场图

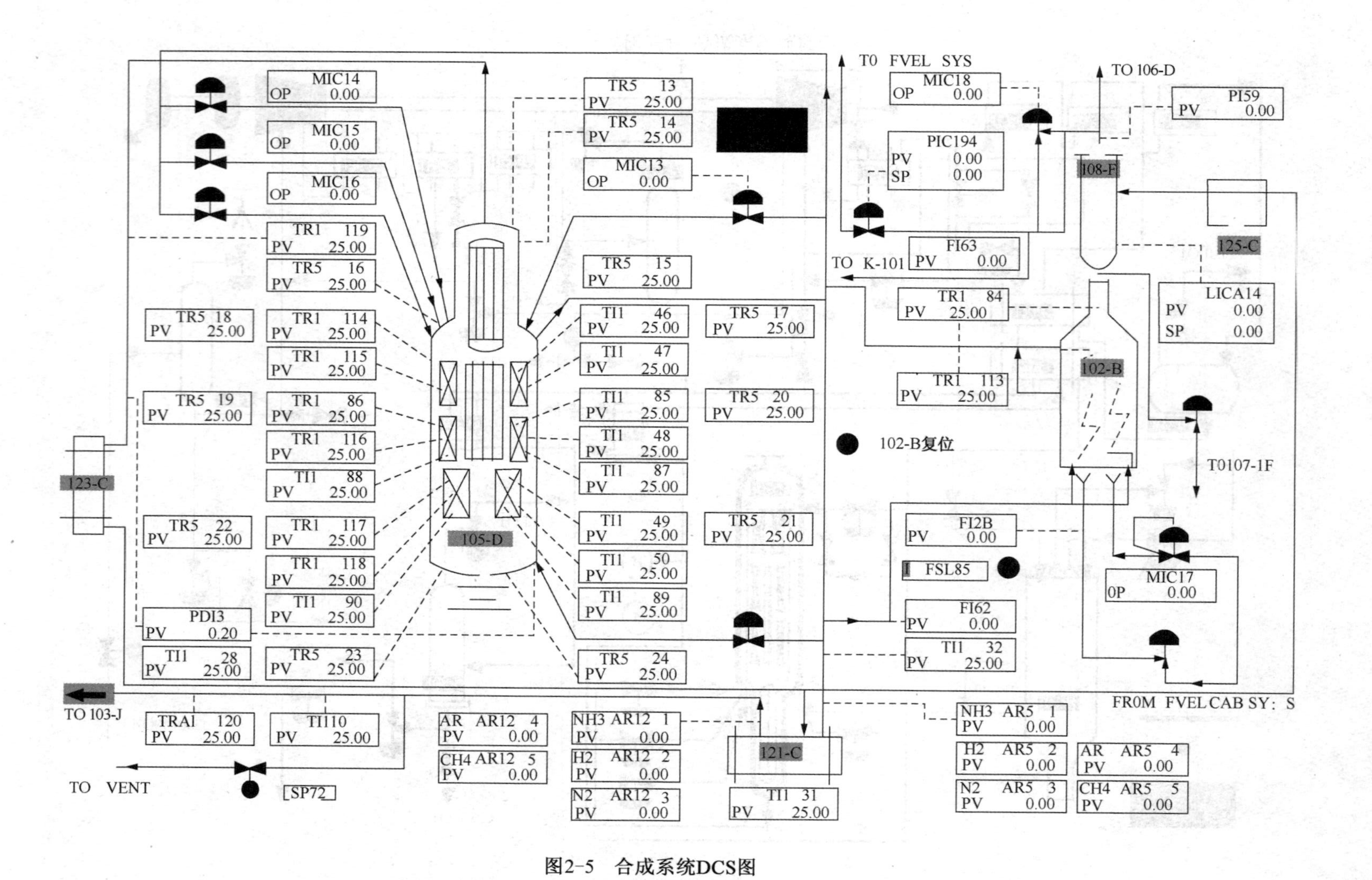

图2-5 合成系统DCS图

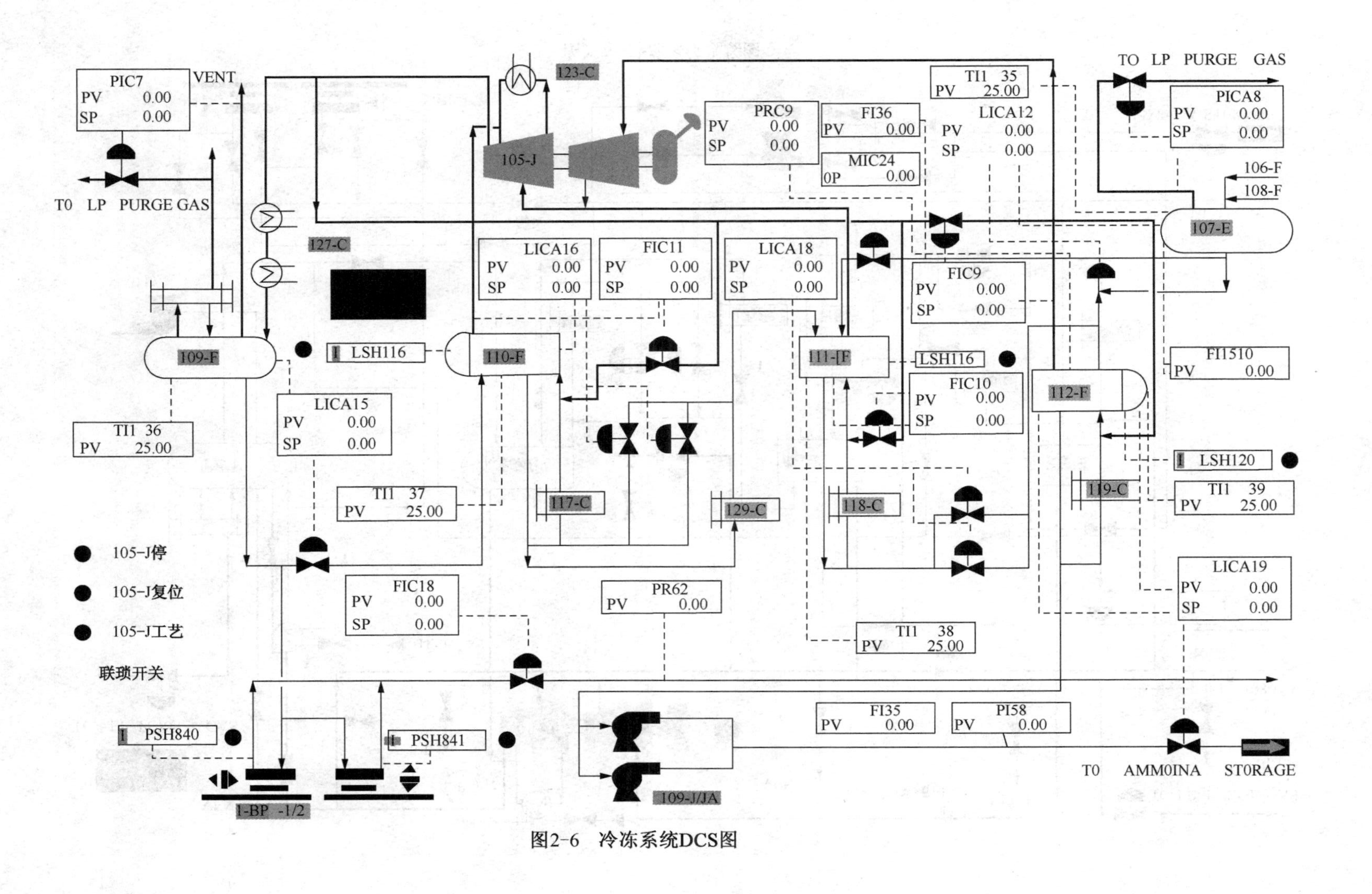

图2-6 冷冻系统DCS图

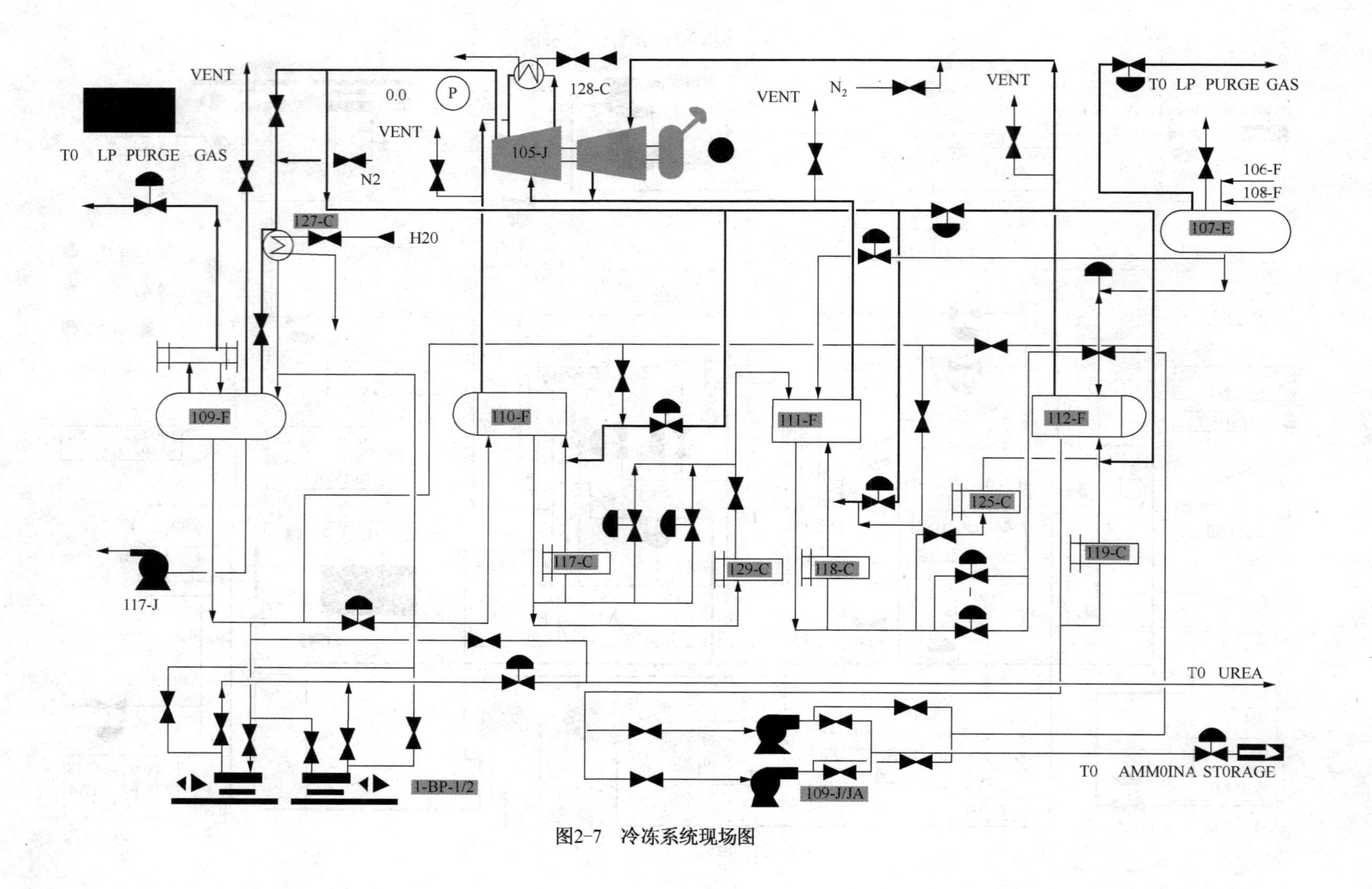

VENT
0.0
P
VENT
N2
T0 LP PURGE GAS
127-C
H20
128-C
105-J
VENT
N2
VENT
T0 LP PURGE GAS
106-F
108-F
107-E
109-F
110-F
111-F
112-F
117-J
117-C
129-C
118-C
125-C
119-C
T0 UREA
1-BP-1/2
109-J/JA
T0 AMM0INA ST0RAGE

图2-7 冷冻系统现场图

1. 氨合成工段的任务

氨合成工序的任务是将精制的氢氮气合成为氨，并采用冷冻的办法将生成的氨冷凝，使之从系统中分离出来而得到液氨产品。根据合成系统所采用的压力、温度和催化剂的型号不同，氨合成的方法一般分为低压法、中压法和高压法三种。如果是中型氨厂绝大部分采用中压法，操作压力一般为20～35MPa，大型氨厂操作压力一般为10～15 MPa。

2. 氨合成反应有何特点?

① 氨合成反应是可逆反应。在一定的温度和压力下，只能进行到一定的程度，所以经过合成塔后仍有大量的氢氮气未参加反应，必须循环使用。所以系统中设有循环机。

② 氨合成反应是放热反应。为了稳定反应温度，合成塔催化剂筐中均埋设冷管或设冷激装置。

③ 氨合成反应是气体体积缩小的反应。氨的合成反应均在高压下进行，氨合成塔外筒必须是一个能承受高压的压力容器。

④ 氨合成反应是速度很慢的反应。因此，在氨合成塔中装有大量催化剂。

3. 氨合成系统各种工艺流程间有哪些共同特点?

① 设置油水分离器分离气体中的油水。气体中的油和水是合成催化剂的毒物，新鲜的补充气虽经压缩机每级压缩后的油水分离器除去油水，但气体中的水分仍然未能全部分离掉，需在合成系统再经油水分离器予以分离。为了降低进入合成系统气体中的油水含量，有些厂将压缩工序送来的新鲜气经氨冷器冷却到0～5℃后再进油水分离器除去油水，效果良好，对延长合成催化剂的使用寿命起了很大作用。

② 设置冷热交换器回收冷量。循环气经氨冷分离后温度较低，使之与进氨冷器前气体换热以回收冷量、减少氨气压缩机的动力消耗。

③ 设置水冷器和氨冷器分离液氨。国内中型氨厂绝大部分采用中压法生产，合成塔出气氨含量一般为14%～20%，水冷分离后循环气中仍有8%～10%饱和氨含量，因此必须采用氨冷的办法选一步降低温度，使气体中绝大部分氨冷凝下来，维持循环气中饱和氨含量3%～5%。大型氨厂采用三级氨冷，将循环气中氨维持在1.5%～2%。

④ 设置循环机保持气体循环。合成塔出口气中还有很大一部分氢氮气未参加反应，工业上通过循环机将分离氨后的未反应气体增压，使之返回合成塔，从而构成连续的循环生产系统。此外，通过循环机的副线可以调节循环机的输气量，达到控制氨合成塔温度的目的。

⑤ 设置回收设备利用合成余热。如回收率达到75%～80%，就相当于每吨氨副产蒸汽0.8t。回收的方法是增设废热锅炉副产蒸汽，或用来加热锅炉给水。

⑥ 设置排放阀保持惰气浓度。循环过程中惰性气体不断积累，通常连续(或间接)地在氨分离器后排放循环气，以维持循环气中一定的惰性气浓度。排放出来的吹出气可用作燃料，或另设装置从吹出气中回收氢。

4. 循环机的作用是什么？有几种结构形式?

循环机的作用有二，其一是补充循环气在循环流转中的压头损失；其二是通过循环机上设置的副线，可以用调节循环机打气量的办法来控制合成塔温度。目前使用的循环机有活塞式和离心式两种。

5. 透平循环机的操作特性如何？

流量增加时透平机的压差减小，反之压差增大则流量减小。功率的消耗随流量增加而增加，操作上可以采取调节阀门开度的办法改变透平循环机的打气量，此时功率的消耗也随之变化。当流量减少到额定流量的40%～50%以下时，透平机即会发生喘振(即剧烈抖动)现象，所以透平机设有一根副线，使部分出口气体返回进口，以免因进气量过小而发生喘振。

在操作方面透平机有以下特点：

① 循环气不带油，可以取消滤油器，简化流程，降低阻力，延长氨合成催化剂使用寿命；

② 气流平稳无脉冲，使系统各设备内件免受交变气流反复冲击，从而延长了内件的使用寿命；

③ 没有往复式循环机那样的填料函漏气损失，可以增加产量降低消耗；

④ 基础简单，安装方便，占地面积小；

⑤ 可以用阀门来调节打气量，操作方便，电耗降低。

6. 为什么在升温还原前要向系统充氨？

催化剂升温阶段及刚开始还原时没有氨的生成，而整个系统里还可能有未吹除干净的水存在，催化剂内的吸附水也要逐步逸出。当含水的气体经过氨冷器后温度降低至－15～－5℃时，气体中的水就会冻结而堵管道与设备。如果系统中有氨存在，则氨将溶于水而成氨水，氨水的冰点比较低，在低温下不会冻结。此外，氨水的水蒸气分压要比纯水的水蒸气分压低，可以降低循环气中水蒸气的含量，对催化剂的还原有利。因此，对于单系统生产的合成氨厂，升温还原前必须先向系统充氨，保持循环气中有0.5%～1%的氨，其生成的氨水浓度可达25%以上，冰点在－45%以下，没有冻结之虑。对于双系统生产的合成氨厂，如果一个系统生产另一个系统还原，则可由生产系统引部分循环气至升温还原系统，以保证气体中有一定的氨含量。

7. 何谓催化剂的钝化？

催化剂的钝化是把含有少量氧的氮气在还原态的催化剂中循环，有控制地使活性催化剂缓慢氧化而生成氧化铁保护膜。当催化剂与空气接触时便不会再发生氧化作用，因而可防止催化剂在空气中自燃。经过钝化的催化剂使用前只需经过短时间的还原，几乎能够完全恢复其原来的活性。

8. 如何进行氨合成催化剂的维护保养？

更换一次催化剂连同还原时间约需半个月，除影响氨产量外，人力、物力以及财力的消耗也是很大的，所以维护好催化剂是一件很重要的工作，催化剂的维护保养有如下几个方面的内容：

① 提高合成塔的内件质量，防止在使用过程中发生泄漏，这是延长催化剂寿命的先决条件。

② 防止毒物进入塔内，避免催化剂中毒。a. 严格控制新鲜气中微量指标，当$CO + CO_2$总含量超过20μL/L时，要减轻负荷生产；b. 当系统进行修理时，塔内必须用氮气(纯度必须是99.99%以上)维持正压，以免空气侵入使催化剂中毒；c. 提高滤油器的除油效率，或者采用无油润滑技术减少或避免润滑油中的磷、硫等有害物质对催化剂的毒害；d. 防止系统其他设备泄漏(如冷凝塔上部)，避免未经除去油水的气体进入氨合成塔。

③ 稳定操作，防止温度、压力剧烈波动。a. 精心操作避免带铜液及带氨进合成塔内，

温度调节要及时，处理要恰当；b. 升降压速率不宜过快，控制在每分钟 4 ~ 6kgf/cm^2（1kgf/cm^2 = 98.066kPa）；c. 升温速率不宜过快，一般控制在 30 ~ 40℃/h。

④ 做好催化剂的储存运输工作。氨合成催化剂会吸潮，因此必须保存在密封容器内，吸潮后的催化剂会使其中所含的钾盐析出；为了避免硫化物对催化剂的毒害，要防止含硫气体如硫化氢、二氧化硫、三氧化硫等与催化剂接触。

9. 试述调节合成塔温度和压力的原理和方法

合成系统操作诸因素中最重要的是合成塔的温度和压力，通常以催化剂热点温度和合成塔入口压力为主要控制参考点。

合成塔的压力取决于系统压力，而系统压力取决于进出物料的平衡状况；催化剂温度则取决于进出催化剂热量的平衡状况。操作的任务是选择适宜的平衡点（即适宜的压力和温度指标），并在此基础上维持系统的物料平衡和合成塔的热量平衡，所采用的手段就是我们通常所说的“调节”。

（1）系统压力的调节

根据物料平衡原理，压力高低取决于进系统的补充气与出系统产品氨和吹出气之间的平衡状态。因此，调节方法就是寻求补充气量、氨的合成反应和吹出气量三者之间的配合。

在正常生产情况下，系统压力常用以下方法来调节：

① 为了防止甲烷等惰性气体在系统中积累，要排放一定量的吹出气以维持系统压力。

② 氨的合成反应严重恶化、生成的氨量大大减少时，系统的压力就要急剧上升，此时需减少补充气量（严重时切断补充气）或增加放空量来控制系统压力。

③ 发现塔压力逐渐升高时，要检查工艺条件变化情况，如氨冷温度是否升高、循环量是否减少，或者氨分离器的液位太高、分离效果不好等，要根据不同情况进行处理。

（2）合成塔温度的调节

根据热量平衡的原理，合成塔催化剂温度取决于进出催化剂层热量的平衡状态。进塔气和氨合成反应向催化剂带入热量；出塔气和散失于环境的热损失从催化剂带出热量。其中起主要作用的是氨合成反应热和出塔气带走的热量。前者是温度变化的因素，后者通常是调节因素。但在必要情况下也用控制反应程度来调节合成塔温度，在特殊情况下还可用电炉从外界加入热量以维持催化剂温度。

正常情况下用以下方法调节：

① 温度变化不大时，用塔副线调节。这种方法是减少热量回收，以增加出塔气带走的热量。

② 温度变化较大时，用循环气量调节。这种方法是增加气体流量以增加出塔气带走的热量。

催化剂使用初期活性好，后期活性差，系统负荷过高或过低以及其他必要情况下，单纯用上述方法调节有困难时，可用以下方法改变反应程度来调节。

① 改变进塔气氨含量；

② 改变系统惰性气含量。

倘若发生催化剂中毒、塔内件损坏以及催化剂到了使用末期等特殊情况，只靠反应热不足以维持合成塔热量平衡时，可开电炉调节。

10. 系统阻力增大的原因是什么？如何处理？

系统阻力增大不仅会使动力消耗增加，而且不得不降低空速来影响系统的生产能力，因而必须及时找出原因予以消除。系统阻力增大的原因大致有如下几个方面：

① 合成塔内催化剂局部烧结，或塔内换热器壳程被油污、铁锈及铵盐局部堵塞、部分管程被催化剂堵塞，需停车更换内件或催化剂。

② 系统中部分设备、管线为铵盐及油污堵塞。在水蒸气参与下，补充气中微量CO_2与循环气中NH_3会反应生成碳酸氢铵结晶，无水蒸气存在则生成铵基甲酸铵。这两种铵盐在低温下呈固态，与补充气及油污相混，附着在设备上或沉积在气体流速低、改变流向的部位，使系统阻力增大。如果补充气位置在氨冷器进口，两种铵盐将大部分被液氨洗涤溶解而随液氨排入氨罐，系统的堵塞至多是非常轻微的。如果补充气在滤油器与循环气汇合或在冷交换器一次进口汇合，则将使滤油器与冷交换器发生局部堵塞现象。

③ 操作不当，某一阀门开得太小或阀头脱落，使系统阻力突然增大。

④ 设备内件损坏，零部件堵塞气体通道。

⑤ 催化剂粉碎。在长期运行过程中，由于温度、压力的变化，使催化剂受到本身及内件的胀缩挤压而粉碎。此外，气流的冲刷作用也使催化剂逐渐粉碎。系统阻力增大时可用分段测压差的办法判断堵塞部位和堵塞原因。如系统操作不当，例如用主阀控制流量时阀门开度太小，则应改变操作方法，阀头脱落则需停车修理。如系铵盐堵塞所致，可利用这两种盐类在较高温度下易溶解和分解的特性，把气体温度提高55℃以上促使铵盐分解，或停车用70~80℃软水洗涤，使铵盐和油污形成的堵塞物随热水排走。如系设备内件损坏应停车检修。操作中应避免温度、压力和流量的剧烈变化，以利于催化剂的保护。

11. 影响氨冷器出口气体温度的因素有哪些？如何提高氨冷器的冷却效率？

影响氨冷器出口气体温度的因素：① 加入氨冷器内的液氨量；② 液氨的蒸发压力；③ 液氨纯度，液氨纯度低，则蒸发温度高，氨冷后气体的温度就高；反之，液氨纯度高，氨冷后气体的温度就低；④ 循环量大，氨冷负荷重，氨冷后气体温度升高；⑤ 氨冷器换热管上覆盖的油污多，传热效果差，氨冷后气体的温度高；⑥ 水冷器的冷却效果差，冷却负荷移到氨冷器，使出口气体温度升高；⑦ 如果一个系统有两个或两个以上的氨冷器并联使用，由于各氨冷器的负荷不均匀，负荷重的氨冷器出口气体温度较高；⑧ 冷凝塔上部换热器传热效果差，加重了氨冷器的负荷，使出口气体温度升高。

提高氨冷器的冷却效率可从如下几个方面入手：① 经常排放氨冷器内的油水，保持较高的液氨纯度，降低其蒸发温度；② 氨冷器内保持一定的液位，加氨量稳定，切忌忽多忽少；③ 蒸发压力不宜过高；④ 大修时氨冷器要进行煮油，保持换热器管子表面洁净，提高氨冷器的传热效率；⑤ 尽量做到各氨冷器走气量均等(设计配管时要特别注意)，以充分发挥各台氨冷器的作用。

12. 何谓冰机？

用冷却冷凝的方法从合成塔循环气中分离氨以及铜液的冷却都需要提供冷量。合成氨装置中以氨为冷冻介质，采用氨气压缩或氨水吸收的方法制冷。目前我国大中型氨厂一般都配备氨压缩制冷系统，习惯上把氨气压缩机称为冰机。在有200℃以下低位能余热可以利用的工厂，用氨水吸收制冷在能量利用上比较经济。

13. 气氨是如何液化的？

气体变为液体的过程称为液化。要使常温气体液化，必须使它冷却和冷凝。

首先，必须将气体冷却到冷凝温度。气体的冷凝温度与压力有关，随压力的升高而升高。

气氨冷凝温度低于或等于冷却水温度(通常10~35℃时不能被液化，只有加大压力提高冷凝温度，气氨才能被水冷却到冷凝温度而液化，因此，气氨的液化要借助于氨压缩机(俗称冰机)压缩到一定的压力。冷却水温高，液化所需的压力就高。例如冷却水温15℃，气氨被冷却到20℃，压力需提高到8.74kgf/cm²(1kgf/cm² =98.066kPa)时能冷凝成液氨。夏天水温32℃时，相应气氨冷凝温度提高到35~40℃，则氨压缩机出口压力至少要提高到14~16kgf/cm²，气氨才能被冷凝。由于压缩机出口的气氨不可能很快冷却，冷凝器中还经常会有不凝性的惰性气，因而实际压力还要高一些。

气体冷凝成液体时放出冷凝热，冷却到冷凝温度的气体还必须继续冷却移去其冷凝热才能使之液化。液氨的冷凝热随压力升高而降低。冷凝的逆过程就是蒸发。由上所述，气氨液化过程包括气氨压缩和冷却冷凝两个步骤。

14. 氨压缩制冷系统是怎样产生冷量的?

以单级压缩制冷的基本循环为例加以说明，见图2-8所示。

氨蒸气经过氨压缩机压缩(由1到2)，压力提高到冷凝压力，然后在冷凝器中被冷却冷凝并放出热量(由2到3)，由冷却水将气氨的热量带走，接着液氨减压进行等焓节流膨胀(由3到4)，液氨经调节阀由冷凝压力降至蒸发压力。在蒸发器中液氨吸收了被冷却物质的热量而蒸发，蒸发出来的气氨重又送入氨压缩机压缩，完成了一个制冷循环。被冷却物质的温度则被降低，达到制冷目的。

氨在这里作为一种中间物质通过压缩机做功，从温度较低的物质中吸取热量，向温度较高的冷却水放出热量，达到了将热量从低温介质传到高温介质的目的。这类物质工业上通称为冷冻剂，或称为制冷工质。

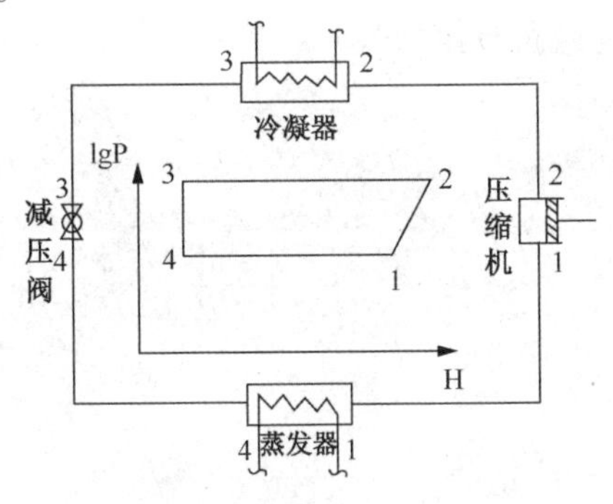

图2-8　单级压缩制冷循环示意图

15. 液氨进入气缸有何危害?

当液氨进入气缸时进口管壁外一般都会结白霜。但如进气大量带液氨时，由于氨来不及蒸发，气、液状态的氨混合物过热度很大，此时进口管线不一定立即结霜，这是必须引起特别警惕的问题。因为液氨带入缸内容易产生液击问题而将阀片、活塞、活塞环及气缸盖等部件打坏。即使少量带液氨，也由于液氨在气缸内迅速蒸发而影响气缸的容积效率，造成氨压缩机的制冷能力下降。

带液氨的主要原因是氨蒸发器加氨量过多过猛，因此，操作时各氨冷器加氨量要适当，不要太快。当发生大量带液氨、氨压缩机机身振动并有大量氨气冒出时，应立即紧急停车处理，关死氨压缩机进出口阀、冷凝器出口阀及其他切断阀，以免事故扩大。

此外，氨压缩机启动运转正常后，进口阀不能开得太快，以免进口管道中可能有的液氨一下子进入气缸，引起液击而损坏有关部件。

16. 氨压缩机出口压力升高原因有哪些？如何处理？

氨压缩机出口压力过高不仅浪费动力，而且使其容积效率降低，制冷量减少，如果出口压力太高，还将引起电动机跳闸和一些机械损坏事故。

出口压力过高的原因：

① 冷凝器内氨液位过高，使冷凝器的传热面积相应减少，冷却效率降低，温度升高，因而冷凝压力增高。

② 冷凝器内不凝性气体太多，溶解在液氨中的氢、氮、氩、甲烷等气体在冰机循环系统中逐渐积累，这些气体虽经压缩但不能冷凝，使出口压力升高。

③ 冷却水量太小或水温太高，或者冷凝器列管内壁结垢、堵塞等原因，使冷却效率大大降低，温度升高，冷凝压力增高。

④ 出口管线堵塞，特别是油分离器内油污较多，或系统各处出口阀未全开，系统阻力太大，使出口压力升高。

⑤ 氨冷器高压管线泄漏，高压气体进入气氨总管，或者氨罐出空，大量弛放气进入气氨总管，使氨压缩机进口压力升高，出口压力也随之升高。

处理时应查明压力高的原因，分别采取如下措施；① 放低冷凝器内液氨的液位，使冷凝器的传热面积得到充分利用；② 打开放空阀排放不凝性气体，降低出口压力；③ 加大冷却水量，清理冷凝器列管，以提高传热效率；④ 定期煮油，清理油分离器，全开各处应开的阀门；⑤ 发现氨冷器内高压管漏气，应立即停车处理；操作中应尽量避免氨罐出空，如发现氨罐出空，应立即关死氨罐出口阀。

第三章 甲醇装置仿真

第一节 概 述

甲醇(分子式：CH_3OH)又名木醇或木酒精，是一种透明、无色、易燃、有毒的液体，略带酒精味。熔点-97.8℃，沸点64.8℃，闪点12.22℃，自燃点47℃，相对密度0.7915，爆炸极限下限6%，上限36.5%，能与水、乙醇、乙醚、苯、丙酮和大多数有机溶剂相混溶。它是重要有机化工原料和优质燃料。主要用于制造甲醛、醋酸、氯甲烷、甲氨、硫酸二甲酯等多种有机产品，也是农药、医药的重要原料之一。甲醇亦可代替汽油作燃料使用。

生产甲醇的方法有多种，早期用木材或木质素干馏制甲醇的方法，今天在工业上已经被淘汰了。氯甲烷水解法也可以生产甲醇，但因水解法价格昂贵，没有得到工业上的应用。甲烷部分氧化法可以生产甲醇，这种制甲醇的方法工艺流程简单，建设投资节省，但是这种氧化过程不易控制，常因深度氧化生成碳的氧化物和水，而使原料和产品受到很大损失，因此甲烷部分氧化法制甲醇的方法仍未实现工业化。

目前工业上几乎都是采用一氧化碳、二氧化碳加压催化氢化法合成甲醇。典型的流程包括原料气制造、原料气净化、甲醇合成、粗甲醇精馏等工序。

天然气、石脑油、重油、煤及其加工产品(焦炭、焦炉煤气)、乙炔尾气等均可作为生产甲醇合成气的原料。天然气是制造甲醇的主要原料，主要组分是甲烷，还含有少量的其他烷烃、烯烃与氮气。以天然气生产甲醇原料气有蒸汽转化、催化部分氧化、非催化部分氧化等方法，其中蒸汽转化法应用最广泛，它是在管式炉中常压或加压下进行。由于反应吸热必须从外部供热以保持所要求的转化温度，一般在管间燃烧某种燃料气来实现，转化用的蒸汽直接在装置上靠烟道气和转化气的热量制取。由于天然气蒸汽转化法制的合成气中，氢过量而一氧化碳与二氧化碳量不足，工业上解决这个问题的方法一是采用添加二氧化碳的蒸汽转化法，以达到合适的配比，二氧化碳可以外部供应，也可以由转化炉烟道气中回收。另一种方法是以天然气为原料的二段转化法，即在第一段转化中进行天然气的蒸汽转化，只有约1/4的甲烷进行反应；第二段进行天然气的部分氧化，不仅所得合成气配比合适而且由于第二段反应温度提高到800℃以上，残留的甲烷量可以减少，增加了合成甲醇的有效气体组分。天然气进入蒸汽转化炉前需进行净化处理清除有害杂质，要求净化后气体含硫量小于0.1mL/m^3。转化后的气体经压缩去合成工段合成甲醇。

煤与焦炭是制造甲醇粗原料气的主要固体燃料。用煤和焦炭制甲醇的工艺路线包括燃料的气化、气体的脱硫、变换、脱碳及甲醇合成与精制。用蒸汽与氧气(或空气、富氧空气)对煤、焦炭进行热加工称为固体燃料气化，气化所得可燃性气体通称煤气，是制造甲醇的初始原料气，气化的主要设备是煤气发生炉，按煤在炉中的运动方式，气化方法可分为固定床气化法、流化床气化法和气流床气化法。国内用煤与焦炭制甲醇的煤气化一般都沿用固定床间歇气化法，煤气炉沿用UCJ炉。在国外对于煤的气化，目前已工业化的煤气化炉有柯柏斯－托切克(Koppers－Totzek)、鲁奇(Lurge)及温克勒(Winkler)三种。第二、第三代煤气化炉的炉型主要有德士古(Texaco)及谢尔－柯柏斯(Shell－Koppers)等。用煤和焦炭制得的粗原料气组分中氢碳比太低，故在气体脱硫后要经过变换工序，使过量的一氧化碳变换为氢气和二氧化碳，再经脱碳工序将过量的二氧化碳除去。原料气经过压缩、甲醇合成与精馏精制后制得甲醇。

工业上用来制取甲醇的油品主要有两类：一类是石脑油，另一类是重油。原油精馏所得的220℃以下的馏分称为轻油，又称石脑油。目前用石脑油生产甲醇原料气的主要方法是加压蒸汽转化法。石脑油的加压蒸汽转化需在结构复杂的转化炉中进行。转化炉设置有辐射室与对流室，在高温、催化剂存在下进行烃类蒸汽转化反应。重油是石油炼制过程中的一种产品，以重油为原料制取甲醇原料气有部分氧化法与高温裂解法两种途径。裂解法需在1400℃以上的高温下进行，在蓄热炉中将重油裂解，虽然可以不用氧气，但设备复杂，操作麻烦，生成炭黑量多。重油部分氧化是指重质烃类和氧气进行燃烧反应，反应放热，使部分碳氢化合物发生热裂解，裂解产物进一步发生氧化、重整反应，最终得到以 H_2、CO 为主及少量 CO_2、CH_4的合成气，供甲醇合成使用。

与合成氨联合生产甲醇简称联醇，这是一种合成气的净化工艺，以替代我国不少合成氨生产中用铜氨液脱除微量碳氧化物而开发的一种新工艺。联醇生产工艺是在压缩机五段出口与铜洗工序进口之间增设一套甲醇合成装置，包括甲醇合成塔、循环机、水冷器、分离器和粗甲醇储槽等设备，工艺流程是压缩机五段出口气体先进入甲醇合成塔，大部分原本要在铜洗工序除去的 CO 和 CO_2在甲醇合成塔内与 H_2反应生成甲醇，联产甲醇后进入铜洗工序气体中的 CO 含量明显降低，减轻了铜洗负荷；同时变换工序的一氧化碳指标可适量放宽，降低了变换蒸汽消耗，而且压缩机前几段气缸输送的一氧化碳成为有效气体，压缩机电耗降低。联产甲醇后能耗降低较明显，可使每吨氨节电 50kW/h，节省蒸汽 0.4t，折合能耗为 200×10^4kJ。联醇工艺流程必须重视原料气的精脱硫和精馏等工序，以保证甲醇催化剂使用寿命和甲醇产品质量。

甲醇生产中所使用的多种催化剂，如天然气与石脑油蒸气转化催化剂、甲醇合成催化剂都易受硫化物毒害而失去活性，必须将硫化物除净。气体脱硫方法可分为两类，一类是干法脱硫，一类是湿法脱硫。干法脱硫设备简单，反应速率较慢，设备庞大。湿法脱硫分为物理吸收法、化学吸收法与直接氧化法三类。

粗甲醇中存在水分、高级醇、醚、酮等杂质，需要精制。精制过程包括精馏与化学处理。化学处理主要用碱破坏在精馏过程中难以分离的杂质，并调节 pH。精馏主要是除去易挥发组分，如二甲醚、以及难以挥发的组分，如乙醇、高级醇、水等。

第二节　合成工段介绍

一、概　述

甲醇生产的总流程长，工艺复杂。甲醇的合成是在高温、高压、催化剂存在下进行的，是典型的复合气－固相催化反应过程。随着甲醇合成催化剂技术的不断发展，目前总的趋势是由高压向低压、中压发展。

高压工艺流程一般指的是使用锌铬催化剂，在 300～400℃、30MPa 高温高压下合成甲醇的过程。自从1923年第一次用这种方法合成甲醇成功后，差不多有50年的时间，世界上合成甲醇生产都沿用这种方法，仅在设计上有某些细节不同。例如，甲醇合成塔内移热的方法有冷管型连续换热式和冷激型多段换热式两大类；反应气体流动的方式有轴向和径向或者二者兼有的混合形式；有副产蒸汽和不副产蒸汽的流程等。近几年来，我国开发了25～27MPa压力下在铜基催化剂上合成甲醇的技术，出口气体中甲醇含量4%左右，反应温度230～290℃。

ICI低压甲醇法为英国ICI公司在1966年研究成功的甲醇生产方法，从而结束了高压法合成甲醇的时代，这是甲醇生产工艺史上的一次重大变革。ICI法采用51－1型铜基催化剂，合成压力5MPa，所用的合成塔为热壁多段冷激式，结构简单，每段催化剂层上部装有菱形冷激气分配器，使冷激气均匀地进入催化剂层，用以调节塔内温度。低压法合成塔的型式还有联邦德国Lurgi公司的管束型副产蒸汽合成塔及美国电动研究所的三相甲醇合成系统。20世纪70年代，我国轻工部四川维尼纶厂从法国Speichim公司引进了一套以乙炔尾气为原料日产300t低压甲醇装置(英国ICI专利技术)。20世纪80年代，齐鲁石化公司第二化肥厂引进了联邦德国Lurgi公司的低压甲醇合成装置。

中压法是在低压法研究基础上进一步发展起来的，由于低压法操作压力低，导致设备体积庞大，不利于甲醇生产的大型化。因此发展了压力为10MPa左右的中压法。它能更有效地降低建厂费用和甲醇生产成本。例如，ICI公司研究成功了51－2型铜基催化剂，其化学组成和活性与低压合成催化剂51－1型差不多，只是催化剂的晶体结构不同，制造成本比51－1型贵。这种催化剂在较高压力下也能维持较长的寿命，从而使ICI公司有可能将原有的5MPa的合成压力提高到10MPa，所用合成塔与低压法相同也是四段冷激式，其流程和设备与低压法类似。

本仿真系统是对低压甲醇合成装置中管束型副产蒸汽合成系统的甲醇合成工段进行模拟的。

二、工艺路线及合成机理

1. 工艺仿真范围

由于本仿真系统主要以仿DCS操作为主，因而在不影响操作的前提下，对一些不很重要的现场操作进行简化，简化的主要内容：不重要的间歇操作，部分现场手阀，现场盲板拆装，现场分析及现场临时管线拆装等。另外，根据实际操作需要，对一些重要的现场操作也进行了模拟，并根据DCS画面设计了一些现场图，在此操作画面上进行部分重要现场阀的开关和泵的启动停止。对DCS的模拟，以化工厂提供的DCS画面和操作规程为依据，并对重要回路和关键设备在现场图上进行补充。

2. 合成机理

采用一氧化碳、二氧化碳加压催化氢化法合成甲醇，在合成塔内主要发生的反应：

$$CO_2 + 3H_2 \rightleftharpoons CH_3OH + H_2O + 49kJ/mol$$

$$CO + H_2O \rightleftharpoons CO_2 + H_2 + 41kJ/mol$$

两式合并后即可得出CO生成CH_3OH的反应式：

$$CO + 2H_2 \rightleftharpoons CH_3OH + 90kJ/mol$$

3. 工艺路线

甲醇合成装置仿真系统的设备包括蒸汽透平(T－601)、循环气压缩机(C－601)、甲醇分离器(F－602)、精制水预热器(E－602)、中间换热器(E－601)、最终冷却器(E－603)、甲醇合成塔(R－601)、蒸汽包(F－601)以及开工喷射器(X－601)等。甲醇合成是强放热反应，进入催化剂层的合成原料气需先加热到反应温度(＞210℃)才能反应，而低压甲醇合成催化剂(铜基触媒)又易过热失活(＞280℃)，就必须将甲醇合成反应热及时移走，本反应系统将原料气加热和反应过程中移热结合，反应器和换热器结合连续移热，同时达到缩小设备体积和减少催化剂层温差的作用。低压合成甲醇的理想合成压力为4.8～5.5MPa，在本仿真中，假定压力低于3.5MPa时反应即停止。

蒸汽驱动透平带动压缩机运转，提供循环气连续运转的动力，并同时往循环系统中补充H_2和混合气($CO+H_2$)，使合成反应能够连续进行。反应放出的大量热通过蒸汽包F－601移走，合成塔入口气在中间换热器E－601中被合成塔出口气预热至46℃后进入合成塔R－601，合成塔出口气由255℃依次经中间换热器E－601、精制水预热器E－602、最终冷却器E－603换热至40℃，与补加的H_2混合后进入甲醇分离器F－602，分离出的粗甲醇送往精馏系统进行精制，气相的一小部分送往火炬，气相的大部分作为循环气被送往压缩机C－601，被压缩的循环气与补加的混合气混合后经E－601进入反应器R－601。

合成甲醇流程控制的重点是反应器的温度、系统压力以及合成原料气在反应器入口处各组分的含量。反应器的温度主要是通过汽包来调节，如果反应器的温度较高并且升温速度较快，这时应将汽包蒸汽出口开大，增加蒸汽采出量，同时降低汽包压力，使反应器温度降低或温升速度变小；如果反应器的温度较低并且升温速度较慢，这时应将汽包蒸汽出口关小，减少蒸汽采出量，慢慢升高汽包压力，使反应器温度升高或温降速度变小；如果反应器温度仍然偏低或温降速度较大，可通过开启开工喷射器X－601来调节。系统压力主要靠混合气入口量FRCA6001、H_2入口量FRCA6002、放空量FRCA6004以及甲醇在分离罐中的冷凝量来控制；在原料气进入反应塔前有一安全阀，当系统压力高于5.7MPa时，安全阀会自动打开，当系统压力降回5.7MPa以下时，安全阀自动关闭，从而保证系统压力不至过高。合成原料气在反应器入口处各组分的含量是通过混合气入口量FRCA6001、H_2入口量FRCA6002以及循环量来控制的，冷态开车时，由于循环气的组成没有达到稳态时的循环气组成，需要慢慢调节才能达到稳态时的循环气的组成。调节组成的方法：① 如果增加循环气中H_2的含量，应开大FRCA6002、增大循环量并减小FRCA6001，经过一段时间后，循环气中H_2含量会明显增大；② 如果减小循环气中H_2的含量，应关小FRCA6002、减小循环量并增大FRCA6001，经过一段时间后，循环气中H_2含量会明显减小；③ 如果增加反应塔入口气中H_2的含量，应关小FRCA6002并增加循环量，经过一段时间后，入口气中H_2含量会明显增大；④ 如果降低反应塔入口气中H_2的含量，应开大FRCA6002并减小循环量，经过一段时间后，入口气中H_2含量会明显增大。循环量主要是通过透平来调节。由于循环气组分多，所以调节起来难度较大，不可能一蹴而就，需要一个缓慢的调节过程。调平衡的方法：通过调节循环气量混合气入口量使反应入口气中H_2/CO(体积比)在7～8之间，同时通过调节FRCA6002，使循环气中H_2的含量尽量保持在79%左右，同时逐渐增加入口气的量直至正常(FRCA6001的正常量为14877Nm^3/h，FRCA6002的正常量为13804Nm^3/h)，达到正常后，新鲜气中H_2与CO之比(FFR6002)在2.05～2.15之间。

4. 设备简介

透平T－601：功率655kW，最大蒸汽量10.8t/h，最大压力3.9MPa，正常工作转速

13700r/min，最大转速14385r/min。

循环压缩机C－601：压差约0.5MPa，最大压力5.8MPa。

汽包F－601：直径1.4m，长度5m，最大允许压力5.0MPa，正常工作压力4.3MPa，正常温度250℃，最高温度270℃。

合成塔R－601：列管式冷激塔，直径2m，长度10m，最大允许压力5.8MPa，正常工作压力5.2MPa，正常温度255℃，最高温度280℃；塔内布满装有催化剂的钢管，原料气在钢管内进行合成反应。

分离罐F－602：直径1.5m，高5m，最大允许压力5.8MPa，正常温度40℃，最高温度100℃。

输水阀V6013：当系统中产生冷凝水并进入疏水阀时，内置倒吊桶因自身重量处于疏水阀的下部。这时位于疏水阀顶部的阀座开孔是打开的。允许冷凝水进入阀体并通过顶部的孔排出阀体。当蒸汽进入疏水阀，倒吊桶向上浮起，关闭出口阀，不允许蒸汽外泄。当全部蒸汽通过吊桶顶部的小孔泄出，倒吊桶沉入水中，循环得以重复。

三、主要工艺控制指标

① 控制指标见表3－1。

表3－1 控制指标

序号	位号	正常值	单位	说明
1	FIC6101		Nm^3/h	压缩机C－601防喘振流量控制
2	FRCA6001	14877	Nm^3/h	H_2、CO混合气进料控制
3	FRCA6002	13804	Nm^3/h	H_2进料控制
4	PRCA6004	4.9	MPa	循环气压力控制
5	PRCA6005	4.3	MPa	汽包F－601压力控制
6	LICA6001	40	%	分离罐F－602液位控制
7	LICA6003	50	%	汽包F－6012液位控制
8	SIC6202	50	%	透平T－601蒸汽进量控制

② 仪表显示指标见表3－2。

表3－2 仪表显示指标

序号	位号	正常值	单位	说明
1	PI6201	3.9	MPa	蒸汽透平T－601蒸汽压力
2	PI6202	0.5	MPa	蒸汽透平T－601进口压力
3	PI6205	3.8	MPa	蒸汽透平T－601出口压力
4	TI6201	270	℃	蒸汽透平T－601进口温度
5	TI6202	170	℃	蒸汽透平T－601出口温度
6	SI6201	3.8	r/min	蒸汽透平转速

续表

序号	位号	正常值	单位	说明
7	PI6101	4.9	MPa	循环压缩机 C－601 入口压力
8	PI6102	5.7	MPa	循环压缩机 C－601 出口压力
9	TIA6101	40	℃	循环压缩机 C－601 进口温度
10	TIA6102	44	℃	循环压缩机 C－601 出口温度
11	PI6001	5.2	MPa	合成塔 R－601 入口压力
12	PI6003	5.05	MPa	合成塔 R－601 出口压力
13	TR6001	46	℃	合成塔 R－601 进口温度
14	TR6003	255	℃	合成塔 R－601 出口温度
15	TR6006	255	℃	合成塔 R－601 温度
16	TI6001	91	℃	中间换热器 E－601 热物流出口温度
17	TR6004	40	℃	分离罐 F－602 进口温度
18	FR6006	13904	kg/h	粗甲醇采出量
19	FR6005	5.5	t/h	汽包 F－601 蒸汽采出量
20	TIA6005	250	℃	汽包 F－601 温度
21	PDI6002	0.15	MPa	合成塔 R－601 进出口压差
22	AD6011	3.5	%	循环气中 CO_2 的含量
23	AD6012	6.29	%	循环气中 CO 的含量
24	AD6013	79.31	%	循环气中 H_2 的含量
25	FFR6001	1.07		混和气与 H_2 体积流量之比
26	TI6002	270	℃	喷射器 X－601 入口温度
27	TI6003	104	℃	汽包 F－601 入口锅炉水温度
28	LI6001	40	%	分离罐 F－602 现场液位显示
29	LI6003	50	%	分离罐 F－602 现场液位显示
30	FFR6001	1.07		H_2 与混和气流量比
31	FFR6002	2.05～2.15		新鲜气中 H_2 与 CO 比

③ 现场阀说明见表 3－3。

表3-3　现场阀说明

序号	位号	说明	序号	位号	说明
1	VD6001	FRCA6001 前阀	16	V6002	PRCA6004 副线阀
2	VD6002	FRCA6001 后阀	17	V6003	LICA6001 副线阀
3	VD6003	PRCA6004 前阀	18	V6004	PRCA6005 副线阀
4	VD6004	PRCA6004 后阀	19	V6005	LICA6003 副线阀
5	VD6005	LICA6001 前阀	20	V6006	开工喷射器蒸汽入口阀
6	VD6006	LICA6001 后阀	21	V6007	FRCA6002 副线阀
7	VD6007	PRCA6005 前阀	22	V6008	低压 N_2 入口阀
8	VD6008	PRCA6005 后阀	23	V6010	E-602 冷物流入口阀
9	VD6009	LICA6003 前阀	24	V6011	E-603 冷物流入口阀
10	VD6010	LICA6003 后阀	25	V6012	R-601 排污阀
11	VD6011	压缩机前阀	26	V6014	F-601 排污阀
12	VD6012	压缩机后阀	27	V6015	C-601 开关阀
13	VD6013	透平蒸汽入口前阀	28	SP6001	T-601 入口蒸汽电磁阀
14	VD6014	透平蒸汽入口后阀	29	SV6001	R-601 入口气安全阀
15	V6001	FRCA6001 副线阀	30	SV6002	F-601 安全阀

第三节　岗位操作

一、开车准备

(1) 开工具备的条件

① 与开工有关的修建项目全部完成并验收合格。

② 设备、仪表及流程符合要求。

③ 水、电、汽、风及化验能满足装置要求。

④ 安全设施完善，排污管道具备投用条件，操作环境及设备要清洁整齐卫生。

(2) 开工前的准备

① 仪表、空气、中压蒸汽、锅炉给水、冷却水及脱盐水均已引入界区内备用。

② 盛装开工废甲醇的废油桶已准备好。

③ 仪表校正完毕。

④ 触媒还原彻底。

⑤ 粗甲醇储槽皆处于备用状态，全系统在触媒升温还原过程中出现的问题都已解决。

⑥ 净化运行正常，新鲜气质量符合要求，总负荷≥30%。

⑦ 压缩机运行正常，新鲜气随时可导入系统。

⑧ 本系统所有仪表再次校验，调试运行正常。

⑨ 精馏工段已具备接收粗甲醇的条件。

⑩ 总控、现场照明良好，操作工具、安全工具、交接班记录、生产报表、操作规程、工艺指标齐备。防毒面具、消防器材按规定配好。

⑪ 微机运行良好，各参数已调试完毕。

二、冷态开车

(1)引锅炉水

① 依次开启汽包 F－601 锅炉水、控制阀 LICA6003、入口前阀 VD6009，将锅炉水引进汽包；

② 当汽包液位 LICA6003 接近 50% 时投自动，如果液位难以控制，可手动调节；

③ 汽包设有安全阀 SV6001，当汽包压力 PRCA6005 超过 5.0MPa 时，安全阀会自动打开，从而保证汽包的压力不会过高，进而保证反应器的温度不至于过高。

(2) N_2置换

① 现场开启低压 N_2入口阀 V6008(微开)，向系统充 N_2；

② 依次开启 PRCA6004 前阀 VD6003、控制阀 PRCA6004、后阀 VD6004，如果压力升高过快或降压过程降压速度过慢，可开副线阀 V6002；

③ 将系统中含氧量稀释至 0.25% 以下，在吹扫时系统压力 PI6001 维持在 0.5MPa 附近，但不要高于 1MPa；

④ 当系统压力 PI6001 接近 0.5MPa 时，关闭 V6008 和 PRCA6004，进行保压；

⑤ 保压一段时间，如果系统压力 PI6001 不降低，说明系统气密性较好，可以继续进行生产操作；如果系统压力 PI6001 明显下降，则要检查各设备及其管道，确保无问题后再进行生产操作(仿真中为了节省操作时间，保压 30s 以上即可)。

(3) 建立循环

① 手动开启 FIC6101，防止压缩机喘振，在压缩机出口压力 PI6101 大于系统压力 PI6001 且压缩机运转正常后关闭；

② 开启压缩机 C－601 入口前阀 VD6011；

③ 开透平 T－601 前阀 VD6013、控制阀 SIS6202、后阀 VD6014，为循环压缩机 C－601 提供运转动力。调节控制阀 SIS6202 使转速不致过大；

④ 开启 VD6015，投用压缩机；

⑤ 待压缩机出口压力 PI6102 大于系统压力 PI6001 后，开启压缩机 C601 后阀 VD6012，打通循环回路。

(4) H_2置换充压

① 通 H_2前先检查含 O_2量，若高于 0.25%(V)，应先用 N_2稀释至 0.25% 以下再通 H_2。

② 现场开启 H_2副线阀 V6007 进行 H_2置换，使 N_2的体积含量在 1% 左右；

③ 开启控制阀 PRCA6004，充压至 PI6001 为 2.0MPa，但不要高于 3.5MPa；

④ 注意调节进气和出气的速度，使 N_2的体积含量降至 1% 以下，而系统压力 PI6001 升至 2.0MPa 左右。此时关闭 H_2副线阀 V6007 和压力控制阀 PRCA6004。

(5) 投原料气

① 依次开启混合气入口前阀 VD6001、控制阀 FRCA6001、后阀 VD6002；

② 开启 H_2入口阀 FRCA6002；

③ 同时注意调节 SIC6202，保证循环压缩机的正常运行；

④ 按照体积比约为 1∶1 的比例，将系统压力缓慢升至 5.0MPa 左右（但不要高于 5.5MPa），将 PRCA6004 投自动，设为 4.90MPa。此时关闭 H_2入口阀 FRCA6002 和混合气控制阀 FRCA6001，进行反应器升温。

(6) 反应器升温

① 开启开工喷射器 X－601 的蒸汽入口阀 V6006，注意调节 V6006 的开度，使反应器温度 TR6006 缓慢升至 210℃；

② 开 V6010，投用换热器 E－602；

③ 开 V6011，投用换热器 E－603，使 TR6004 不超过 100℃；

④ 当 TR6004 接近 200℃，依次开启汽包蒸汽出口前阀 VD6007、控制阀 PRCA6005、后阀 VD6008，并将 PRCA6005 投自动，设为 4.3MPa，如果压力变化较快可手动调节。

(7) 调至正常

① 调至正常过程较长，并且不易控制，需要慢慢调节；

② 反应开始后，关闭开工喷射器 X－601 的蒸汽入口阀 V6006。

③ 缓慢开启 FRCA6001 和 FRCA6002，向系统补加原料气。注意调节 SIC6202 和 FRCA6001，使入口原料气中 H_2与 CO 的体积比约为(7～8)∶1，随着反应的进行，逐步投料至正常（FRCA6001 约为 14877Nm^3/h），FRCA6001 约为 FRCA6002 的 1～1.1 倍，将 PRCA6004 投自动，设为 4.90MPa。

④ 有甲醇产出后，依次开启粗甲醇采出现场前阀 VD6003、控制阀 LICA6001、后阀 VD6004，并将 LICA6001 投自动，设为 40%，若液位变化较快，可手动控制。

⑤ 如果系统压力 PI6001 超过 5.8MPa，系统安全阀 SV6001 会自动打开，若压力变化较快，可通过减小原料气进气量并开大放空阀 PRCA6004 来调节。

⑥ 投料至正常后，循环气中 H_2的含量能保持在 79.3% 左右，CO 含量达到 6.29% 左右，CO_2含量达到 3.5% 左右，说明体系已基本达到稳态。

⑦ 体系达到稳态后投用联锁，在 DCS 图上按“F602 液位高或 R601 温度高联锁”按钮和“F601 液位低联锁”按钮。

循环气的正常组成见表 3－4。

表 3－4　循环气的组成

组成	CO_2	CO	H_2	CH_4	N_2	Ar	CH_3OH	H_2O	高沸点物
V%（体积）	3.5	6.29	79.31	4.79	3.19	2.3	0.61	0.01	0

三、正常停车

(1) 停原料气

① 将 FRCA6001 改为手动，关闭，现场关闭 FRCA6001 前阀 VD6001、后阀 VD6002；
② 将 FRCA6002 改为手动，关闭；
③ 将 PRCA6004 改为手动，关闭。
(2) 开蒸汽
开蒸汽阀 V6006，投用 X-601，使 TR6006 维持在 210℃以上，使残余气体继续反应。
(3) 汽包降压
① 残余气体反应一段时间后，关蒸汽阀 V6006；
② 将 PRCA6005 改为手动调节，逐渐降压；
③ 关闭 LICA6003 及其前后阀 VD6010、VD6009，停锅炉水。
(4) R601 降温
① 手动调节 PRCA6004，使系统泄压；
② 开启现场阀 V6008，进行 N_2 置换，使 $H_2 + CO_2 + CO < 1\%$ (体积)；
③ 保持 PI6001 在 0.5MPa 时，关闭 V6008；
④ 关闭 PRCA6004；
⑤ 关闭 PRCA6004 的前阀 VD6003、后阀 VD6004。
(5) 停 C/T601
① 关 VD6015，停用压缩机；
② 逐渐关闭 SIC6202；
③ 关闭现场阀 VD6013；
④ 关闭现场阀 VD6014；
⑤ 关闭现场阀 VD6011；
⑥ 关闭现场阀 VD6012。
(6) 停冷却水
① 关闭现场阀 V6010，停冷却水；
② 关闭现场阀 V6011，停冷却水。

四、紧急停车

(1) 停原料气
① 将 FRCA6001 改为手动，关闭，现场关闭 FRCA6001 前阀 VD6001、后阀 VD6002；
② 将 FRCA6002 改为手动，关闭；
③ 将 PRCA6004 改为手动，关闭。
(2) 停压缩机
① 关 VD6015，停用压缩机；
② 逐渐关闭 SIC6202；
③ 关闭现场阀 VD6013；
④ 关闭现场阀 VD6014；
⑤ 关闭现场阀 VD6011；
⑥ 关闭现场阀 VD6012。
(3) 泄压
① 将 PRCA6004 改为手动，全开；

② 当 PI6001 降至 0.3MPa 以下时，将 PRCA6004 关小。

(4) N_2 置换

① 开 V6008 进行 N_2 置换；

② 当 $CO + H_2 < 5\%$ 后，用 0.5MPa 的 N_2 保压。

五、事故列表

(1) 分离罐液位高或反应器温度高联锁

事故原因：F－602 液位高或 R－601 温度高联锁。

事故现象：分离罐 F－602 的液位 LICA6001 高于 70%，或反应器 R－601 的温度 TR6006 高于 270℃。原料气进气阀 FRCA6001 和 FRCA6002 关闭，透平电磁阀 SP6001 关闭。

处理方法：等联锁条件消除后按"SP6001 复位"按钮，透平电磁阀 SP6001 复位；手动开启进料控制阀 FRCA6001 和 FRCA6002。

(2) 汽包液位低联锁

事故原因：F－601 液位低联锁。

事故现象：汽包 F－601 的液位 LICA6003 低于 5%，温度高于 100℃；锅炉水入口阀 LICA6003 全开。

处理方法：等联锁条件消除后，手动调节锅炉水入口控制阀 LICA6003 至正常。

(3) 混合气入口阀 FRCA6001 阀卡

事故原因：混合气入口阀 FRCA6001 阀卡。

事故现象：混合气进料量变小，造成系统不稳定。

处理方法：开启混合气入口副线阀 V6001，将流量调至正常。

(4) 透平坏

事故原因：透平坏。

事故现象：透平运转不正常，循环压缩机 C－601 停。

处理方法：正常停车，修理透平。

(5) 催化剂老化

事故原因：催化剂失效。

事故现象：反应速度降低，各成分的含量不正常，反应器温度降低，系统压力升高。

处理方法：正常停车，更换催化剂后重新开车。

(6) 循环压缩机坏

事故原因：循环压缩机坏。

事故现象：压缩机停止工作，出口压力等于入口压力，循环不能继续，导致反应不正常。

处理方法：正常停车，修好压缩机后重新开车。

(7) 反应塔温度高报警

事故原因：反应塔温度高报警。

事故现象：反应塔温度 TR6006 高于 265℃，但低于 270℃。

处理方法：

① 全开气包上部 PRCA6005 控制阀，释放蒸汽热量；

② 打开现场锅炉水进料旁路阀 V6005，增大汽包的冷水进量；

③ 将程控阀门 LICA6003 手动，全开，增大冷水进量；

④ 手动打开现场汽包底部排污阀 V6014；
⑤ 手动打开现场反应塔底部排污阀 V6012；
⑥ 待温度稳定下降之后，观察下降趋势，当 TR6006 在 260℃时，关闭排污阀 V6012；
⑦ 将 LICA6003 调至自动，设定液位为 50%；
⑧ 关闭现场锅炉水进料旁路阀门 V6005；
⑨ 关闭现场气包底部排污阀 V6014；
⑩ 将 PRCA6005 投自动，设定为 4.3MPa。
(8) 反应塔温度低报警
事故原因：反应塔温度低报警。
事故现象：反应塔温度 TR6006 高于 210，但低于 220℃。
处理方法：
① 将锅炉水调节阀 LICA6003 调为手动，关闭；
② 缓慢打开喷射器入口阀 V6006；
③ 当 TR6006 温度为 255℃时，逐渐关闭 V6006。
(9) 分离罐液位高报警
事故原因：分离罐液位高报警。
事故现象：分离罐液位 LICA6001 高于 65%，但低于 70%。
处理方法：
① 打开现场旁路阀 V6003；
② 全开 LICA6001；
③ 当液位低于 50% 之后关闭 V6003；
④ 调节 LICA6001，稳定在 40% 时投自动。
(10) 系统压力 PI6001 高报警
事故原因：系统压力 PI6001 高报警。
事故现象：系统压力 PI6001 高于 5.5MPa，但低于 5.7MPa。
处理方法：
① 关小 FRCA6001 的开度至 30%，压力正常后调回。
② 关小 FRCA6002 的开度至 30%，压力正常后调回。
(11) 汽包液位低报警
事故原因：汽包液位低报警。
事故现象：汽包液位 LICA6003 低于 10%，但高于 5%。
处理方法：
① 开现场旁路阀 V6005；
② 全开 LICA6003，增大入水量；
③ 当汽包液位上升至 50%，关现场 V6005；
④ LICA6003 稳定在 50% 时，投自动。
甲醇装置仿真现场及 DCS 画面见图 3-1~图 3-6 所示。

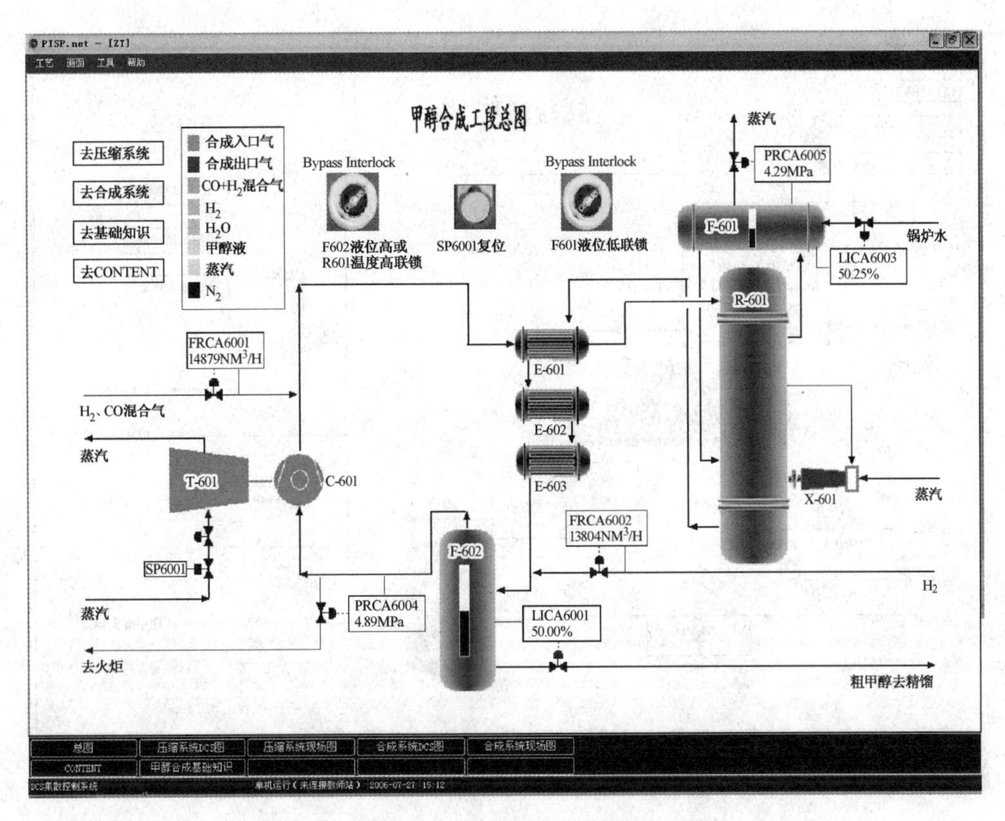

图 3－1　甲醇合成工段总图

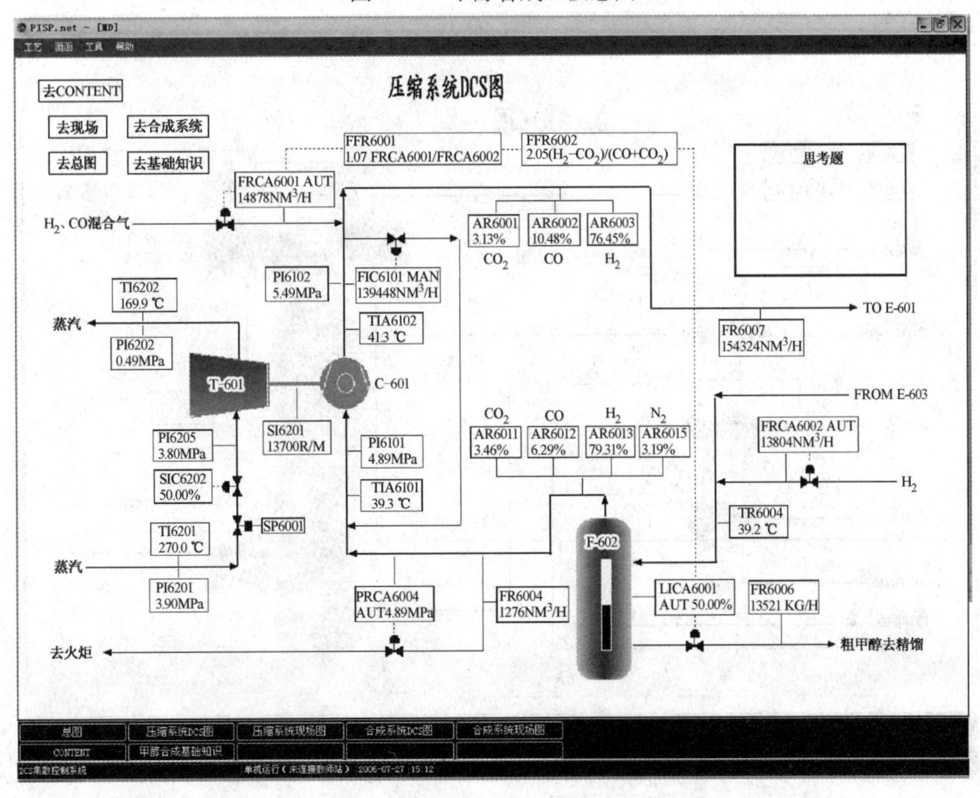

图 3－2　压缩系统

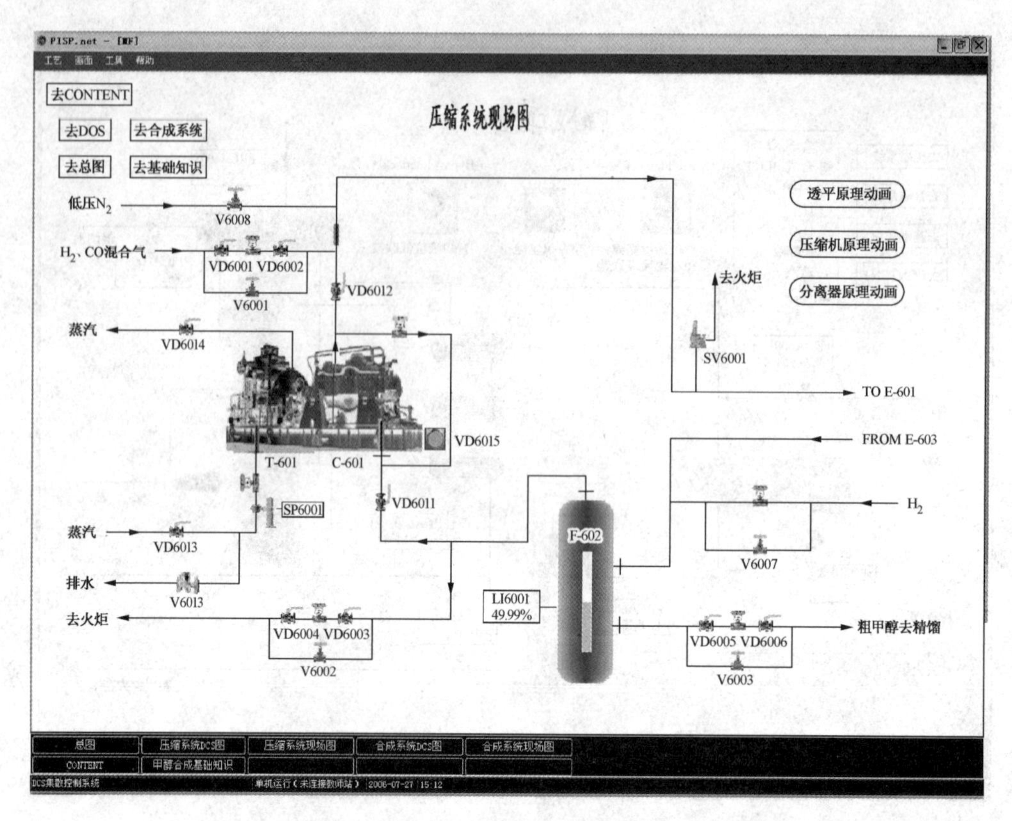

图 3－3　压缩系统现场图

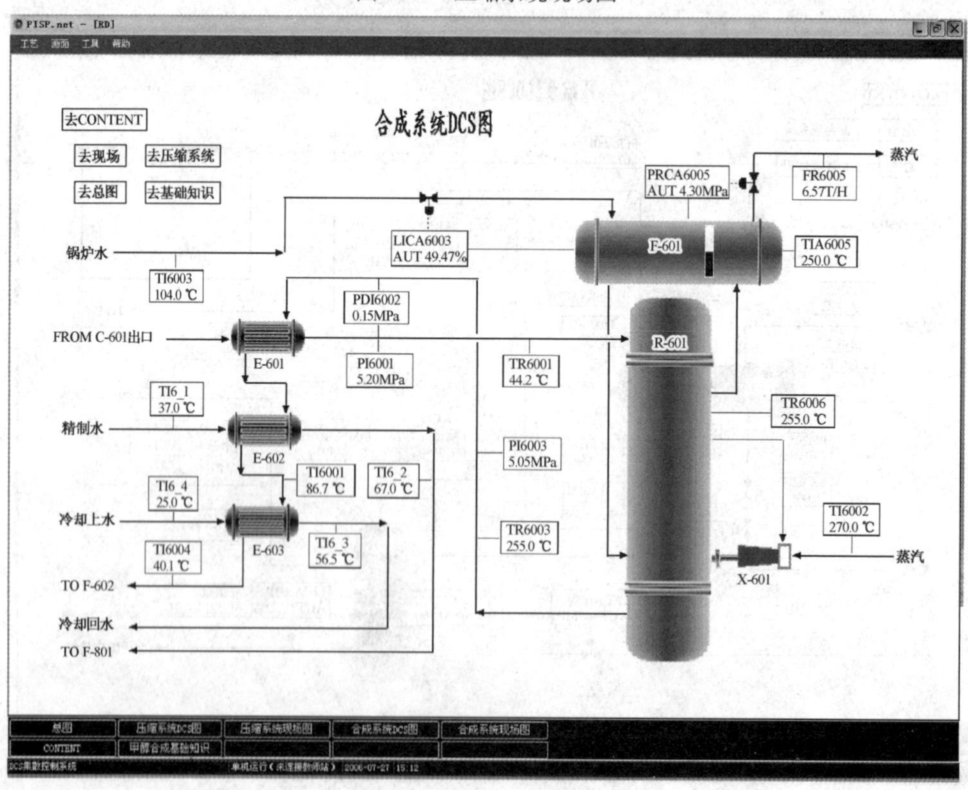

图 3－4　合成系统

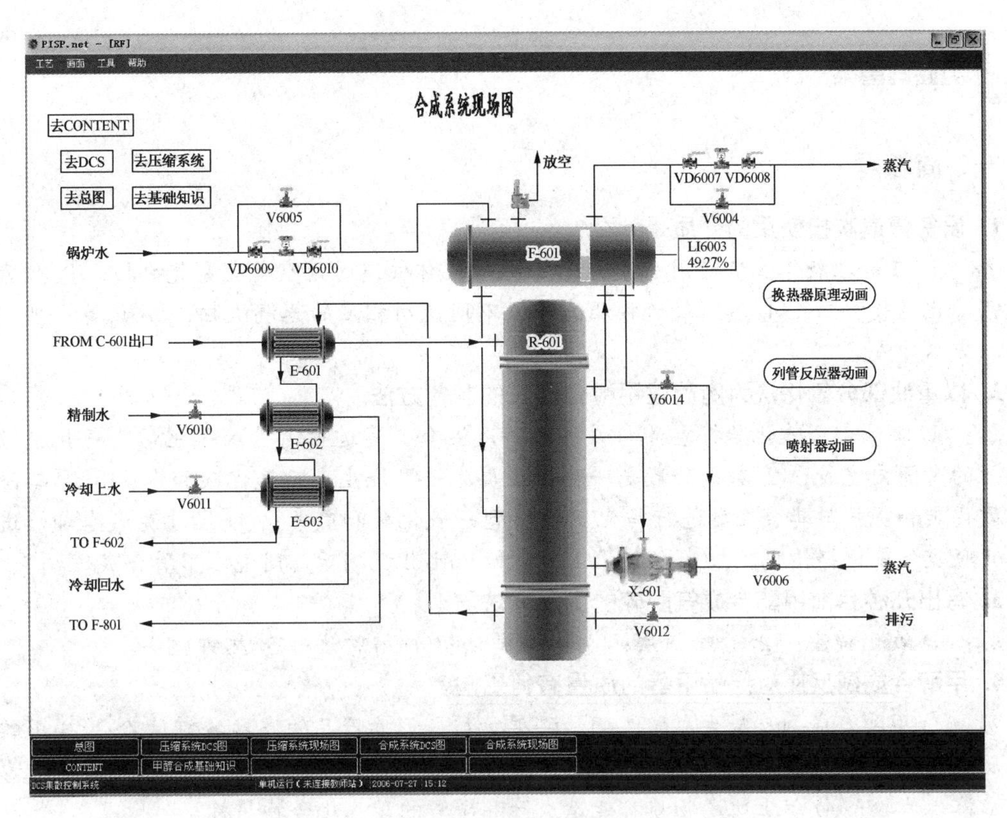

图 3-5　合成系统现场图

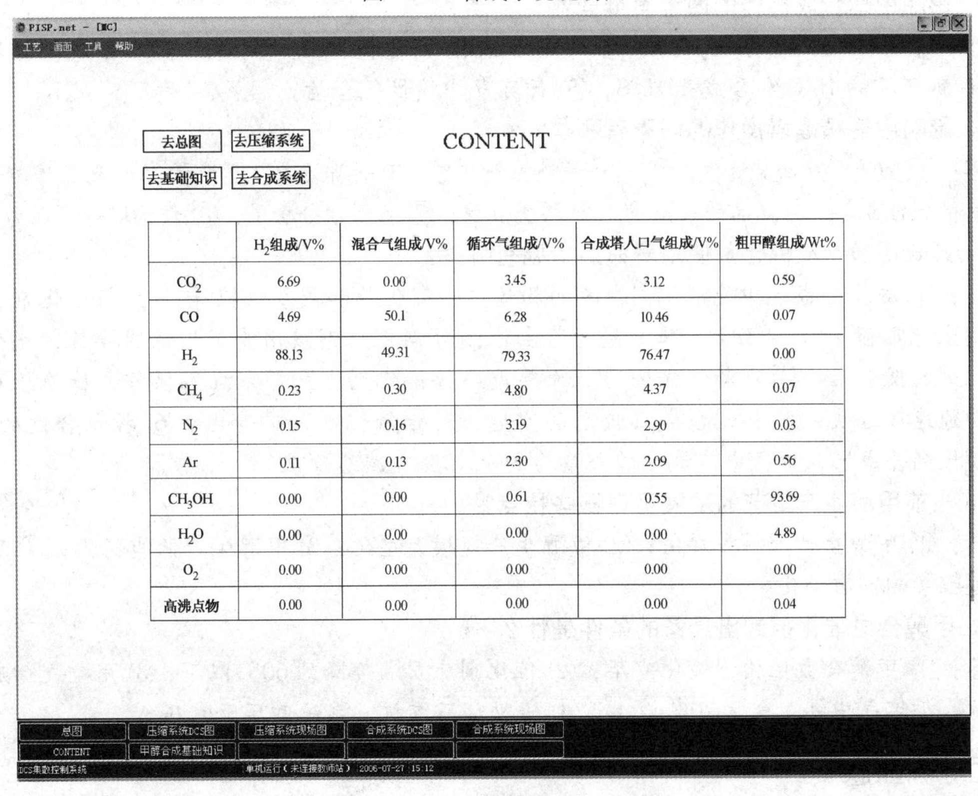

	H_2组成/V%	混合气组成/V%	循环气组成/V%	合成塔人口气组成/V%	粗甲醇组成/Wt%
CO_2	6.69	0.00	3.45	3.12	0.59
CO	4.69	50.1	6.28	10.46	0.07
H_2	88.13	49.31	79.33	76.47	0.00
CH_4	0.23	0.30	4.80	4.37	0.07
N_2	0.15	0.16	3.19	2.90	0.03
Ar	0.11	0.13	2.30	2.09	0.56
CH_3OH	0.00	0.00	0.61	0.55	93.69
H_2O	0.00	0.00	0.00	0.00	4.89
O_2	0.00	0.00	0.00	0.00	0.00
高沸点物	0.00	0.00	0.00	0.00	0.04

图 3-6　组成图

一、简答题

1. 设备管道吹扫使用的介质是什么？

答：① 在处理液体管道时用水冲洗；② 处理气体管道时用空气或氮气吹扫；③ 仪表风管道用净化空气吹扫；④ 蒸汽管道按压力等级不同使用相应的蒸汽吹扫；⑤ 设备一般用人工清扫或水冲洗。

2. 以重油部分氧化法为例简述甲醇合成气的制备方法。

答：① 重油部分氧化是将重油与氧气、蒸汽混合，通过喷嘴进入气化炉内气化，过程在极短的时间内完成；② 第一阶段是一部分烃类完全燃烧生成二氧化碳和水；③ 第二阶段是二氧化碳和氢气与其余烃类进行转化反应得到一氧化碳和氢气；④ 经过洗涤冷却后进入 Amisol 脱硫和氧化锌精脱硫；⑤ 经过 CO 变换和 Purisol 脱碳后一同进入甲醇合成。

3. 写出几种目前甲醇合成气脱硫的主要方法。

答：① 氧化锌法；② 分子筛法；③ 冷甲醇法；④ 醇胺法；⑤ 热钾碱法。

4. 甲醇合成副反应对产品甲醇的质量有何影响？

答：① 甲醇合成副反应生成醚、酮和醛类物质，影响产品的高锰酸钾试验；② 甲醇合成副反应生成有机酸影响产品的酸度；③ 甲醇合成副反应生成的高级醇和石蜡等物质影响产品水溶性试验；④ 以上所述物质都能造成产品甲醇的羰基化合物超标。

5. 影响甲醇合成操作的因素有哪些？

答：① 甲醇合成的系统压力；② 甲醇合成催化剂床层温度和活性；③ 合成塔循环气量；④ 循环气的 H/C 和合成气 H/C；⑤ 循环气中惰性气含量。

6. 影响甲醇精馏塔操作的因素有哪些？

答：① 回流量及回流温度；② 入料量及入料状态；③ 再沸器加热蒸汽量；④ 塔顶冷凝器的冷剂量和冷剂温度；⑤ 产品的采出量。⑥ 塔釜液位；⑦ 入料组分含量；⑧ 精馏塔塔顶压力。

7. 延长甲醇合成催化剂使用寿命的措施有哪些？

答：① 减少合成气中使催化剂中毒的物质，如硫化物和羰基铁镍等；② 新催化剂投用要控制生产负荷 70% ~90%，杜绝超负荷生产；③ 新催化剂投用要采用低温操作，充分利用催化剂的低温活性；④ 新催化剂的还原要严格按催化剂生产厂家方案操作，杜绝床层超温和还原速度过快；⑤ 控制合成塔较高的空速，防止催化剂过热老化。⑥ 控制合适的 H/C；⑦ 控制合成塔入口气中二氧化碳含量为 3% ~5%，减缓反应。

8. 当前甲醇生产工艺的发展呈现哪些特点？

答：① 甲醇生产原料多样化；② 甲醇生产规模大型化；③ 甲醇生产低能耗化；④ 甲醇生产过程控制高自动化。

9. 甲醇合成催化剂卸出具备的条件是什么？

答：① 甲醇合成催化剂钝化完毕；② 催化剂床层温度降到 60℃ 以下；③ 用空气彻底置换系统，循环气中氧气含量 20% 以上；④ 停循环压缩机，系统卸压至常压。

二、判断题

1. 设备管道吹扫必须在装置安装竣工，经水压试验合格后进行。(√)

2. 设备管道的气体试压不得超过试验温度下材料屈服点的90%。(×)

正确答案：设备管道的气体试压不得超过试验温度下材料屈服点的80%。

3. 天然气制备甲醇合成原料气的方法中蒸汽转化法应用得最广泛。(√)

4. 甲醇合成原料气低温甲醇洗脱硫是物理－化学吸收法。(×)

正确答案：甲醇合成原料气低温甲醇洗脱硫是物理吸收法。

5. 氧化锌脱硫为干法脱硫，氧化锌可以再生。(×)

正确答案：氧化锌脱硫为干法脱硫，氧化锌不可以再生。

6. 甲醇合成催化剂没有吸水性，故可以在潮湿的环境中进行装填。(×)

正确答案：甲醇合成催化剂具有强吸水性，故避免在潮湿的环境中进行装填。

7. 精馏塔热平衡微调整，通常采用调整回流量来实现。(√)

8. 精馏塔汽液相平衡微调整，通常采用调整塔顶压力来实现。(×)

正确答案：精馏塔汽液相平衡微调整，通常采用回流量来实现。

9. 甲醇循环气H/C过高，会造成吨甲醇耗合成气量增加。(√)

10. 甲醇合成低循环量可以延长甲醇合成催化剂使用寿命。(×)

正确答案：甲醇合成高循环量可以延长甲醇合成催化剂使用寿命。

11. 甲醇合成低循环量可以充分将甲醇合成催化剂活性中心的反应热带走。(×)

正确答案：甲醇合成低循环量不能将甲醇合成催化剂活性中心的反应热充分带走。

12. 合成甲醇催化剂从合成塔卸出时不需要进行钝化处理。(×)

正确答案：合成甲醇催化剂从合成塔卸出时必须进行钝化处理。

第四章　乙烯裂解装置仿真

我国乙烯工业已有40多年的发展历史，20世纪60年代初我国第一套乙烯装置在兰州化工厂建成投产，多年来我国乙烯工业发展很快，乙烯产量逐年上升，2005年乙烯生产能力达到7.73Mt/a，居世界第三位。随着国家新建和改扩建乙烯装置的投产，2010年我国乙烯生产能力超过16Mt。

根据2000~2020年我国GDP增长率7.2%为基准的弹性系数测算，乙烯需求预测可见表4-1。

表4-1　中国乙烯需求预测

项目	2005年	2010年	2020年
生产能力/(Mt/a)	8.885	14	20
当量需求/(Mt/a)	18.50	25~26	37~41
自给率/%	0.48	0.56~0.538	0.54~0.48

从表4-1可以看出，我国乙烯自给率还不高，一方面需要进口乙烯产品，另一方面需要加大国内乙烯的生产，因此，无论从乙烯在有机化工中的地位，还是从乙烯的需求量预测都可以看出，以生产乙烯为主要目的的石油烃热裂解装置在有机化工中具有举足轻重的地位。

第一节　乙烯的生产方法

由于烯烃的化学性质很活泼，因此乙烯在自然界中独立存在的可能性很小。制取乙烯的方法很多，其中以管式炉裂解技术最为成熟，其他技术包括催化裂解、合成气制乙烯等。

一、管式炉裂解技术

反应器与加热炉融为一体称为裂解炉。原料在辐射炉管内流过，管外通过燃料燃烧的高温火焰、产生的烟道气、炉墙辐射加热将热量经辐射管管壁传给管内物料，裂解反应在管内高温下进行，管内无催化剂，也称为石油烃热裂解。同时为降低原料烃分压，目前大多采用加入稀释蒸汽，故也称为蒸汽裂解技术。

二、催化裂解技术

催化裂解即烃类裂解反应在有催化剂存在下进行，可以降低反应温度，提高选择性和产品收率。

据俄罗斯有机合成研究院对催化裂解和蒸汽裂解的技术经济比较，认为催化裂解单位乙烯和丙烯生产成本比蒸汽裂解低10%左右，单位建设费用低13%~15%，原料消耗降低10%~20%，能耗降低30%。

催化裂解技术具有的优点，使其成为改进裂解过程最有前途的工艺技术之一。

三、合成气制乙烯(MTO)

MTO 合成路线是以天然气或煤为主要原料，先生产合成气，合成气再转化为甲醇，然后由甲醇生产烯烃的路线，完全不依赖于石油。在石油日益短缺的 21 世纪有望成为生产烯烃的重要路线。

采用 MTO 工艺可对现有的石脑油裂解制乙烯装置进行扩能改造。由于 MTO 工艺对低级烯烃具有极高的选择性，烷烃的生成量极低，可以非常容易分离出化学级乙烯和丙烯，因此可在现有乙烯工厂的基础上提高乙烯生产能力 30% 左右。

到目前为止，世界乙烯 95% 都是由石油烃热裂解技术生产的，其他工艺路线由于经济性或者存在技术“瓶颈”等问题，至今仍处于技术开发或工业化实验的水平，没有或很少有常年运行的工业化生产装置。

第二节　石油烃热裂解的原料

一、裂解原料来源和种类

裂解原料的来源主要有两个方面，一是天然气加工厂的轻烃，如乙烷、丙烷、丁烷等，二是炼油厂的加工产品，如炼厂气、石脑油、柴油、重油等(图 4-1)以及炼油厂二次加工油，如加氢焦化汽油、加氢裂化尾油等。

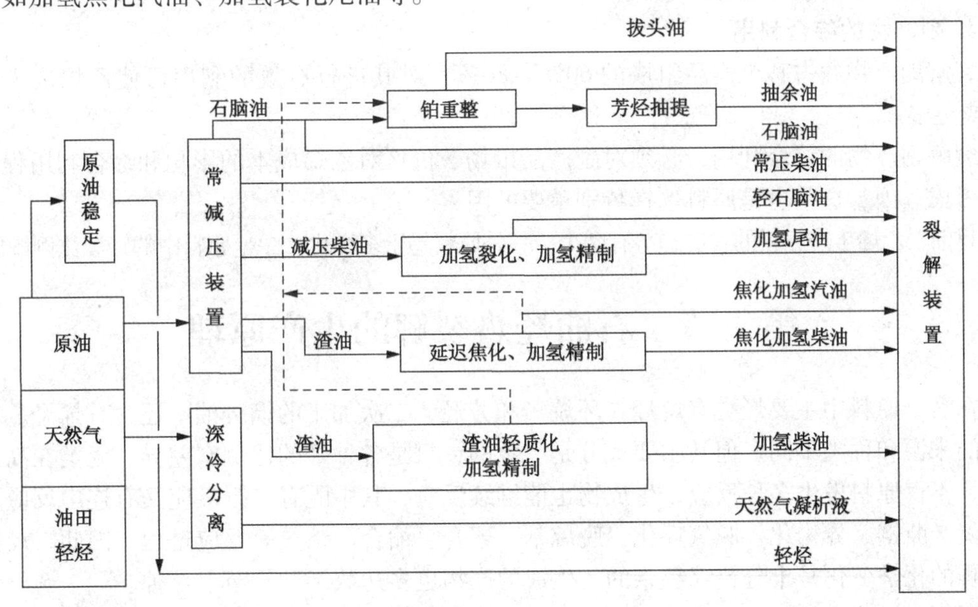

图 4-1　裂解生产乙烯各种原料示意图

二、合理选择裂解原料

乙烯生产原料的选择是一个重大的技术经济问题，原料在乙烯生产成本中占 60% ~ 80%。因此，原料选择正确与否对于降低成本有着决定性的意义。原料的选择主要考虑以下几方面：

1. 石油和天然气的供应状况和价格

世界各地乙烯的生产原料配置各不相同，大洋洲、北美、中东等地区由于天然气资源丰富且价格较为低廉，主要采用天然气凝析液(主要是乙烷)作为生产乙烯的原料，所占比例分别高达82%、73%和73%，剩余部分主要以粗柴油和石脑油为原料；亚洲、拉美和欧洲的乙烯生产商则主要以石脑油作为裂解的原料，分别占86%、70%和64%。

由上可见，石油和天然气的供应状况和价格对乙烯装置原料的选择影响很大。

2. 原料对能耗的影响

使用重质原料的乙烯装置能耗远远大于轻质原料，以乙烷为原料的乙烯装置生产成本最低，若乙烷原料的能耗为1，则丙烷、石脑油和柴油的能耗分别是1.23、1.52、1.84。

3. 原料对装置投资的影响

在乙烯生产中采用不同的原料建厂，投资差别很大。采用乙烷、丙烷原料，由于烯烃收率高，副产品很少，工艺较简单，相应地投资较少。重质原料的乙烯收率低，原料消耗定额大幅度提高，用减压柴油作原料是用乙烷的3.9倍，装置炉区较大，副产品数量大，分离较复杂，则投资也较大。

随着国际上原料供求的变化，原料的价格也经常波动。因此，近年来设计的乙烯装置，或对老装置进行改造，均提高了装置的灵活性，即一套装置可以裂解多种原料。例如，某厂共有7台裂解炉，其中A~E炉为毫秒炉(MSF炉)，G、H炉为SW炉。经改造后现SW炉可投石脑油，五台MSF炉可投乙烷或丙烷、石脑油、轻柴油。但裂解炉可裂解原料的范围越宽，相应炉子的投资也会越大。

4. 副产物的综合利用

裂解副产物约占整个产品组成的60%~80%，对其进行有效的利用可使乙烯成本降低1/3或更多。

裂解副产物的综合利用，必须对副产品市场、价格对乙烯成本的影响和综合利用程度作综合考虑，因为这些也是原料选择特别重要的因素。

目前，乙烯生产原料的发展趋势有两个，一是原料趋于多样化，二是原料中的轻烃比例增加。

第三节 石油烃热裂解的生产原理

在裂解原料中主要烃类有烷烃、环烷烃和芳烃，二次加工的馏分油中还含有烯烃。尽管原料的来源和种类不同，但其主要成分是一致的，只是各种烃的比例有差异。烃类在高温下裂解，不仅原料发生多种反应，生成物也能继续反应，其中既有平行反应又有连串反应，包括脱氢、断链、异构化、脱氢环化、脱烷基、聚合、缩合、结焦等反应过程。因此，烃类裂解过程的化学变化是十分错综复杂的，生成的产物也多达数十种甚至上百种。

要全面描述这样一个十分复杂的反应过程是很困难的，所以人们根据反应的前后顺序，将它们简化归类分为一次反应和二次反应。

一、烃类裂解的一次反应

所谓一次反应是指生成目的产物乙烯、丙烯等低级烯烃为主的反应。

1. 烷烃裂解的一次反应

(1)断链反应

断链反应是C—C链断裂反应，反应后产物有两个，一个是烷烃，一个是烯烃，其碳原子数都比原料烷烃减少。其通式为：$C_{m+n}H_{2(m+n)+2} \longrightarrow C_nH_{2n} + C_mH_{2m+2}$

(2)脱氢反应

脱氢反应是C—H链断裂的反应，生成的产物是碳原子数与原料烷烃相同的烯烃和氢气。其通式为：

$$C_nH_{2n+2} \longrightarrow C_nH_{2n} + H_2$$

2. 环烷烃的断链(开环)反应

环烷烃的热稳定性比相应的烷烃好。环烷烃热裂解时可以发生C—C链的断裂(开环)与脱氢反应，生成乙烯、丁烯和丁二烯等烃类。

以环己烷为例，断链反应：

$$\text{环己烷} \longrightarrow \begin{cases} 2C_3H_6 \\ C_2H_4 + C_4H_6 + H_2 \\ C_2H_4 + C_4H_8 \\ \frac{3}{2}C_4H_6 + \frac{3}{2}H_2 \\ C_4H_6 + C_2H_6 \end{cases}$$

环烷烃的脱氢反应生成物是芳烃，芳烃缩合最终生成焦炭，所以不能生成低级烯烃，即不属于一次反应。

3. 芳烃的断侧链反应

芳烃的热稳定性很高，一般情况下，芳烃不易发生断裂。所以由苯裂解生成乙烯的可能性极小。但烷基芳烃可以断侧链生成低级烷烃、烯烃和苯。

4. 烯烃的断链反应

常减压车间的直馏馏分中一般不含烯烃，但二次加工的馏分油中可能含有烯烃。大分子烯烃在热裂解温度下能发生断链反应，生成小分子的烯烃。

例如：$C_5H_{10} \longrightarrow C_3H_6 + C_2H_4$

二、烃类裂解的二次反应

二次反应就是一次反应生成的乙烯、丙烯继续反应并转化为炔烃、二烯烃、芳烃、直至生炭或结焦的反应。

烃类热裂解的二次反应比一次反应复杂。原料经过一次反应后，生成氢、甲烷和一些低相对分子质量的烯烃如乙烯、丙烯、丁二烯、异丁烯、戊烯等，氢和甲烷在裂解温度下很稳定，而烯烃则可以继续反应。主要的二次反应有：

1. 低分子烯烃脱氢反应

$$C_2H_4 \longrightarrow C_2H_2 + H_2$$

$$C_3H_6 \longrightarrow C_3H_4 + H_2$$

$$C_4H_8 \longrightarrow C_4H_6 + H_2$$

2. 二烯烃叠合芳构化反应

$$2C_2H_4 \longrightarrow C_4H_6 + H_2$$

$$C_2H_4 + C_4H_6 \longrightarrow C_6H_6 + 2H_2$$

3. 结焦反应

烃的生焦反应要经过生成芳烃的中间阶段，芳烃在高温下发生脱氢缩合反应而形成多环芳烃，它们继续发生多阶段的脱氢缩合反应生成稠环芳烃，最后生成焦炭。

$$烯烃 \xrightarrow{-H_2} 芳烃 \xrightarrow{-H_2} 多环芳烃 \xrightarrow{-H_2} 稠环芳烃 \xrightarrow{-H_2} 焦$$

除烯烃外环烷烃脱氢生成的芳烃和原料中含有的芳烃均可脱氢发生结焦反应。

4. 生炭反应

在较高温度下，低分子烷烃、烯烃都有可能分解为炭和氢，这一过程是随着温度升高而分步进行的。如乙烯脱氢先生成乙炔，再由乙炔脱氢生成炭。

$$CH_2{=}CH_2 \longrightarrow CH{\equiv}CH + H_2 \longrightarrow 2C + 2H_2$$

因此，生炭反应只有在高温条件下才可能发生，并且乙炔的生炭不是断链成单个碳原子，而是脱氢稠合成几百个碳原子。

结焦和生炭二者机理不同，结焦是在较低温度下（<927℃）通过芳烃缩合而成，生炭是在较高温度下（>927℃）通过生成乙炔的中间阶段，脱氢成稠合的碳原子。

由此可以看出，一次反应是生产目的，二次反应造成烯烃的损失，并且生炭或结焦，又致使设备或管道堵塞，影响正常生产，所以是不希望发生的。因此，无论在选取工艺条件或进行设计时，都要尽力加速一次反应，抑制二次反应。

通过以上讨论，各族烃类的热裂解反应的大致规律可归纳如下：

烷烃：正构烷烃最利于生成乙烯、丙烯，是生产乙烯的最理想原料。相对分子质量越小则烯烃的总收率越高。异构烷烃的烯烃总收率低于同碳原子数的正构烷烃，随着相对分子质量的增大，这种差别减小。

环烷烃：在通常裂解条件下，环烷烃脱氢生成芳烃的反应优于断链（开环）生成单烯烃的反应。含环烷烃多的原料，其丁二烯、芳烃的收率较高，乙烯的收率较低。

芳烃：无侧链的芳烃基本上不易裂解为烯烃；有侧链的芳烃，主要是侧链逐步断链及脱氢。芳烃倾向于脱氢缩合生成稠环芳烃，直至结焦，所以芳烃不是裂解的合适原料。

烯烃：大分子的烯烃能裂解为乙烯和丙烯等低级烯烃，但烯烃会发生二次反应，最后生成焦和炭。所以含烯烃的原料如二次加工产品作为裂解原料不好。

所以高含量的烷烃、低含量的芳烃和烯烃原料是理想的裂解原料。

第四节　石油烃热裂解的操作条件

石油烃裂解所得产品收率与裂解原料的性质密切相关。而对相同裂解原料而言，则裂解所得产品收率取决于裂解过程的工艺条件。只有选择合适的工艺条件，并在生产中平稳操作，才能达到理想的裂解产品收率分布，并保证合理的清焦周期。

一、裂解温度

从热力学分析裂解是吸热反应，需要在高温下才能进行。温度越高对生成乙烯、丙烯越有利，但对烃类分解成碳和氢的副反应也越有利，即二次反应在热力学上占优势；从动力学角度分析，升高温度石油烃裂解生成乙烯的反应速度的提高大于烃分解为碳和氢的反应速度，即提高反应温度，有利于提高一次反应对二次反应的相对速率，有利于乙烯收率的提高，所以一次反应在动力学上占优势。因此应选择一个最适宜的裂解温度，发挥一次反应在动力学上的优势，而克服二次反应在热力学上的优势，既可提高转化率也可得到较高的乙烯收率。

一般当温度低于750℃时，生成乙烯的可能性较小，或者说乙烯收率较低；在750℃以上生成乙烯可能性增大，温度越高反应的可能性越大，乙烯的收率越高。但当反应温度太高，特别是超过900℃时，甚至达到1100℃时，对结焦和生炭反应极为有利，同时生成的乙烯又会经历乙炔中间阶段而生成炭，这样原料的转化率虽有增加，产品的收率却大大降低。所以理论上烃类裂解制乙烯的最适宜温度一般在750～900℃之间。而实际裂解温度的选择还与裂解原料、产品分布、裂解技术、停留时间等因素有关。

不同的裂解原料具有不同的适宜裂解温度，较轻的裂解原料，裂解温度较高，较重的裂解原料，裂解温度较低。如某厂乙烷裂解炉的裂解温度是850～870℃，石脑油裂解炉的裂解温度是840～865℃，轻柴油裂解炉的裂解温度是830～860℃；若改变反应温度，裂解反应进行的程度就不同，一次产物的分布也会改变，所以可以选择不同的裂解温度，达到调整一次产物分布的目的，如裂解目的产物是乙烯，则裂解温度可适当地提高，如果要多产丙烯，裂解温度可适当降低；提高裂解温度还受炉管合金的最高耐热温度的限制，也正是管材合金和加热炉设计方面的进展，使裂解温度可从最初的750℃提高到900℃以上，目前某些裂解炉管已允许壁温达到1115～1150℃，但这不意味着裂解温度可选择1100℃以上，它还受到停留时间的限制。

二、停留时间

停留时间是指裂解原料由进入裂解辐射管到离开所经历的时间。即反应原料在反应管中停留的时间。停留时间一般用τ来表示，单位为s。

实际上裂解温度和停留时间存在着既相互依存又相互制约的关系，没有适当的高温，停留时间无论如何延长也得不到高乙烯收率，反过来停留时间不合适，即使在高温下也不能得到高乙烯收率，因此裂解温度与停留时间是一组相互关联的参数，在控制一定裂解深度条件下，可以有各种不同的裂解温度－停留时间组合，高温短停留时间是改善裂解反应目的产品收率的关键。一般规律是提高裂解温度、缩短停留时间对裂解产物分布有如下影响：① 有利于正构烷烃生成更多的乙烯，而丙烯以上的单烯烃的收率有所下降。② 有利于异构烷烃生成低相对分子质量的直链烯烃，而支链烯烃的收率下降。③ 不利于芳烃的生成，裂解汽油的收率也减少。

三、裂解压力

1. 压力对平衡转化率的影响

烃类裂解的一次反应是分子数增加的反应，降低压力对反应平衡向正反应方向移动是有利的，但是高温条件下，断链反应的平衡常数很大，几乎接近全部转化，反应是不可逆的，因此改变压力对断链反应的平衡转化率影响不大。对于脱氢反应，它是一可逆过程，降低压力有利于提高转化率。二次反应中的聚合、脱氢缩合、结焦等二次反应，都是分子数减少的反应，因此降低压力不利于平衡向产物方向移动，可抑制此类反应的发生。所以从热力学分析可知，降低压力对一次反应有利，而对二次反应不利。

2. 压力对反应速度的影响

烃类裂解的一次反应是单分子反应，其反应速度可表示为：$r_{裂} = k_{裂}C$。

烃类聚合或缩合反应为多分子反应，其反应速度为：$r_{聚} = k_{聚}C^n$，$r_{缩} = k_{缩}C_A C_B$。

压力不能改变速度常数的大小，但能通过改变浓度的大小来改变反应速度的大小。降低压力会使气相的反应分子的浓度减少，也就减少了反应速度。由以上三式可见，浓度的改变虽对三个反应速度都有影响，但降低的程度不一样，浓度的降低使双分子和多分子反应速度的降低比单分子反应速度要大得多。

所以从动力学分析得出：降低压力可增大一次反应对于二次反应的相对速度。

故无论从热力学还是动力学分析，降低裂解压力对一次反应有利，可抑制二次反应，从而减轻结焦的程度。表4－2反映了压力对裂解反应的影响。

表4－2　裂解压力对一次反应和二次反应的影响

反　应		一次反应	二次反应
热力学因素	反应后体积的变化	增大	减少
	降低压力对平衡的影响	有利于提高平衡转化率	不利于提高平衡转化率
动力学因素	反应分子数	单分子反应	双分子或多分子反应
	降低压力对反应速度的影响	不利	更不利提高
	降低压力对反应速度的相对变化的影响	有利	不利

3. 稀释剂的降压作用

如果在生产中直接采用减压操作，因为裂解是在高温下进行的，当某些管件连接不严密时，有可能漏入空气，不仅会使裂解原料和产物部分氧化而造成损失，更严重的是空气与裂解气能形成爆炸性混合物而导致爆炸。另外如果在此处采用减压操作，而对后继分离部分的裂解气压缩操作就会增加负荷，即增加了能耗。工业上常用的办法是在裂解原料气中添加稀释剂以降低烃分压，而不是降低系统总压。

稀释剂可以是惰性气体(例如氮)或水蒸气。工业上都是用水蒸气作为稀释剂，其优点是：

① 易于从裂解气中分离。水蒸气在急冷时可以冷凝，很容易就实现了稀释剂与裂解气的分离。

② 可以抑制原料中的硫对合金钢管的腐蚀。

③ 可脱除炉管的部分结焦。水蒸气在高温下能与裂解管中沉淀的焦炭发生如下反应：$C + H_2O \longrightarrow H_2 + CO$，使固体焦炭生成气体随裂解气离开，延长了炉管运转周期。

④ 减轻了炉管中铁和镍对烃类气体分解生炭的催化作用。水蒸气对金属表面起一定的氧化作用，使金属表面的铁、镍形成氧化物薄膜，可抑制这些金属对烃类气体分解生炭反应的催化作用。

⑤ 稳定炉管裂解温度。水蒸气的热容大，水蒸气升温时耗热较多，稀释水蒸气的加入，可以起到稳定炉管裂解温度，防止过热，保护炉管的作用。

⑥ 降低烃分压的作用明显。稀释蒸汽可降低炉管内的烃分压，水的摩尔质量小，同样质量的水蒸气其分压较大，在总压相同时，烃分压可降低较多。

加入水蒸气的量不是越多越好，增加稀释水蒸气量，将增大裂解炉的热负荷，增加燃料的消耗量，增加水蒸气的冷凝量，从而增加能量消耗，同时会降低裂解炉和后部系统设备的生产能力。水蒸气的加入量随裂解原料而异，一般地说轻质原料裂解时，所需稀释蒸汽量可以降低，随着裂解原料变重，为减少结焦所需稀释水蒸气量将增大。

综上所述，石油烃热裂解的操作条件宜采用高温、短停留时间、低烃分压，产生的裂解气要迅速离开反应区，因为裂解炉出口的高温裂解气在出口温度条件下将继续进行裂解反应，使二次反应增加，乙烯损失随之增加，故需将裂解炉出口的高温裂解气加以急冷，当温度降到650℃以下时，裂解反应基本终止。

第五节　石油烃热裂解的工艺简介

一、管式炉的基本结构和炉型

裂解条件需要高温、短停留时间、低烃分压，所以裂解反应的设备，必须能够承受相当高的裂解温度，裂解原料在设备内能够迅速升温并进行裂解，产生裂解气。管式炉裂解工艺是目前较成熟的生产乙烯的工艺，我国近年来引进的裂解装置都是管式裂解炉。管式炉炉型结构简单，操作容易，便于控制和能连续生产，乙烯、丙烯收率较高，动力消耗少，热效率高，裂解气和烟道气的余热大部分可以回收。

管式炉裂解技术的反应设备是裂解炉，它既是乙烯装置的核心，又是挖掘节能潜力的关键设备。

管式炉的基本结构：

为了提高乙烯收率、降低原料和能量消耗，多年来管式炉技术取得了较大进展，并不断开发出各种新炉型。尽管管式炉有不同型式，但从结构上看，主要包括对流段（或称对流室）和辐射段（或称辐射室）组成的炉体、炉体内适当布置的由耐高温合金钢制成的炉管、燃料燃烧器等三个主要部分。管式炉的基本结构如图 4－2 所示。

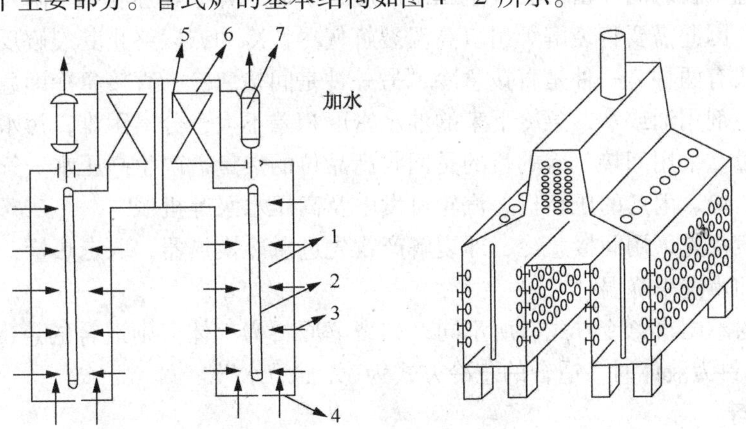

图 4－2　裂解炉基本结构

1—辐射段；2—垂直辐射管；3—侧壁燃烧器；
4—底部燃烧器；5—对流段；6—对流管；7—急冷器

（1）炉体

由两部分组成，即对流段和辐射段。对流段内设有数组水平放置的换热管用来预热原料、工艺稀释水蒸气、急冷锅炉进水和过热的高压蒸汽等；辐射段由耐火砖（里层）和隔热砖(外层)砌成，在辐射段炉墙或底部的一定部位安装有一定数量的燃烧器，所以辐射段又称为燃烧室或炉膛，裂解炉管垂直放置在辐射室中央。为放置炉管，还有一些附件如管架、吊钩等。

(2)炉管

安置在对流段的炉管称为对流管，对流管内物料被管外的高温烟道气以对流方式进行加热并汽化，达到裂解反应温度后进入辐射管，故对流管又称为预热管。安置在辐射段的炉管称为辐射管，通过燃料燃烧的高温火焰、烟道气、炉墙辐射加热将热量经辐射管管壁传给物料，裂解反应在该管内进行，故辐射管又称为反应管。

在管式炉运行时，裂解原料的流向是先进入对流管，后进入辐射管，反应后的裂解气离开裂解炉经急冷段实现急冷。燃料在燃烧器燃烧后，先在辐射段生成高温烟道气，并为辐射管提供反应所需的大部分热量。然后烟道气进入对流段，把余热提供给刚进入对流管内的物料，最后经烟道从烟囱排放。烟道气和物料是逆向流动的，这样热量利用更为合理。

(3)燃烧器

燃烧器又称为烧嘴，它是管式炉的重要部件之一。管式炉中反应所需的热量是通过燃料在燃烧器中燃烧得到的。性能优良的烧嘴不仅对炉子的热效率、炉管热强度和加热均匀性起着十分重要的作用，而且使炉体外形尺寸缩小、结构紧凑、燃料消耗低，烟气中 NO_x 等有害气体含量低。烧嘴因其所安装的位置不同分为底部烧嘴和侧壁烧嘴。管式裂解炉的烧嘴设置方式可分为三种：一是全部由底部烧嘴供热；二是全部由侧壁烧嘴供热；三是由底部和侧壁烧嘴联合供热。按所用燃料不同，又分为气体燃烧器、液体(油)燃烧器和气油联合燃烧器。

二、裂解气急冷

1. 裂解气的急冷

从裂解炉出来的裂解气是富含烯烃的气体和大量的水蒸气，温度 727～927℃，烯烃反应性很强，高温下长时间停留，会发生二次反应，引起结焦、烯烃收率下降及生成经济价值不高的副产物，因此需要将裂解炉出口高温裂解气尽快冷却，以终止其裂解反应。

急冷的方法有两种，一种是直接急冷，另一种是间接急冷。直接急冷即急冷剂与裂解气直接接触，急冷剂用油或水，急冷下来的油水密度相差不大，分离困难，污水量大，不能回收高品位的热量。采用间接急冷的目的是回收高品位的热量，产生高压水蒸气作动力能源以驱动裂解气、乙烯、丙烯的压缩机、汽轮机发电及高压水泵等机械。

生产中一般都先采用间接急冷，即裂解产物先进急冷换热器，取走热量，然后采用直接急冷，即油洗和水洗来降温。

裂解原料的不同，急冷方式有所不同，如裂解原料为气体，则适合的急冷方式为“水急冷”，而裂解原料为液体时，适合的急冷方式为“先油后水”。

2. 急冷设备

间接急冷的关键设备是急冷换热器(常以 TLE 或 TLX 表示)。急冷换热器与汽包所构成的水蒸气发生系统称为急冷废热锅炉。一般急冷换热器管内走高温裂解气，裂解气的压力约低于0.1MPa，温度高达 800～900℃，进入急冷换热器后要在极短的时间(一般在 0.1s 以下)下降到 350～600℃，传热强度约达 418.7×10^6 J/($m^2\cdot h$)左右。管外走高压热水，压力约为 11～12 MPa，在此产生高压水蒸气，出口温度为 320～326 ℃。因此急冷换热器具有热强度高，操作条件极为苛刻、管内外必须同时承受较高的温度差和压力差的特点；同时在运行过程中还有结焦问题，所以生产中使用的不同类型的急冷锅炉都是考虑这些特点来研究和开发的，而与普通的换热器不同。

裂解气经过急冷换热器后，进入油洗和水洗。油洗的作用：一是将裂解气继续冷却，并回收其热量，二是使裂解气中的重质油和轻质油冷凝洗涤下来回收，然后送去水洗。水洗的作用一是将裂解气继续降温到40℃左右，二是将裂解气中所含的稀释蒸汽冷凝下来，并将油洗时没有冷凝下来的一部分轻质油也冷凝下来，同时也可回收部分热量。

三、裂解炉和急冷锅炉的结焦与清焦

1. 裂解炉和急冷锅炉的结焦

在裂解和急冷过程中不可避免地会发生二次反应，最终会结焦，积附在裂解炉管的内壁上和急冷锅炉换热管的内壁上。

随着裂解炉运行时间的延长，焦的积累量不断地增加，有时结成坚硬的环状焦层，使炉管内径变小，阻力增大，使进料压力增加；另外由于焦层导热系数比合金钢低，有焦层的地方局部热阻大，导致反应管外壁温度升高，一是增加了燃料消耗，二是影响反应管的寿命，同时破坏了裂解的最佳工况，故在炉管结焦到一定程度时即应及时清焦。

当急冷锅炉出现结焦时，除阻力较大外，还引起急冷锅炉出口裂解气温度上升、副产高压蒸汽的减少，并加大了急冷油系统的负荷。

2. 裂解炉和急冷锅炉的清焦

当出现下列任一情况时，应进行清焦：

① 裂解炉管管壁温度超过设计规定值。

② 裂解炉辐射段入口压力增加值超过设计值。

③ 废热锅炉出口温度超过设计允许值，或废热锅炉进出口压差超过设计允许值。

清焦方法有停炉清焦和不停炉清焦法(也称在线清焦)。停炉清焦法是将进料及出口裂解气切断(离线)后，将裂解炉和急冷锅炉停车拆开，分别进行除焦，用惰性气体和水蒸气清扫管线，逐渐降低炉温，然后通入空气和水蒸气烧焦。

由于氧化(燃烧)反应是强放热反应，故需加入水蒸气以稀释空气中氧的浓度，以减慢燃烧速度。烧焦期间不断检查出口尾气的二氧化碳含量，当二氧化碳浓度降至0.2%以下时，可以认为在此温度下烧焦结束。在烧焦过程中裂解管出口温度必须严格控制，不能超过750℃，以防烧坏炉管。

停炉清焦需3~4天时间，这样会减少全年的运转天数，设备生产能力不能充分发挥出来。不停炉清焦是一种改进方法，有交替裂解法、水蒸气法、氢气清焦法等。交替裂解法是使用重质原料(如轻柴油等)裂解一段时间后有较多的焦生成，需要清焦时切换轻质原料(如乙烷)去裂解，并加入大量的水蒸气，这样可以起到裂解和清焦的作用。当压降减少后(焦已大部分被清除)，再切换为原来的裂解原料。水蒸气、氢气清焦是定期将原料切换成水蒸气、氢气，方法同上，也能达到不停炉清焦的目的。对整个裂解炉系统，可以将炉管组轮流进行清焦操作。不停炉清焦时间一般在24h之内，这样裂解炉运转周期大为增加。

在裂解炉进行清焦操作时，废热锅炉均在一定程度上可以清理部分焦垢，管内焦炭不能完全用燃烧方法清除，所以一般需要在裂解炉1~2次清焦周期内对废热锅炉进行水力清焦或机械清焦。

第六节　乙烯裂解装置仿真操作

一、工艺流程简介

1. 装置的生产过程

乙烯车间裂解单元是乙烯装置的主要组成部分之一。裂解是指烃类在高温下，发生碳链断裂或脱氢反应，生成烯烃和其他产物的过程。

裂解炉进料预热系统利用急冷水热源，将石脑油预热到60℃，送入裂解炉裂解。

裂解炉系统利用高温、短停留时间、低烃分压的操作条件，裂解石脑油等原料，生产富含乙烯、丙烯和丁二烯的裂解气，送至急冷系统冷却。

急冷系统接收裂解炉来的裂解气，经过油冷和水冷两步工序，经过冷却和洗涤后的裂解气去压缩工段。

裂解炉废热锅炉系统回收裂解气的热量，产生超高压蒸汽作为裂解气压缩机等机泵的动力。

燃料油汽提塔利用中压蒸汽直接汽提，降低急冷油黏度。

稀释蒸汽发生系统接收工艺水，发生稀释蒸汽送往裂解炉管，作为裂解炉进料的稀释蒸汽，降低原料裂解中烃分压。

来自罐区、分离工段的燃料气送入裂解炉，作为裂解炉的燃料气，为裂解炉高温裂解提供热量。

2. 装置流程说明

来自罐区的石脑油原料在送到裂解炉之前由急冷水预热至60℃。被裂解炉烟道气进一步预热后，液体进料在180℃条件下进入炉子裂解。在注入稀释蒸汽之前，将上述烃进料按一定的流量送到各个炉管。烃类/蒸汽混合物返回对流段，在进入裂解炉辐射管之前预热至横跨温度，在裂解炉辐射管中原料被裂解。辐射管出口与TLE相连，TLE利用裂解炉流出物的热量生产超高压蒸汽。

TLE通过同每一台裂解炉的汽包相连的热虹吸系统，在12.4 MPa的压力条件下生产SS蒸汽。锅炉给水(BFW)由烟道气预热后进入锅炉蒸汽汽包。蒸汽包排出的饱和蒸汽在裂解炉对流段中由烟道气过热至400℃。通过在过热蒸汽中注入锅炉给水来控制过热器的出口温度。温度调节以后的蒸汽返回对流段并最终过热至所需的温度(520℃)。

来自裂解炉TLE的流出物由装在TLE出口处的急冷器用急冷油进行急冷，混合以后送至油冷塔。

在油冷塔裂解气进一步被冷却，裂解燃料油(PFO)和裂解柴油(PGO)从油冷塔中抽出，汽油和较轻的组分作为塔顶气体。裂解气体中的热量的去除与回收是通过将急冷油从塔底循环至稀释蒸汽发生器和稀释蒸汽罐进料预热器进行的。低压蒸汽也在急冷油回路中产生。水冷塔中冷凝的汽油作为油冷塔的回流液。

裂解燃料油被泵送到裂解燃料油汽提塔(T102)。裂解柴油(来自油冷塔的侧线抽出物)被送至裂解燃料油汽提塔的下部汽提段，以控制闪点。用汽提蒸汽将裂解燃料油汽提，提高急冷油中馏程在260～340℃馏分的浓度，有助于降低急冷油黏度。塔底的燃料油通过燃料油泵送入燃料油罐。

油冷塔顶的裂解气，通过和水冷塔中的循环急冷水进行直接接触进行冷却和部分冷凝，温度冷却至28℃，水冷塔的塔顶裂解气被送到下一工段。

来自水冷塔的急冷水给乙烯装置工艺系统提供低等级热量，即提供给装置中一些用户热量。换热后的急冷水由循环水和过冷水进一步冷却，作为水冷塔的回流，冷却裂解气。

在水冷塔冷凝的汽油，与循环急冷水和塔底冷凝的稀释蒸汽分离，冷凝后的汽油部分作为回流进入油冷塔。部分送往其他工段。

在水冷塔冷凝的稀释蒸汽(工艺水)进入工艺水汽提塔，在工艺水汽提塔，利用低压蒸汽汽提，将酸性气体和易挥发烃类汽提后返回水冷塔。安装有顶部物流/进料换热器以预热去工艺水汽提塔的进料。

汽提后的工艺水在进入稀释蒸汽发生器前用急冷油预热。然后被中压蒸汽和稀释蒸汽发生器中的急冷油汽化。产生的蒸汽被中压蒸汽过热，然后用作裂解炉中的稀释蒸汽。

来自罐区、分离工段的燃料气送入裂解炉，作为裂解炉的燃料气。

二、设备列表

设备列表见表4-3。

表4-3 设备列表

序号	位号	名称	序号	位号	名称
1	D101	蒸汽汽包	2	F101	裂解炉
3	D102	稀释蒸汽发生器	4	L101	油急冷器
5	E101	TLE换热器	6	L102	油急冷器
7	E102	TLE换热器	8	ME101	蒸汽减温器
9	E103	原料油进料预热器	10	ME102	蒸汽减温器
11	E104	稀释蒸汽发生器底再沸器	12	P101	急冷油泵
13	E105	稀释蒸汽发生器进料预热器	14	P102	裂解燃料油泵
15	E106	低压蒸汽发生器	16	P103	急冷水循环泵
17	E107	裂解燃料油冷却器	18	P104	油冷塔回流泵
19	E108	急冷水冷却器	20	P105	工艺水汽提塔进料泵
21	E109	急冷水调温冷却器	22	P106	稀释蒸汽发生器进料泵
23	E110	工艺水汽提塔进料预热器	24	S101	急冷油过滤器
25	E111	工艺水汽提塔再沸器	26	T101	油冷塔
27	E112	稀释蒸汽过热器	28	T102	裂解燃料油汽提塔
29	E113	中压/稀释蒸汽换热器	30	T103	水冷塔
31	E114	排污冷却器	32	T104	工艺水汽提塔
33	E120	急冷水循环换热器群	34	Y101	裂解炉引风机

三、仪表列表

仪表列表见表4-4。

表 4-4 仪表列表

点名	单位	正常值	描述	点名	单位	正常值	描述
AI1101	%	4	F101 烟气氧含量	TIC1101	℃	180	原料油经烟道气预热后温度
FIC1101	t/h	9.0	原料油一路进料	TIC1102	℃	213	L101 出口温度
FIC1102	t/h	9.0	原料油二路进料	TIC1103	℃	213	L102 出口温度
FIC1103	t/h	9.0	原料油三路进料	TIC1104	℃	932	F101 裂解气出口温度
FIC1104	t/h	9.0	原料油四路进料	TIC1105	℃	400	ME101 出口温度
FIC1105	t/h	4.5	稀释蒸汽一路进料	TIC1106	℃	520	ME102 出口温度
FIC1106	t/h	4.5	稀释蒸汽二路进料	TI1107	℃	60	原料预热后温度
FIC1107	t/h	4.5	稀释蒸汽三路进料	TI1108	℃	660	对流室进辐射室一路温度
FIC1108	t/h	4.5	稀释蒸汽四路进料	TI1109	℃	660	对流室进辐射室二路温度
FF1109	%		原料/DS 的比值	TI1110	℃	660	对流室进辐射室三路温度
FIC1110	t/h	36.0	原料油进料总量	TI1111	℃	660	对流室进辐射室四路温度
FI1111	t/h	20.0	锅炉给水流量	TI1112	℃	832	裂解炉出口一路温度
FI1112	t/h	28.0	过热蒸汽流量	TI1113	℃	832	裂解炉出口二路温度
FI1201	t/h	925.7	裂解气进油冷塔	TI1114	℃	832	裂解炉出口三路温度
FIC1202	t/h	3.28	QO 去裂解燃料油汽提塔	TI1115	℃	832	裂解炉出口四路温度
FIC1203	t/h	147.0	QO 循环流量	TI1116	℃	450	E101 出口温度
FIC1204	t/h	0.0	P101 出口返回量	TI1117	℃	450	E102 出口温度
FIC1205	t/h	34.0	汽油自 P104 进 T101	TI1118	℃	320	蒸汽汽包温度
FI1207	t/h	5.4	汽油出 T101	TI1119	℃	200	稀释蒸汽入口温度
FI1209	t/h	125.0	气体出 T101	TI1120	℃	1160	F101 炉膛温度
FIC1301	t/h	5.4	汽油进 T102	TI1121	℃	130	烟气出口温度
FIC1302	t/h	4.5	MS 进 T102	TI1201	℃	198	T101 塔底温度
FI1303	t/h	6.7	T102 气体出料	TIC1202	℃	104	T101 塔顶温度
FI1304	t/h	3.48	T102 底部出料	TI1203	℃	130	T101 上部温度
FIC1401	t/h	1400.0	急冷水返回流量	TI1204	℃	155	T101 下部温度
FIC1402	t/h	350.0	急冷水返回流量	TI1205	℃	213	裂解气进 T101 温度
FI1404	t/h	56.2	T103 顶部出料	TI1206	℃	155	E106 热物流出口温度
FI1405	t/h	37.4	汽油出 T103	TI1207	℃	158	E105 热物流出口温度
FIC1501	kg/h	500	LS 进 T104	TI1208	℃	175	E104 热物流出口温度
FIC1502	t/h	100.0	LS 进 E111	TIC1301	℃	80	E107 热物流出口温度控制
FI1503	t/h	95.0	P105 出口	TI1302	℃	190	T102 顶部温度
FI1504	t/h	3.6	T104 顶部出料	TI1303	℃	181	T102 底部温度
FI1505	t/h	18.0	D102 顶部排污	TI1304	℃	80	E107 热物流出口温度
FIC1506	t/h	3.9	D102 底部出料	TIC1401	℃	85	水冷塔塔底温度控制
FI1507	t/h	50.0	MS 进 E112	TIC1402	℃	58	循环水回流温度控制
LIC1101	%	60	蒸汽汽包液位	TI1403	℃	28	T103 塔顶温度
LIC1201	%	60	T101 液位	TI1404	℃	85	T103 底部温度

续表

点名	单位	正常值	描述	点名	单位	正常值	描述
LIC1202	%	60	E106 液位	TI1405	℃	25	E109 管程出口温度
LIC1203	%	50	T101 侧采段液位	TIC1501	℃	118	T104 顶部温度控制
LIC1301	%	50	T102 液位	TI1502	℃	112	T104 进料温度
LIC1401	%	70	T103 油相液位	TI1503	℃	122	T104 底部温度
LI1402	%	60	T103 界位	TI1504	℃	123	T104 再沸器出口温度
LIC1501	%	60	T104 液位	TI1505	℃	115	E110 去 T103 管线温度
LIC1502	%	60	D102 液位	TI1506	℃	160	D102 进料温度
PIC1101	Pa	-30	F101 炉膛负压	TI1507	℃	169	D102 底部温度
PI1103	MPa(g)	12.4	D101 压力	TI1508	℃	169	D102 顶部温度
PIC1104	KPa(g)	85	F101 侧壁燃料气压力	TI1509	℃	171	E104 冷物流出口温度
PIC1105	KPa(g)	166	F101 底部燃料气压力	TI1510	℃	170	E113 冷物流出口温度
PI1201	KPa(g)	37	T101 压力	TI1511	℃	220	E112 热物流出口温度
PI1202	KPa(g)	350	E106 压力	TI1512	℃	43	E114 热物流出口温度
PI1301	KPa(g)	44	T102 压力	TI1513	℃	200	E112 出口 DS 温度
PIC1401	KPa(g)	20	T103 压力	PIC1501	MPa(g)	0.66	D102 压力
PIC1402	KPa(g)	20	T103 压力	PI1502	KPa(g)	100	T104 压力
PDC1402	MPa(g)	0.7	水冷塔急冷水压差控制				

四、操作参数

① 裂解炉 F101 操作参数见表 4-5。

表 4-5 裂解炉 F101 的操作参数

名称	温度/℃	压力(表压)	流量/(t/h)
石脑油进料	60		36
横跨段	1160		
横跨段炉管	660		
炉膛负压		-30Pa	
裂解炉出口	832		
裂解炉烟气	130		
TLE 出口温度	450		
急冷器出口温度	213		
底部燃料气			0.9~1.0
侧壁燃料气			2.8~3.2

② 蒸汽系统 D101 的操作参数见表 4－6。

表 4－6 蒸汽系统 D101 的操作参数

名称	温度/℃	压力（表）	流量/(t/h)
锅炉给水	147	14.0 MPa	20.0
D101	320	12.4 MPa	
一段过热	400	12.4 MPa	5.0
二段过热	520	12.4 MPa	3.0

③ 急冷系统的操作参数见表 4－7。

表 4－7 急冷系统的操作参数

名称	温度/℃	压力(表)	流量/(t/h)
T101	底部：198 顶部：104	37kPa	
T102		50kPa	
T103	底部：85 顶部：28	44kPa	
T104	底部：122 顶部：118	100kPa	
D102	169	0.66MPa	

五、联锁逻辑图

① 联锁系统的起因及结果见表 4－8。

表 4－8 联锁系统的起因及结果

序号	联锁号	联锁原因	设定值	旁路	动作结果
1	PB1101	裂解炉停车		无	详见联锁逻辑图
2	LSLL1102	蒸汽发生器液位	10.0%	有	详见联锁逻辑图
3	FSLL1103	锅炉给水流量	0.5t/h	有	详见联锁逻辑图
4	PB1104	引风机跳闸		有	详见联锁逻辑图
5	TSHH1105	蒸汽温度过热	600℃	有	详见联锁逻辑图
6	TSHH1106A、B	急冷气体温度	500℃	无	详见联锁逻辑图
7	PSLL1107	石脑油进料压力低	10kPa(g)	有	详见联锁逻辑图
8	PSLL1108	底部燃料气压力低	8kPa(g)	有	详见联锁逻辑图
9	PSLL1109	侧壁燃料气压力低	8kPa(g)	有	详见联锁逻辑图
10	PSLL1111	底部点火气压力低	8kPa(g)	有	详见联锁逻辑图

② 联锁逻辑图见图 4-3 所示。

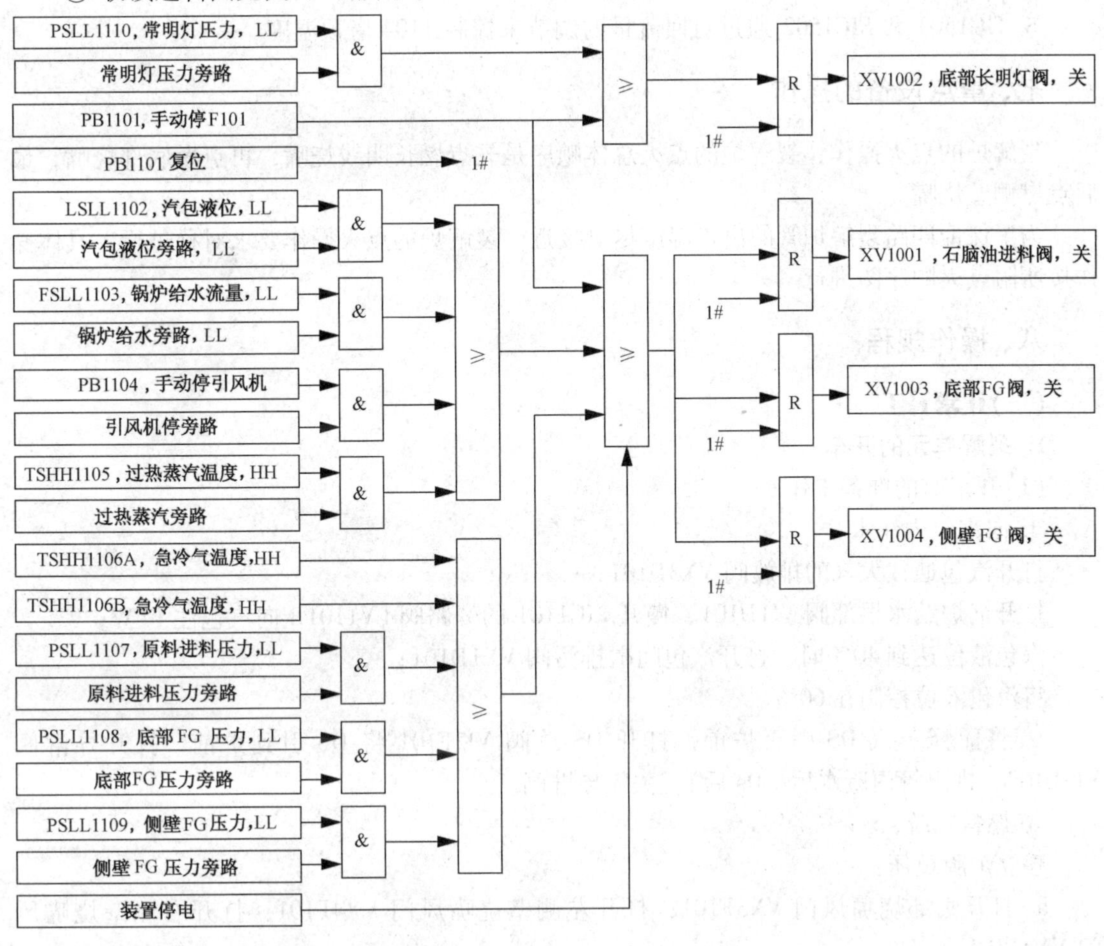

图 4-3 裂解工段联锁逻辑图

六、复杂控制说明

1. 比例控制

本装置进料流量 FIC1101 ~ FIC1104 和 DS 流量 FIC1101 ~ FIC1104 采用比例控制，FIC1101 ~ FIC1104 采用自动控制，FIC1101 ~ FIC1104 参照 FC9101 进行一定比值 FF1109 调节。

2. 分程控制

本装置的 D102 分程控制手段来控制其压力。当调节器控制在 50% 开度时，A 阀全开，B 阀全关；当调节器控制在 100% 开度时，A、B 阀都是全开。

3. 串级控制

FIC1110 和 FIC1101 ~ FIC1104，出 D102 原料油总流量与裂解炉单个炉管的进料量串级控制，保持 F101 进料总量。

① TIC1104 和 PIC1104 利用侧壁燃料气压力来控制 F101 裂解气出口温度。

② LIC1201 和 FIC1202 调节 T101 底部出料量来维持液位的稳定。

③ TIC1401 和 FIC1401 通过对回流量的调节来控制 T103 塔底的温度。

④ TIC1202 和 FIC1205 通过对回流量的调节来控制 T101 塔顶温度。

⑤ TIC1501 和 FIC1502 通过对回流量的调节来控制 T104 塔顶温度。

七、重点设备的操作

裂解炉的点火操作：裂解炉的点火总体顺序是先点燃长明线烧嘴，再点燃底部烧嘴，最后点燃侧壁烧嘴。

为了保证四路裂解炉管的出口温度尽量接近，裂解炉的点火操作要求对称进行，具体操作按所附点火顺序图进行。

八、操作规程

（一）正常开工

1. 裂解单元的开车

(1)开车前的准备工作

① 向汽包内注水：

打开汽包通往大气的排放阀 VX3D101；

打开锅炉给水根部阀 VI1D101，慢开 LIC1101 的旁路阀 LV1101B 向汽包注 BFW；

汽包液位达到40%时，打开汽包间歇排污阀 VX1D101；

将汽包液位控制在60%。

② 将稀释蒸汽 DS 引至炉前：打开 DS 总阀 VI2F101 将 DS 引到炉前，打开导淋阀 VI3E103，排出管内凝水后(10s 后)，关闭导淋阀。

③ 燃料系统：

建立炉膛负压：

a. 打开底部烧嘴风门 VX3F101；打开左侧壁烧嘴风门 VX4F101；打开右侧壁烧嘴风门 VX5F101。

b. 启动引风机 Y101。

c. 用 PIC1101 将炉膛压力调节到 -30Pa。

打开侧壁燃料气总管手阀 VI5F101 和电磁阀 XV1004，打开底部燃料气总管手阀 VI6F101 和电磁阀 XV1003。

(2)裂解炉的点火、升温

① 点火前的准备：确认汽包液位控制在60%；打开去清焦线阀 VI4F101，打通 DS 流程。

② 点火、升温：

打开点火燃料气各阀门 VI7F101 和 XV1002，将燃料气引至点火烧嘴(长明灯)。

点燃底部长明灯点火烧嘴(用鼠标左键单击火嘴分布图中间长明灯火嘴)。

将底部燃料气引至火嘴前，稍开 PIC1105，压力控制在 50kPa 以下。

点燃底部火嘴。按照升温速度曲线来增加点火数目。

当 COT 达到200℃时，通过 FIC1105 ~ FIC1108 向炉管内通入 DS 蒸汽，控制四路炉管 DS 流量均匀防止偏流对炉管造成损坏。

将侧壁燃料气引至火嘴前，稍开 PIC1104，压力控制在 30kPa 以下。

根据炉膛温度点燃侧壁火嘴。

当汽包压力超过0.15MPa关闭汽包放空阀，并控制压力上升。

当COT达到200℃时，稍开消音器阀VX1F101，使汽包产生的蒸汽由消音器放空。

整个过程中注意控制汽包液位LIC1101、炉膛负压PIC1101和烟气氧含量。

继续增加点燃的火嘴按照升温速度曲线升温(详见升温曲线图4-4)。

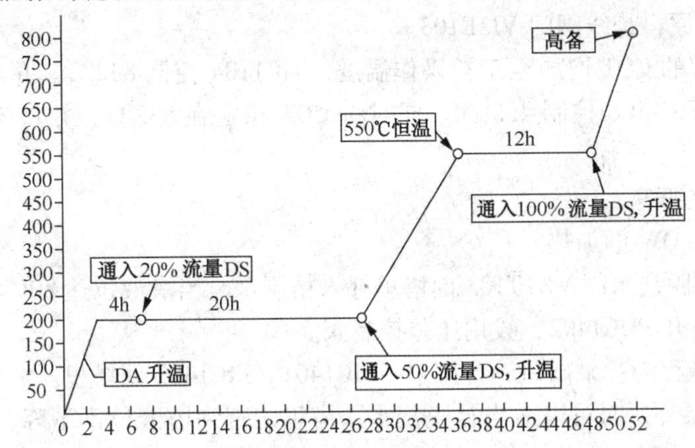

图4-4　裂解炉升温曲线图

加热过程中实际的时间对应仿真时钟比为：1小时:15秒。

根据COT的变化增加DS量：

COT：200~550℃	正常DS流量的100%
COT：550~760℃	正常DS流量的120%
COT：760~投油温度	正常DS流量的100%

当SS过热温度TIC1106达到450℃时，应通过控制阀注入少量无磷水，将蒸气温度控制在520℃左右。当SS过热温度TIC1105达到400℃，应通过控制阀注入少量无磷水，将蒸汽温度控制在400℃左右。

当烟气温度超过220℃，打开DS原料跨线阀门。打开FIC1101~FIC1104阀门，引适量的DS进入石脑油进料管线，防止炉管损坏。

(3) 过热蒸汽备用状态

将COT维持在760℃，DS通入量为正常量的120%。

当COT大于760℃手动逐渐关闭消音器放空阀VX1F101，使SS压力升至12.4MPa(G)后打开SS管线阀VX2F101，将其并入高压蒸汽管网。

打开LIC1101，关闭旁路阀LV1101B。

将汽包液位LIC1101控制在60%投自动。

根据工艺条件投用相应的联锁。

(4) 连接急冷部分(当急冷系统具备接收裂解气状态时)

在COT温度TIC1104稳定在760℃后关闭清焦线手阀VI4F101，打开裂解气输送线手阀VI3F101，将流出物从清焦线切换至输送线。

迅速打开急冷油总管阀门TV1102和TV1103。

投用急冷油，投用急冷器出口温度控制TIC1102、TIC1103，将急冷器出口温度TIC1102、TIC1103控制在213℃。

(5)投油操作

打开石脑油进料阀 VI1F101 及电磁阀 XV1001。

经过 FIC1101 ~ FIC1104 阀门投石脑油，通过 PIC1104、PIC1105 增加燃料气压力，保持 COT 不低于 760℃，并迅速升温至 832℃。

在尽可能短的时间内将进料量增加到正常值 FIC1110 控制在 36.0t/h。

迅速关闭 DS 原料跨线阀门 VI2E103。

将石脑油裂解的 COT 增加至正常操作温度，TIC1104 控制 832℃。并迅速将 DS 减至正常值，FIC1105 ~ FIC1106 控制 4.5t/h。同时将 COT 稳定在 832℃，并将 TIC1104、PIC1104 投串级控制。

2. 急冷系统的开车

（1）引 QW 和 QW 的加热

① 打开 T103 脱盐水阀 VX1T103 向塔里补入精制水，当塔液位达 80% 时启动 QW 水泵，建立 QW 循环。打开 PDC1402，投用压差控制阀。

② QW 循环流程为：泵出口→各用户→FIC1401，FIC1402 回塔里。

③ 当急冷水泵外送时可以适当补脱盐水入塔里，直到塔液位不下降，保证塔内水液位 80% 或更高，然后停脱盐水补入。

④ QW 水的加热：

将 T104 的 LS 跨塔顶蒸汽线阀 VX1E110 打开，稍开 FIC1501 阀，对 T104 暖塔；

塔暖好后开大跨线阀，LS 至 T103，与 FIC1401、FIC1402 返回水混合后加热急冷水；

急冷水到 80℃左右，LS 线去 T104 顶跨线关闭，FIC1501 阀稍开一些，T103 急冷水温度可以通过冷却器来控制。

⑤ T103 的压力设定至 20kPa 左右。

⑥ T103 汽油槽接汽油至 90% 液位（NAP）。

（2）引开工 QO 和 QO 的加热

① 打开现场的开工油补入阀门 VX1T101，将开工油装入 T101 塔里，塔液位达到 60% 时启动 P101，流程设定如下：P101→E104→E105→E106→T101。

② 控制 T101 的液位在 80%。

③ 当急冷油泵外送时，可以视情况向塔里补入开工油，直到塔液位稳定在 80% 左右，停止开工油的注入。

④ QO 的加热：

通过开 PIC1501，将 E104E 输水线阀 VI1E104 打开，使 DS 逆向进入 E104 壳层（注意 E104 升汽线阀 VI3E104 关）。

缓慢加热 QO 直到 130℃左右，并控制温度在 130℃左右，具备接收裂解气的条件。

T101 顶温达到 90℃时可启用汽油回流，控制塔顶温度，防止轻组分挥发。

（3）调节准备接收裂解气

① QO 循环正常，温度加热至 130℃左右；

② QW 循环正常，QW 加热至 80℃左右；

③ 汽油槽接汽油至 90% 液位（NAP）；

④ 调整 T102 底部汽提蒸汽量，温度升至 130℃以上；

⑤ 控制压差控制阀 PDC1402 压差为 0.7MPa，保证换热器换热稳定；

⑥ T104 投用，P105 正常备用，FV1501 稍开一些：启动 P105，将工艺水引至 T104；投

用T104再沸器，控制温度TIC1501至118℃左右；通过QW循环水的水量，控制T103温度在85℃左右。

⑦ D102发生器系统正常。

(4) 急冷接收裂解气的调整

当裂解气进入T101塔后调整汽油回流，控制顶温在104℃左右，调整T101中部回流，控制油冷塔塔釜液位、塔釜温度、塔中点温度，及时采出柴油。

打开各用户返回T103手操阀。控制T103顶温在28℃左右，釜温在85℃左右，QW冷却器投用，控制液位在60%，汽油槽液位为70%，不够时补NAP。

汽油外采流程打通，T103塔压力控制在20kPa。

T104系统，调整塔的汽提蒸汽和再沸器，控制塔釜液位、温度。

当QO温度至160℃时，投用稀释蒸汽发生系统。E104进水阀打开，启动P106缓慢进水至D102，注意调整DS压力和液位。

当T101液位>80%时，投用T102塔，调节FIC1301、FIC1302控制好FO塔温度，投用E107，控制FO外送温度为80℃。

(二)热态开车

开车前的状态：装置处于蒸汽热备用状态。

1. 裂解炉热态开车

(1)连接急冷部分(当急冷系统具备接收裂解气状态时)

① 在COT温度TIC1104稳定在760℃后，关闭清焦线手阀VI4F101，打开裂解气输送线手阀VI3F101，将流出物从清焦线切换至输送线。

② 迅速打开急冷油总管阀门TV1102和TV1103。

③ 投用急冷油，投用急冷器出口温度控制TIC1102、TIC1103，将急冷器出口温度TIC1102、TIC1103控制在213℃。

(2)投油操作

① 打开石脑油进料阀VI1F101及电磁阀XV1001。

② 经过FIC1101 ~ FIC1104阀门投石脑油，通过PIC1104、PIC1105增加燃料气压力，保持COT不低于760℃，并升温至832℃。

③ 在尽可能短的时间内将进料量增加到正常值FIC1110控制在36.0t/h。

④ 迅速关闭DS原料跨线阀门VI2E103。

⑤ 将石脑油裂解的COT增加至正常操作温度，TIC1104控制在832℃，并将DS减至正常值，FIC1105 ~ FIC1106控制在4.5t/h。将COT稳定在832℃，并将TIC1104、PIC1104投串级控制。

2. 急冷系统热态开车

(1)准备接收裂解气前的调整

① QO循环正常，温度加热至130℃左右；

② QW循环正常，QW加热至80℃左右；

③ 汽油槽接汽油至90%液位(NAP)；

④ 调整T102底部汽提蒸汽量，温度升至130℃以上；

⑤ 控制压差控制阀PDC1402压差为0.7MPa，保证换热器换热稳定；

⑥ T104投用，P105正常备用，FV1501稍开一些：启动P105，将工艺水引至T104。投

用T104再沸器，控制温度TIC1501至118℃左右。通过QW循环水的水量，控制T103温度在85℃左右。

⑦ D102发生器系统正常。

(2)急冷接收裂解气前的调整

① 当裂解气进入T101塔后调整汽油回流，控制顶温在104℃±3℃，调整T101中部回流，控制油冷塔塔釜液位、塔釜温度、塔中点温度，及时采出柴油。

② 打开各用户返回T103手操阀。T103控制顶温在28℃左右，釜温在85℃左右，QW冷却器投用，控制液位在60%，汽油槽液位为70%，不够时补入NAP。

③ 汽油外采流程打通，T103塔顶压力控制在20kPa。

④ T104系统，调整塔的汽提蒸汽和再沸器，控制塔釜液位在60%和温度正常。

⑤ 当QO温度TI1208至160℃时，投用稀释蒸汽发生系统。E104进水阀打开，启动P106缓慢进水至D102，注意调整DS压力和液位。

⑥ 当T101液位>60%时，投用T102塔，调节FIC1301，FIC1302控制好FO塔温度，投用E107，控制FO外送温度为80℃。

(三)正常运行

开始时的状态：装置处于正常操作状态。

维持各参数在正常操作条件下(参看操作参数列表4-5~表4-7)。

(四)正常停车

1. 裂解炉停车

(1)降负荷、停烃进料

① 逐步将烃进料降低至70%，同时适当加大DS流量至120%，适当降低COT温度至800℃。

② 停烃进料：在5~10min内减少至零，同时提高DS流量，以控制炉出口温度稳定在760~800℃之间，同时按点火相反的顺序熄灭部分火嘴。

③ 停进料后关烃进料隔离阀VI1F101，打开VI2E103用蒸汽吹扫隔离阀下游的烃进料管线。

④ 将DS增至设计量的180%维持炉出口温度在760~800℃，同时调节风门以控制炉膛负压在-30Pa左右，控制烟气氧含量。

⑤ 停急冷油，打开清焦管线阀VI4F101，同时关闭裂解气总管阀VI3F101。

(2)停炉

① 保持设计值的100%的DS量。冷却速度为50~100℃/min，直至COT达760℃。

② 逐个熄灭火嘴。按50~100℃/min的速率降低温度，低于400℃时将TLE的蒸汽包排放至常压。SS改由消音器VX1F101放空，注意汽包液位。

③ 继续熄灭火嘴，且减小DS量，当炉管出口温度低于200℃时，中断DS，全关烧嘴，关燃料气截止阀VI5F101、VI6F101，DS截止阀VI1F101，关汽包消音器阀VX1F101。关汽包进水阀VI1D101。

2. 急冷系统停车

(1)降负荷、降进料

① 随着裂解炉系统的降负荷(至70%)，逐步减少T101柴油的采出和T102的汽提蒸汽。

② 在降负荷期间，控制T101、T102、T103、T104和D102液位，并维持正常的温度和压力。

③ DS 不足时直接从管网补入。

④ 裂解炉停进料后停 T101 柴油采出。

(2) 急冷系统停车

① 当裂解炉停进料后 T101 继续回流降温。在 T101 釜温降至 150℃之前，尽量将 T101 釜液排至 T102，并从 T102 排出。当 T101 液位降至 5% 左右，再补充开工油至 T101，使其液位升至 60% 左右。

② 关闭 T103 顶部裂解气至压缩工段阀门，改由排放控制压力，当压力不足时可以补入氮气控制压力。

③ 当 T101 温度低于 90℃后，将 T101 釜夜向 T102 排放，当 T101 液位降至 30% 时，停止向 T102 进料，同时停 T102 汽提蒸汽。

④ 当 F101 停进 DS 后，注意 T103、T104 和 D102 的液位过低时停塔底泵。

关闭各用户返回 T103 手操阀

停 T104 再沸器及汽提蒸汽。

当 T103 界位低于 30% 时，停 P105。

当 T103 液位低于 30% 时，停 P104。

当 T104 液位低于 30% 时，停 P106

⑤ 当 T101 釜温降至 90℃以下时，停止汽油回流。

⑥ 逐步减小 T101 的 QO 循环，T101 釜温降至 130℃后，停 P101。

⑦ 逐步降低 T103 的 QW 循环量，当 T103 温度降至 40℃后，停 P103，停止循环。

⑧ 泄液：将 T101 塔釜残液排尽后，关闭排泄阀门。将 T102 塔釜残液排尽，关闭排泄阀门。将 T103 塔釜油和水排尽，关闭排泄阀门。将 T104 塔釜残液排尽，关闭排泄阀门。将 D102 底部水排尽，关闭排泄阀门。将 E106 底部水排尽，关闭排泄阀门。

⑨ 泄压：通过 T103 塔顶放空，将 T101、T102、T103 和 T104 压力泄至常压。通过 D102 顶部排放，将 D102 压力泄至常压。

（五）全装置停电

事故原因：电源故障。

事故现象：装置停电，乙烯装置联锁停车。

处理：

① 裂解炉系统处理：

a. 关烃进料隔离阀 VI1F101，所有燃料(长明线除外)全部关闭，将 DS 流量设定到正常的 100%，炉底和侧壁烧嘴全部关闭。

b. 调节引风机挡板将炉膛负压控制在工艺范围之内。

c. 打开进料蒸汽跨线阀 VI2E103 用蒸汽吹扫隔离阀下游的烃进料管线。

d. 打开清焦管线阀 VI4F101，同时关裂解气总管阀 VI3F101。

e. 当 COT 温度低于 400℃时将 TLE 的蒸汽包排放至常压。SS 改由消音器 VX1F101 放空，注意汽包液位。

f. 当炉管出口温度低于 200℃时中断 DS，关燃料气截止阀、DS 截止阀，关汽包消音器阀 VX1F101。关汽包进水阀 VI1D101。

② 急冷系统处理：

a. 停 T101 柴油采出，维持 T101 液位。

b. 停止 T102 底部汽提蒸汽，维持 T102 液位。

c. 现场关闭 T103 中部各用户返回物料手操阀。T103 压力改为放空控制，保压。维持 T103 液位和界位。

d. 停止 T104 塔釜的汽提蒸汽，停用 T104 再沸器 E111，保持 T104 液位。

e. 维持 D102 压力，供给裂解炉 DS 不足时由管网中补入。待裂解炉停 DS 后，D102 保液、保压。

（六）冷却水中断

事故原因：冷却水中断。

事故现象：冷却水中断，水冷器温度上升。

事故处理方法：

① 裂解炉系统处理：

a. 关烃进料隔离阀 VI1F101，所有燃料（长明线除外）全部关闭，将 DS 流量设定到正常的 100%，炉底和侧壁烧嘴全部关闭。

b. 调节引风机挡板将炉膛负压控制在工艺范围之内。

c. 打开进料蒸汽跨线阀 VI2E103 用蒸汽吹扫隔离阀下游的烃进料管线。

d. 停急冷油，打开清焦管线阀 VI4F101，同时关裂解气总管阀 VI3F101。

e. 当 COT 温度低于 400℃时将 TLE 的蒸汽包排放至常压。SS 改由消音器 VX1F101 放空，注意汽包液位。

f. 当炉管出口温度低于 200℃时，中断 DS，关燃料气截止阀，DS 截止阀，关汽包消音器阀 VX1F101。关汽包进水阀 VI1D101。

② 急冷系统处理：

a. 停 T101 柴油采出。

b. 在 T101 釜温下降至 150℃之前，尽快将釜液排至 T102，并从 T102 底部排出。液位降至低于 5% 时，补入开工油至液位 60%。

c. T101 釜温通过 QO 的循环来降温，当塔顶温度降到 90℃左右，停汽油回流；当塔釜温度降到 130℃左右，停 P101，停 QO 循环。

d. 停止 T102 底部汽提蒸汽，维持 T102 液位。

e. 现场关闭 T103 中部各用户返回物料手操阀。T103 压力改为放空控制，保压。保持 T103 的油相和水相液位不低于 40%。必要时停 P104 和 P105，停 P103，停止 QW 循环。

f. 停止 T104 塔釜的汽提蒸汽，停用 T104 再沸器 E111，保持 T104 液位在 40% 左右，停 P106。

g. 维持 D102 压力，供给裂解炉 DS 不足时由管网中补入。待裂解炉停 DS 后，D102 保液、保压。

（七）锅炉给水故障

事故原因：锅炉给水中断。

事故现象：锅炉给水中断。

事故处理方法：

① 裂解炉系统处理：

a. 关烃进料隔离阀 VI1F101，所有燃料（长明线除外）全部关闭，将 DS 流量设定到正常的 100%，炉底和侧壁烧嘴全部关闭。

b. 调节引风机挡板将炉膛负压控制在工艺范围之内。

c. 打开进料蒸汽跨线阀 VI2E103 用蒸汽吹扫隔离阀下游的烃进料管线。

d. 停急冷油，打开清焦管线阀 VI4F101，同时关裂解气总管阀 VI3F101。

e. 当 COT 温度低于 400℃时将 TLE 的蒸汽包排放至常压。SS 改由消音器 VX1F101 放空，注意汽包液位。

f. 当炉管出口温度低于 200℃时，中断 DS，关燃料气截止阀，DS 截止阀，关汽包消音器阀 VX1F101。关汽包进水阀 VI1D101。

② 急冷系统处理：

a. 在 T101 釜温下降至 150℃之前，尽快将釜液排至 T102，并从 T102 底部排出。液位降至低于 5%时，补入开工油至液位 60%。

b. T101 釜温通过 QO 的循环来降温，当塔釜温度降到 130℃后，停 P101，停 QO 循环。

c. 停止 T102 底部汽提蒸汽，维持 T102 液位。

d. 维持 T103 的液位

e. 现场关闭 T103 中部各用户返回物料手操阀。T103 压力改为放空控制，保压。保持 T103 的油相和水相液位不低于 40%。必要时停 P104 和 P105. 停 P103，停止 QW 循环。

f. 停止 T104 塔釜的汽提蒸汽，停用 T104 再沸器 E111，保持 T104 液位在 40%左右，停 P106。

g. 维持 D102 压力，供给裂解炉 DS 不足时由管网中补入。待裂解炉停 DS 后，D102 保液、保压。

（八）压缩工段故障

事故原因：压缩工段出现故障，压缩机停。

事故现象：水冷塔压力升高。

事故处理方法：

a. 压缩机停车后，裂解气由 PIC1401 放火炬控制，降低裂解炉的负荷到 70%，同时降裂解炉出口温度，提高 DS 流量。

b. 维持燃料气的供应。

c. QO、QW 系统维持循环运行，QO、QW 循环操作，根据裂解炉减量情况，控制 T101、T102、T103、T104 和 D102 在 70%负荷运行。调整维持 T101、T102、T103、T104 塔釜、塔顶温度、压力。

d. 如果压缩工段无法恢复正常，裂解炉停烃进料，系统停车至处于高备状态。维持急冷系统油、水循环，系统处于高备状态。

（九）脱盐水中断

事故原因：裂解炉脱盐水中断。

事故现象：SS 高压蒸汽温度升高。

事故处理：

① 裂解炉系统处理：

a. 关烃进料隔离阀 VI1F101，所有燃料（长明线除外）全部关闭，将 DS 流量设定到正常的 100%，炉底和侧壁烧嘴全部关闭。

b. 调节引风机挡板将炉膛负压控制在工艺范围之内。

c. 打开进料蒸汽跨线阀 VI2E103 用蒸汽吹扫隔离阀下游的烃进料管线。

d. 停急冷油，打开清焦管线阀 VI4F101，同时关裂解气总管阀 VI3F101。

e. 当 COT 温度低于 400℃时将 TLE 的蒸汽包排放至常压。SS 改由消音器 VX1F101 放空，注意汽包液位。

f. 当炉管出口温度低于 200℃时，中断 DS，关燃料气截止阀，DS 截止阀，关汽包消音器阀 VX1F101。关汽包进水阀 VI1D101。

② 急冷系统处理：

a. 停 T101 柴油采出。

b. 在 T101 釜温下降至 150℃之前，尽快将釜液排至 T102，并从 T102 底部排出。液位降至低于 5% 时，补入开工油至液位 60%。

c. T101 釜温通过 QO 的循环来降温，当塔顶温度降到 90℃左右，停汽油回流；当塔釜温度降到 130℃左右，停 P101，停 QO 循环。

d. 停止 T102 底部汽提蒸汽，维持 T102 液位。

e. 现场关闭 T103 中部各用户返回物料手操阀。T103 压力改为放空控制，保压。保持 T103 的油相和水相液位不低于 40%。必要时停 P104 和 P105，停 P103，停止 QW 循环。

f. 停止 T104 塔釜的汽提蒸汽，停用 T104 再沸器 E111，保持 T104 液位在 40% 左右，停 P106。

g. 维持 D102 压力，供给裂解炉 DS 不足时由管网中补入。待裂解炉停 DS 后，D102 保液、保压。

（十）急冷油中断（泵 A 坏掉）

原因：急冷油泵故障。

现象：急冷器出口裂解气温度升高。

处理：

a. 启动备泵。

b. 维持急冷系统各塔及蒸汽发生器的温度和压力。

（十一）蒸汽中断

事故原因：公用工程事故，蒸汽中断。

事故现象：稀释蒸汽中断，中压蒸汽和低压蒸汽中断。

事故处理方法：

① 裂解炉系统处理：

a. 手动将裂解炉联锁停车。

b. 关烃进料隔离阀 VI1F101，所有燃料（长明线除外）全部关闭，炉底和侧壁烧嘴全部关闭。

c. 调节引风机挡板将炉膛负压控制在工艺范围之内。

d. 停急冷油，打开清焦管线阀 VI4F101，同时关裂解气总管阀 VI3F101。

e. 当 COT 温度低于 400℃时将 TLE 的蒸汽包排放至常压。SS 改由消音器 VX1F101 放空，注意汽包液位。

f. 当炉管出口温度低于 200℃时关燃料气截止阀、关汽包消音器阀 VX1F101。关汽包进水阀 VI1D101。

② 急冷系统处理：

a. 停 T101 柴油采出。

b. 在 T101 釜温下降至 150℃之前，尽快将釜液排至 T102，并从 T102 底部排出。液位降至低于 5% 时，补入开工油至液位 60%。

c. T101 釜温通过 QO 的循环来降温，当塔顶温度降到 90℃左右停汽油回流；当塔釜温度降到 130℃左右，停 P101，停 QO 循环。

d. 停止 T102 底部汽提蒸汽，维持 T102 液位。

e. 现场关闭 T103 中部各用户返回物料手操阀。T103 压力改为放空控制，保压。保持 T103 的油相和水相液位不低于 40%。必要时停 P104 和 P105，停 P103，停止 QW 循环。

f. 保持 T104 液位在 40% 左右，停 P106。

g. D102 保液、保压。

（十二）石脑油进料中断

事故原因：石脑油进料中断。

事故现象：石脑油进料中断，进料压力下降。

事故处理方法：

① 裂解炉系统处理：

a. 关烃进料隔离阀 VI1F101，所有燃料（长明线除外）全部关闭，将 DS 流量设定到正常的 100%，炉底和侧壁烧嘴全部关闭。

b. 调节引风机挡板将炉膛负压控制在工艺范围之内。

c. 打开进料蒸汽跨线阀 VI2E103，用蒸汽吹扫隔离阀下游的烃进料管线。

d. 停急冷油，打开清焦管线阀 VI4F101，同时关裂解气总管阀 VI3F101。

e. 当 COT 温度低于 400℃时，将 TLE 的蒸汽包排放至常压。SS 改由消音器 VX1F101 放空，注意汽包液位。

f. 当炉管出口温度低于 200℃时中断 DS，关燃料气截止阀、DS 截止阀，关汽包消音器阀 VX1F101。关汽包进水阀 VI1D101。

② 急冷系统处理：

a. 停 T101 柴油采出。

b. 在 T101 釜温下降至 150℃之前，尽快将釜液排至 T102，并从 T102 底部排出。液位降至低于 5% 时，补入开工油至液位 60%。

c. T101 釜温通过 QO 的循环来降温，当塔顶温度降到 90℃左右，停汽油回流；当塔釜温度降到 130℃左右，停 P101，停 QO 循环。

d. 停止 T102 底部汽提蒸汽，维持 T102 液位。

e. 现场关闭 T103 中部各用户返回物料手操阀。T103 压力改为放空控制，保压。保持 T103 的油相和水相液位不低于 40%。必要时停 P104 和 P105，停 P103，停止 QW 循环。

f. 停止 T104 塔釜的汽提蒸汽，停用 T104 再沸器 E111，保持 T104 液位在 40% 左右，停 P106。

g. 维持 D102 压力，供给裂解炉 DS 不足时由管网中补入。待裂解炉停 DS 后，D102 保液、保压。

（十三）燃料气中断

事故原因：燃料气中断。

事故现象：燃料气中断。

事故处理方法：

① 裂解炉系统处理：

a. 因燃料气中断而联锁跳闸，关烃进料隔离阀 VI1F101，所有燃料(长明线除外)全部关闭，将 DS 流量设定到正常的 100%，炉底和侧壁烧嘴全部关闭。

b. 调节引风机挡板将炉膛负压控制在工艺范围之内。

c. 打开进料蒸汽跨线阀 VI2E103，用蒸汽吹扫隔离阀下游的烃进料管线。

d. 停急冷油，打开清焦管线阀 VI4F101，同时关裂解气总管阀 VI3F101。

e. 当 COT 温度低于 400℃时，将 TLE 的蒸汽包排放至常压。SS 改由消音器 VX1F101 放空，注意汽包液位。

f. 当炉管出口温度低于 200℃时，中断 DS，关燃料气截止阀，DS 截止阀，关汽包消音器阀 VX1F101。关汽包进水阀 VI1D101。

② 急冷系统处理：

a. 停 T101 柴油采出。

b. 在 T101 釜温下降至 150℃之前，尽快将釜液排至 T102，并从 T102 底部排出。液位降至低于 5% 时，补入开工油至液位 60%。

c. T101 釜温通过 QO 的循环来降温，当塔顶温度降到 90℃左右，停汽油回流；当塔釜温度降到 130℃左右，停 P101，停 QO 循环。

d. 停止 T102 底部汽提蒸汽，维持 T102 液位。

e. 现场关闭 T103 中部各用户返回物料手操阀。T103 压力改为放空控制，保压。保持 T103 的油相和水相液位不低于 40%。必要时停 P104 和 P105，停 P103，停止 QW 循环。

f. 停止 T104 塔釜的汽提蒸汽，停用 T104 再沸器 E111，保持 T104 液位在 40% 左右，停 P106。

g. 维持 D102 压力，供给裂解炉 DS 不足时由管网中补入。待裂解炉停 DS 后，D102 保液、保压。

（十四）裂解炉辐射段炉管烧穿

原因：裂解炉材质问题；裂解炉严重结焦，急剧降温。

现象：裂解炉炉管破裂时，炉膛温度迅速上升，炉出口 COT 迅速上升。

处理：

① 裂解炉系统处理：

a. 手动进行联锁停车。

b. 关烃进料隔离阀 VI1F101，所有燃料(长明线除外)全部关闭，将 DS 流量设定到正常的 100%，炉底和侧壁烧嘴全部关闭。

c. 调节引风机挡板将炉膛负压控制在工艺范围之内。

d. 打开进料蒸汽跨线阀 VI2E103，用蒸汽吹扫隔离阀下游的烃进料管线。

e. 停急冷油，打开清焦管线阀 VI4F101，同时关裂解气总管阀 VI3F101。

f. 当 COT 温度低于 400℃，时将 TLE 的蒸汽包排放至常压。SS 改由消音器 VX1F101 放空，注意汽包液位。

g. 当炉管出口温度低于 200℃时，中断 DS，关燃料气截止阀、DS 截止阀，关汽包消音器阀 VX1F101，关汽包进水阀 VI1D101。

② 急冷系统处理：

a. 停 T101 柴油采出。

b. 在 T101 釜温下降至 150℃之前，尽快将釜液排至 T102，并从 T102 底部排出。液位降至低于5%时，补入开工油至液位60%。

c. T101釜温通过QO的循环来降温，当塔顶温度降到90℃左右，停汽油回流；当塔釜温度降到130℃左右，停P101，停QO循环。

d. 停止T102底部汽提蒸汽，维持T102液位。

e. 现场关闭T103中部各用户返回物料手操阀。T103压力改为放空控制，保压。保持T103的油相和水相液位不低于40%。必要时停P104和P105，停P103，停止QW循环。

f. 停止T104塔釜的汽提蒸汽，停用T104再沸器E111，保持T104液位在40%左右，停P106。

g. 维持D102压力，供给裂解炉DS不足时由管网中补入。待裂解炉停DS后，D102保液、保压。

（十五）引风机故障

事故原因：停电、引风机跳闸。

事故现象：引风机停。

事故处理方法：

① 裂解炉系统处理：

a. 关烃进料隔离阀VI1F101，所有燃料（长明线除外）全部关闭，将DS流量设定到正常的100%，炉底和侧壁烧嘴全部关闭。

b. 调节引风机挡板将炉膛负压控制在工艺范围之内。

c. 打开进料蒸汽跨线阀VI2E103用蒸汽吹扫隔离阀下游的烃进料管线。

d. 停急冷油，打开清焦管线阀VI4F101，同时关裂解气总管阀VI3F101。

e. 当COT温度低于400℃时将TLE的蒸汽包排放至常压。SS改由消音器VX1F101放空，注意汽包液位。

f. 当炉管出口温度低于200℃时，中断DS，关燃料气截止阀，DS截止阀，关汽包消音器阀VX1F101。关汽包进水阀VI1D101。

② 急冷系统处理：

a. 停T101柴油采出。

b. 在T101釜温下降至150℃之前，尽快将釜液排至T102，并从T102底部排出。液位降至低于5%时，补入开工油至液位60%。

c. T101釜温通过QO的循环来降温，当塔顶温度降到90℃左右，停汽油回流；当塔釜温度降到130℃左右，停P101，停QO循环。

d. 停止T102底部汽提蒸汽，维持T102液位。

e. 现场关闭T103中部各用户返回物料手操阀。T103压力改为放空控制，保压。保持T103的油相和水相液位不低于40%。必要时停P104和P105，停P103，停止QW循环。

f. 停止T104塔釜的汽提蒸汽，停用T104再沸器E111，保持T104液位在40%左右，停P106。

g. 维持D102压力，供给裂解炉DS不足时由管网中补入。待裂解炉停DS后，D102保液、保压。

备注（处理方法）：

a. 阀失灵——处理（用组合键（CTRL+M）调出处理画面，选中所需处理的阀之后，点击处理，即可修复。下同）。

b. 阀漂移——处理。

c. 仪表失灵——处理。

d. 仪表漂移——处理。

e. 泵坏——处理或启动备用泵。

f. 换热器结垢——启动备用或提高冷却水量 。

g. 特定事故：详见操作手册中事故的处理方法。

九、仿 DCS 操作组画面

① 操作组画面仪表明细见表 4 –9。

表 4 –9　操作组画面仪表明细

名字	仪表1	仪表2	仪表3	仪表4
GROUP001	FIC1101	FIC1102	FIC1103	FIC1104
GROUP002	FIC1202	FIC1203	FIC1204	FIC1205
GROUP003	FIC1501	FIC1506	FI1111	FI1201
GROUP004	LIC1101	LIC1201	LIC1202	LIC1203
GROUP005	PIC1101	PIC1102	PIC1104	PIC1105
GROUP006	TIC1101	TIC1102	TIC1103	TIC1104
GROUP007	TIC1401	TIC1402	TIC1501	TI1121
GROUP001	FIC1105	FIC1106	FIC1107	FIC1110
GROUP002	FIC1301	FIC1302	FIC1401	FIC1402
GROUP003	FI1303	FI1404		
GROUP004	LIC1301	LIC1401	LIC1501	LIC1502
GROUP005	PIC1106	PDC1107	PIC1401	PIC1501
GROUP006	TIC1105	TIC1106	TIC1202	TIC1301
GROUP007	TI1118	TI1303	TI1403	TI1508

② 流程图画面图名见表 4 –10。

表 4 –10　流程图画面图名

图名	说明	备注
OVERVIEW	裂解单元总貌图	CTRL +1
GR1001	裂解炉进料系统	CTRL +2
GR1002	蒸汽发生控制系统	CTRL +3
GR1003	急冷油控制系统	CTRL +4
GR1004	裂解炉燃料系统	CTRL +5
GR1006	油冷塔	CTRL +6
GR1007	燃料油汽提塔	CTRL +7
GR1008	水冷塔	CTRL +8
GR1009	工艺水汽提塔	CTRL +9
GF1001	裂解炉进料系统现场图	
GF1002	蒸汽发生控制系统现场图	
GF1003	急冷油控制系统现场图	
GF1004	裂解炉燃料系统现场图	
GF1005	裂解炉火嘴分布图	
GF1006	油冷塔现场图	
GF1007	燃料油汽提塔现场图	
GF1008	水冷塔现场图	
GF1009	工艺水汽提塔现场图	

十、乙烯装置裂解单元仿真 PI&D 图

乙烯装置裂解单元仿真图见图 4 –5 ~ 图 4 –12 所示。

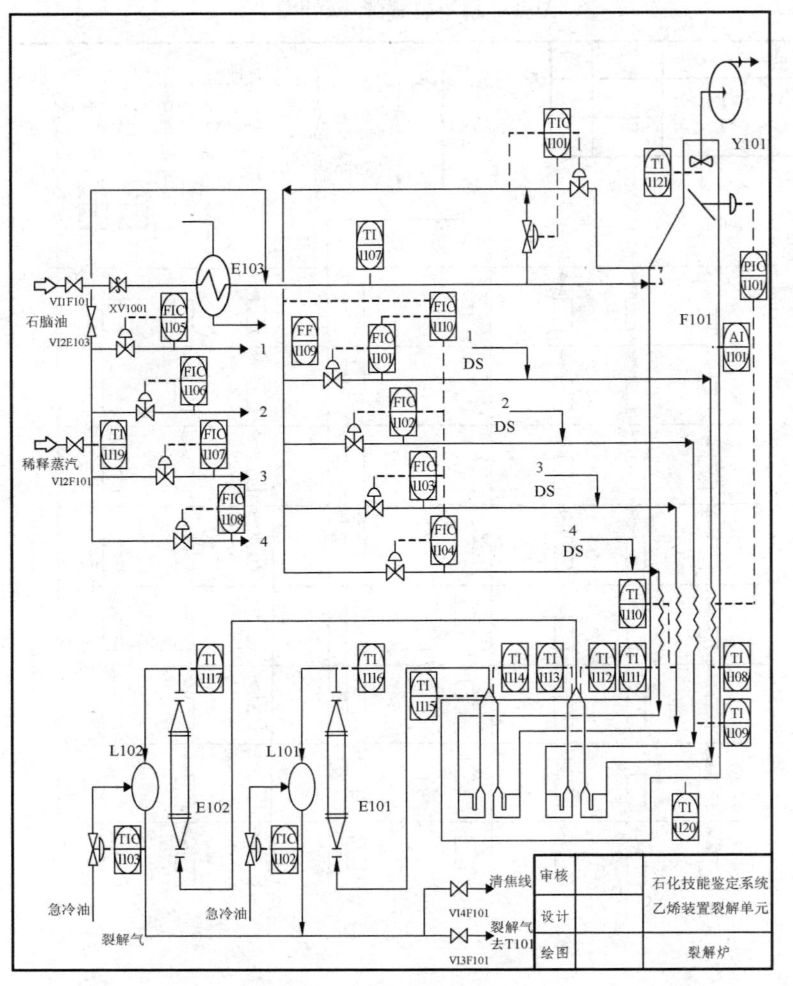

图4-4　裂解炉部分

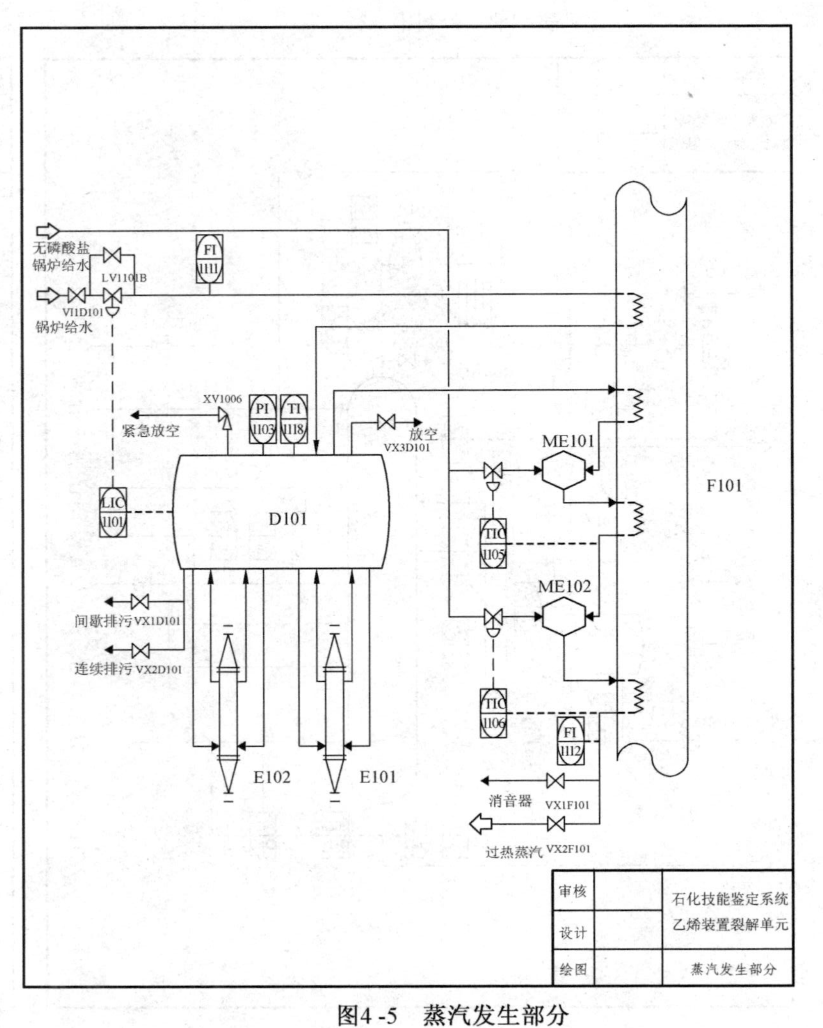

图4-5　蒸汽发生部分

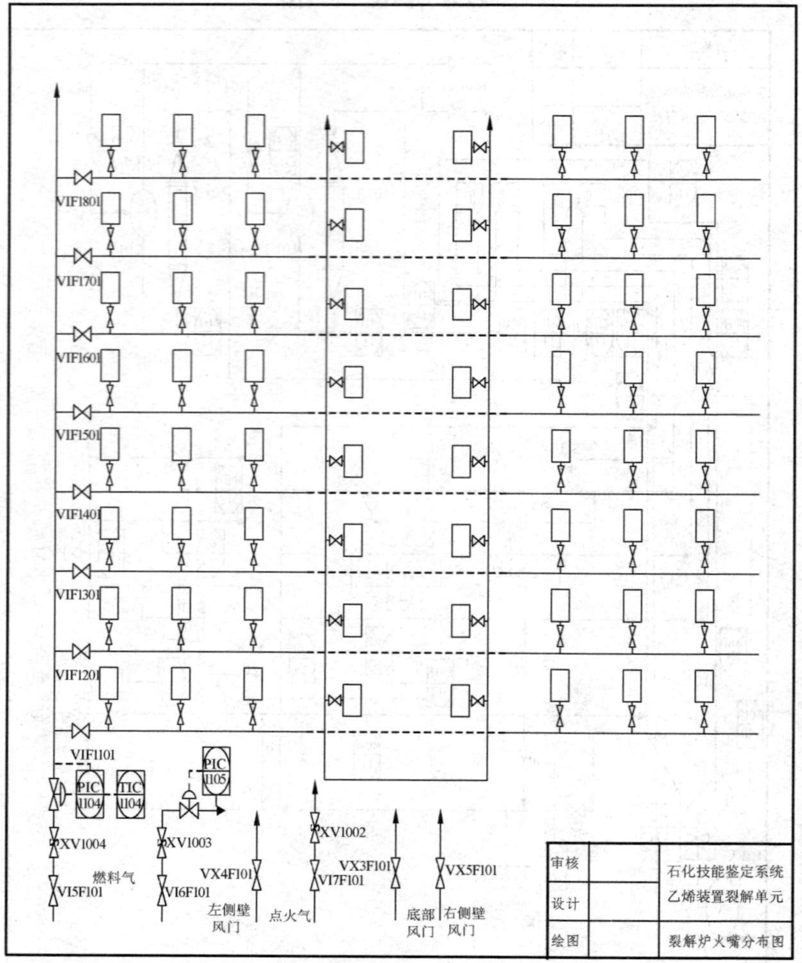

图4-7 裂解炉火嘴分布图

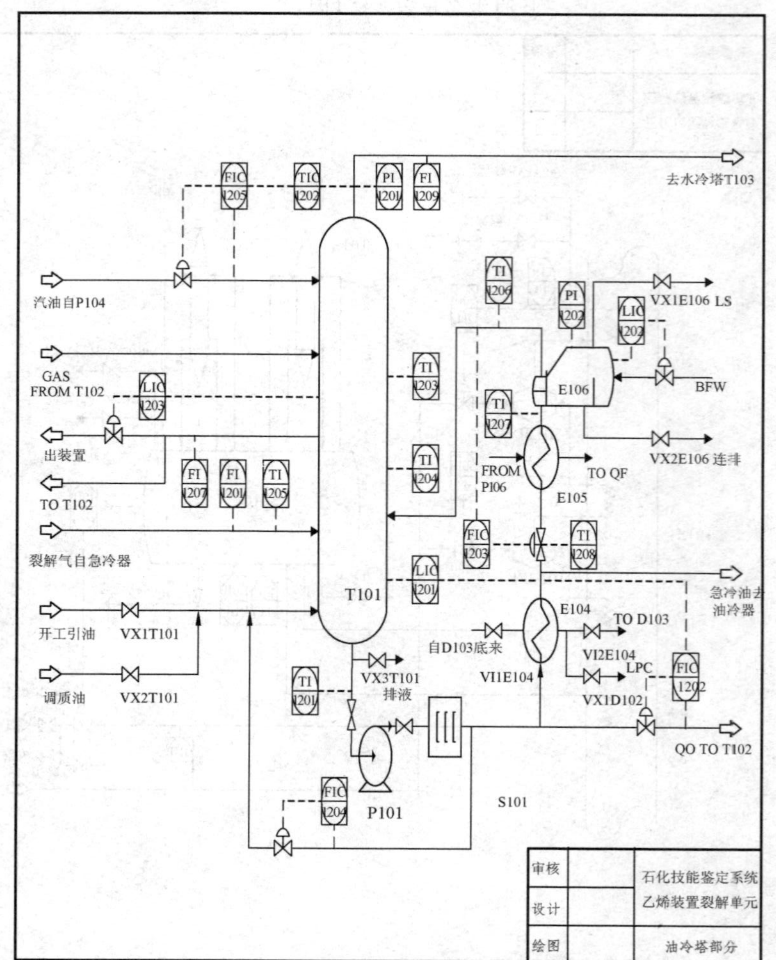

图4-8 油冷塔

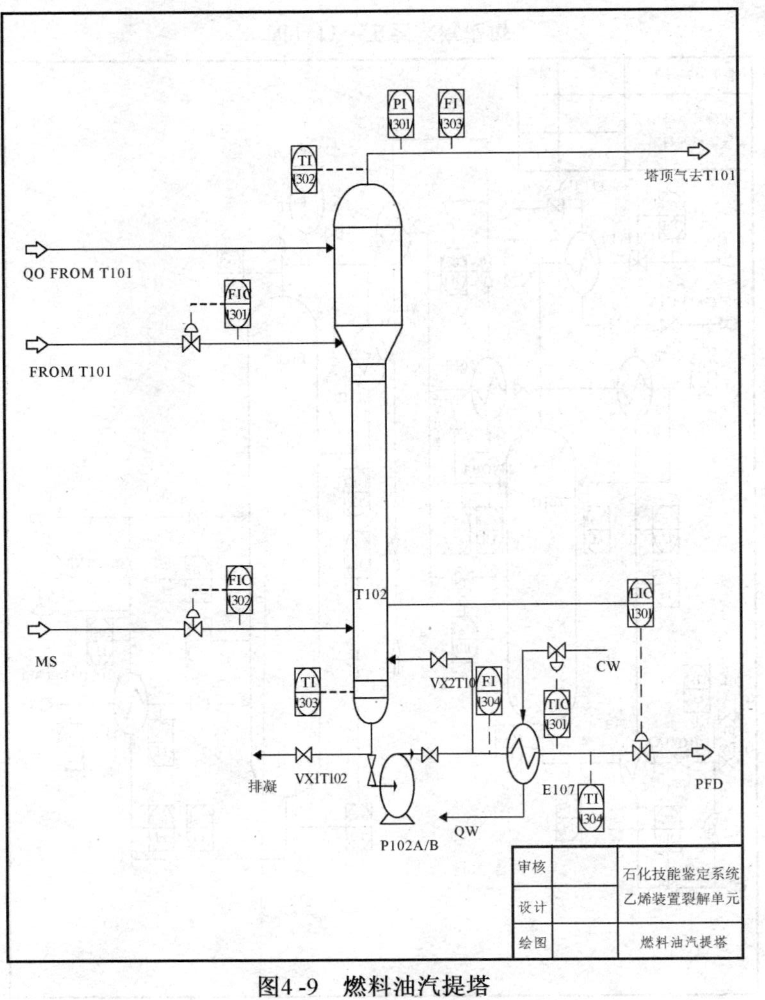

图4-9　燃料油汽提塔

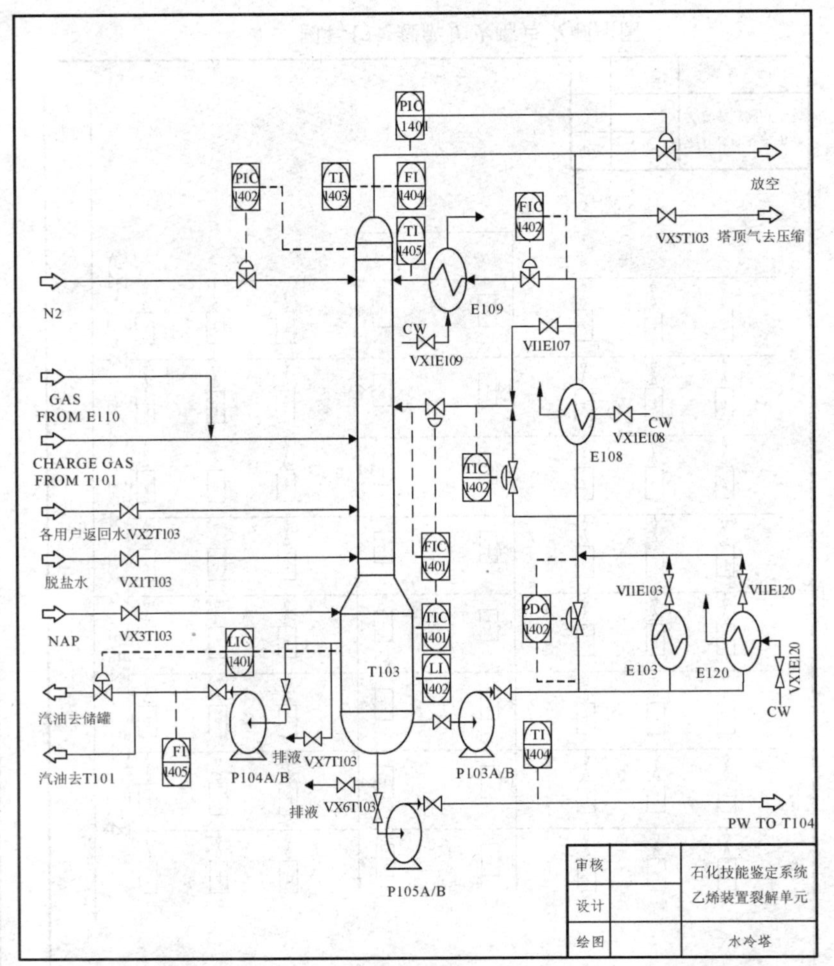

图4-10　水冷塔

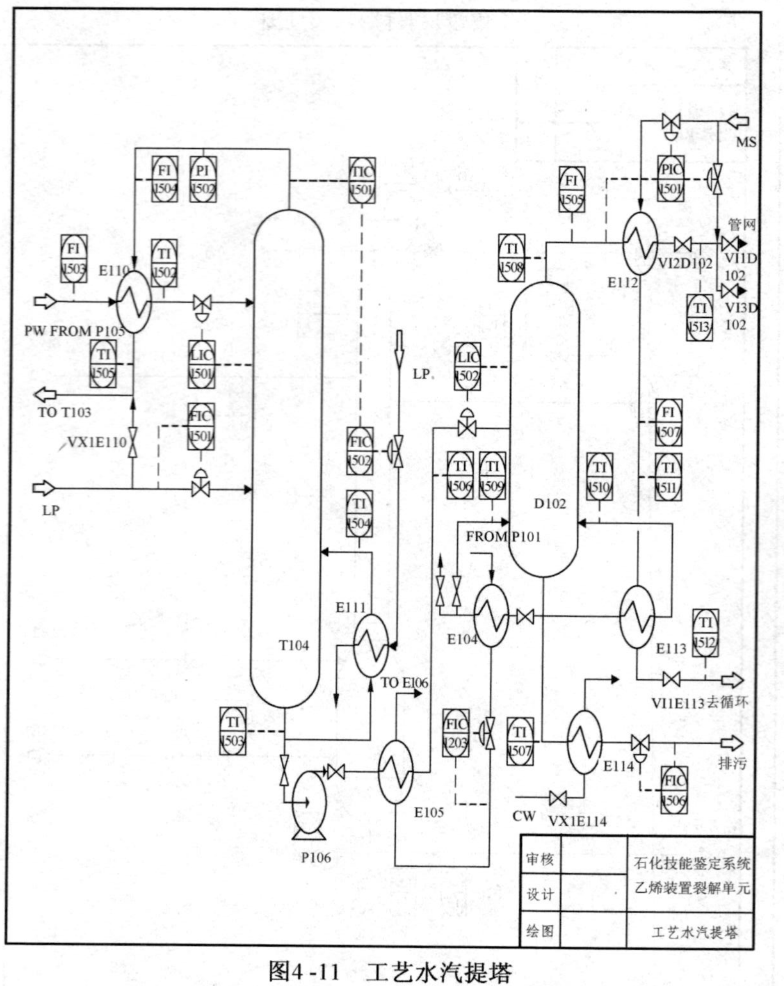

图4-11 工艺水汽提塔

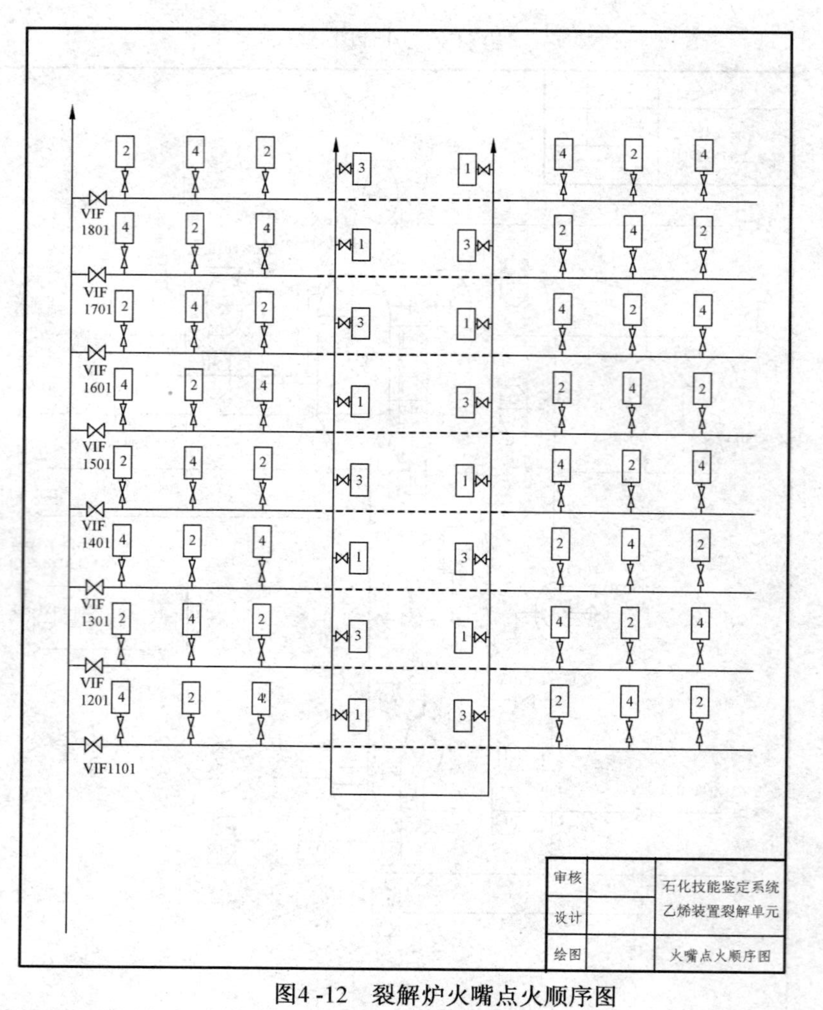

图4-12 裂解炉火嘴点火顺序图

习题与答案

1. 裂解操作的工艺条件是什么？工业上如何实现？

答：操作条件：高温、短停留、低分压。

高温：用燃料油加热产生高温烟气，短时间内提供大量热量。

短停留：在反应器内的停留时间短；利用废热锅炉（间接急冷）迅速冷却。

低分压：在裂解原料中通入稀释水蒸气。

2. 画出裂解工段的工艺流程图（简图）

3. 裂解工艺流程包括哪几部分？

答：四部分：原料油供给和预热系统；裂解和高压水蒸气系统；急冷油和燃料油系统；急冷水和稀释水蒸气系统。

4. 裂解工段的能量是如何回收的？

答：能量回收两部分：

裂解气：废热锅炉、间接急冷产生高压蒸汽、油冷塔、塔釜热油、水冷塔；

烟道气：在裂解炉的对流段设置锅炉给水预热、裂解原料预热、稀释水蒸气预热、水蒸气过热管、盘管回收能量。

5. 如何提高裂解炉的热效率？

答：① 降低排烟温度，但不能低于裂解气中的酸性气体的露点。

措施（改进对流段设计）：
- 增大传热面积
- 增加对流管束
- 缩短对流段炉管与炉墙距离
- 定期清扫对流段炉管表面积灰
- 降低空气过剩系数

② 控制空气过剩系数：
- 改进炉嘴性能
- 保证炉体密封性
- 确保烟气氧含量分析仪指示正确

③ 加强绝热保温。

6. 裂解过程加入稀释水蒸气的优点？

答：裂解过程加入稀释水蒸气的主要作用是降低烃分压；其次可以稳定裂解温度。由于水蒸气热容量较大，能较好地起到控制温度的作用，防止炉管过热；可以在后续急冷工序中冷凝，可循环使用，减少环境污染；由于原料中含硫等腐蚀性物质，加入水蒸气可以保护炉管。

起到清焦的作用。

7. 如何保证炉膛温度分布均匀？

答：① 按工艺要求逐个增加火嘴进行升温操作；

② 升温操作应按规定对称地增点火嘴；

③ 控制烟道气的升温速度；

④ 增点火嘴或提燃料气量前，应先开大一次风门，增加氧含量避免二次燃烧；

⑤ 一般情况下，要随时通过烟道挡板调整炉膛含氧量；

⑥ 控制各炉管流量大小均匀。

8. 炉膛点火顺序是什么?

答：先点长明线嘴，再点底部火嘴，侧壁 2 火嘴，底部 3 火嘴，侧壁 4 火嘴。

9. 以下是裂解炉的升温曲线图，升温曲线中每个温度点如何控制?

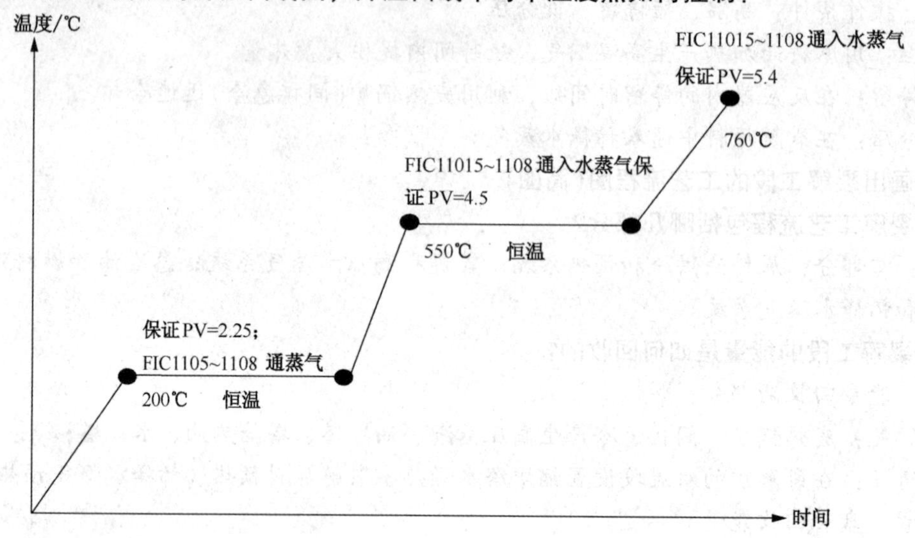

10. 裂解炉升温操作中注意事项?

答：① 升温时要按点火顺序匀速升温；

② 点燃火嘴后，要不断调节风门控制氧含量；

③ 投 DS 时要注意暖管，防止发生水击，炉管断裂事故；

④ 汽包 SS 并网时，要注意汽包压力和液面的变化。

11. 裂解工艺过程中裂解气温度的降温指标是多少?

60℃ TI1107 → 裂解炉 → 830℃ TI1118、1112 → 废热锅炉 → 451℃ TI1116、1117 → 油直接急冷 → 213℃ TIC1102、1103 → 油冷塔

104℃ TIC1202 → 水冷塔 → 28℃ TI1403 →

12. 油冷塔的作用是什么? 塔温过高有何危害?

答：油冷塔的作用是继续冷却裂解气，同时回收裂解气的热量用于发生稀释蒸汽和其他加热器。塔上部用水洗塔底部循环回来的裂解汽油作回流，中部采出柴油，底部采出裂解燃料油、汽油，水蒸气及轻烃组分裂解气从塔顶进入水洗塔，塔釜急冷油进行循环，产生稀释蒸汽，以回收低位热能。

塔顶温度过高：影响裂解汽油干点，使汽油中重组分含量偏多；同时容易污染急冷水和工艺水，使水浑油；同时影响油冷塔的正常操作。

塔釜温度过高：对热量回收有利，但急冷油黏度过大会使裂解汽油中重组分含量偏高，热负荷增加，影响油冷塔操作。

13. 油冷塔接收裂解气前如何暖塔？

答：

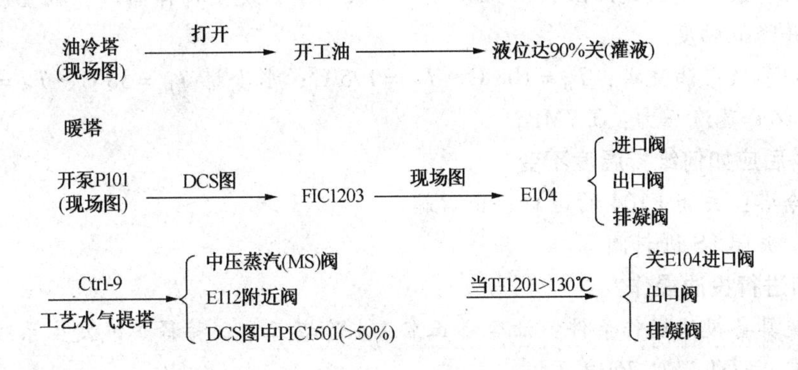

14. 水冷塔的作用，温度波动的危害是什么？

答：在水冷塔的中段用急冷水喷淋，使裂解气降温并使其中的稀释蒸汽和一部分汽油冷凝下来。

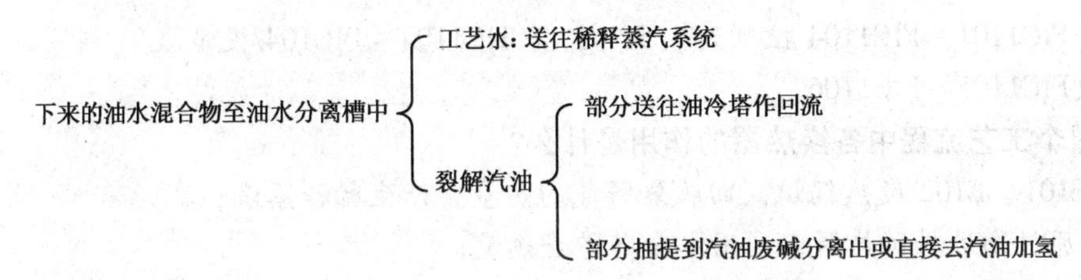

水洗塔塔釜温度过高：导致油冷塔回流汽油温度升高，影响油冷塔的操作。

水洗塔塔釜温度过低：供给系统再沸器的热量不足影响分离操作。

水洗塔塔顶温度过高：稀释蒸汽冷不下来。

水洗塔塔顶温度过低：造成急冷水乳化。

15. 为什么裂解炉点火升温到200℃时才可以通入稀释蒸汽？

答：稀释蒸汽的饱和温度一般为180℃。

小于180℃时，蒸汽在炉管内冷凝，造成水击现象，使炉管损坏甚至断裂；

大于180℃时，出现局部过热现象，通入DS后，造成炉管断裂。

16. 水冷塔接收裂解气前如何暖塔？

答：

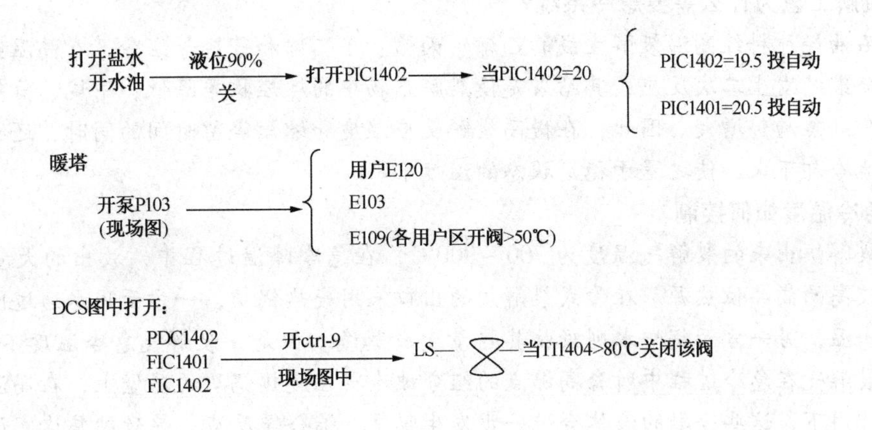

17. 急冷系统的作用及主要参数是什么?

答：作用：裂解气快速降温，防止聚合；回收热量；发生稀释蒸汽；轻重燃料油汽提塔回收轻组分并降低黏度。

主要控制参数：油洗塔：$T_D=108℃$、$T_W=195℃$；水冷塔 $T_D=38℃$、$T_W=82℃$；气提塔：110℃；稀释蒸汽压力：0.7MPa。

18. 暖塔后应如何维持温度不变?

答：油冷塔：关闭 E104 的进口、出口阀；

水冷塔：关闭 LS 进料阀。

19. 如何进行投油操作?

答：系统具备投油操作条件：油冷塔正常，水冷塔正常，稀释蒸汽发生系统正常，燃料油气提塔正常，COT 温度 760℃。

打开石脑油进料阀(ctrl－2，VI1F101，注意观察 FIC1101～FIC1104)，迅速关闭 DS 原料跨线阀，增加燃料气量(PIC1104～PIC1105)，保证温度。

调整：
- COT ＞ 760℃
- FIC1101～FIC1104 控制到 4.5t/h，将 TIC1104、PIC104 投串级
- FIC1105～FIC1106

20. 整个工艺流程中各换热器的作用是什么?

答：E101、E102 废热锅炉，回收裂解气的热量，产生稀释蒸汽；

E103 原料油进料预热器，利用水冷塔塔釜热量；

E104 稀释蒸汽发生器底部再沸器
E105 稀释蒸汽发生器进料预热器
（以上）油冷塔塔釜热油；

E106 低压蒸汽发生器，油冷塔塔釜热油；

E107 裂解燃料油冷却器，燃料油气提塔；

E108、E109、E120 换热器用户
E112 稀释蒸汽过热器
E113 中压稀释蒸汽换热器
（以上）ctrl－9 蒸汽气提塔汽包

E114 排污冷却器

E110 工艺水气提塔进料预热器
E112 工艺水气提塔进料再沸器
（以上）ctrl－9 蒸汽气提塔

21. 裂解工艺为什么需要急冷系统?

答：石油烃原料经高温裂解生成的乙烯、丙烯、丁二烯和芳烃等组分，在高温条件下时间过长，会继续发生二次反应，其结果是使裂解产物中的烯烃收率降低，甲烷、氢气、重质焦油增加，结焦趋势增大。因此，在提高裂解反应温度和缩短停留时间的同时，还必须将裂解气尽快地冷却下来，使之置于稳定状态的温度下。

22. 急冷温度如何控制?

答：裂解炉出来的裂解气温度为 700～900℃，在急冷降温过程中，放出的大量热量是利用价值较高的高品位热源。在管式裂解炉的出口采用废热锅炉，一方面用水通过间壁使裂解气急速降温，另一方面锅炉水则吸收其热量变成蒸汽。但是，裂解气急冷温度不能过低，这是因为裂解气在急冷过程中所含高沸点的组分被冷凝在废热锅炉的器壁上，在高温裂解气的长时间作用下，这些冷凝的液体会进一步发生脱氢、缩合等反应，导致结焦堵塞设备。因

此，裂解气急冷的温度高低是由其露点决定的，即废热锅炉的裂解气出口温度不能低于其露点，以保证废热锅炉的正常运行。本套装置急冷温度控制在213℃左右。

23. 油冷塔温度如何影响操作？

答：油冷塔塔顶温度控制着塔顶出口物料的组成，一般应控制在105～109℃，最高不超过120℃，最低不小于100℃。超过120℃后裂解柴油混入裂解汽油中，会增加急冷水塔的热负荷，油水沉降分离效果变差，裂解汽油干点提高，不利于后续单元的操作，而且油冷塔侧线采出及塔釜循环急冷油变重，黏度增大，给急冷油循环泵的操作带来困难。低于100℃水蒸气就可能冷凝下来，到达塔釜会使急冷油乳化，塔釜温度明显降低，可造成急冷油循环泵汽蚀抽空。汽油分馏塔塔釜温度控制着裂解燃料油的质量和循环急冷油的黏度。以石脑油为裂解原料时，塔釜温度一般控制在190℃左右；以柴油为裂解原料时，塔釜温度一般控制在200℃左右。

24. 急冷水塔顶釜温度如何影响操作？

答：急冷水塔塔顶温度控制着塔顶出口组成，一般应控制在40℃以下。急冷水沉降槽(或称油水分离器)油侧液面下降，可能造成汽油分馏塔回流汽油维持不了平衡。急冷水塔塔顶温度高于40℃，塔顶裂解气将夹带大量水蒸气和裂解重质汽油，给压缩单元操作带来困难，并增加裂解气压缩机内结垢的可能性，还为分离单元的裂解气干燥器增加干燥负荷。急冷水塔塔釜温度一般应控制在80～85℃，因为循环急冷水可供装置多台换热器使用，以回收低位热能。温度太低，可能会因急冷水加热裂解气温度不够高而影响压缩单元酸性气体脱除的效果，还可能造成丙烯精馏塔塔釜加热不好，以致影响丙烯产品的质量。塔釜温度太高，在夏季和高负荷生产时，可能造成急冷水塔塔顶温度升高，且由于回流汽油温度升高，使汽油分馏塔顶温升高，构成恶性循环。

第五章　丙烯压缩装置仿真

第一节　裂解气的组成及分离方法

一、裂解气的组成及分离要求

石油烃裂解的气态产品裂解气是一个多组分的气体混合物，其中含有许多低级烃类，主要是甲烷、乙烯、乙烷、丙烯、丙烷与碳四、碳五、碳六等烃类，此外还有氢气和少量杂质如硫化氢和二氧化碳、水分、炔烃、一氧化碳等，其具体组成随裂解原料、裂解方法和裂解条件不同而异。表 5－1 列出了用不同裂解原料所得裂解气的组成。

表 5－1　不同裂解原料得到的几种裂解气组成　　%（体积）

组　分	原料来源		
	乙烷裂解	石脑油裂解	轻柴油裂解
H_2	34.0	14.09	13.18
$CO+CO_2+H_2S$	0.19	0.32	0.27
CH_4	4.39	26.78	21.24
C_2H_2	0.19	0.41	0.37
C_2H_4	31.51	26.10	29.34
C_2H_6	24.35	5.78	7.58
C_3H_4		0.48	0.54
C_3H_6	0.76	10.30	11.42
C_3H_8		0.34	0.36
C_4	0.18	4.85	5.21
C_5	0.09	1.04	0.51
$\geqslant C_6$		4.53	4.58
H_2O	4.36	4.98	5.40

要得到高纯度的单一烃，如重要的基本有机原料乙烯、丙烯等，就需要将它们与其他烃类和杂质等分离开，并根据工业上的需要，使之达到一定的纯度，这一操作过程称为裂解气的分离。裂解、分离、合成是有机化工生产中的三大加工过程。分离是裂解气提纯的必然过程，为有机合成提供原料，所以起到举足轻重的作用。

各种有机产品的合成，对于原料纯度的要求是不同的。有的产品对原料纯度要求不高，例如用乙烯与苯烷基化生产乙苯时，对乙烯纯度要求不太高。对于聚合用的乙烯和丙烯的质量要求则很严，生产聚乙烯、聚丙烯要求乙烯、丙烯纯度在 99.9% 或 99.5% 以上，其中有机杂质不允许超过 5～10μg/g。这就要求对裂解气进行精细的分离和提纯，所以分离的程度可根据后续产品合成的要求来确定。

二、裂解气分离方法简介

裂解气的分离和提纯工艺是以精馏分离的方法完成的。精馏方法要求将组分冷凝为液态。甲烷和氢气不容易液化，碳二以上的馏分相对比较容易液化。因此，裂解气在除去甲烷、氢气以后，其他组分的分离就比较容易。所以分离过程的主要矛盾是如何将裂解气中的甲烷和氢气先行分离。解决这一矛盾的不同措施，便构成了不同的分离方法。

工业生产上采用的裂解气分离方法，主要有深冷分离和油吸收精馏分离两种。

油吸收法是利用裂解气中各组分在某种吸收剂中的溶解度不同，用吸收剂吸收除甲烷和氢气以外的其他组分，然后用精馏的方法，把各组分从吸收剂中逐一分离。此方法流程简单，动力设备少，投资少，但技术经济指标和产品纯度差，现已被淘汰。

工业上一般把冷冻温度高于 -50℃的冷冻称为浅度冷冻(简称浅冷)；而在 -100 ~ -50℃称为中度冷冻；把等于或低于 -100℃称为深度冷冻(简称深冷)。

深冷分离是在 -100℃左右的低温下，将裂解气中除了氢和甲烷以外的其他烃类全部冷凝下来。然后利用裂解气中各种烃类的相对挥发度不同，在合适的温度和压力下，以精馏的方法将各组分分离开来，达到分离的目的。因为这种分离方法采用了 -100℃以下的冷冻系统，故称为深度冷冻分离，简称深冷分离。

深冷分离法是目前工业生产中广泛采用的分离方法。它的经济技术指标先进，产品纯度高，分离效果好，但投资较大，流程复杂，动力设备较多，需要大量的耐低温合金钢。因此，适宜于加工精度高的大工业生产。本章重点介绍裂解气精馏分离的深冷分离方法。

在深冷分离过程中，为把复杂的低沸点混合物分离开来需要有一系列操作过程相组合。但无论各操作的顺序如何，总体可概括为三大部分。

1. 压缩和冷冻系统

该系统的任务是加压、降温，以保证分离过程顺利进行。

2. 气体净化系统

为了排除对后继操作的干扰，提高产品的纯度，通常设置有脱酸性气体、脱水、脱炔和脱一氧化碳等操作过程。

3. 低温精馏分离系统

这是深冷分离的核心，其任务是将各组分进行分离并将乙烯、丙烯产品精制提纯。它由一系列塔器构成，如脱甲烷塔、乙烯精馏塔和丙烯精馏塔等。

第二节　压缩与制冷

裂解气分离过程中需加压、降温，所以必须进行压缩与制冷来保证生产的要求。

一、裂解气的压缩

在深冷分离装置中用低温精馏方法分离裂解气时，要求温度最低的部位是在甲烷和氢气的分离塔，而且所需的温度随操作压力的降低而降低。例如，脱甲烷塔操作压力为 3.0MPa 时，为分离甲烷所需塔顶温度约 -100 ~ -90℃；当脱甲烷塔压力为 0.5MPa 时，为分离甲烷所需塔顶温度则需下降到 -1400 ~ -1300℃。而为获得一定纯度的氢气，则所需温度更低。这不仅需要大量的冷量，而且要用很多耐低温钢材制造的设备，这无疑增大了投资和能耗，在经济上不够合理。所以生产中根据物质的冷凝温度随压力增加而升高的规律，可对裂解气加压，从而使各组分的冷凝点升高，即提高深冷分离的操作温度，这既有利于分离，又可节约冷冻量和低温材料。不同压力下某些组分的沸点见表5－2。从表中我们可以看出，乙烯在常压下沸点是－104℃，即乙烯气体需冷却到－104℃才能冷凝为液体，但当加压到 10.13×10^5Pa时，只需冷却到－55℃即可。

对裂解气压缩冷却，能除掉相当量的水分和重质烃，以减少后继干燥及低温分离的负担。提高裂解气压力还有利于裂解气的干燥过程，提高干燥过程的操作压力，可以提高干燥剂的吸湿量，减少干燥器直径和干燥剂用量，提高干燥度。所以裂解气的分离首先需进行压缩。

表5－2　不同压力下某些组分的沸点　℃

组分＼压力/Pa	1.103×10^5	10.13×10^5	15.19×10^5	20.26×10^5	25.23×10^5	30.39×10^5
H_2	－263	－244	－239	－238	－237	－235
CH_4	－162	－129	－114	－107	－101	－95
C_2H_4	－104	－55	－39	－29	－20	－13
C_2H_6	－86	－33	－18	－7	3	11
C_3H_6	－47.7	9	29	37	44	47

裂解气经压缩后，不仅会使压力升高，而且气体温度也会升高。为避免压缩过程温升过大造成裂解气中双烯烃尤其是丁二烯之类的二烯烃在较高的温度下发生大量的聚合，以至形成聚合物堵塞叶轮流道和密封件。裂解气压缩后的气体温度必须要限制，压缩机出口温度一般不能超过100℃，在生产上主要是通过裂解气的多段压缩和段间冷却相结合的方法来实现。

裂解气段间冷却通常采用水冷，相应各段入口温度一般为38～40℃左右。采用多段压缩可以节省压缩做功的能量，效率也可提高，根据深冷分离法对裂解气的压力要求及裂解气压缩过程中的特点，目前工业上对裂解气大多采用三段至五段压缩。

同时，压缩机采用多段压缩可减少压缩比，也便于在压缩段之间进行净化与分离，例如脱酸性气体、干燥和脱重组分可以安排在段间进行。

二、制冷

深冷分离裂解气需要把温度降到－100℃以下。为此需向裂解气提供低于环境温度的冷剂。获得冷量的过程称为制冷。深冷分离中常用的制冷方法有两种：冷冻循环制冷和节流膨胀制冷。

（一）冷冻循环制冷

冷冻循环制冷的原理：利用制冷剂自液态汽化时从物料或中间物料吸收热量，从而使物料温度降低，所吸收的热量在热值上等于它的汽化潜热。液体的汽化温度（即沸点）是随压力的变化而改变的，压力越低，相应的汽化温度也越低。

1. 氨蒸气压缩制冷

氨蒸气压缩制冷系统可由四个基本过程组成，如图5－1所示。

(1) 蒸发

在低压下液氨的沸点很低，如压力为0.12MPa时沸点为-30℃。液氨在此条件下，在蒸发器中蒸发变成氨蒸气，则必须从通入液氨蒸发器的被冷物料中吸取热量，产生制冷效果，使被冷物料冷却到接近-30℃。

(2) 压缩

蒸发器中所得的是低温、低压的氨蒸气。为了使其液化，首先通过氨压缩机压缩，使氨蒸气压力升高。

(3) 冷凝

高压下的氨蒸气的冷凝点是比较高的。例如把氨蒸气加压到1.55MPa时，其冷凝点是40℃，此时可用普通冷水做冷却剂，使氨蒸气在冷凝器中变为液氨。

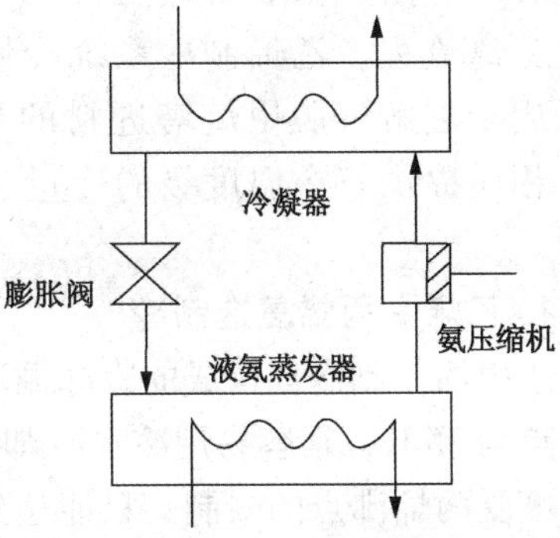

图5-1　氨蒸气压缩制冷系统示意图

(4) 膨胀

若液氨在1.55MPa压力下汽化，由于沸点为40℃，不能得到低温，为此，必须把高压下的液氨，通过节流阀降压到0.12MPa，若在此压力下汽化，温度可降到-30℃。节流膨胀后形成低压，低温的汽液混合物进入蒸发器。在此液氨又重新开始下一次低温蒸发，形成一个闭合循环操作过程。

氨通过上述四个过程，构成了一个循环，称之为冷冻循环。这一循环必须由外界向循环系统输入压缩功才能进行，因此，这一循环过程消耗了机械功，换得了冷量。

氨是上述冷冻循环中完成转移热量的一种介质，工业上称为制冷剂或冷冻剂，冷冻剂本身物理化学性质决定了制冷温度的范围。如液氨降压到0.098MPa时进行蒸发，其蒸发温度为-33.4℃，如果降压到0.011MPa，其蒸发温度为-40℃，但是在负压下操作是不安全的。因此，用氨作制冷剂，不能获得-100℃的低温。所以要获得-100℃的低温，必须用沸点更低的气体作为制冷剂。

原则上沸点低的物质都可以用作制冷剂，而实际选用时，则需选用可以降低制冷装置投资、运转效率高，来源容易、毒性小的制冷剂。对乙烯装置而言，乙烯和丙烯为本装置产品，已有储存设施，且乙烯和丙烯已具有良好的热力学特性，因而均选用乙烯和丙烯作为制冷剂。在装置开工初期尚无乙烯产品时，可用混合 C_2 馏分代替乙烯作为制冷剂，待生产出合格乙烯后再逐步置换为乙烯。

2. 丙烯制冷系统

在裂解气分离装置中，丙烯制冷系统为装置提供-40℃以上温度级的冷量。其主要冷量用户为裂解气的预冷、乙烯制冷剂冷凝、乙烯精馏塔、脱乙烷塔、脱丙烷塔塔顶冷凝等。最大用户是乙烯精馏塔塔顶冷凝器，约占丙烯制冷系统总功率的60%~70%；其次是乙烯制冷剂的冷凝和冷却占17%~20%。在需要提供几个温度级冷量时，可采用多级节流多级压缩多级蒸发，以一个压缩机组同时提供几种不同温度级冷量，如丙烯冷剂从冷凝压力逐级节流到0.9MPa、0.5MPa、0.26MPa、0.14MPa，并相应制取16℃、-5℃、-24℃、-40℃四个不同温度级的冷量。

3. 乙烯制冷系统

乙烯制冷系统用于提供裂解气低温分离装置所需-102~-40℃各温度级的冷量。

其主要冷量用户为裂解气在冷箱中的预冷以及脱甲烷塔塔顶冷凝。如对高压脱甲烷的顺序分离流程，乙烯制冷系统冷量的30% ~40%用于脱甲烷塔塔顶冷凝，其余60% ~70%用于裂解气脱甲烷塔进料的预冷。大多数乙烯制冷系统均采用三级节流的制冷循环，相应提供三个温度级的冷量，通常提供 -50℃、-70℃、100℃左右三个温度级的冷量。

4. 乙烯 - 丙烯复迭制冷

用丙烯作制冷剂构成的冷冻循环制冷过程，把丙烯压缩到1.864MPa的条件下，丙烯的冷凝点为45℃，很容易用冷水冷却使之液化，但是在维持压力不低于常压的条件下，其蒸发温度受丙烯沸点的限制，只能达到 -45℃左右的低温条件，即在正压操作下，用丙烯作制冷剂，不能获得 -100℃的低温条件。

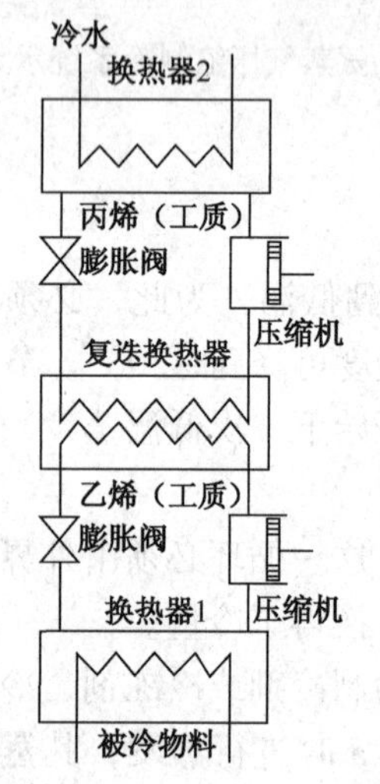

图5-2　乙烯-丙烯复迭制冷示意图

用乙烯作制冷剂构成冷冻循环制冷中，维持压力不低于常压的条件下，其蒸发温度可降到 -103℃左右，即乙烯作制冷剂可以获得 -100℃的低温条件，但是乙烯的临界温度为9.9℃，临界压力为5.15MPa，在此温度之上，不论压力多大也不能使其液化，即乙烯冷凝温度必须低于其临界温度9.9℃，所以不能用普通冷却水使之液化。为此，乙烯冷冻循环制冷中的冷凝器需要使用制冷剂冷却。工业生产中常采用丙烯作制冷剂来冷却乙烯，这样丙烯的冷冻循环和乙烯冷冻循环制冷组合在一起，构成乙烯 - 丙烯复迭制冷，见图5-2所示。

在乙烯 - 丙烯复迭制冷循环中，冷水在换热器2中向丙烯供冷，带走丙烯冷凝时放出的热量，丙烯被冷凝为液体，然后，经节流膨胀降温，在复迭换热器中汽化，此时向乙烯气供冷，带走乙烯冷凝时放出的热量，乙烯气变为液态乙烯，液态乙烯经膨胀阀降压到换热器1中汽化，向被冷物料供冷，可使被冷物料冷却到 -100℃左右。在图5-2中可以看出，复迭换热器既是丙烯的蒸发器（向乙烯供冷），又是乙烯的冷凝器（向丙烯供热）。当然，在复迭换热器中一定要有温差存在，即丙烯的蒸发温度一定要比乙烯的冷凝温度低，才能组成复迭制冷循环。

用乙烯作制冷剂在正压下操作，不能获得 -103℃以下的制冷温度。生产中需要 -103℃以下的低温时，可采用沸点更低的制冷剂，如甲烷在常压下沸点是 -161.5℃，因而可制取 -160℃温度级的冷量。但是由于甲烷的临界温度是 -82.5℃，若要构成冷冻循环制冷，需用乙烯作制冷剂为其冷凝器提供冷量，这样就构成了甲烷 - 乙烯 - 丙烯三元复迭制冷。在这个系统中，冷水向丙烯供冷，丙烯向乙烯供冷，乙烯向甲烷供冷，甲烷向低于 -100℃冷量用户供冷。

（二）节流膨胀制冷

所谓节流膨胀制冷，就是气体由较高的压力通过一个节流阀迅速膨胀到较低的压力，由于过程进行得非常快，来不及与外界发生热交换，膨胀所需的热量必须由自身供给，从而引起温度降低。

工业生产中脱甲烷分离流程中，利用脱甲烷塔顶尾气的自身节流膨胀可降温到获得 -160 ~ -130℃的低温。

（三）热泵

常规的精馏塔都是从塔顶冷凝器取走热量，由塔釜再沸器供给热量，通常塔顶冷凝器取走的热量是塔釜再沸器加入热量的90%左右，能量利用很不合理。如果能将塔顶冷凝器取走的热量传递给塔釜再沸器，就可以大幅度地降低能耗。但同一塔的塔顶温度总是低于塔釜温度，根据热力学第二定律，“热量不能自动地从低温流向高温”，所以需从外界输入功。这种通过做功将热量从低温热源传递给高温热源的供热系统称为热泵系统。该热泵系统是既向塔顶供冷又向塔釜供热的制冷循环系统。

常用的热泵系统有闭式热泵系统、开式A型热泵系统和开式B型热泵系统等几种，如图5－3所示。

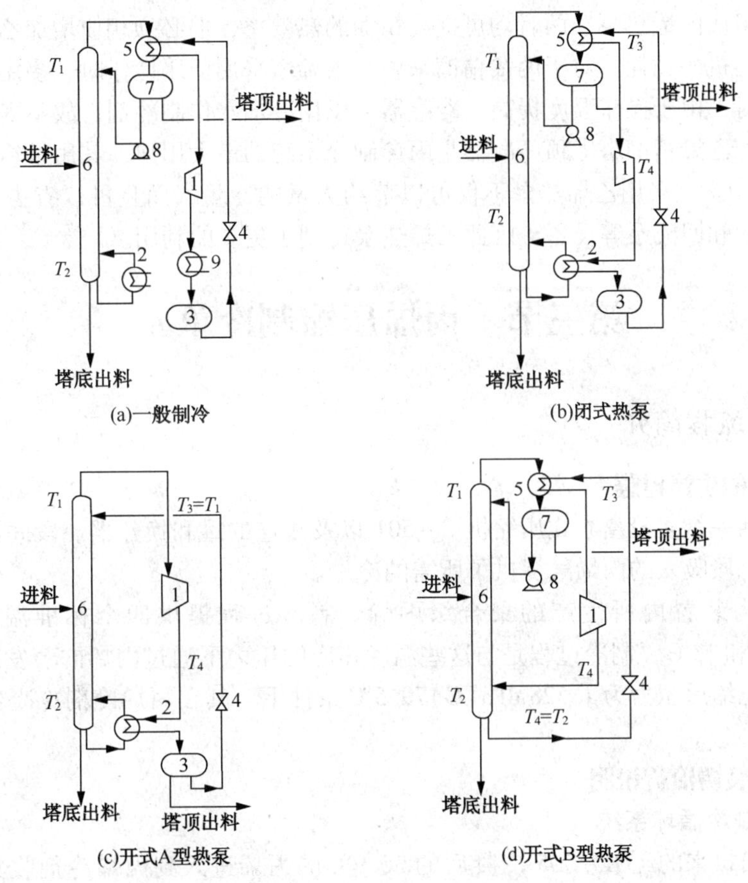

图5－3　热泵的几种形式

1—压缩机；2—再沸器；3—制冷剂储罐；4—节流阀；5—塔顶冷凝器；6—精馏塔；7—回流罐；8—回流泵；9—冷剂冷凝器

闭式热泵：塔内物料与制冷系统介质之间是封闭的，而用外界的工作介质为制冷剂。液态制冷剂在塔顶冷凝器5中蒸发，使塔顶物料冷凝，蒸发的制冷剂气体再进入压缩机1升高压力，然后在塔釜再沸器2中冷凝为液体，放出的热量传递给塔釜物料，液体制冷剂通过节流阀4降低压力后再去塔顶换热，完成一个循环，这样塔顶低温处的热量通过制冷剂而传到塔釜高温处。在此流程中，制冷循环中的制冷剂冷凝器与塔釜再沸器合成一个设备，在此设备中，制冷剂冷凝放热，而釜液吸热蒸发。闭式热泵特点是操作简便、稳定，物料不会污染，出料质量容易保证。但流程复杂，设备费用较高。

开式A型热泵流程，不用外来制冷剂，直接以塔顶蒸出低温烃蒸气作为制冷剂，经压缩提高压力和温度后，送去塔釜换热，放出热量而冷凝成液体。凝液部分出料，部分经节流降温后流入塔。此流程省去了塔顶换热器。

开式B型热泵流程，直接以塔釜出料为制冷剂，经节流后送至塔顶换热，吸收热量蒸发为气体，再经压缩升压升温后，返回塔釜。塔顶烃蒸气则在换热过程中放出热量凝成液体。此流程省去了塔釜再沸器。

开式热泵特点是流程简单，设备费用较闭式热泵少，但制冷剂与物料合并，在塔操作不稳定时，物料容易被污染，因此自动化程度要求较高。

在裂解气分离中，可将乙烯制冷系统与乙烯精馏塔组成乙烯热泵，也可将丙烯制冷系统与丙烯精馏塔组成丙烯热泵，两者均可提高精馏的热效率，但必须相应增加乙烯制冷压缩机或丙烯制冷压缩机的功耗。对于丙烯精馏来说，丙烯塔采用低压操作时，多用热泵系统。当采用高压操作时，由于操作温度提高，冷凝器可以用冷却水作制冷剂，故不需用热泵。对于乙烯精馏来说，乙烯精馏塔塔顶冷凝器是丙烯制冷系统的最大用户，其用量约占丙烯制冷总功率的60% ~70%，采用乙烯热泵不仅可以节约大量的冷量，而且可以省去低温下操作的换热器、回流罐和回流泵等设备，因此乙烯热泵得到了更多的利用。

第三节　丙烯压缩制冷单元

一、工艺流程简介

（一）装置的生产过程

本部分包括一个多段离心式压缩机C－501以及相连的罐和换热器。段间没有使用中间冷却器，因为每段吸入的丙烯气提供了所需的冷量。

所用冷剂为装置内所生产的聚合级丙烯。制冷过程提供四个标准温度级－40℃、－27℃、－6℃和13℃，制冷过程是与这些温度相应的压力下通过丙烯的蒸发来实现的。蒸发后的丙烯经压缩后压力为1.528MPa(G)79.5℃条件下，其在丙烯冷剂冷凝器内用冷却水冷凝。

（二）生产装置流程说明

1. 压缩机制冷循环系统

从压缩机出口来的经E－505冷凝后的36.9℃的丙烯进入到丙烯冷剂收集罐D－505，从D505出来的丙烯在换热器E－511内通过加热流出的某工艺材料而被过冷。

然后冷剂分成两股，第一股为用于四段冷剂用户E－404的丙烯液；第二股通过液位LIC5009控制进入丙烯制冷压缩机四段吸入罐D－504。

从四段冷剂用户E－504来的蒸汽进入四段吸入罐D－504，在此进行气液分离，一部分蒸汽从吸入罐出来进入换热器E－512，在此加热冷物流而自身被冷凝，然后进入收集罐D－507，通过液位LIC5011送往三段吸入罐D－503；剩下的部分蒸汽作为四段吸入进入压缩机。从四段吸入罐出来的液体在通过冷却器E－509被冷却后分两股：一股在液位LIC5007控制下被送到三段丙烯冷剂用户E－503，剩下的液体通过液位LIC5006控制送到三段吸入罐D－503。

从三段冷剂用户E503出来的蒸汽进入三段吸入罐D－503，在此进行气液相分离，从三段吸入罐出来的蒸汽在0.387MPa(G)和-5.9℃的条件下分两股，一股在换热器E-510内加热冷物流而自身被冷凝，进入收集罐D-506后进入二段吸入罐D-502；另一股蒸汽送往压缩机三段吸入口。从三段吸入罐来的丙烯液体分两股：一股被换热器E-507冷却后由液位LIC5005控制送到二段冷剂用户E-502；另一部分物流同样也通过换热器E-508后由液位LIC5004控制送往二段吸入罐D-502。

从二段冷剂用户E-502出来的蒸汽流向二段吸入罐，在此进行气液相分离，从二段吸入罐出来的蒸汽进入压缩机的二段吸入口。从二段吸入罐出来的液体经过换热器E-506被冷却后由液位LIC5003控制送往一段冷剂用户E-501。

从一段用户口排出的气相送往一段吸入罐D-501，气相间断蒸发，四段排出的气相经一分布器进入罐内或送往液体排放总管，气相送往压缩机一段吸入口。

2. 油路系统

46#透平油自油箱D-508出来后由泵P-503A/B输出，输出油一部分由压控PIC5030控制回流到油箱，另一部分经过油温冷却器E-514A/B后进入过滤器S-501A/B。过滤器S-501A/B出口油分为三部分：一部分为透平以及压缩机的润滑油，油直接送往透平及压缩机，然后回到油箱，在这一段管路上设有一个高位槽D-510，其上有溢流管直接将溢流部分送回油箱；另一部分为压缩机的密封油，油通过一个中间设有脱气及连通装置的高位槽的管路送往压缩机，经过压缩机后再经抽气器S-502A/B后回到油箱；第三部分为透平机的控制油，进入透平机，然后回到油箱，整个过程为循环系统。

3. 复水系统

透平机动力蒸汽自透平机出来后，进入表面冷凝器E-515，冷却后由冷凝水泵P-502A/B送往换热器E-516A/B，一部分换热后回到E-515，另一部分送出以控制液位；E-515中的不凝气由真空泵L-503A/B抽出后进入换热器E-516A/B与自E-515来的冷凝水进行换热，冷凝后回到E-515。整个过程为循环系统，不凝气排放大气。

二、设备列表

设备列表见表5-3。

表5-3 设备列表

序号	压缩制冷部分		油及复水系统部分	
	位号	名称	位号	名称
1	D-501	压缩机一段吸入罐	D-508	油系统油箱
2	D-502	压缩机二段吸入罐	D-509	缓冲油罐
3	D-503	压缩机三段吸入罐	D-510	高位油罐
4	D-504	压缩机四段吸入罐	D-511	高位油罐
5	D-505	丙烯冷剂收集器	E-513	油箱加热器
6	D-506	三段蒸汽冷凝罐	E-514A/B	油箱出口冷却器(泵后)
7	D-507	四段蒸汽冷凝罐	E-515	蒸汽表面冷凝器
8	E-501	一段吸入罐入口换热器	E-516	抽气器
9	E-502	二段吸入罐入口换热器	P-502	冷凝水泵

续表

序号	压缩制冷部分		油及复水系统部分	
	位号	名称	位号	名称
10	E－503	三段吸入罐入口换热器	P－503A/B	油泵
11	E－504	四段吸入罐入口换热器	P－504	开工真空喷射泵
12	E－511	四段出口冷箱	P－505A/B	一级真空喷射泵
13	E－505	四段出口产品换热器	P－506A/B	二级真空喷射泵
14	E－510	三段蒸汽冷凝器	S－501A	油过滤器
15	E－512	四段蒸汽冷凝器	S－501B	油抽汽器
16	E－506	三段液相出口换热器		
17	E－507	三段液相出口换热器		
18	E－508	四段液相出口换热器		
19	E－509	二段液相出口换热器		
20	P－501	一段吸入罐积液抽出泵		
21	C－501	丙烯制冷压缩机		

三、仪表列表

仪表列表见表5－4。

表5－4 仪表列表

序号	仪表号	说明	单位	正常值	量程	报警值
1	PI5001	四段出口压力	kPa(G)	1528.0	0～4000.0	1734.0
2	PIC5002	系统压力控制	kPa(G)	31.0	0～1500.0	L：10.0、H：50.0
3	PIC5003	D－501压控	kPa(G)	31.0	0～1500.0	L：10.0、H：60.0
4	PIC5004	D－502压控	kPa(G)	127.0	0～1500.0	
5	PIC5005	D－503压控	kPa(G)	387.0	0～1500.0	
6	PIC5006	D－504压控	kPa(G)	745.0	0～1500.0	
7	PIC5030	油泵出口压控	kPa(G)	3450.0	0～5000.0	L：0、H：5000.0
8	PIC5031	透平油压控	kPa(G)	1450.0		
9	PIC5032	润滑油压控	kPa(G)	320.0		
10	PDI5001	过滤器压差	kPa(G)	40－60.0		
11	PDI5002	压缩机C－501前后密封油压差	kPa(G)	50.0	0.0100.0	
12	TI5001	四段出口温度	℃	79.5	－50.0～100.0	L：70、H80、HH：120
13	TI5002	四段E－505出口温度	℃	36.9	－50.0～100.0	
14	TIC5003	D－501温控	℃	－40.0	－50.0～100.0	H：－30.0
15	TIC5004	D－502温控	℃	－27.0	－50.0～100.0	H：－20.0
16	TIC5005	D－503温控	℃	－6.0	－50.0～100.0	H：0.0
17	TI5006	D－504温度	℃	13.0	－50.0～100.0	
18	TI5007	四段出口冷箱后温度	℃	17.3	－50.0－100.0	

续表

序号	仪表号	说　明	单位	正常值	量程	报警值
19	TI5030	油箱 D－508 温度	℃	65.6	0.0～100.0	
20	TI5031	润滑油回流温度	℃	75.0	0.0～100.0	
21	TI5032	冷却器 E－514 出口油温	℃	45.0	0.0～100.0	
22	TI5050	E－515 水温	℃	50.0	0.0～100.0	
23	PI5050	边界蒸汽压力	kPa(G)	4200.0	0.0～5000.0	
24	PIC5002	透平动力蒸汽压控	kPa(G)	31.0	0～1000.0	L：10.0、H：50.0
25	PI5052	E－515 压力	kPa(G)	－88.0		
26	PI5053	冷凝水泵出口压控	kPa(G)	700.0		
27	HIC5001	四段出口放空	%	0		
28	HIC5002	D－501 汽提手阀	%	0		
29	SI5001	压缩机转速	r/min	6500.0	0～9000.0	HH：8440.0
30	FIC5002	压缩机一段－吸入量	t/h	87.806	0～500.0	
31	FIC5003	压缩机二段－吸入量	t/h	23.137	0～500.0	
32	FIC5004	压缩机三段－吸入量	t/h	10.037	0～500.0	
33	FIC5001	压缩机四段排出量	t/h	125.937	0～500.0	
34	FI5005	压缩机四段吸入量	%	13.957	0～500.0	
35	LI5001	D－505 液位	%	50.0		L：10.0
36	LI5002	D－501 液位	%	0.0	0.0～100.0	HH：95.0
37	LIC5003	E－501 液控	%	50.0	0.0～100.0	H：70.0
38	LIC5004	D－502 液控	%	50.0	0.0～100.0	LL：2.0、H：95.0
39	LIC5005	E－502 液控	%	50.0	0.0～100.0	H：80.0
40	LIC5006	D－503 液控	%	50.0	0.0～100.0	LL：2.0、H：95.0
41	LIC5007	E－503 液控	%	50.0	0.0～100.0	HH：88.0
42	LIC5008	D－506 液控	%	50.0	0.0～100.0	LL：5.0
43	LIC5009	D－504 液控	%	50.0	0.0～100.0	LL：0.8、HH：97.0
44	LIC5010	E－504 液控	%	50.0	0.0～100.0	H：60.0
45	LIC5011	D－507 液控	%	50.0	0.0～100.0	LL：7.1
46	LI5030	D－508 液位	%	50.0	0.0～100.0	L：15.0、H：85.0
47	LI5031	D－510 液位	%	100.0	0.0～100.0	
48	LIC5032	D－511 液控	%	50.0	0.0～100.0	L：15.0、H：85.0
49	LIC5050	E－515 液控	%	50.0	0.0～100.0	L：15.0、H：85.0

四、操作参数

① 透平压缩机操作参数见表 5－5。

表 5－5 透平压缩机操作参数

名称	参数正常值
压缩机总抽气量	125.937t/h
压缩机转速	6500.0r/min
压缩机出口温度	79.5℃
压缩机出口压力	1.528MPa(G)

② 各段用户冷级见表 5－6。

表 5－6 各段用户冷级

名 称	温度/℃	压力/kPa	流量/(t/h)
一段吸入罐 D101	－40.0	31.0	78.806
二段吸入罐 D102	－27.0	127.0	23.137
三段吸入罐 D103	－6.0	387.0	10.037
四段吸入罐 D104	13.0	745.0	13.957

五、联锁系统

① 联锁系统的起因及结果见表 5－7。

表 5－7 联锁系统的起因及结果

起 因	联锁号	设定点	旁路	结 果
手动停压缩机 C－501	HS－5001	1	HS5002	停车报警 透平蒸汽阀关 1 段最小流量阀 FV5002 开 2 段最小流量阀 FV5003 开 3 段最小流量阀 FV5004 开 4 段最小流量阀 FV5001 开 1 段激冷液阀 TV5003 关 2 段激冷液阀 TV5004 关 3 段激冷液阀 TV5005 关 1 段吸入电磁阀关 VI1C501 关 2 段吸入电磁阀关 VI2C501 关 3 段吸入电磁阀关 VI3C501 关 4 段吸入电磁阀关 VI4C501 关 压缩机出口电磁阀 VI5C501 关 透平蒸汽阀 VI6C501 关
1 段吸入罐液位高高	LSXH5001	95.0%		
2 段吸入罐液位高高	LSXH5002	95.0%		
3 段吸入罐液位高高	LSXH5003	95.0%		
4 段吸入罐液位高高	LSXH5004	97.0%		
四段出口温度高高	TSXH5001	110.0℃		
四段出口压力高高	PSHH5001	1900.0kPa(G)		
油系统总管油压低	PSXL5001	1900.0kPa(G)		
油温高	TSXH5002	90.0℃		
停电	I5001	1		
停蒸汽	I5002	1		
停冷却水	I5003	1		

② 联锁逻辑图 I－501 见图 5－4 所示。

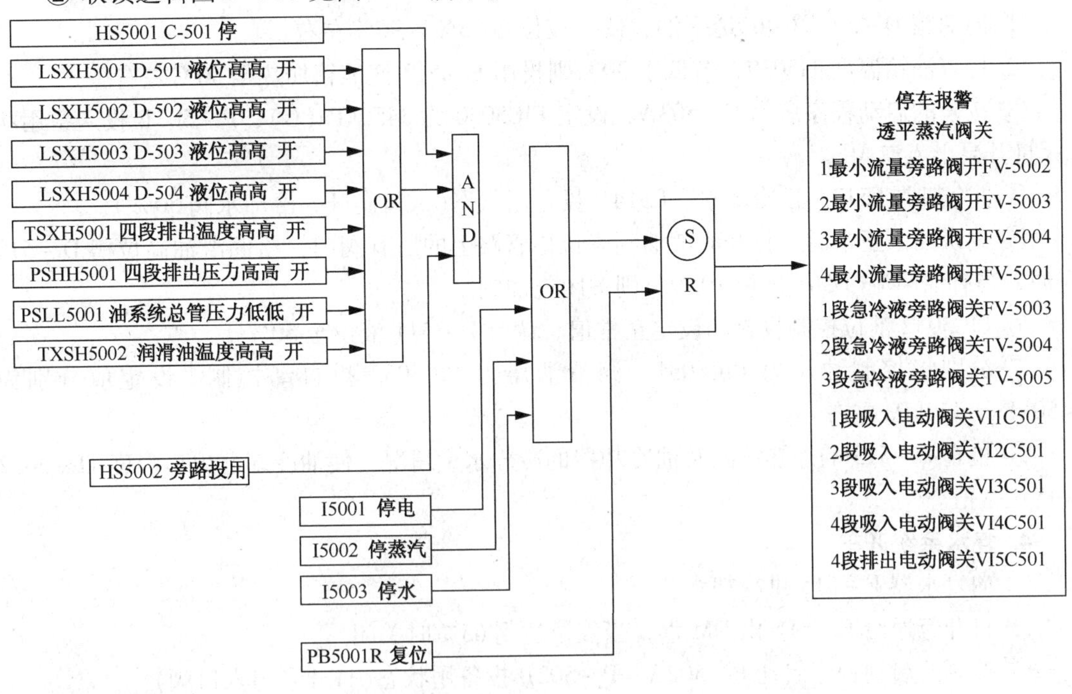

图 5－4　联锁逻辑图 I－501

六、操作规程

（一）冷态开车过程

公用工程准备就绪，丙烯冷剂及电都具备使用条件，丙烯置换已经完成。

1. 接气相丙烯充压

① 打通流程：手动全开 4 段、3 段、2 段、1 段最小回流阀，使 D－504、D－505、D－503、D－502、D－501 连通，确认排火炬线全关并投自动设定合理值、排 LD 线上的阀关闭。

② 现场打开 D－504 气相丙烯充气阀，向系统充压。

③ 待系统中各段压力升至 550～750kPa(G)左右，关闭 D－504 气相丙烯充气阀，充压完成。

④ 稍后系统均压，各段压力在 700kPa(G)左右。

2. 接液态丙烯

待系统充气均压基本完成后，可以接液相丙烯。

① 现场打开 D－504 液态丙烯开工线，向 D－504 充液。

② 待 D－504 液位升至 40% 以上，通过 LIC5006 将液相丙烯引至 D－503 充液。

③ D－503 液位 40% 左右时，则打开 LIC5004 使 D－502 开始接收液相丙烯。

④ 最终控制充液量至 D－502 和 D－503 液位达 50% 左右、D－504 液位达 80% 左右后，关闭液态丙烯开工线。

⑤ 确认防喘振阀 FIC5001、FIC5002、FIC5003、FIC5004 全开。

⑥ 检查确认油压、油温、蒸汽压力、温度、真空度、复水器液位、仪表系统正常，联锁系统投用，系统无跳闸、报警信号存在。

⑦ 打开 E505 的冷却水入口阀。

3. 油系统开车

① 向油箱 D－508 注 46#透平油，使其液位在 85%～90%左右。

② 检查油箱温度 TI5030，若低于 30℃则投用 E－513 使油箱加热至 30℃左右。

③ 按泵的启动程序启动 P－503A，设定 PIC5030 为 3450kPa(G)，P－503B 投入备用状态(打开泵出入口阀)。

④油冷却器 E514A 投冷却水，E514B 投备用状态(入口阀开，冷却水阀 50%)。

⑤ 确认油泵正常后，打开润滑油到高位槽管路上的所有阀门，给润滑油高位槽 D－510 充油，当有油回流(D501 液位 100%)则关闭充油阀。

⑥ LIC5032 液位控制投自动设定正常值，调节 D－511 液位至 50%。

⑦ 分别将控制油压力 PIC5031、润滑油压力 PIC5032 投自动控制，设定值分别为 1450kPa、320kPa 左右。

⑧ 检查 E－513 的加热情况及油冷却器的冷却水量情况，使油冷却器出口温度 TI－5032 保持正常值。

4. 复水系统开车

① 向复水器 E－515 供冷却水。

② 打开旁通给 E－515 供 DM 水，当液位达到 65%时关闭。

③ 按泵的启动程序启动 P－502A、P－502B 投备用状态(打开泵出入口阀)。

④ 投复水器冷却水。

⑤ 开 PIC5050 分程控制表面冷凝器液位(全关为排液外送)。

⑥ 真空系统投用：

a. 确认蒸汽密封投用(已经投用，无需操作)。

b. 先打开开工喷射泵 P－504 的蒸汽阀，再开不凝气阀。

c. 待真空度达到－30kPa(G)时，切换至二、一级喷射泵 P－505A，停开工喷射泵(顺序为依次关闭空气阀、蒸汽阀)注意真空度。

注：压缩机启动后，若系统内液相丙烯不足，可再次充液补充。

5. 暖机、启动准备

① 启动盘车(盘车按纽)。

② 约 15～20s 后停盘车。

③ 压缩机复位(PB5001R)。

④ 将压缩机出入口电磁阀打开(VI1C501、VI2C501、VI3C501、VI4C501、VI5C501)。

⑤ 打开蒸汽隔离阀及消音器进行暖管，使温度达到 254℃以上。

⑥ 当温度达到 254℃后，开透平主汽阀 VI6C501。

⑦ 投用联锁系统(HS5002)。

⑧ 检查确认油压、油温、蒸汽压力、温度、真空度、复水器液位、仪表系统正常，联锁系统投用，系统无跳闸、报警信号存在。

⑨ 打开 E－505 的冷却水入口阀。

⑩现场打开 E－505 冷却水阀至正常。

⑪ 缓慢开大手轮开度，使转速达到 1000r/min 左右。

⑫ 在 1000r/min 左右转速下，按停车按扭 HS5001，进行联锁实验。

6. 启动压缩机

① 重新启动压缩机：将压缩机调速手轮开度归零。将压缩机联锁复位(PB5001R)。重新将电磁阀 VI1C501、VI2C501、VI3C501、VI4C501、VI5C501 复位。重新复位透平主汽阀。用手轮将压缩机转速升到 1000r/min 左右。

② 压缩机升速：按升速曲线：1000→2000→3000→4560，通过手轮将压缩机转速连续升到最小可调转速。通过临界转速附近时快速通过。在升速过程中要随时观察各段出、入口温度压力的变化，并通过 TIC5003、TIC5004 和 TIC5005，注意各罐液位的控制。控制好 D501 的温度，并随压力变化而变化，但不能使 D－501 积液过多(不超过 5%)。

注：在压缩机升速及正常运行过程中，注意控制一段吸入罐的温度不大于 20℃；四段吸入罐液位不低于 10%，压缩机各段吸入量不能低于最小流量(正常运行最小流量值见表 5－8)。

表 5－8 正常运行最小流量

一段	二段	三段	四段
63.0t/h	18.5t/h	8.0t/h	11.0t/h

7. 无负荷下调整

① 转速至 4560r/min 处于最小可调转速，将其调节由手轮切换到主控 PIC5002 控制升速(“调速切换”至“PIC”)。

② 通过逐步关小各段的最小回流阀开度，建立各段压力，不可过快过猛。

③ D－505 内开始出现液位，则启用 LIC5009，向 D－504 转液。

④ 在以上过程中，随时调节保持各段相应的温度。

⑤ 最终将各段压力调至正常，同时温度接近正常冷级。

⑥ E－501 建立液位(50%)，为一段投负荷做准备。

⑦ E－502 建立液位(50%)，为二段投负荷做准备。

⑧ E－503 建立液位(50%)，为三段投负荷做准备。

⑨ E－504 建立液位(50%)，为四段投负荷做准备。

⑩ 根据需要投用冷剂用户，注意随时监视液位，若需则接丙烯系统补充丙烯。

注：在此阶段，随时注意一段吸入罐液位不高于 5%。

8. 投用户负荷，调整至正常

① 待各级用户换热器控制好液位。将各冷级的热用户负荷投用(各用户负荷自动逐步升到 100%，随着热用户负荷的上升，匹配投用相应的冷负荷)。

② 在各冷级用户负荷上升过程中，随时注意各段的温度、压力变化。

③ 通过 PIC5002 提升转速和调节各段最小回流量，在各用户不同的负荷阶段下，控制好各段温度、压力。

④ 注意观察控制各段吸收罐液位和各负荷用户换热器及 D－506、D－507 的液位。

⑤ 在控制各冷级温度的情况下，最终将各用户负荷全部投用，转速升至正常(6500r/min)，各段最小回流全关。

⑥ 选择合适条件，将各调节回路设定好，并投入自动控制。

注：在投用户负荷期间，注意控制段温度，压力，液位。

(二) 热态开车过程

热态开车的起使状态：压缩机处于最小可调转速，各段温度压力达到正常冷级，系统处于无负荷下的循环状态。

1. 建液位，投负荷，调整至正常

① 压缩机处于最小可调转速，将其调节由手轮切换到 PIC5002 控制。

② D－505 液位升至50%左右，向D－504 排液，排掖前先打开 E－511 上的冷却水至正常(50%)。

③ 建立液位，调整至正常。

E－501 建立液位(50%)，为一段投负荷做准备。

E－502 建立液位(50%)，为二段投负荷做准备。

E－503 建立液位(50%)，为三段投负荷做准备。

E－504 建立液位(50%)，为四段投负荷做准备。

④ 分批分步进行，将各冷级热用户投用(各用户负荷自动逐步升到100%，随着热用户负荷的上升，匹配投用相应的冷负荷)。

⑤ 在上述过程中，随时注意各段温度压力的变化。

⑥ 通过 PIC5002 提升压缩机的转速和调节各段最小流量，在各用户不同的情况下，控制好各段温度压力。

⑦ 注意观察各段吸入罐的液位和各段用户的换热器及 D－506、D－507 的液位控制。

⑧ 在控制各冷级温度的情况下，最终将各用户负荷调整正常(100%)，转速升至正常，各段最小回流全关，调节油系统及水系统循环。

⑨ 选择合适的条件，将各调节回路设定好，并投入自动控制。

2. 油系统及复水系统调整

在上述过程中及时调整油路系统及复水系统，使其与压缩机系统同步提升负荷。

(三) 正常停车过程

1. 停负荷(用户负荷逐步下降)，降转速

① 取消各级用户负荷(热)的设定。

② 在降负荷过程中，调整各段最小回流开度，保持各段温度、压力在正常指标。

③ 随热负荷的下降，逐渐取消各冷负荷(冷剂)，并尽量将 D－506、D－507 中的液体排至上一级吸入罐。

④ 逐步将转速降至最小可调转速。

⑤ 将转速由 PIC5002 切换至手轮控制(“PIC”——“手轮”)。

注：在停负荷降转速过程中，随时调节最小回流，注意维持各段的温度、压力、液位的稳定。

2. 停压缩机、复水系统及油系统

① 按下停车按扭 HS5001，使压缩机联锁停车。

② 确认各段最小回流阀全开，各段喷淋阀全关。

③ 停机后将主汽阀手轮转至全关位置。

④ 关闭二、一级真空喷射泵，破坏真空，待真空度为零后停复水泵，关泵出口阀，将复水器中的凝液排空。

⑤ 确认油系统运行正常，待油温降到正常温度(30℃)后停油系统。

3. 排液、泄压

① 待各吸入罐压力、温度基本均衡后，排液。

② 由各罐底部排液阀，将各罐液体排空。

③ 各罐压力由顶部压力调节放空，泄压至常压。

④ 将各冷却水关闭。
⑤ 各用户换热器排液。
⑥ 将油系统中(包括罐、高位槽)全部油排到 D－508 中，进行排液。

(四) 停电事故过程

事故原因：装置停电。
事故现象：压缩机自动联锁停车。
处理方法：按紧急停车处理。
① 压缩机自动联锁停车，确认各段最小回流全开。
② 手动将 PIC5002 关闭，并将转速切换成手轮控制，再将手轮调至 0%。
③ 联锁复位。
④ 关闭各级用户负荷，并关闭各级用户的冷剂供给阀门。
⑤ 盘车。

(五) 停蒸汽事故过程

事故原因：公用工程系统中透平机用蒸汽中断。
事故现象：压缩机自动联锁停车。
处理方法：按紧急停车处理
① 压缩机自动联锁停车，确认各段最小回流全开。
② 手动将 PIC5002 关闭，并将转速切换成手轮控制，再将手轮调至 0%。
③ 联锁复位。
④ 关闭各级用户负荷，并关闭各级用户的冷剂供给阀门。
⑤ 盘车。

(六) 停冷却水事故过程

事故原因：公用工程系统中冷却水中断。
事故现象：压缩机自动联锁停车。
处理方法：按紧急停车处理。
① 压缩机自动联锁停车，确认各段最小回流全开。
② 手动将 PIC5002 关闭，并将转速切换成手轮控制，再将手轮调至 0%。
③ 联锁复位。
④ 关闭各级用户负荷，并关闭各级用户的冷剂供给阀门。
⑤ 盘车。

(七) 各级用户负荷下降(20%)至 80% 事故过程

事故原因：各冷级用户负荷，逐渐下降。
事故现象：各段压力下降，温度下降，压缩机转速有波动。
处理方法：①通过 PIC5002(手动)下调转速。②调整至适当转速，保证各段压力、温度正常稳定。③在调整转速无法保证的情况下，可以调整各段最小回流量。

(八) D－502 压力高事故过程

事故原因：E－502 用户负荷突然增大 10%。
事故现象：①D－502 压力上升，温度随之上升。②压缩转速有波动。
处理方法：①可暂时略开 PIC5004 放空降压，但必须尽快采取其他办法处理，最终使压力下降，关闭放空。②若无法控制，应通过 PIC5002 提升压缩机转速，同时调整各段最小回流阀和喷淋，保持各段温度、压力正常稳定。③适当开大 D－502 喷淋阀。

（九）润滑油温度高事故过程

事故原因：油冷却器效率严重下降。

事故现象：油温高。

处理方法：启动备用冷却器。

现场打开备用换热器 E514B 的冷却水入口阀，以及出入口阀门，过几秒钟后关闭坏换热器的出入口阀门及冷却水阀门。

（十）D－501 液位高事故过程

事故原因：E－501 液位过高，带液。

事故现象：D－501 液面过高，并上升很快。

处理方法：① 尽快启动泵 P－501，将积液排至 D－504。② 尽快调节 LIC5003，使液位回到正常。③ 待 D－501 液位下降至 1% 以下，关泵 P－501。④ 整个过程保持各段温度压力的正常稳定。

（十一）油路过滤器堵塞事故过程

事故原因：换热器 E－501 液位过高，带液。

事故现象：D－501 液位过高，并上升很快。

处理方法：①尽快启动 P－501，将 D－501 积液排至 D－504。②尽快调节 LIC5003，使其回到正常。③手动关闭 TIC5003，待平衡后投自动。④待 D－501 液位降至 1% 以下，关 P－501。⑤整个过程中，注意保持各段温度、压力的正常稳定。

备注（处理方法）：在操作画面上按“Ctrl＋M”进入处理画面，选择相应设备后再选择“处理”进行处理。

阀失灵——处理。

仪表失灵——处理。

仪表漂移——处理。

泵坏——启动备用泵或处理。

换热器结垢——启动备用或提高冷却水量。

特定事故：详见操作手册中事故的处理方法。

七、仿 DCS 系统操作画面

① 操作组画面仪表编号见表 5－9

表 5－9　操作组画面仪表编号

名字	仪表 1	仪表 2	仪表 3	仪表 4	仪表 5	仪表 6	仪表 7	仪表 8
GROUP001	FIC5001	FIC5002	FIC5003	FIC5004	FI5005			
GROUP002	TI5001	TI5002	TIC5003	TIC5004	TIC5005	TI5006	TI5007	
GROUP003	TI5030	TI5031	TI5032	TI5050				
GROUP004	PI5001	PIC5002	PIC5003	PIC5004	PIC5005	PIC5006	HIC5001	HIC5002
GROUP005	PIC5030	PIC5031	PIC5032	PI5050	PI5052	PI5053		
GROUP006	LI5001	LI5002	LIC5003	LIC5004	LIC5005	LIC5006	LIC5007	LIC5008
GROUP007	LIC5009	LIC5010	LIC5011	LI5030	LI5031	LIC5032	LIC5050	

② 流程图说明见表5－10。

表5－10 流程图说明

图 名	说 明	调图方式
OVERVIEW	总貌	CTRL＋1
GR3001	压缩机	CTRL＋2
GR3002	一段压缩罐	CTRL＋3
GR3003	二段压缩罐	CTRL＋4
GR3004	三段压缩罐	CTRL＋5
GR3005	四段压缩罐	CTRL＋6
GR3006	油系统	CTRL＋7
GR3007	蒸汽复水系统	CTRL＋8
GR3008	辅操台	CTRL＋9
GF3001	压缩机现场	CTRL＋0
GF3002	一段压缩罐现场	
GF3003	二段压缩罐现场	
GF3004	三段压缩罐现场	
GF3005	四段压缩罐现场	
GF3006	油系统现场	
GF3007	蒸汽复水系统现场	

八、压缩机升速曲线

压缩机升速曲线见图5－5所示。

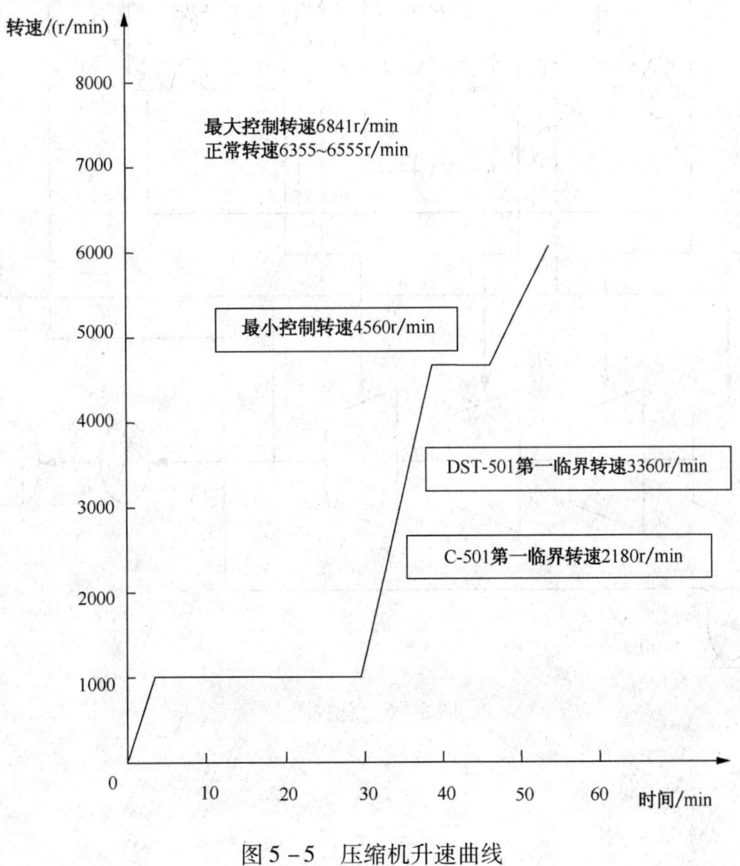

图5－5 压缩机升速曲线

九、乙烯装置压缩单元仿真 PI&D 图

乙烯装置压缩单元仿真图见图 5 - 6 ~ 图 5 - 13 所示。

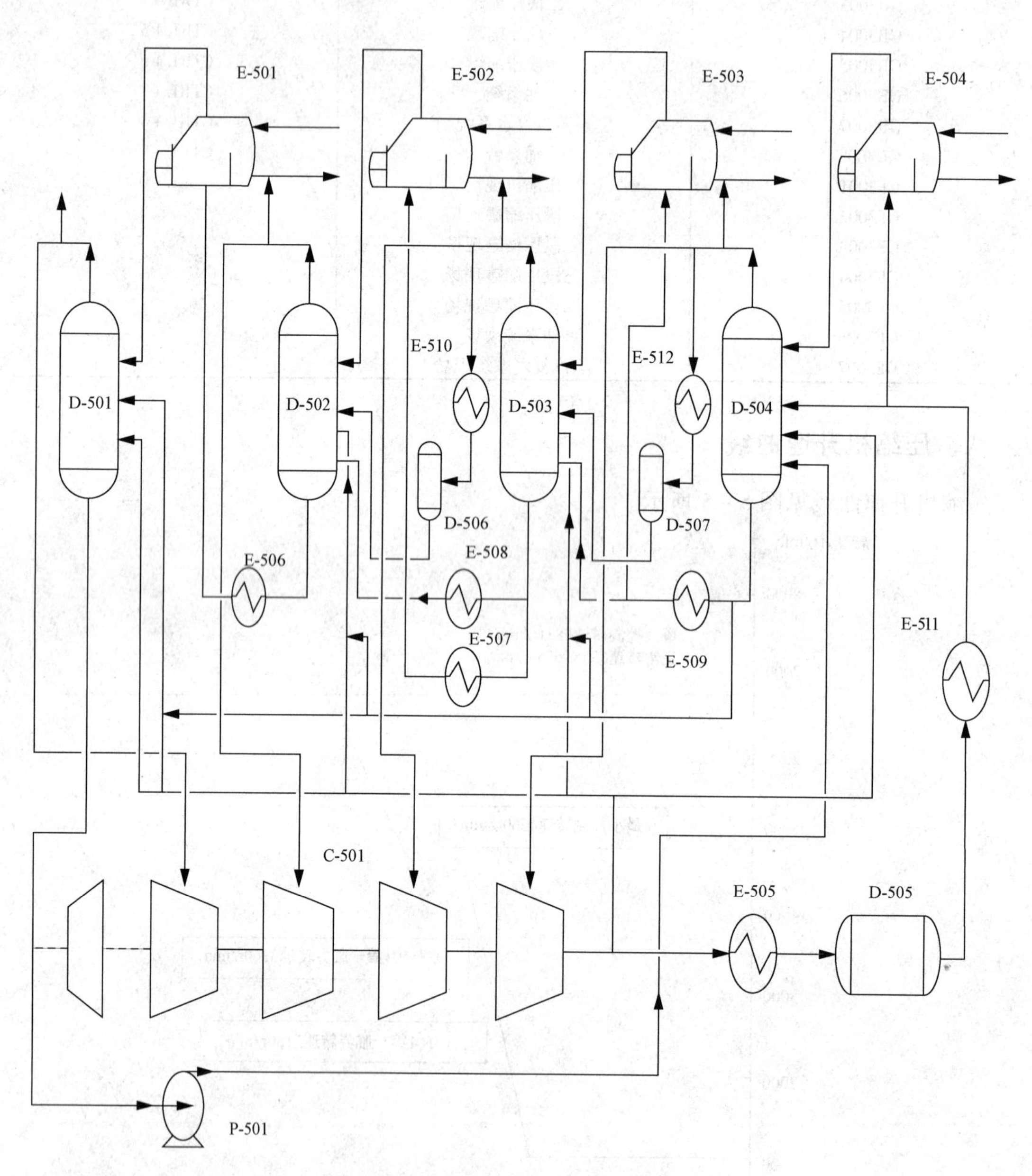

图 5 - 6　总貌图

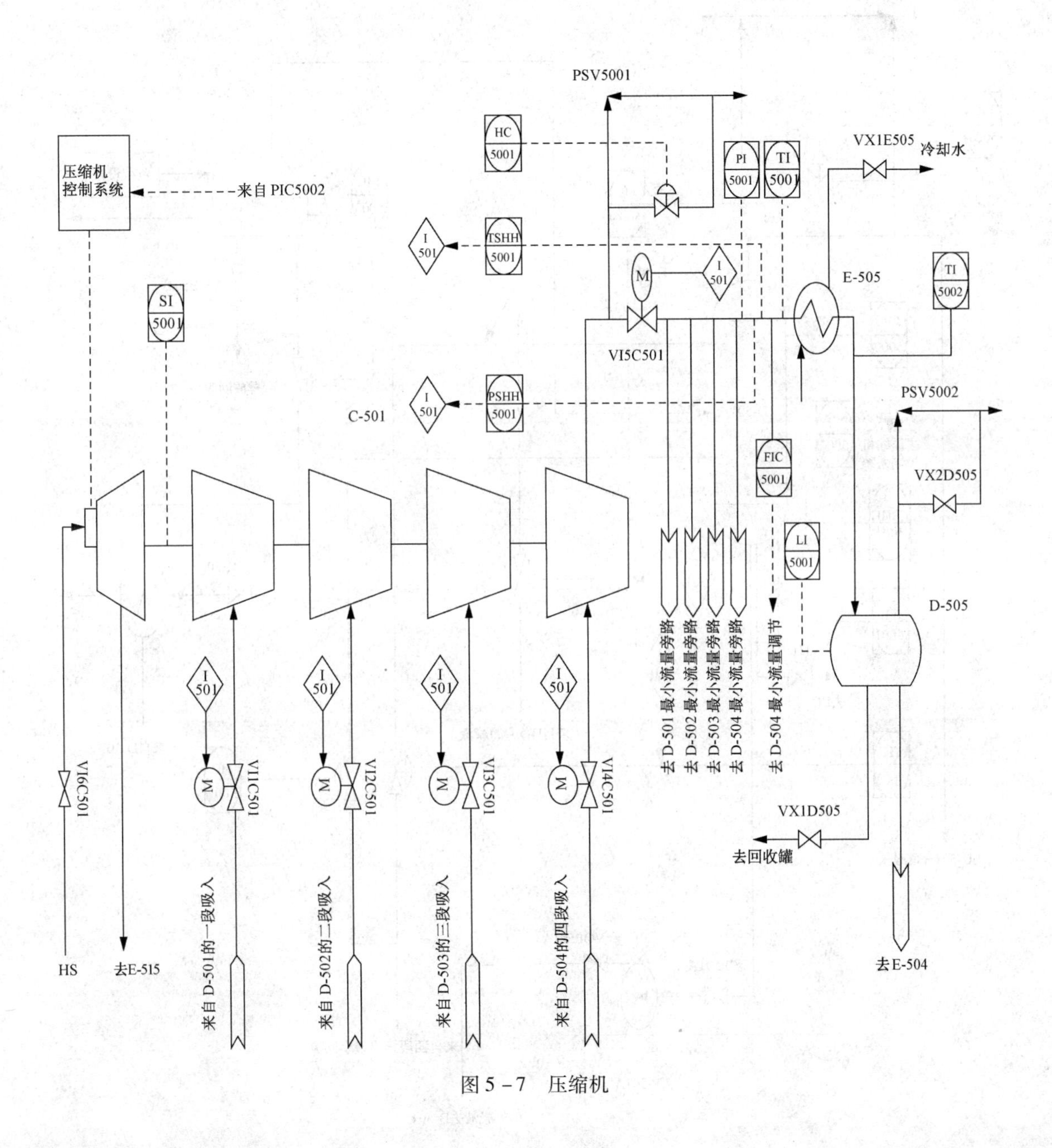
PSV5001
HC
5001
压缩机
控制系统
来自 PIC5002
PI
5001
TI
5001
VX1E505
冷却水
I
501
TSHH
5001
M
I
501
E-505
TI
5002
SI
5001
VI5C501
PSV5002
I
501
PSHH
5001
C-501
FIC
5001
VX2D505
LI
5001
D-505
去 D-501 最小流量旁路
去 D-502 最小流量旁路
去 D-503 最小流量旁路
去 D-504 最小流量旁路
去 D-504 最小流量调节
I
501
M
VI6C501
VI1C501
VI2C501
VI3C501
VI4C501
VX1D505
去回收罐
来自 D-501的一段吸入
来自 D-502的二段吸入
来自 D-503的三段吸入
来自 D-504的四段吸入
HS
去E-515
去E-504
图 5－7　压缩机

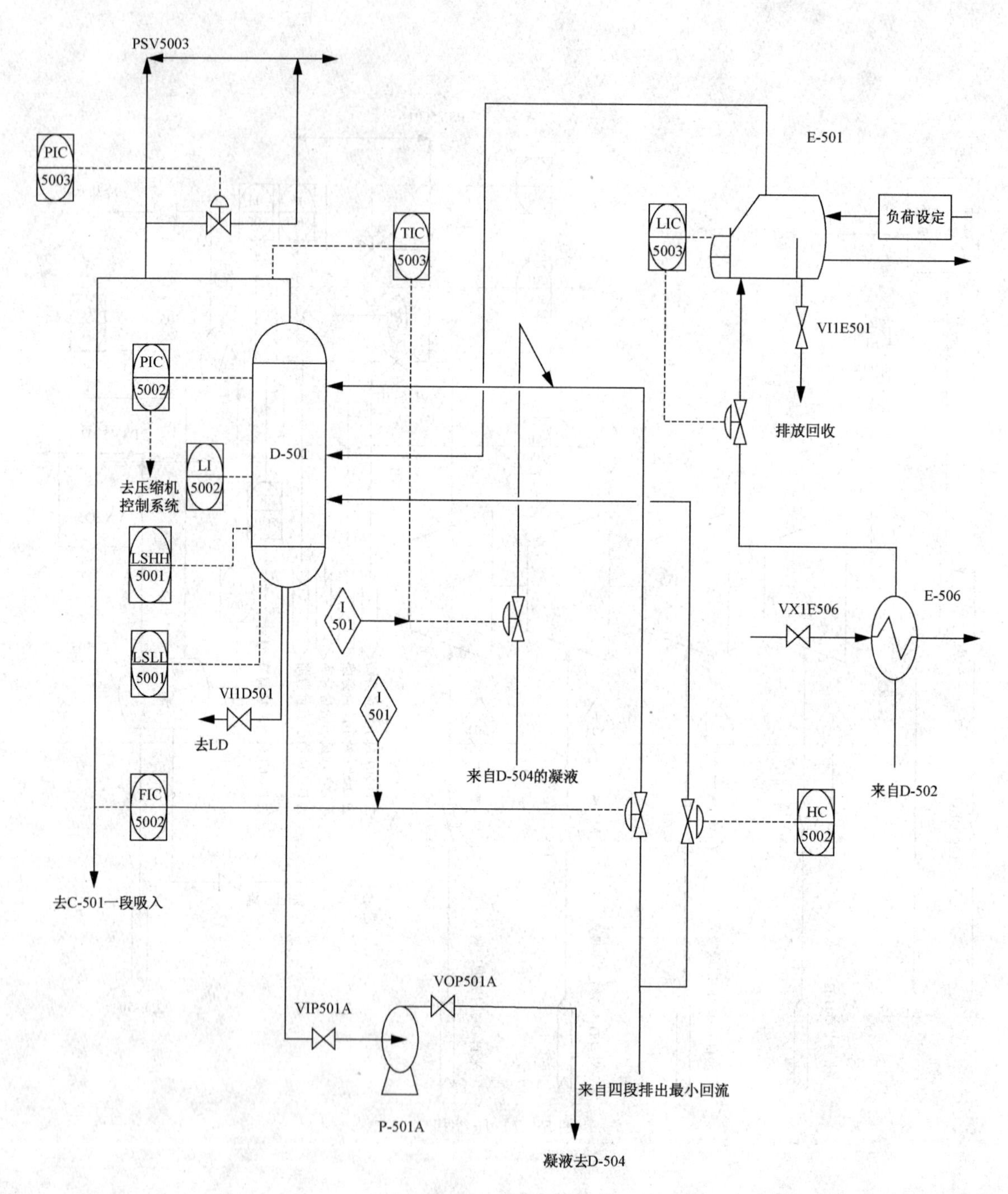
PSV5003
PIC
5003
TIC
5003
E-501
LIC
5003
负荷设定
VI1E501
PIC
5002
排放回收
D-501
LI
5002
去压缩机
控制系统
LSHH
5001
E-506
VX1E506
I
501
LSLL
5001
VI1D501
I
501
去LD
来自D-504的凝液
来自D-502
FIC
5002
HC
5002
去C-501一段吸入
VOP501A
VIP501A
来自四段排出最小回流
P-501A
凝液去D-504

图 5-8 一段吸入罐

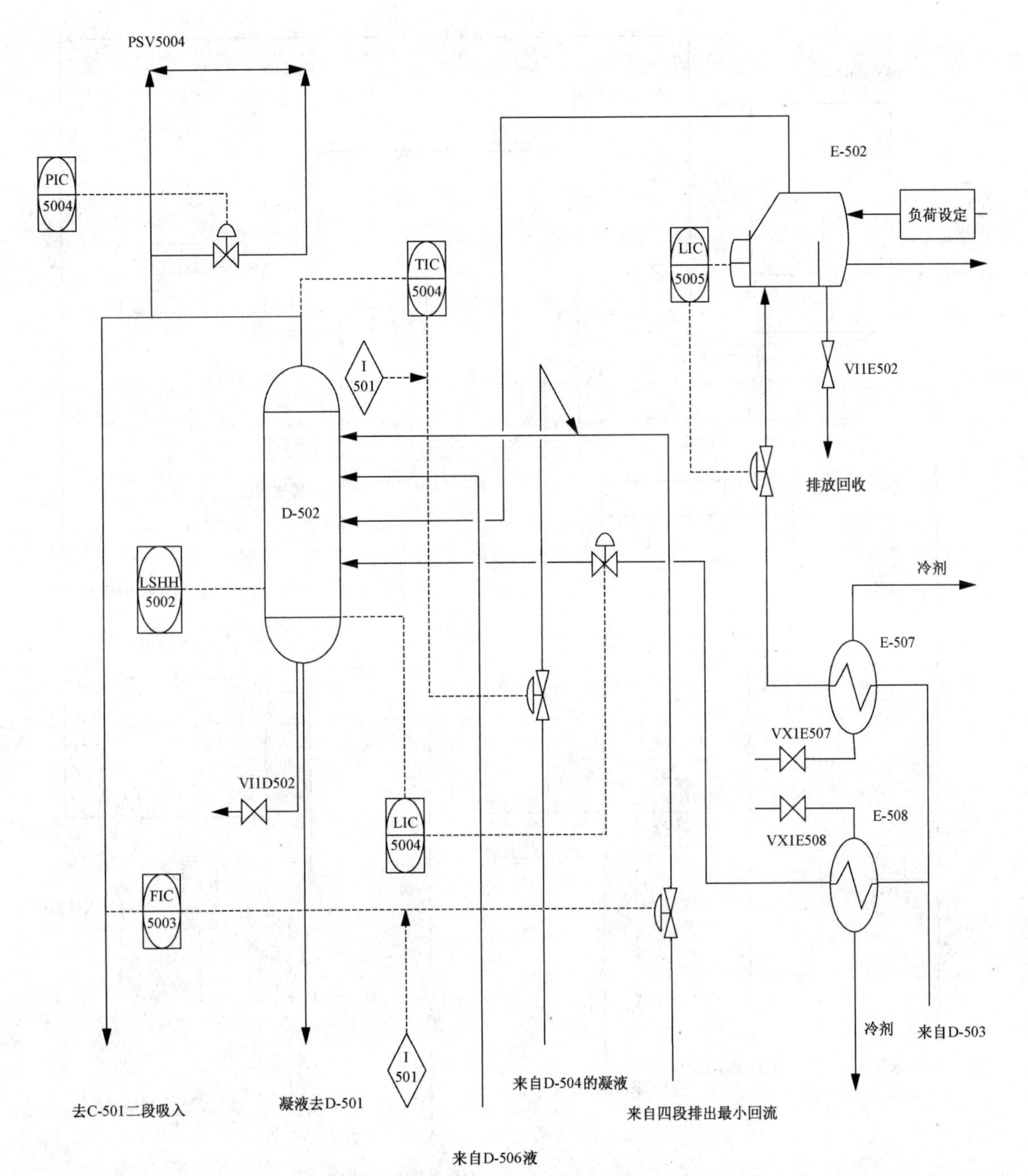
PSV5004
PIC
5004
TIC
5004
I
501
E-502
负荷设定
LIC
5005
VI1E502
排放回收
D-502
LSHH
5002
冷剂
E-507
VX1E507
VI1D502
LIC
5004
E-508
VX1E508
FIC
5003
冷剂
来自D-503
I
501
来自D-504的凝液
去C-501二段吸入
凝液去D-501
来自四段排出最小回流
来自D-506液

图5－9　二段吸入罐

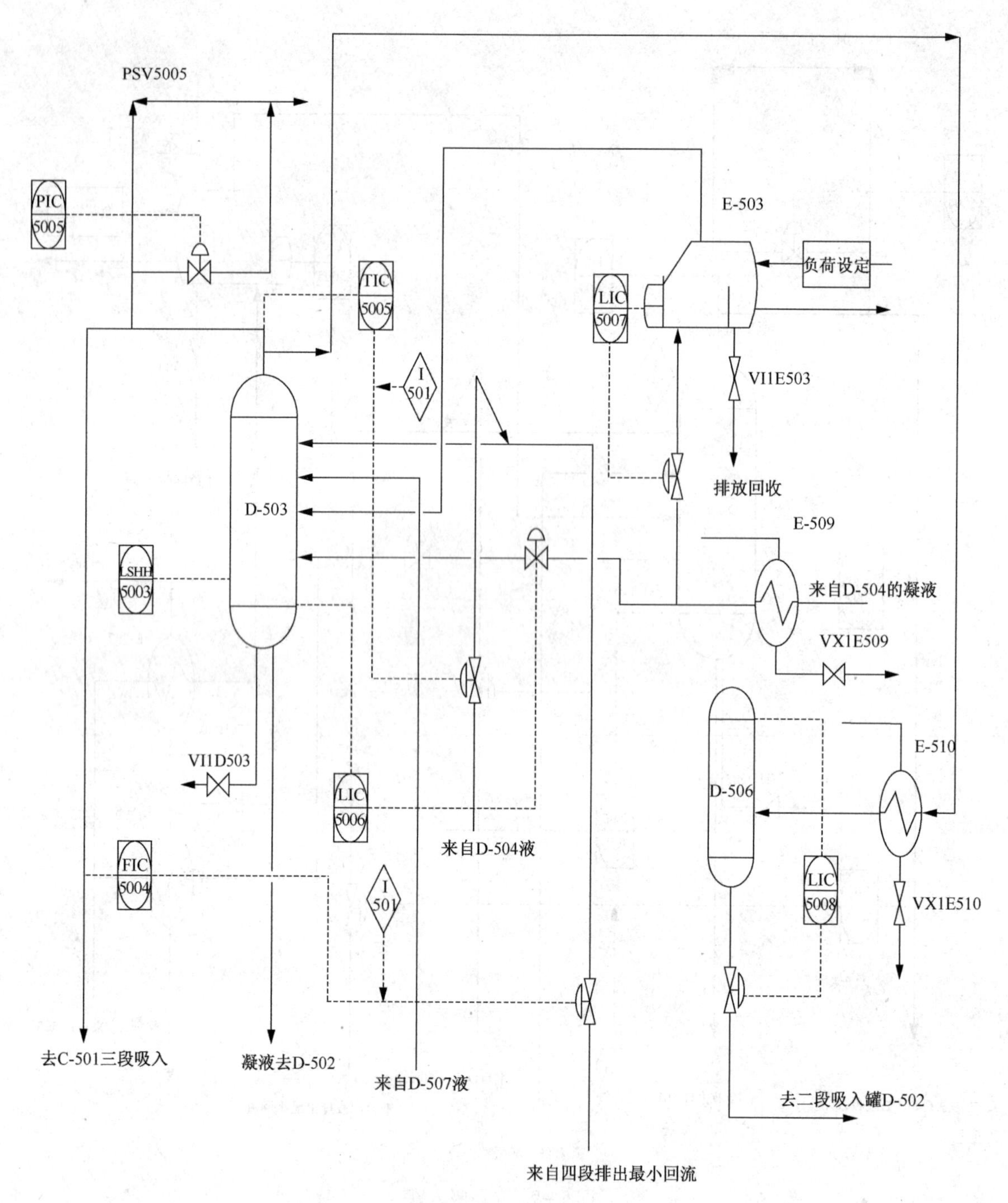
PSV5005
PIC
5005
TIC
5005
E-503
负荷设定
LIC
5007
I
501
VI1E503
D-503
排放回收
E-509
LSHH
5003
来自D-504的凝液
VX1E509
VI1D503
LIC
5006
D-506
E-510
来自D-504液
FIC
5004
I
501
LIC
5008
VX1E510
去C-501三段吸入
凝液去D-502
来自D-507液
去二段吸入罐D-502
来自四段排出最小回流

图5-10　三段吸入罐

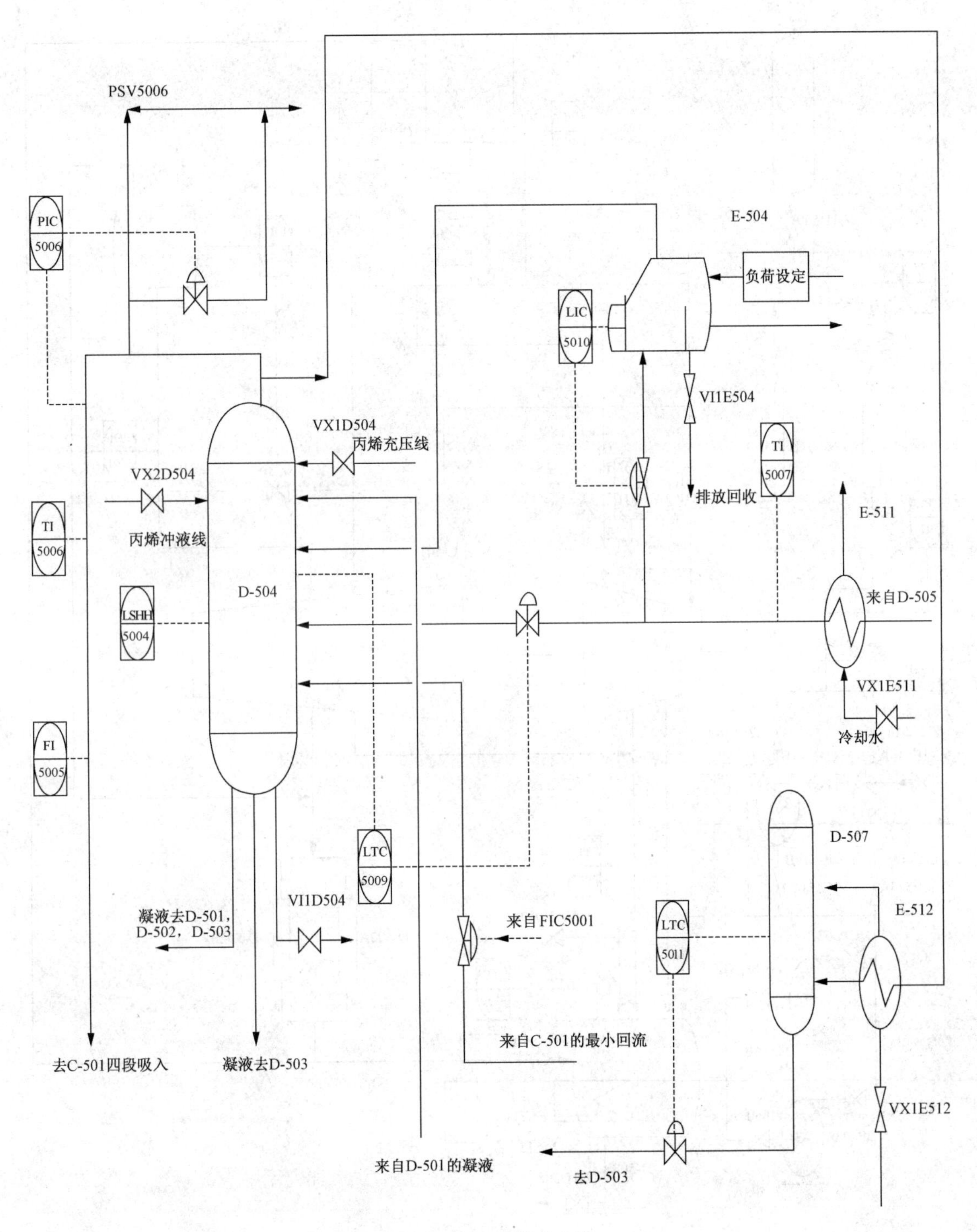
PSV5006
PIC
5006
E-504
负荷设定
LIC
5010
VI1E504
VX1D504
丙烯充压线
TI
5007
排放回收
VX2D504
TI
5006
丙烯冲液线
E-511
D-504
来自D-505
LSHH
5004
VX1E511
冷却水
FI
5005
D-507
LTC
5009
E-512
VI1D504
凝液去D-501，
D-502，D-503
来自FIC5001
LTC
5011
来自C-501的最小回流
去C-501四段吸入
凝液去D-503
VX1E512
来自D-501的凝液
去D-503

图5－11　四段吸入罐

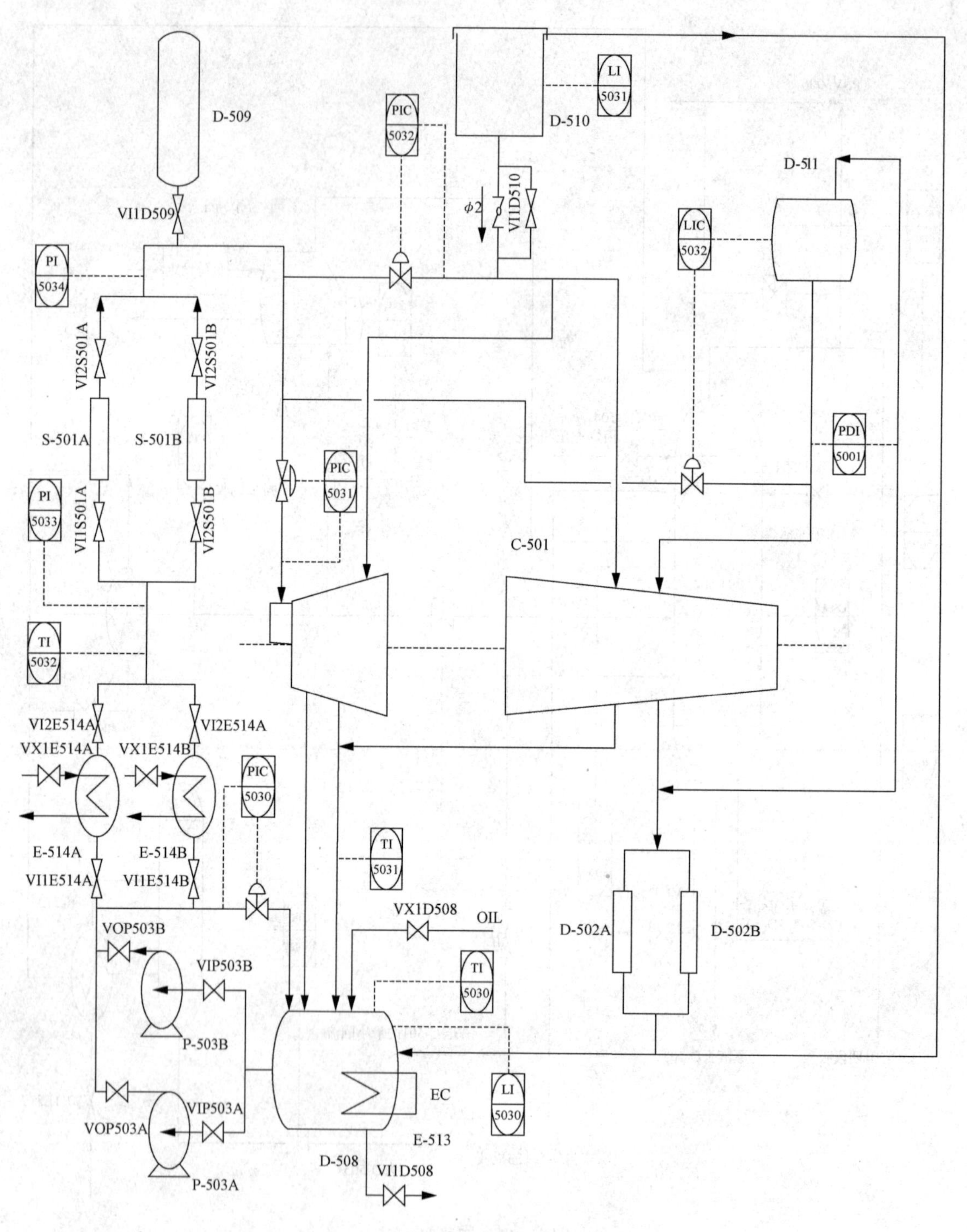
D-509
VI1D509
PI
5034
VI2S501A
VI2S501B
S-501A
S-501B
PI
5033
VI1S501A
VI2S501B
TI
5032
VI2E514A
VI2E514A
VX1E514A
VX1E514B
E-514A
E-514B
VI1E514A
VI1E514B
PIC
5030
VOP503B
VIP503B
P-503B
VOP503A
VIP503A
P-503A
PIC
5032
PIC
5031
LI
5031
D-510
$\phi 2$
VI1D510
D-5l1
LIC
5032
PDI
5001
C-501
TI
5031
VX1D508
OIL
TI
5030
LI
5030
EC
E-513
D-508
VI1D508
D-502A
D-502B
图 5－12　油系统

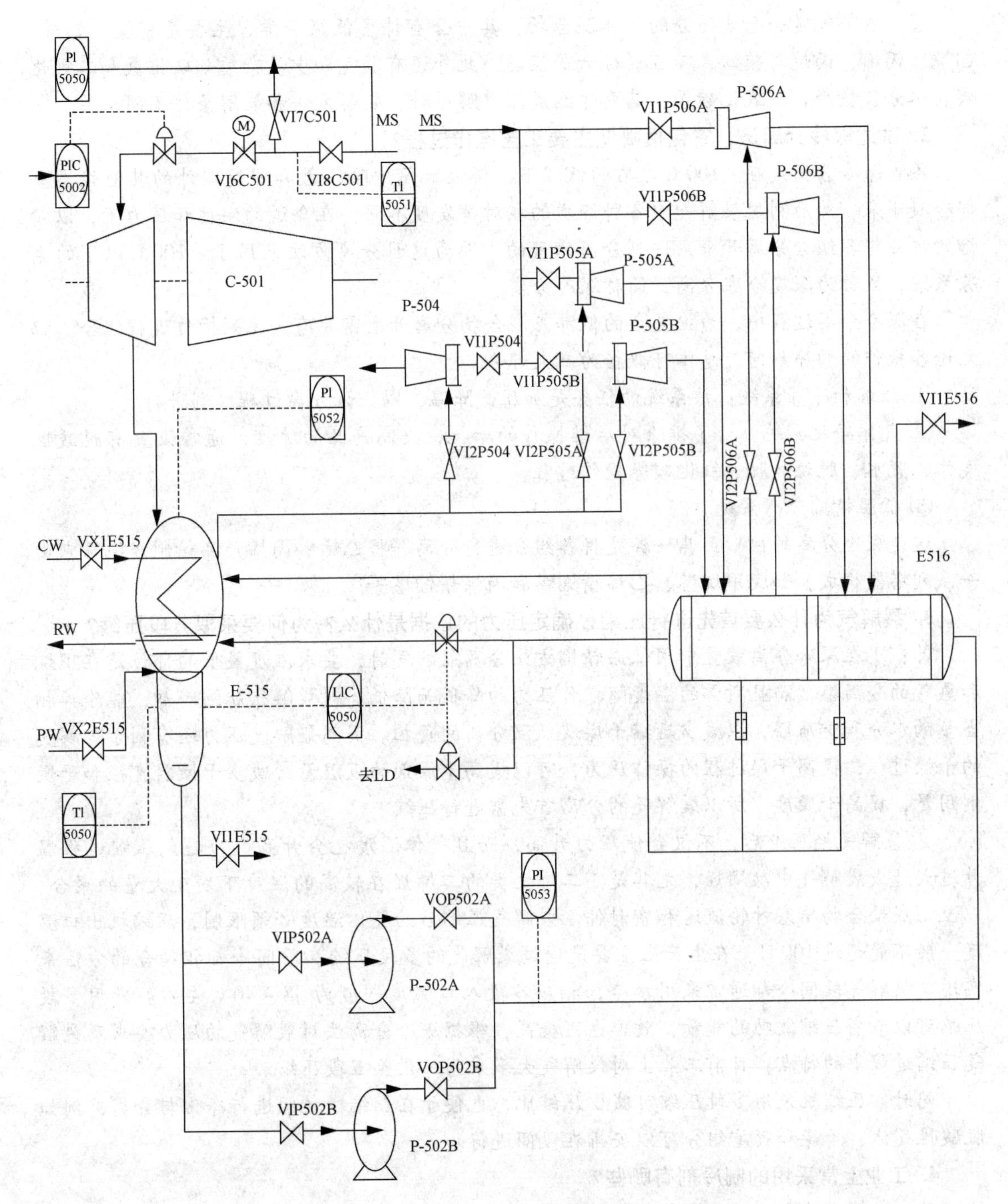
PI
5050
PIC
5002
M
VI7C501
MS
MS
VI6C501
VI8C501
TI
5051
VI1P506A
P-506A
P-506B
VI1P506B
C-501
VI1P505A
P-505A
P-504
VI1P504
P-505B
VI1P505B
PI
5052
VI2P504
VI2P505A
VI2P505B
VI2P506A
VI2P506B
VI1E516
E516
CW
VX1E515
RW
E-515
LIC
5050
PW
VX2E515
去LD
TI
5050
VI1E515
PI
5053
VOP502A
VIP502A
P-502A
VOP502B
VIP502B
P-502B

图 5-13 复水系统

1. 裂解气是由哪些主要物质组成的？

答：裂解气是一个多组分的气体混合物，其中含有许多低级烃类，主要是甲烷、乙烯、乙烷、丙烯、丙烷与碳四、碳五、碳六等烃类，此外还有氢气和少量杂质如硫化氢和二氧化碳、水分、炔烃、一氧化碳等，其具体组成随裂解原料、裂解方法和裂解条件不同而异。

2. 试述深冷分离法，它包括哪些主要工艺操作过程？

答：深冷分离是在 -100℃ 左右的低温下，将裂解气中除了氢和甲烷以外的其他烃类全部冷凝下来。然后利用裂解气中各种烃类的相对挥发度不同，在合适的温度和压力下，以精馏的方法将各组分分离开来，达到分离的目的。因为这种分离方法采用了 -100℃ 以下的冷冻系统，故称为深度冷冻分离，简称深冷分离。

在深冷分离过程中，为把复杂的低沸点混合物分离开来需要有一系列操作过程组合。但无论各操作的顺序如何，总体可概括为三大部分。

① 压缩和冷冻系统：该系统的任务是加压、降温，以保证分离过程顺利进行。

② 气体净化系统：为了排除对后继操作的干扰，提高产品的纯度，通常设置有脱酸性气体、脱水、脱炔和脱一氧化碳等操作过程。

③ 低温精馏分离系统。

这是深冷分离的核心，其任务是将各组分进行分离并将乙烯、丙烯产品精制提纯。它由一系列塔器构成，如脱甲烷塔、乙烯精馏塔和丙烯精馏塔等。

3. 裂解气为什么要首先进行压缩，确定压力的依据是什么？为何要采取分段压缩？

答：①在深冷分离装置中用低温精馏方法分离裂解气时，要求温度最低的部位是在甲烷和氢气的分离塔，而且所需的温度随操作压力的降低而降低。对裂解气压缩冷却，能除掉相当量的水分和重质烃，以减少后继干燥及低温分离的负担。提高裂解气压力还有利于裂解气的干燥过程，提高干燥过程的操作压力，可以提高干燥剂的吸湿量，减少干燥器直径和干燥剂用量，提高干燥度。所以裂解气的分离首先需进行压缩。

② 裂解气经压缩后，不仅会使压力升高，而且气体温度也会升高。为避免压缩过程温升过大造成裂解气中双烯烃，尤其是丁二烯之类的二烯烃在较高的温度下发生大量的聚合，以至形成聚合物堵塞叶轮流道和密封件。裂解气压缩后的气体温度必须限制，压缩机出口温度一般不能超过 100℃，在生产上主要是通过裂解气的多段压缩和段间冷却相结合的方法来实现。裂解气段间冷却通常采用水冷，相应各段入口温度一般为 38 ~ 40℃ 左右。采用多段压缩可以节省压缩做功的能量，效率也可提高，根据深冷分离法对裂解气的压力要求及裂解气压缩过程中的特点，目前工业上对裂解气大多采用三段至五段压缩。

同时，压缩机采用多段压缩可减少压缩比，也便于在压缩段之间进行净化与分离，例如脱酸性气体、干燥和脱重组分可以安排在段间进行。

4. 工业上常采用的制冷剂有哪些？

答：原则上沸点低的物质都可以用作制冷剂，而实际选用时，则需选用可以降低制冷装置投资、运转效率高，来源容易、毒性小的制冷剂。对乙烯装置而言，均选用乙烯和丙烯作为制冷剂。在装置开工初期尚无乙烯产品时，可用混合 C_2 馏分代替乙烯作为制冷剂，待生产出合格乙烯后再逐步置换为乙烯。

5. 叙述乙烯－丙烯复迭制冷的基本原理，它与一般制冷过程有什么区别？

答：①常采用丙烯作制冷剂来冷却乙烯，这样丙烯的冷冻循环和乙烯冷冻循环制冷组合在一起，构成乙烯－丙烯复迭制冷。

在乙烯－丙烯复迭制冷循环中，冷水在换热器中向丙烯供冷，带走丙烯冷凝时放出的热量，丙烯被冷凝为液体，然后经节流膨胀降温，在复迭换热器中汽化，此时向乙烯气供冷，带走乙烯冷凝时放出的热量，乙烯气变为液态乙烯，液态乙烯经膨胀阀降压到换热器中汽化，向被冷物料供冷，可使被冷物料冷却到－100℃左右。复迭换热器既是丙烯的蒸发器(向乙烯供冷)，又是乙烯的冷凝器(向丙烯供热)。当然，在复迭换热器中一定要有温差存在，即丙烯的蒸发温度一定要比乙烯的冷凝温度低，才能组成复迭制冷循环。

② 它与一般制冷过程相比会提供更多的冷量，制冷温度更低。

6. 什么是节流膨胀制冷，基本过程如何？

答：节流膨胀制冷，就是气体由较高的压力通过一个节流阀迅速膨胀到较低的压力，由于过程进行得非常快，来不及与外界发生热交换，膨胀所需的热量必须由自身供给，从而引起温度降低。

工业生产中脱甲烷分离流程中，利用脱甲烷塔顶尾气的自身节流膨胀可降温到获得－160～－130℃的低温。

7. 何谓热泵系统？

答：通过做功将热量从低温热源传递给高温热源的供热系统称为热泵系统。该热泵系统是既向塔顶供冷又向塔釜供热的制冷循环系统。

8. 透平声速暖机时要注意什么问题？

答：①要注意转子同缸体因热膨胀不同而引起的变化，尽量缩小这种变化；②应注意机组因缸体膨胀不均引起的振动，如振动太大应停机重新启动或延长低速暖机时间；③注意调节各段间的压力和温度。

9. 压缩机开车前透平真空度如何建立？

答：①确认复水系统运行正常，打开中压蒸汽根部阀，确认真空中压蒸汽已暖管；②打开开工喷射泵的中压蒸汽阀、入口空气阀；③确认打开复水器到蒸汽喷射泵的空气总阀；④确认透平在盘车状态下，打开透平外供密封蒸汽阀，控制密封蒸汽压力在规定值；⑤随着透平真空的提高，检查盘车电机是否自动脱开；⑥调整开工喷射泵蒸汽压力，使其真空度维持在需要值。

10. 为什么蒸汽透平复水控制系统要设计成分程控制？

答：①复水器液位是很重要的控制参数，液位过高，换热面积减小，透平蒸汽无法大量冷凝，破坏复水器正常工作条件；液位过低，又会使未冷凝的蒸汽经凝水泵排出，因此复水器液位必须控制在一定范围；②另外，一二级蒸汽喷射泵排出的尾气，在尾气冷凝器中是用凝结水来冷凝的，因此在任何情况下，都必须保证足够的冷凝水通过尾气冷凝器。所以，复水系统复水送出要设计成分程控制。

11. 为什么经常调整裂解气压缩段间的吸入温度？

答：①调整裂解气压缩段间吸入温度是为了合理分配各换热器的负荷，同时也是为了调整汽油汽提塔、凝液汽提塔的进料组成和进料量，防止汽油汽提塔、凝液汽提塔超负荷运行；②稳定各段吸入温度，防止裂解气压缩机出口温度超高；③调整三段出口冷凝器出口温度，也是保证碱液塔减少黄油生成量，保证一定的碱洗温度；④调整裂解气压缩机五段出口冷凝器出口温度，也是稳定洗苯塔冷凝器的负荷，保证洗苯塔、洗苯塔回流罐正常操作。

12. 试简述裂解气压缩机某段吸入温度高的原因？

答：①段间冷却器结垢严重；②冷却水量不足或水温高；③装置负荷过高或循环量过大；④气体组分发生变化；⑤并联段间冷却器发生偏流；⑥前段出口温度高。

13. 简述裂解气进气温度对碱洗塔的影响。

答：①升高碱洗塔裂解气进气温度，有利于酸性气体的吸收；②裂解气进气温度不能过高，过高的温度导致裂解气中的重烃的聚合，聚合物的生成会堵塞设备与管道，影响装置的正常操作；③热碱(大于50℃)对设备有强腐蚀性；④裂解气进气温度控制不能过低，过低裂解气中的重组分将冷凝，黄油生成量增加会堵塞设备和管道，影响酸性气体的吸收。因此，碱洗塔的操作温度通常控制在40℃左右，即三段出口冷凝器出口温度控制在38～42℃，再过热3～5℃，后进行碱洗。

14. 为什么压缩机透平机组冲动时，复水器真空度要保持在300mmHg(1mmHg = 133.322Hg)左右？

答：①当复水器内真空过高时，转子阻力小，冲动时消耗的蒸汽量小，调节系统有微小的波动，转速都会发生较大幅度的波动，使之难以稳定；②随着暖机转速的升高，工业汽轮机所消耗的蒸汽量应相应增加，但由于排气压力过低，则进气量相对较少，达不到预期的暖机效果；③复水器内真空度过低，转子冲动时阻力大；④真空过低，工业汽轮机排汽温度增高，排汽温度过高将造成低压缸膨胀不良，也许转子中心偏移，甚至使动静部件发生摩擦，转子被破坏。

15. 制冷压缩机一段吸入罐压力高的原因是什么？

答：①透平出力不够，转速不到位：驱动蒸汽压力温度低，排气压力高，透平机械问题如结垢、转速器故障等；②压缩机吸入过负荷：返回量设定不当，返回阀有不当开度；③压缩机吸入性能不好：吸入温度高，入口管线止逆阀或过滤器、除沫器的堵塞，吸入气体太轻，轻组分窜入太多。

16. 甲烷化反应器发生故障的原因是什么？

答：①乙烯裂解炉注硫不好，一氧化碳含量高，使甲烷化反应器床层温度升高；②分离冷箱温度高使氢气中乙烯含量高，造成甲烷化反应器床层温度升高；③甲烷化反应器入口温度低使反应器床层温度低，造成氢气产品不合格。

17. 为什么要控制裂解炉汽包液位？

答：①裂解炉汽包液位高造成高压蒸汽带液，使高压蒸汽温度下降，对透平机造成损害。另外，由于水中带有一定盐分，会在管线和透平叶轮上结垢，影响压缩机的正常运转；②裂解炉汽包液位低容易造成废热锅炉干锅，使废热锅炉和裂解炉对流段的锅炉给水盘管损坏，从而引发事故。

18. 甲烷化反应器故障后对装置有什么影响？

答：①甲烷化反应器系统故障后会造成氢气中一氧化碳超标或连锁动作氢气中断；②氢气中一氧化碳会使加氢反应器的催化剂中毒失活，造成加氢产品不合格；③甲烷化反应器连锁动作氢气中断，造成加氢反应器没有氢气，产品不合格。

第六章　乙烯分离装置仿真

乙烯分离装置仿真实训是将裂解气中的各种烃类以顺序深冷的方式分离成甲烷、乙烯、乙烷、丙烯、丁烯等产物，本部分实训要求掌握分离流程、分离原理、开车及停车操作等注意事项。

第一节　气体净化

裂解气在深冷精馏前首先要脱除其中所含杂质，包括脱酸性气体、脱水、脱炔和脱一氧化碳等。

一、酸性气体的脱除

裂解气中的酸性气体主要是指 CO_2 和 H_2S 及其他气态硫化物。此外尚含有少量的有机硫化物，如氧硫化碳（COS）、二硫化碳（CS_2）、硫醚（RSR′）、硫醇（RSH）、噻吩等，也可以在脱酸性气体操作过程中除之。

1. 酸性气体的来源

裂解气中的酸性气体，一部分是由裂解原料带来的，另一部分是由裂解原料在高温裂解过程中发生反应而生成的。

例如：$RSH + H_2 \longrightarrow RH + H_2S$　　$CS_2 + 2H_2O \longrightarrow CO_2 + H_2S$

$COS + H_2O \longrightarrow CO_2 + H_2S$　　$C + 2H_2O \longrightarrow CO_2 + H_2$

$CH_4 + H_2O \longrightarrow CO_2 + 4H_2$

2. 酸性气体的危害

这些酸性气体含量过多时，对分离过程会带来危害：H_2S 能腐蚀设备管道，使干燥用的分子筛寿命缩短，还能使加氢脱炔用的催化剂中毒；CO_2 则在深冷操作中会结成干冰，堵塞设备和管道，影响正常生产。酸性气体杂质对于乙烯或丙烯的进一步利用也有危害。例如，生产低压聚乙烯时，二氧化碳和硫化物会破坏聚合催化剂的活性。生产高压聚乙烯时，二氧化碳在循环乙烯中积累，降低乙烯的有效压力，从而影响聚合速度和聚乙烯的相对分子质量。所以必须将这些酸性气体脱除。

3. 脱除的方法

工业生产中，一般采用吸收法脱除酸性气体，即在吸收塔内让吸收剂和裂解气进行逆流接触，裂解气中的酸性气体则有选择性地进入吸收剂中或与吸收剂发生化学反应。工业生产中常采用的吸收剂有 NaOH 或乙醇胺，用 NaOH 脱酸性气体的方法称碱洗法，用乙醇胺脱酸性气体的方法称乙醇胺法。

二、脱水

在乙烯生产过程中，为避免水分在低温分离系统中结冰或形成水合物堵塞管道和设备，需要对裂解气、氢气、乙烯和丙烯进行脱水处理，以保证乙烯生产装置的稳定运行，并保证产品乙烯和丙烯中水分达到规定值。

1. 裂解气脱水

裂解气脱水的相关问题的总结见表6－1。

表6－1　裂解气脱水问题总结

水的来源	水的危害	脱水的方法
由于裂解原料在裂解时加入一定量的稀释蒸汽，所得裂解气经急冷水洗和脱酸性气体的碱洗等处理，裂解气中不可避免地带一定量的水（约400～700μg/g）	在低温分离时，水会凝结成冰；另外在一定压力和温度下，水还能与烃类生成白色的晶体水合物，水合物在高压低温下是稳定的。 冰和水合物结在管壁上，轻则增大动力消耗，重者使管道堵塞，影响正常生产	工业上对裂解气进行深度干燥的方法很多，主要采用固体吸附方法。吸附剂有硅胶活性氧化铝、分子筛等。目前广泛采用的效果较好的是分子筛吸附剂

2. 氢气脱水

裂解气中分离出的氢气作为碳二馏分和碳三馏分加氢的氢源时，也必须经干燥脱水处理，否则会影响加氢效果，同时水分带入低温系统也会造成冻堵。氢气中多数水分是甲烷化法脱CO时产生的。

3. 碳二馏分脱水

实际生产中，碳二馏分加氢后物料中大约有3μg/g左右的含水量，因此通常在乙烯精馏塔进料前设置碳二馏分干燥器。

4. 碳三馏分脱水

当部分未经干燥脱水的物料进入脱丙烷塔时，脱丙烷塔顶采出的碳三馏分含相当水分，必须进行干燥脱水处理。在碳三馏分气相加氢时，碳三馏分的干燥脱水设置在加氢之后，进入丙烯精馏塔之前；在碳三馏分液相加氢时，碳三馏分的干燥脱水一般安排在加氢之前。

三、脱炔

1. 炔烃的来源

在裂解反应中，由于烯烃进一步脱氢反应，使裂解气中含有一定量的乙炔，还有少量的丙炔、丙二烯。裂解气中炔烃的含量与裂解原料和裂解条件有关，对一定裂解原料而言，炔烃的含量随裂解深度的提高而增加。在相同裂解深度下，高温短停留时间的操作条件将生成更多的炔烃。

2. 炔烃的危害

少量乙炔、丙炔和丙二烯的存在严重地影响乙烯、丙烯的质量。乙炔的存在还将影响合成催化剂寿命，恶化乙烯聚合物性能，若积累过多还具有爆炸的危险。丙炔和丙二烯的存在，将影响丙烯聚合反应的顺利进行。

3. 脱除的方法

在裂解气分离过程中，裂解气中的乙炔将富集于碳二馏分，丙炔和丙二烯将富集于碳三馏分。乙炔的脱除方法主要有溶剂吸收法和催化加氢法，溶剂法是采用特定的溶剂选择性将裂解气中少量的乙炔或丙炔和丙二烯吸收到溶剂中，达到净化的目的，同时也相应回收一定量的乙炔。催化加氢法是将裂解气中的乙炔加氢成为乙烯，两种方法各有优缺点。一般在不需要回收乙炔时，都采用催化加氢法脱除乙炔；丙炔和丙二烯的脱除方法主要是催化加氢法，此外一些装置也曾采用精馏法脱除丙烯产品中的炔烃。

(1) 催化加氢除炔的反应原理

选择性催化加氢法是在催化剂存在下，炔烃加氢变成烯烃。它的优点是不会给裂解气和烯烃馏分带入任何新杂质，工艺操作简单，又能将有害的炔烃变成产品烯烃。

碳二馏分加氢可能发生如下反应：

主反应：$CH \equiv CH + H_2 \longrightarrow CH_2 = CH_2$

副反应：$CH \equiv CH + 2H_2 \longrightarrow CH_3 - CH_3$

$CH_2 = CH_2 + H_2 \longrightarrow CH_3 - CH_3$

乙炔也可能聚合生成二聚、三聚等俗称绿油的物质。

碳三馏分加氢可能发生下列反应：

主反应：$CH \equiv C - CH_3 + H_2 \longrightarrow CH_2 = CH - CH_3$

$CH_2 = C = CH_2 + H_2 \longrightarrow CH_2 = CH - CH_3$

副反应：$CH_2 = CH - CH_3 + H_2 \longrightarrow CH_3 - CH_2 - CH_3$

$nC_3H_4 \longrightarrow (C_3H_4)n$　低聚物

$C_4H_6 \longrightarrow$ 高聚物

生产中希望主反应发生，这样既脱除炔烃又增加烯烃的收率，而不发生或少发生副反应，因为副反应虽除去了炔烃，乙烯或丙烯却受到损失，远不及主反应那样对生产有利。要实现这样的目的，最主要的是催化剂的选择，工业上脱炔用钯系催化剂较多，它是一种加氢选择性很强的催化剂，其加氢反应难易顺序为：丁二烯 > 乙炔 > 丙炔 > 丙烯 > 乙烯。

(2) 前加氢与后加氢

用催化加氢法脱除裂解气中的炔烃有前加氢和后加氢两种不同的工艺技术。在脱甲烷塔之前进行加氢脱炔称为前加氢，即氢气和甲烷尚没有分离之前进行加氢除炔，前加氢因氢气未分出就进行加氢，加氢用氢气是由裂解气中带入的，不需外加氢气，因此，前加氢又叫做自给加氢；在脱甲烷塔之后进行加氢脱炔称为后加氢，即裂解气中所含氢气、甲烷等轻质馏分分出后，再对分离所得到的碳二馏分和碳三馏分分别进行加氢的过程，后加氢所需氢气由外部供给。

前加氢由于氢气自给，故流程简单，能量消耗低，但前加氢也有不足之处：

一是加氢过程中，乙炔浓度很低，氢分压较高，因此，加氢选择性较差，乙烯损失量多；同时副反应的剧烈发生不仅造成乙烯、丙烯加氢遭受损失，而且可能导致反应温度的失控，乃至出现催化剂床层温度飞速上升；

二是当原料中乙炔、丙炔、丙二烯共存时，当乙炔脱除到合格指标时，丙炔、丙二烯却达不到要求的脱除指标；

三是在顺序分离流程中，裂解气的所有组分均进入加氢除炔反应器，丁二烯未分出，导致丁二烯损失量较高，此外裂解气中较重组分的存在，对加氢催化剂性能有较大的影响，使催化剂寿命缩短。

后加氢是对裂解气分离得到的碳二馏分和碳三馏分，分别进行催化选择加氢，将碳二馏分中的乙炔，碳三馏分中的丙炔和丙二烯脱除，其优点是：

一是在脱甲烷塔之后进行，氢气已分出，加氢所用氢气按比例加入，加氢选择性高，乙烯几乎没有损失；

二是加氢产品质量稳定，加氢原料中所含乙炔、丙炔和丙二烯的脱除均能达到指标要求；

三是加氢原料气体中杂质少，催化剂使用周期长，产品纯度也高。

但后加氢属外加氢操作，通入本装置所产氢气中常含有甲烷。为了保证乙烯的纯度，加氢后还需要将氢气带入的甲烷和剩余的氢脱除，因此，需设第二脱甲烷塔，导致流程复杂，设备费用高。前加氢与后加氢各有其优缺点，目前更多厂家采用后加氢方案，但前脱乙烷分离流程和前脱丙烷分离流程配上前加氢脱炔工艺技术，经济指标也较好。

四、脱一氧化碳(甲烷化)

1. CO 的来源

裂解气中的一氧化碳是在裂解过程中由如下反应生成的：

焦炭与稀释水蒸气反应：$C + H_2O \longrightarrow CO + H_2$

烃类与稀释水蒸气反应：$CH_4 + H_2O \longrightarrow CO + 3H_2$

$$C_2H_6 + 2H_2O \longrightarrow 2CO + 5H_2$$

2. CO 的危害

经裂解气低温分离，一氧化碳部分富集于甲烷馏分中，另一部分富集于富氢馏分中。裂解气中少量的 CO 带入富氢馏分中，会使加氢催化剂中毒。另外，随着烯烃聚合高效催化剂的发展，对乙烯和丙烯的 CO 含量的要求也越来越高。因此脱除富氢馏分中的 CO 是十分必要的。

3. 脱除的方法

乙烯装置中采用的脱除 CO 的方法是甲烷化法，甲烷化法是在催化剂存在的条件下，使裂解气中的一氧化碳催化加氢生成甲烷和水，从而达到脱除 CO 的目的。其主反应方程为：

$$CO + H_2 \longrightarrow CH_4 + H_2O$$

该反应是强放热反应，从热力学考虑温度稍低，对化学平衡有利。但温度低反应速度慢，采用催化剂可以解决二者之间的矛盾，一般采用镍系催化剂。

第二节　裂解气深冷分离

一、深冷分离流程

1. 深冷分离的任务

裂解气经压缩和制冷、净化过程为深冷分离创造了条件——高压、低温、净化。深冷分离的任务就是根据裂解气中各低碳烃相对挥发度的不同，用精馏的方法逐一进行分离，最后获得纯度符合要求的乙烯和丙烯产品。

2. 三种深冷分离流程

深冷分离工艺流程比较复杂，设备较多，能量消耗大，并耗用大量钢材，故在组织流程时需全面考虑，这直接关系到建设投资、能量消耗、操作费用、运转周期、产品的产量和质量、生产安全等多方面的问题。目前具有代表性分离流程是、顺序分离流程，前脱乙烷分离流程和前脱丙烷分离流程，见图6－1所示。

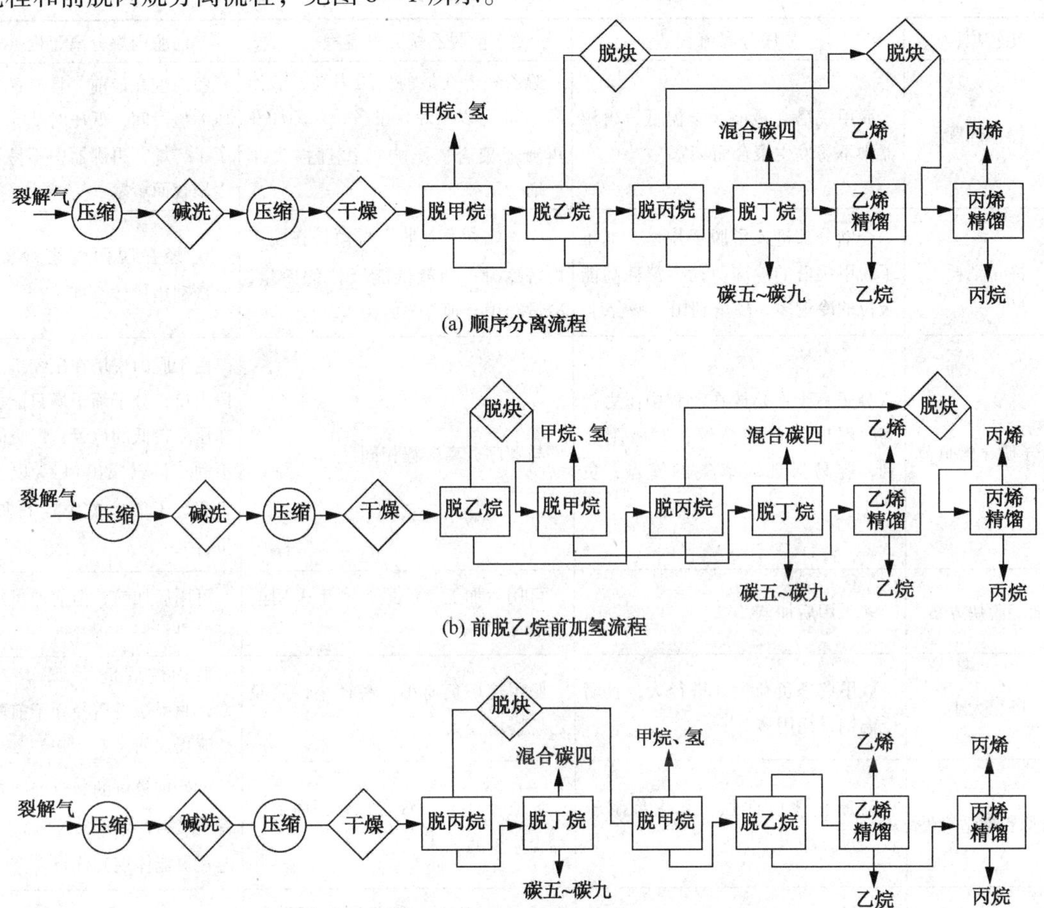

图6－1　三种深冷分离流程

（1）顺序分离流程

顺序分离流程是按裂解气中各组分碳原子数由小到大的顺序进行分离，即先分离出甲烷、氢，其次是脱乙烷及乙烯的精馏，接着是脱丙烷和丙烯的精馏，最后是脱丁烷，塔底得碳五馏分。

（2）前脱乙烷分离流程

前脱乙烷分离流程是以脱乙烷塔为界限，将物料分成两部分。一部分是轻馏分，即甲烷、氢、乙烷和乙烯等组分；另一部分是重组分，即丙烯、丙烷、丁烯、丁烷以及碳五以上的烃类。然后再将这两部分各自进行分离，分别获得所需的烃类。

（3）前脱丙烷分离流程

前脱丙烷分离流程是以脱丙烷塔为界限，将物料分为两部分，一部分为丙烷及比丙烷更轻的组分；另一部分为碳四及比碳四更重的组分，然后再将这两部分各自进行分离，获得所需产品。

3. 三种流程的比较

三种工艺流程的比较见表6－2。

表6-2　三种工艺流程的比较

比较项目	顺序分离流程	前脱乙烷分离流程	前脱丙烷分离流程
操作问题	脱甲烷塔在最前，釜温低，再沸器中不易发生聚合而堵塞	脱乙烷塔在最前，压力高，釜温高，如C_4以上烃含量多，二烯烃在再沸器聚合，影响操作且损失丁二烯	脱丙烷在最前，且放置在压缩机段间，低压时就除去了丁二烯，再沸器中不易发生聚合而堵塞
冷量消耗	全馏分都进入了脱甲烷塔，加重了脱甲烷塔的冷冻负荷，消耗高能级位的冷量多，冷量利用不够合理	C_3、C_4烃不在脱甲烷而是在脱乙烷塔冷凝，消耗低能级位的冷量，冷量利用合理	C_4烃在脱丙烷塔冷凝，冷量利用比较合理
分子筛干燥负荷	分子筛干燥是放在流程中压力较高、温度较低的位置，对吸附有利，容易保证裂解气的露点，负荷小	与顺序分离流程相同	由于脱丙烷塔在压缩机三段出口，分子筛干燥只能放在压力较低的位置，以吸附不利，且三段出口C_3以上重质烃不能较多冷凝下来，负荷大
加氢脱炔方案	多采用后加氢	可用后加氢，但最有利于采用前加氢	可用后加前，但前加氢经济效果更好
塔径大小	脱甲烷塔负荷大，塔径大，且耐低温钢材耗用多	脱甲烷塔负荷小，塔径小，而脱乙烷塔塔径大	脱丙烷塔负荷大，塔径大，脱甲烷塔塔径介于前两种流程之间
对原料的适应性	对原料适应性强，无论裂解气轻、重，均可	最适合C_3、C_4烃含量较多而丁二烯含量少的气体	可处理较重的裂解气，对含C_4烃较多的裂解气，本流程更能体现其优点
采用该流程的公司	美国鲁姆斯公司和凯洛格公司	德国林德公司和美国布朗路特公司	美国斯通-韦伯斯特公司

二、脱甲烷塔

脱甲烷塔的中心任务是将裂解气中甲烷-氢和乙烯及比乙烯更重的组分进行分离，分离过程是利用低温使裂解气中除甲烷-氢外的各组分全部液化，然后将不凝气体甲烷-氢分出。分离的轻关键组分是甲烷，重关键组分为乙烯。对于脱甲烷塔，希望塔釜中甲烷的含量应该尽可能低，以利于提高乙烯的纯度。塔顶尾气中乙烯的含量应尽可能少，以利于提高乙烯的回收率，所以脱甲烷塔对保证乙烯的回收率和纯度起着决定性的作用；同时脱甲烷塔是分离过程中温度最低的塔，能量消耗也最多，所以脱甲烷塔是精馏过程中关键塔之一。对整个深冷分离系统来说，设计上的考虑、工艺上的安排、设备和材料的选择，都是围绕脱甲烷塔而进行的。影响脱甲烷的操作条件有进料中CH_4/H_2摩尔比、温度和压力等。

1. 进料中CH_4/H_2摩尔比

CH_4/H_2摩尔比大，尾气中乙烯含量低，即提高乙烯的回收率。这是由于裂解气中所含的氢和甲烷都进入了脱甲烷塔塔顶，在塔顶为了满足分离要求，要有一部分甲烷的液体回流。但如有大量氢气存在，降低了甲烷的分压，甲烷气体的冷凝温度会降低，即不容易冷凝，会减少甲烷的回流量。所以在满足塔顶露点的要求条件下，在同一温度和压力水平下，摩尔比越大，乙烯损失率越小。

2. 温度和压力

降低温度和提高压力都有利于提高乙烯的回收率，但温度的降低，压力的提高都受到一定条件的制约，温度的降低受温度级位的限制，压力升高主要影响分离组分的相对挥发度。所以工业中有高压法、中压法和低压法三种不同的压力操作方法。

（1）低压法

操作条件为压力0.6～0.7MPa，顶温－140℃左右，釜温－50℃左右。由于压力低，相对挥发度较大，所以分离效果好。又由于温度低，所以乙烯回收率高。虽然需要低温级冷剂，但因易分离，回流比较小，折算到每吨乙烯的能量消耗，低压法仅为高压法的70%多一些。低压法也有不利之处，如需要耐低温钢材、多一套甲烷制冷系统、流程比较复杂，同时低压法并不适合所有的裂解气分离，只适用于裂解气中的CH_4/C_2H_4比值较大的情况。

（2）中压法

压力为1.05～1.25MPa，脱甲烷塔顶温度为－113℃。采用低压脱甲烷，为了满足脱甲烷塔顶温度的要求，低压脱甲烷工艺增加了独立的闭环甲烷制冷系统，因此低压脱甲烷只适用于以石脑油和轻柴油等重质原料裂解的气体分离，保证有足够的甲烷进入系统，以提供一定量的回流。而对乙烷、丙烷等轻质原料进行裂解，则由于裂解气中甲烷量太少，不适宜采用低压脱甲烷工艺。为此TPL公司采用了中压脱甲烷的工艺流程。

（3）高压法

压力为3.1～4.1MPa，高压法的脱甲烷塔顶温度为－96℃左右，不必采用甲烷制冷系统，只需用液态乙烯冷剂即可。由于脱甲烷塔顶尾气压力高，可借助高压尾气的自身节流膨胀获得额外的降温，比甲烷冷冻系统简单。此外提高压力可缩小精馏塔的容积，所以从投资和材质要求看，高压法是有利的，但分离效果不如低压法。

在生产中脱甲烷塔系统为了防止低温设备散冷，减少其与环境接触的表面积，常把节流膨胀阀、高效板式换热器、气液分离器等低温设备，封闭在一个有绝热材料做成的箱子中，此箱称之为冷箱。冷箱可用于气体和气体、气体和液体、液体和液体之间的热交换，在同一个冷箱中允许多种物质同时换热，冷量利用合理，从而省掉了一个庞大的列管式换热系统，起到了节能的作用。

按冷箱在流程中所处的位置，可分为前冷（又称前脱氢）和后冷（又称后脱氢）两种。冷箱在脱甲烷塔之前的称为前冷流程，冷箱在脱甲烷塔之后的称为后冷流程。前冷流程适用于规模较大、自动化程度较高、原料较稳定、需要获得纯度较高的副产氢的场合。目前工业生产中应用前冷流程的较多。

三、乙烯的精馏

乙烯精馏的目的是以混合碳二馏分为原料，分离出合格的乙烯产品，并在塔釜得到乙烷产品。碳二馏分经加氢脱炔后，主要含有乙烷和乙烯。乙烷－乙烯馏分在乙烯塔中进行精馏，塔顶得到聚合级乙烯，塔釜液为乙烷，乙烷可返回裂解炉进行裂解。乙烯精馏塔是出成品的塔，它消耗冷量较大，约为总制冷量的38%～44%，仅次于脱甲烷塔。因此它的操作好坏，直接影响着产品的纯度、收率和成本，所以乙烯精馏塔也是深冷分离中的一个关键塔。

1. 乙烯精馏的方法

压力对乙烷－乙烯的相对挥发度有较大的影响，压力增大，相对挥发度降低，使塔板数增多或回流比加大，对乙烷－乙烯的分离不利。当压力一定时，塔顶温度就决定了出料组成。如操作温度升高，塔顶重组分含量就会增加，产品纯度就下降；如果温度太低，则浪费冷量，同时塔釜温度控制低了，塔釜轻组分含量升高，乙烯收率下降；如釜温太高，会引起重组分结焦，对操作不利。

乙烯塔进料中乙烷和乙烯占99.5%以上，所以乙烯塔可看作是二元精馏系统。根据相律，乙烯－乙烷二元气液系统的自由度为2。塔项乙烯纯度是根据产品质量要求来规定的。所以温度与压力两个因素只能规定一个，例如规定了塔压，相应温度也就定了，所以生产中有低压开式热泵流程和高压乙烯精馏工艺流程。

（1）低压乙烯精馏

低压乙烯精馏塔的操作压力一般为0.5～0.8MPa，此时塔顶冷凝温度为－60～－50℃左右，塔顶冷凝器需要乙烯作为制冷剂。生产中常采用开式热泵。

（2）高压乙烯精馏

高压乙烯精馏塔的操作压力一般为1.9～2.3MPa，相应塔顶温度为－35～－23℃左右，塔顶冷凝器使用丙烯冷剂即可。

2. 乙烯精馏塔的节能

乙烯精馏塔与脱甲烷塔相比，前者精馏段的塔板数较多，回流比大。大回流比对精馏段操作有利，可提高乙烯产品的纯度，对提馏段则不起作用。为了回收冷量在提馏段采用中间再沸器装置，这是对乙烯塔的一个改进。

在后加氢工艺中乙烯精馏塔的进料还含有少量甲烷，它会带入塔顶馏分乙烯中，影响产品的纯度。因此，在乙烯精馏塔之前可设置第二脱甲烷塔，将甲烷脱去后再作乙烯精馏塔的进料。但目前工业上多不设第二脱甲烷塔，而采用侧线出料法，即在乙烯塔顶附近的几块塔板(7、8块)，侧线引出高纯度乙烯，而塔顶引出含少量甲烷的粗乙烯回压缩系统，这是对乙烯精馏塔的第二个改进。这一改进就相当于一塔起到二塔的作用。由于拔顶段(侧线出料口至塔顶)采用了乙烯的大量回流，因而这对脱甲烷作用要比设置第二脱甲烷塔还有利，既简化了流程，又节省了能量。由于将第二个塔的负荷集中于一个塔进行，所以对塔的自动化控制程度要求较高，另外因为塔顶气相引入冷凝器的不是纯乙烯，故此时乙烯塔就不能采用热泵精馏。

四、丙烯的精馏

丙烯精馏塔就是分离丙烯－丙烷的塔，塔顶得到丙烯，塔底得到丙烷。由于丙烯－丙烷的相对挥发度很小，彼此不易分离，要达到分离目的，就得增加塔板数、加大回流比，所以丙烯塔是分离系统中塔板数最多，回流比最大的一个塔，也是运转费和投资费较多的一个塔。

目前，丙烯精馏塔操作有高压法与低压法两种。压力在1.7MPa以上的称高压法，高压法的塔顶蒸汽冷凝温度高于环境温度，因此，可以用工业水进行冷凝，产生凝液回流。塔釜用急冷水(目前较多的是利用水洗塔出来的约85℃以上温度的急冷水作加热介质)或低压蒸气进行加热，这样设备简单，易于操作。缺点是回流比大，塔板数多。压力在1.2MPa以下的称低压法，低压法的操作压力低，有利于提高物料的相对挥发度，从而塔板数和回流比就可减少。由于此时塔顶温度低于环境温度，故塔顶蒸气不能用工业水来冷凝，必须采用制冷剂才能达到凝液回流的目的。工业上往往采用热泵系统。

由于操作压力不同，塔的操作条件和动力的相对消耗也有较大的差异。低压法(热泵流程)多消耗丙烯压缩动力，而少消耗水和蒸汽；高压法则少消耗丙烯压缩动力，而多消耗冷却水。

第三节　乙烯分离装置仿真操作

一、工艺流程简介

1. 装置的生产过程

本装置为乙烯装置热区分离工段，包括脱丙烷塔系统、MAPD加氢系统、丙烯精馏系统和脱丁烷塔系统。脱乙烷塔釜的物料作为高压脱丙烷塔的进料，高压脱丙烷塔顶部物料用泵送至丙烯干燥器进行干燥后送至MAPD反应器进行加氢反应除去MAPD，进入丙烯精馏塔进行提纯，侧线采出的合格丙烯送至丙烯球罐储存。丙烯精馏塔釜的丙烷送至裂解炉作为原料。

低压脱丙烷塔接收来自凝液汽提塔釜和高压脱丙烷塔釜的进料，低压脱丙烷塔顶部物料由泵送至高压脱丙烷塔，低压脱丙烷塔釜物料去脱丁烷塔，在脱丁烷塔内进行混合碳四与碳五以上重组分的分离，顶部的混合碳四物料泵送至下游装置，脱丁烷塔釜的物料送至下游装置作为原料。

2. 装置流程说明

(1)脱丙烷和脱丁烷系统

本装置的脱丙烷系统由高压脱丙烷塔T－403和低压脱丙烷塔T－404组成。

来自凝液汽提塔底部的物料进入低压脱丙烷塔T－404进行C_3和C_4馏分的分离，塔底C_4及C_4^+馏分直接去脱丁烷塔T－405，T－404塔顶物料经低压脱丙烷塔顶冷却器E－414冷却，并在低压脱丙烷塔冷凝器E－415中用－6℃的丙烯冷剂冷凝，冷凝下来的物料进入低压脱丙烷塔回流罐D－405，一部分用高压脱丙烷塔进料输送泵P406A/B输送，经高压脱丙烷塔进出料换热器E－412加热后进入高压脱丙烷塔T－403。低压脱丙烷塔顶回流罐D－405中的另一部分用低压脱丙烷塔回流泵P405A/B送回塔顶作为一部分回流，另一部分回流为来自自高压脱丙烷塔T－403塔釜的物料。塔釜再沸器E－416用低压蒸汽作热源。

来自脱乙烷塔釜的物料和来自低压脱丙烷塔T－404塔顶的物料以及预分离塔的塔釜物料，在适当位置进入高压脱丙烷塔T－403进行C_3和C_4馏分的分离，塔顶物流用循环水冷凝后进入高压脱丙烷塔回流罐D－404，一部分用高压脱丙烷塔回流泵/丙烯干燥器进料泵P404A/B送回塔顶作为回流，塔釜再沸器E－413用低压蒸汽作热源。塔釜物料经高压脱丙烷塔进出料换热器E－412冷却后去低压脱丙烷塔T－404塔顶作回流。塔顶的C_3液相馏分利用高压脱丙烷塔回流泵/丙烯干燥器进料泵P404A/B送至丙烯干燥器A－402。

来自低压脱丙烷塔T－404底部的物料直接进入脱丁烷塔T－405，脱丁烷塔顶回流用循环水冷凝塔顶物流提供回流，塔底再沸器用低压蒸汽作热源。塔顶回流罐中混合的碳四产品直接送至丁二烯装置罐区。塔釜产物送至下一工段。

（2）MAPD 加氢反应和丙烯精馏系统

来自高压脱丙烷塔 T－403 塔顶的物料用泵 P404A/B 输送，通过丙烯干燥器 A－402 干燥后，与氢气混合进入 MAPD 转化器 R－402 进行液相加氢反应，加氢转化器出口物料进入罐 D－406 进行汽液分离。分离的液相，一部分循环至转化器入口以稀释转化器的进料中的 MAPD 浓度，从而减小反应器进出料的温升，进而降低转化反应过程中丙烯的汽化量；其余液体则进入丙烯精馏塔系统。

丙烯精馏系统由 1#丙烯精馏塔 T－406（提馏段）和 2#丙烯精馏塔 T－407（精馏段）组成，2#丙烯精馏塔的塔顶回流用循环水冷凝塔顶物料提供，1#丙烯精馏塔的塔底再沸器用急冷水加热。2#丙烯精馏塔的塔顶的未凝气体返回裂解气压缩工序，产品聚合级丙烯从 2#丙烯精馏塔塔顶侧线采出直接送至装置罐区的丙烯球罐储存，1#丙烯精馏塔塔底的丙烷循环至裂解炉作裂解原料。

二、设备列表

设备列表见表 6－3。

表 6－3　设备列表

序　号	位　号	名　称	序　号	位　号	名　称
1	A－402	丙稀干燥器	2	E－421	二号丙烯精馏塔顶冷凝器
3	D－404	高压脱丙烷塔回流罐	4	E－422	丙烯尾气冷却器
5	D－405	低压脱丙烷塔回流罐	6	E－423	脱丁烷塔底再沸器
7	D－406	MAPD 反应器分离罐	8	E－424	脱丁烷塔顶冷凝器
9	D－407	二号丙烯精馏塔回流罐	10	P－404	高压脱丙烷塔回流泵
11	D－408	脱丁烷塔回流罐	12	P－405	低压脱丙烷塔回流泵
13	D－413	E－413 低压蒸汽凝液罐	14	P－406	脱丙烷塔产品泵
15	D－414	E－416 低压蒸汽凝液罐	16	P－407	MAPD 反应器的循环泵
17	D－415	E－423 低压蒸汽凝液罐	18	P－408	一号丙烯精馏塔回流泵
19	E－411	高压脱丙烷塔顶冷凝器	20	P－409	二号丙烯精馏塔回流泵
21	E－412	高压脱丙烷塔进出料换热器	22	P－410	脱丁烷塔回流泵
23	E－413	高压脱丙烷塔底再沸器	24	R－402	MAPD 转化器
25	E－414	低压脱丙烷塔顶冷却器	26	T－403	高压脱丙烷塔
27	E－415	低压脱丙烷塔顶冷凝器	28	T－404	低压脱丙烷塔
29	E－416	低压脱丙烷塔底再沸器	30	T－405	脱丁烷塔
31	E－417	MAPD 反应器出口冷却器	32	T－406	一号丙烯精馏塔
33	E－419	一号丙烯精馏塔底再沸器	34	T－407	二号丙烯精馏塔
35	E－420	一号丙烯精馏塔中间再沸器			

三、仪表列表

仪表列表见表 6－4。

表6-4 仪表列表

序号	仪表号	说明	单位	正常数据	量程	报警值
1	AI4501	T-403塔顶MAPD百分含量	%	5.48	100	
2	AI4502	T-404塔釜MAPD百分含量	%	0.0	100	
3	AI4503	R-402入口MAPD百分含量	%	2.25	100	
4	AI4504	R-402出口MAPD百分含量	%	0.0	100	
5	AIC4505	丙烯精馏组分控制	%	75.71	100	
6	AI4506	丙烯产品丙烯的百分含量	%	99.50	100	
7	FIC4501	T403进料流量控制	kg/h	19531	25000	
8	FIC4502	T-403去T-404流量控制	kg/h	7941	12000	
9	FIC4503	T-403回流量控制	kg/h	28624	40000	
10	FIC4504	E-413蒸汽流量控制	t/h	57	100	
11	FIC4505	T-404进料流量控制	kg/h	11951	20000	
12	FIC4506	E-416的蒸汽流量控制	t/h	50	100	
13	FIC4507	T-404去T-405流量控制	kg/h	15261	20000	
14	FIC4508	T-404回流量控制	kg/h	8997	15000	
15	FIC4509	T-404返回T-403流量控制	kg/h	4631	10000	
16	FIC4510	R-402进料流量控制	kg/h	16221	20000	
17	FFIC4511	去R-101氢气进料	kg/h	84	150	
18	FFIC4512	R-101循环烃进料流量控制	kg/h	23145	30000	
19	FIC4513	一号精馏塔的进料流量控制	kg/h	16305	20000	
20	FIC4514	E-419急冷水流量控制	t/h	100	200	
21	FIC4515	循环丙烷出料流量控制	kg/h	1414	5000	
22	FIC4516	T-406中部加热量控制	kg/h	47276	80000	
23	FIC4517	E-420急冷水流量控制	t/h	100	200	
24	FIC4518	T-407返回T-406流量控制	t/h	235.03	400	
25	FIC4519	T-407返回流量控制	t/h	235.03	400	
26	FFIC4520	丙烯采出流量控制	kg/h	13965	20000	
27	FIC4521	二号丙烯精馏塔回流量	t/h	234.64	400	
28	FIC4522	D-407返回流量控制	t/h	234.64	400	
29	FIC4523	丙烯尾气量	kg/h	926	5000	
30	FIC4524	E-423蒸汽流量控制	t/h	50	100	
31	FIC4525	脱丁烷塔釜出料流量控制	kg/h	5684	10000	
32	FIC4526	T-405回流量控制	kg/h	14271	25000	
33	FIC4527	C_4采出流量控制	kg/h	9577	15000	
34	PIC4501	T-403塔顶压力控制	MPa	1.54	3	
35	PIC4502	T-403塔顶压力控制	MPa	1.54	3	
36	PDI4503	T-403压力差显示	KPa	40	800	
37	PI4504	A 402的压力显示	MPa	2.9	5	

续表

序号	仪表号	说明	单位	正常数据	量程	报警值
38	PIC4505	T－404 塔顶压力控制	MPa	0.599	1.2	
39	PIC4506	T－404 塔顶压力控制	MPa	0.599	1.2	
40	PI4507	R－402 混合烃压力显示	MPa	2.73	5	
41	PIC4508	D－406 的压力控制	MPa	2.46	5	
42	PDI4509	R－402 压差显示	kPa	165	250	
43	PI4510	T－406 塔顶压力显示	MPa	1.8	4	
44	PIC4511	T－407 塔顶压力控制	MPa	1.75	3.5	
45	PIC4512	T－407 塔顶压力控制	MPa	1.75	3.5	
46	PDI4513	T－406 压力差显示	kPa	80	150	
47	PDI4514	T－407 压力差显示	kPa	40	80	
48	PIC4515	T－405 塔顶压力控制	MPa	0.408	1	
49	PIC4516	T－405 塔顶压力控制	MPa	0.408	1	
50	PDI4517	T－405 压力差显示	kPa	40	80	
51	LIC4501	T－403 塔釜液位控制	%	50	100	
52	LIC4502	D－404 液位控制	%	50	100	
53	LIC4503	D－413 液位控制	%	50	100	
54	LIC4504	T－404 塔釜液位控制	%	50	100	
55	LIC4505	D－405 液位控制	%	50	100	
56	LIC4506	D－414 液位控制	%	50	100	
57	LIC4507	D－406 液位控制	%	50	100	
58	LIC4508	T－406 塔釜液位控制	%	50	100	
59	LIC4509	T－407 塔釜液位控制	%	50	100	
60	LIC4510	D－407 液位控制	%	50	100	
61	LIC4511	E－420 液位控制	%	50	100	
62	LIC4512	T－405 塔釜液位控制	%	50	100	
63	LIC4513	D－408 液位控制	%	50	100	
64	LIC4514	D－415 液位控制	%	50	100	
65	TI4501	T－403 进料温度显示	℃	60.2	100	
66	TI4502	T－403 进料温度显示	℃	57.2	100	
67	TI4503	T－403 塔釜出料温度显示	℃	82	100	
68	TIC4504	T－403 塔釜温度控制	℃	70	100	
69	TI4505	T－403 塔顶物流温度显示	℃	41.9	100	
70	TI4506	A－402 出口物流温度显示	℃	41.5	100	
71	TI4508	D－404 出口温度显示	℃	41.5	100	
72	TIC4509	T－404 塔釜温度控制	℃	60	100	
73	TI4510	T－404 塔釜出料温度显示	℃	73	100	
74	TI4511	T－404 塔顶物流温度显示	℃	27.2	100	

续表

序号	仪表号	说明	单位	正常数据	量程	报警值
75	TI4513	T－403 去 T－404 物流温度显示	℃	31.8	100	
76	TI4514	D－405 出口温度显示	℃	10	100	
77	TI4516	R－402 混合进料温度显示	℃	36.9	100	
78	TI4517	R－402 出料温度显示	℃	60.8	100	
79	TI4518	D－406 进料温度显示	℃	40	100	
80	TI4519	D－406 出口温度显示	℃	40	100	
81	TI4520	T－406 塔中温度显示	℃	51	100	
82	TI4521	T－406 塔釜出料温度显示	℃	56.7	100	
83	TI4522	T－406 塔顶物流温度显示	℃	46.6	100	
84	TI4523	E－420 热物流进料温度显示	℃	49.1	100	
85	TI4524	E－420 冷热物流出料温度显示	℃	49.5	100	
86	TI4525	T－407 塔釜出料温度显示	℃	46.6	100	
87	TI4526	丙烯产品采出温度显示	℃	45.2	100	
88	TI4527	T－407 塔顶物流温度显示	℃	44.9	100	
89	TI4529	D－407 出口温度显示	℃	41.5	100	
90	TI4530	D－407 末凝气温度显示	℃	33	100	
91	TIC4531	T－405 塔釜温度控制	℃	88	150	
92	TI4532	T－405 塔釜出料温度显示	℃	106.3	150	
93	TI4533	T－405 塔顶物流温度显示	℃	46	100	
94	TI4535	D－408 出口温度显示	℃	39	100	

四、操作参数

操作参数见表 6－5。

表 6－5 操作参数

设备名称	物流名称	温度/℃	压力/MPa	流量/(kg/h)
高压脱丙烷塔 T－403	从脱乙烷塔来进料	60.2	1.6	19531
	T－404 返回量	57.2	1.6	4631
	塔顶回流量	41.5	1.55	28624
	塔顶出塔	41.9	1.55	44845
	去 T－404 量	82	1.6	7941
低压脱丙烷塔 T－404	从凝液汽提塔来进料	45	6.2	11951
	塔顶回流量	10	1.1	8997
	T－403 返回量	31.8	1.52	7941
	塔顶出塔	27.2	1.55	13628
	塔釜出料	73	0.65	15261

续表

设备名称	物流名称	温度/℃	压力/MPa	流量/(kg/h)
MAPD 加氢反应器 R-402	总进料流量	36.9	2.73	39450
	罐底出料	60.8	2.46	39450
	新鲜进料	41.5	2.73	16221
	循环进料	40	2.73	23145
	反应器配氢量	15.8	2.73	84
一号丙烯精馏塔 T-406	从 D-406 来进料	40	1.8	16305
	T-407 返回量	46.6	1.8	235029
	塔顶出塔	46.6	1.8	249920
	塔釜出料	56.7	1.88	1414
二号丙烯精馏塔 T-407	从 T-406 来进料	46.6	1.8	249920
	塔顶回流量	41.5	1.75	234641
	塔顶出塔	44.9	1.75	235567
	产品侧采	45	1.76	13965
	去 T-406 量	46.6	1.8	235029
脱丁烷塔 T-405	从 T-404 来进料	73	0.65	15261
	塔顶回流量	39	0.408	14271
	塔顶出塔	39	0.408	9577
	塔釜出料	106.3	0.45	5684

五、复杂控制说明

本装置包括如下控制方案：串级、比例、选择控制等。

1. PIC4501 和 PIC4502 的控制

高压脱丙烷塔 T-403 塔顶压力由两个压力控制 PIC4501 和 PIC4502 共同控制。PIC4502 调节从塔顶冷凝器 E-411 返回的冷却水量，在高压情况下，PIC4501 控制从回流罐上进入火炬系统的气体流量。同理低压脱丙烷塔 T-404 塔顶压力由两个压力控制 PIC4505 和 PIC4506 共同控制。

2. PIC4508 是 50%分程控制器

当 D-406 中的压力增加到上面设定值时，为保持设定压力，“A”阀关闭以减少氢气量，当压力再增高时，为保持设定压力，“B”阀打开，以泄掉 D-406 内的气体，见图 6-2 所示。

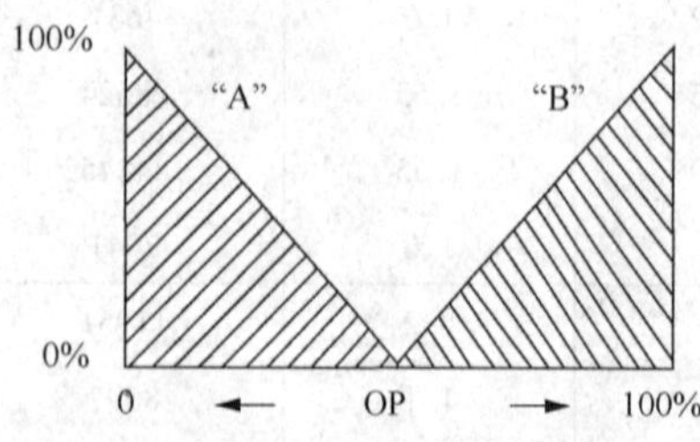

图 6-2　PIC450850%分程控制器示意图

3. PIC4511 和 PIC4512 的控制

2#丙烯精馏塔接受 1#丙烯精馏塔的全部气体，其塔顶压力由两个压力控制 PIC4511 和 PIC4512 共同控制。PIC4512 调节从塔顶冷凝器 E-421 返回的冷却水量，在高压情况下，PIC4511 控制从回流罐上进入火炬系统的气体流量。

4. PIC4515 和 PIC4516 的控制

脱丁烷塔 T－405 塔顶压力由 PIC4515 和 PIC4516 共同控制。其中 PIC4515 为分程控制阀，当压力过低时，PIC4515 控制塔顶气流不经过塔顶冷凝器直接进入回流罐 D－408，PIC4515 另一阀门控制塔顶返回的冷凝水量；在高压情况下，PIC4516 控制从回流罐上进入火炬系统的气体流量，见图 6－3 所示。

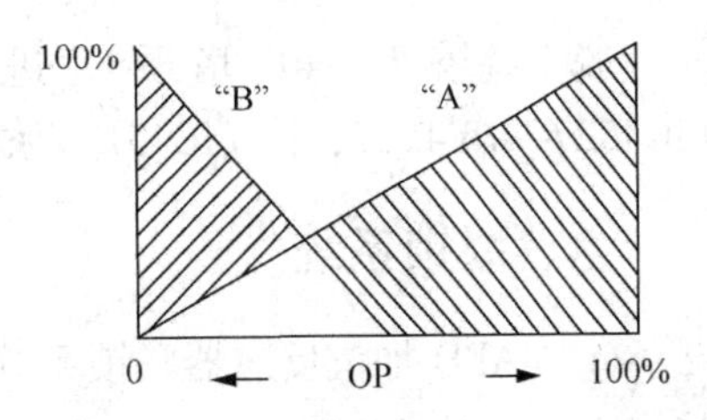

图 6－3 PIC4515 分程控制示意图

5. 比例控制系统

由于化学反应要求各进料按一定配比进入，以保证化学反应中主反应尽量彻底，而副反应尽量小。MAPD 加氢反应器将液态烃新鲜进料与 H_2 的进料，还有循环量与新鲜进料构成比例控制系统。FIC4510→FFIC4511，控制新鲜进料 FIC4510 与氢气进料 FFIC4511 的流量比率约为 1t∶5.18kg。FIC4511→FFIC4512，控制新鲜进料 FIC4511 与循环物料 FFIC4512 的流量比率在 1∶1.4 左右。

6. 串级控制系统

E－413 低压蒸汽进料采取串级控制方案，TIC4504→FIC4504→FV4504，以 TIC4504 为主回路，FIC4504 为副回路构成串级控制系统。

T－403 塔釜去 T－404 流量控制采取串级控制方案，LIC4501→FIC4502→FV4502，以 LIC4501 为主回路，FIC4502 为副回路构成串级控制系统。

D－404 进入反应器 R－402 流量控制采取串级控制方案，LIC4502→FIC4510→FV4510，以 LIC4502 为主回路，FIC4510 为副回路构成串级控制系统。

E－416 低压蒸汽进料采取串级控制方案，TIC4509→FIC4506→FV4506，以 TIC4509 为主回路，FIC4506 为副回路构成串级控制系统。

T－404 塔釜去 T－405 的进料控制采取串级控制方案，LIC4504→FIC4507→FV4507，以 LIC4504 为主回路，FIC4507 为副回路构成串级控制系统。

D－405 返回 T－403 的流量控制采取串级控制方案，LIC4505→FIC4509→FV4509，以 LIC4505 为主回路，FIC4509 为副回路构成串级控制系统。

D－406 去 1# 丙烯精馏 T－406 流量控制采取串级控制方案，LIC4507→FIC4513→FV4513，以 LIC4507 为主回路，FIC4513 为副回路构成串级控制系统。

E－419 急冷水流量采取串级控制方案，AIC4505→FIC4514→FV4514，以 AIC4505 为主回路，FIC4514 为副回路构成串级控制系统。

E－420 热物流流量与该换热器液位构成串级控制，LIC4511→FIC4516→FV4516，以 LIC4511 为主回路，FIC4516 为副回路构成串级控制系统。

T－406 塔釜的循环丙烷出料控制采取串级控制方案，LIC4508→FIC4515→FV4515，以 LIC4508 为主回路，FIC4515 为副回路构成串级控制系统。

T－407 塔釜返回 T－406 的流量控制采取串级控制方案，LIC4509→FIC4518→FV4518，以 LIC4509 为主回路，FIC4518 为副回路构成串级控制系统。

D－407 塔釜返回 T－407 的流量控制采取串级控制方案，LIC4510→FIC4521→FV4521，以 LIC4510 为主回路，FIC4521 为副回路构成串级控制系统。

E－423 低压蒸汽进料采取串级控制方案，TIC4531→FIC4524→FV4524，以 TIC4531 为主回路，FIC4524 为副回路构成串级控制系统。

脱丁烷塔 T－405 塔顶 C_4 进储罐的流量与 D－408 液位构成串级控制，LIC4513→FIC4527→FV4527，以 LIC4513 为主回路，FIC4527 为副回路构成串级控制系统。

六、联锁系统

① MAPD 加氢反应器联锁系统的起因与结果见表 6－6。

表 6－6　MAPD 加氢反应器联锁系统的起因与结果

起因	联锁号	设定点	旁路	结果
床温	TSXH4600	80℃	有	详见联锁图
床温	TSXH4601	80℃	有	详见联锁图
床温	TSXH4602	80℃	有	详见联锁图
床温	TSXH4603	80℃	有	详见联锁图
反应器新鲜进料	FSXL4600	12T/H	有	详见联锁图
紧急停车	HS4601		无	详见联锁图

② 联锁逻辑图见图 6－4 所示。

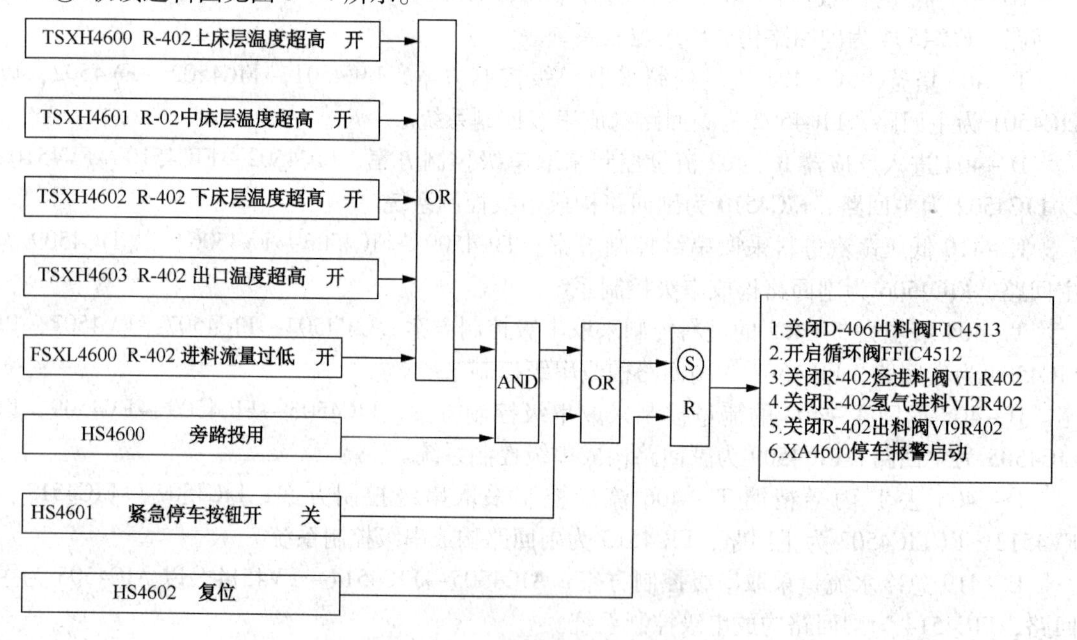

图 6－4　C_3 加氢反应器联锁逻辑图

七、操作规程

（一）装置冷态开车过程

1. 开工前的准备工作及全面大检查

开工前全面大检查、处理完毕，设备处于良好的备用状态。各手动阀门处于关闭状态，所有仪表设定值和输出均为 0.0。

2. 装置开工和各控制系统投运

(1)高、低压脱丙烷系统

① 系统充压充液，建立循环：

a. 打开阀门 VX1T403、VX1T404，高、低压脱丙烷塔接气相丙烯充压，将高压脱丙烷塔压力充至0.8～1.0MPa、低压脱丙烷塔压力控制在0.5～0.6MPa，停止充压。

b. 打开阀门 VX1D404、VX1D405，高、低压脱丙烷塔接液相丙烯，D－405 罐液位达50%时启动 P－405 泵给 T－404 塔打回流，待塔釜液位达 10% 以上时，稍开塔釜再沸器E－416，塔顶压力由 PV4505 和 PV4506 控制。

c. 启动 P－406 泵向高压脱丙烷塔送料，待塔釜液位达 10% 以上时，投用高压脱丙烷塔釜再沸器 E－413，塔顶压力由 PV4501 和 PV4502 控制在 0.6MPa，当 T－403 塔顶回流罐D－404液位达50%时，启动P－404 给高压脱丙烷塔打回流，当高压脱丙烷塔釜液位达50%时，停止接液相丙烯；同时在 FV4502 控制下开始向低压脱丙烷塔进料。

d. 对 T－403 和 T－404 两塔系统进行调整，保持全回流运转，控制压力及液位，等待接料。

② 系统进料并调整至正常：

a. 调节 FIC4505 开始逐步向低压脱丙烷塔进料，并控制塔顶压力，逐渐增大低压脱丙烷塔再沸量，增大 P－406 出口去高压脱丙烷塔量。

b. 低压脱丙烷塔进料后，同步打开 FIC4501 向高压塔进料，高压脱丙烷塔与 T－404 按比例逐步接受进料，调整高压脱丙烷塔，增大回流量、再沸量、塔顶冷凝器冷凝量及塔釜去低压脱丙烷塔循环量，系统调整，控制高压脱丙烷塔顶温度、压力逐渐至正常。

c. 由 P－404 向丙烯干燥器进料，丙烯干燥器满液后，打开阀门 VI2A402、VX3A402，经 MAPD 转化器开车旁路向丙烯精馏塔 T－406 进料。

d. 低压脱丙烷塔 T－404 塔釜液位达 50% 时在 LV4504、FV4507 串级控制下向脱丁烷塔进料。

（2）丙烯干燥器

① 当高低压脱丙烷塔系统操作稳定，用 $2^{\#}$丙烯精馏塔顶部汽化物给丙烯干燥器 A－402加压，当压力充到 1.7MPa 时关闭充压线阀。

② 当高压脱丙烷塔接受进料，并且回流罐 D－404 底部液位达 50% 时，缓慢地打开VX1A402 阀，把高压脱丙烷塔 T－403 的回流泵 P－404 出口送出液充入干燥器内，同时打开干燥器顶部排气线阀排气，不断地往干燥器内充入物流，直到干燥器充满液体时，关闭排气阀，全开干燥器进口阀、出口阀，投用干燥器，同时打开 MAPD 转化器开车旁通线阀向丙烯精馏塔进料。

（3）MAPD 转化器系统

① 系统充压、充液，建立循环：

a. 首先打开来自 T－407 顶部的气相充压线，对反应器进行实气置换，置换气通过反应器安全阀旁通放火炬控制。将反应器的压力充至 1.7MPa，关充压线阀。

b. 打开阀门 VI2R402 和压力控制阀门 PIC4508，用氢气给 D－406 罐充压至 2.46MPa。

c. 打开反应器充液线阀 VX3R402、VI6R402，给反应器充液，同时稍开排气线阀排除反应器顶部气体，反应器充液完毕后，关 VI6R402。

d. 开阀 VI2D406 给 D－406 罐充液，D－406 液位达 50% 时，开反应器入出口阀门，启动 P－407 泵给反应器打循环，开反应器入出口阀门后，视情况关闭充液线阀 VX4R402。

② 系统进料并调整至正常：

a. 全开反应器入出口阀，关开工旁路阀 VX4A402，物料全部切进反应器，同时配入氢气，反应器出口温度达 40～50℃时将反应器出口冷却器 E－417 投用。

b. 投用联锁系统。

c. 控制反应器床层温升，调节各参数在要求范围内，反应器出口 MAPD 含量控制在 0.8%以下。

（4）丙烯精馏系统

① 系统充压、充液，建立循环。

a. 丙烯精馏塔接气相丙烯充压，塔压力控制在 0.8～1.0MPa，停止充压。

b. 打开 VX1D407，丙烯精馏系统接液相丙烯，当 D－407 罐液位达 50%时，启动 P－409泵给 T－407 塔打回流，T－407 塔釜液位达 50%时，启动 P－408 泵给 T－406 塔送料，T－406 塔釜有液位后，逐渐投用塔顶冷凝器、塔釜再沸器 E－419、中沸器 E－420。

c. 丙烯精馏系统全回流运行，控制压力和液位，停止接液相丙烯，准备接受来自丙烯干燥系统的碳三物料。

② 系统进料并调整至正常：T－406 塔接收来自丙烯干燥系统的物料后，调整系统操作，使各参数在工艺要求范围内，打开侧采，当丙烯含量达到 99%时切进合格罐；投用尾气冷却器 E－422，尾气外放至裂解气压缩工段，循环丙烷外送至裂解炉。

（5）脱丁烷系统

① 脱丁烷塔开始接受来自低压脱丙烷塔 T－404 进料后，投用塔顶冷凝器 E－424。

② D－408 罐液位达 50%时，启动 P－410 泵打回流，逐渐投用塔釜再沸器 E－423，塔顶压力先由 PIC4512 放火炬控制，待塔的温度压力控制正常后，塔顶部回流罐碳四产品在串级 LV4513、FV4527 控制下外送碳四车间，塔釜液位达 50%时加氢汽油外送，调整各参数在要求范围内。

（二）正常运行

开始时状态：各系统处于正常生产状态，各指标均为正常值。

调整系统，维持各生产质量指标在正常值范围内。

（三）正常停车

1. 系统降低负荷

① 逐步降低 T－404 和 T－403 进料至正常的 70%，调整各塔系统的回流量以及再沸量和冷却量，保持各塔温度、压力在正常状况。

② 逐渐把各塔和回流罐的液位下降至 30%左右。

③ 控制各系统的生产指标在正常值的范围内，准备下一步系统停车。

若 T－407 丙烯不合格（低于 99%），走不合格罐。

2. 系统停车

① 切断到 R－402 的氢气，切断反应器 R－402 的进料，同时打开 MAPD 转化器开车旁通线阀向丙烯精馏塔进料。

② 关闭 FIC4505，关闭 T－404 进料阀门，停再沸器热源后，再逐渐停塔顶冷剂，控制塔压，视情况停 P－405、P－406，并关塔釜去脱丁烷塔的液量。

③ T－403 在 T－404 进料中断后关闭进料阀门，停再沸器热源和塔顶冷凝器，控制塔压，视情况停 P－404。

④ R－402 系统当氢气停止后，进行循环运行，当床层温度降至合适时，停 P－407 泵，

停止循环。

⑤ T－405 中断进料后，碳四、粗汽油停止外送，碳四外送阀关闭，停再沸器热源和逐渐停塔顶冷凝器，，控制塔压，视情况停 P－410。

⑥ 丙烯精馏塔系统进料中断后，T－406、T－407 全回流运行，丙烯停止外送，停再沸器的热源，逐渐停塔顶冷凝器，视情况停 P－408、P－409 保液位，压力由 PIC4511 控制。

3. 系统倒空

（1）低压脱丙烷塔系统

FIC4505、FIC4506、PIC4506 关，FIC4509 开，打开 T－404 塔釜，E－412 排液线手阀排液，打开 D－405，排液线手阀排液，液相排净后，关各手阀，开 PIC4505 泄压。

（2）高压脱丙烷塔系统

FIC4501、FIC4502、PIC4502 关，FIC4504 开，打开 T－403 塔釜，E－413 排液线手阀排液，打开 D－404、P－404 排液线手阀排液，液相排净后，关各手阀，开 PIC4501，泄压。

（3）MAPD 转化器，丙烯干燥器系统

将丙烯干燥器液全部排至丙烯精馏塔，泄液以后，泄压排至火炬。

MAPD 转化器系统隔离，内部阀打开，打开 MAPD 转化器 R－402 手阀，进行倒液，完毕后泄压。

（4）丙烯精馏系统

开 T－406、T－407、D－407 的排液阀，关闭 FIC4516，E－420 进行倒液，倒液完毕后关各手阀，开 PIC4511 泄压到火炬。

（5）脱丁烷塔系统

粗汽油外送阀 FIC4525 阀关，碳四外送界区阀 FIC4527 关，开 D408 排液线阀倒液，完毕后关排液线阀，开 T－405 塔釜，E－418 倒液线阀。开 PIC4516 泄压到火炬。

（四）热态开车

开车前的状态：高、低压脱丙烷塔系统以及丙烯精馏塔已建立全回流循环，丙稀干燥器 A402 已充压，反应器尚未充压充液。

1. MAPD 转化器系统充压充液，建立循环

① 首先打开来自 T－407 顶部的气相充压线，对反应器进行实气置换，置换气通过反应器安全阀旁通放火炬控制。将反应器的压力充至 1.7MPa，关充压线阀。

② 打开阀门 VI2R402 和压力控制阀门 PIC4508，将 D－406 罐充压至 1.7MPa。

③ 打开反应器充液线阀 VX3R402、VI6R402，给反应器充液，同时稍开排气线阀排除反应器顶部气体，反应器充液完毕后，关 VI6R402。

④ 开阀 VI2D406 给 D－406 罐充液，D－406 液位达 50% 时，开反应器入出口阀门，启动 P－407 泵给反应器打循环，开反应器入出口阀门后，视情况关闭充液线阀 VX4R402。

2. 各系统进料并调整至正常

（1）高、低压脱丙烷系统

① 调节 FIC4505 开始逐步向低压脱丙烷塔进料，并控制塔顶压力，逐渐增大低压脱丙烷塔再沸量，增大 P－406 出口去高压脱丙烷塔量。

② 低压脱丙烷塔进料后，同步打开 FIC4501，高压脱丙烷塔与 T－404 按比例逐步接受进料，调整增大回流量、再沸量、塔顶冷凝器冷凝量及塔釜去低压脱丙烷塔循环量，系统调整，控制高压脱丙烷塔顶温度、压力至正常。

③ 由 P－404 向丙烯干燥器进料，丙烯干燥器满液后，打开阀门 VI2A402、VX3A402，经 MAPD 转化器开车旁路向丙烯精馏塔 T－406 进料。

④ 低压脱丙烷塔 T－404 塔釜液位达 50% 时在 LV4504、FV4507 串级控制下向脱丁烷塔进料。

（2）丙烯干燥器

当高压脱丙烷塔接受进料，并且回流罐 D－404 底部液位达 50% 时，缓慢地打开 VX1A402 阀，把高压脱丙烷塔 T－403 的回流泵 P－404 出口送出液充入干燥器内，同时打开干燥器顶部排气线阀排气，不断地往干燥器内充入物流，直到干燥器充满液体时，关闭排气阀，全开干燥器进口阀、出口阀，投用干燥器，同时打开 MAPD 转化器开车旁通线阀向丙烯精馏塔进料。

（3）MAPD 转化器系统

① 全开反应器入出口阀，关开工旁路阀 VX4A402，物料全部切进反应器，同时配入氢气，反应器出口温度达 40～50℃时，将反应器出口冷却器 E－417 投用。

② 投用联锁系统。

③ 控制反应器床层温升，调节各参数在要求范围内，反应器出口 MAPD 含量控制在 0.8% 以下。

（4）丙烯精馏系统

T－406 塔接收来自丙烯干燥系统的物料后，调整系统操作，使各参数在工艺要求范围内，打开侧采，当丙烯含量达到 99% 时切进合格罐；投用尾气冷却器 E－422，尾气外放至裂解气压缩工段，循环丙烷外送至裂解炉。

（5）脱丁烷系统

① 脱丁烷塔开始接受来自低压脱丙烷塔 T－404 进料后，投用塔顶冷凝器 E－424。

② D－408 罐液位达 50% 时，启动 P－410 泵打回流，逐渐投用塔釜再沸器 E－423，塔顶压力先由 PIC4512 放火炬控制，待塔的温度压力控制正常后，塔顶部回流罐碳四产品在串级 LV4513、FV4527 控制下外送碳四车间，塔釜液位达 50% 时加氢汽油外送，调整各参数在要求范围内。

（五）提量 10% 操作

同步逐渐提高处理量 FIC4505、FIC4501（从 3%→6%→10%），保持整个系统操作过程的稳定性。

（六）降量 20% 操作

同步逐渐降低处理量 FIC4505、FIC4501（从 5%→10%→15%→20%），保持整个系统操作过程的稳定性。

（七）特定事故

1. 装置停电

事故原因：电厂发生事故。

事故现象：所有机泵停机。

事故处理方法：

（1）T－403、T－404 系统

停止进料，关闭 FIC4501、FIC4505。

停止各返回量，关 FIC4502、FIC4509。

停塔釜加热，关闭 FIC4504、FIC4506。

停塔釜采出，关闭 FIC4507。

停泵 P－404、P－405、P－406，关闭入出口阀。

塔压分别由 PIC4501 和 PIC4505 控制。

系统保液保压。

（2）反应器停车

迅速切断反应器配氢阀 FFIC4511，切断反应器进料阀 FIC4510 及反应器向后系统进料阀 FIC4513，床层物料自身打循环，直到床层温度降至合适时停止物料循环，如反应器床层温度上升，则可启动联锁系统或自动发生联锁。

（3）T－406，T－407 系统

停产品采出，关 FFIC4520，关闭 FIC4515，关 FIC4523。

停塔釜加热，关 FIC4514。

停中部再沸器，关闭 FIC4516，FIC4517。

停 P－408，P－409，关进出口阀。

塔压由 PIC4511 控制。

系统保液保压。

（4）脱丁烷塔

停止采出，关闭 FIC4525，FIC4527。

停塔釜加热，关 FIC4524。

停 P－410，关进出口阀。

塔压由 PIC4516 控制。

系统保液保压。

2. 停冷却水事故处理

事故原因：冷却水供应中断。

事故现象：T－403 塔顶出口温度，T－405 塔顶出口温度升高；丙烯精馏塔顶温度升高。

事故处理方法：

（1）T－403、T－404 系统

停止进料，关闭 FIC4501、FIC4505。

停止返回量，关 FIC4502、FIC4509。

停塔釜加热，关闭 FIC4504、FIC4506。

停塔釜采出，关闭 FIC4507。

停泵 P－404、P－405、P－406，关闭入出口阀。

塔压分别由 PIC4501 和 PIC4505 控制。

系统保压保液。

（2）反应器停车

迅速切断反应器配氢阀 FFIC4511，切断反应器进料阀 FIC4510 及反应器向后系统进料阀 FIC4513，床层物料自身打循环，直到床层温度降至合适时停止物料循环，如反应器床层温度上升，则可启动联锁系统或自动发生联锁。

（3）T－406、T－407 系统

停产品采出，关 FFIC4520,，关闭 FIC4515，关 FIC4523。
停塔釜加热，关 FIC4514。
停中部再沸器，关闭 FIC4516，FIC4517。
停 P－408，P－409，关进出口阀。
塔压由 PIC4511 控制。
系统保压保液。
（4）脱丁烷塔
停止采出，关闭 FIC4525，FIC4527。
停塔釜加热，关 FIC4524。
停 P－410，关进出口阀。
系统保压保液。

3. 原料中断

事故原因：本系统物料中断。
事故现象：分离单元进料中断。
事故处理方法：
（1）T－403、T－404 系统
停止进料，关闭 FIC4501、FIC4505。
停止返回量，关 FIC4502、FIC4509。
停塔釜加热，关闭 FIC4504、FIC4506。
停塔釜采出，关闭 FIC4507。
停泵 P－404、P－405、P－406，关闭入出口阀。
塔压分别由 PIC4501 和 PIC4505 控制。
系统保压保液。
（2）反应器停车
迅速切断反应器配氢阀 FFIC4511，切断反应器进料阀 FIC4510 及反应器向后系统进料阀 FIC4513，床层物料自身打循环，直到床层温度降至合适时停止物料循环，如反应器床层温度上升，则可启动联锁系统或自动发生联锁。
（3）T－406、T－407 系统
停产品采出，关 FFIC4520，关闭 FIC4515，关 FIC4523。
停塔釜加热，关 FIC4514。
停中部再沸器，关闭 FIC4516，FIC4517。
停 P－408、P－409，关进出口阀。
塔压由 PIC4511 控制。
（4）脱丁烷塔
停止采出，关闭 FIC4525，FIC4527。
停塔釜加热，关 FIC4524。
停 P－410，关进出口阀。
系统保压保液。

4. MAPD 反应器飞温

事故原因：P407A 泵坏，造成循环量中断。

事故现象：MAPD 加氢反应器床层温度偏高。

事故处理方法：

① 迅速起用备用泵 P－407B。

② 在温度为高温报警时(65℃左右)，通过减少氢气的进量来控制床层温度，如果可能的话，增加来自丙二烯转化器的循环量。将比例控制器投手动状态，手动调节 FFIC4511，使氢炔比达到正常。

③ 在“高－高”温度时(80℃)发生联锁，则应按紧急停车处理：

a. T－403、T－404 系统：

停止进料，关闭 FIC4501、FIC4505。

停止返回量，关 FIC4502、FIC4509。

停塔釜加热，关闭 FIC4504、FIC4506。

停塔釜采出，关闭 FIC4507。

停泵 P－404、P－405、P－406，关闭入出口阀。

塔压分别由 PIC4501 和 PIC4505 控制。

系统保压保液。

b. R－402 停车：

迅速切断反应器配氢阀 FFIC4511；

切断反应器进料阀 FIC4510；

关闭反应器抽出阀；

打开反应器排放阀，完全泄压以防反应器破裂。(先导液，后卸压)。

c. T－406、T－407 系统：

停产品采出，关 FFIC4520，，关闭 FIC4515，关 FIC4523。

停塔釜加热，关 FIC4514。

停中部再沸器，关闭 FIC4516，FIC4517。

停 P－408、P－409，关进出口阀。

塔压由 PIC4511 控制。

d. 脱丁烷塔

停止采出，关闭 FIC4525，FIC4527。

停塔釜加热，关 FIC4524。

停 P－410，关进出口阀。

系统保压保液。

5. 丙烯冷剂中断

事故原因：丙烯压缩制冷停车。

事故现象：本单元丙烯冷剂丧失，T－404 温度上升、压力上升。

事故处理方法：

① T－403，T－404 系统：

停止进料，关闭 FIC4501、FIC4505。

停止返回量，关 FIC4502、FIC4509。

停塔釜加热，关闭 FIC4504、FIC4506。

停塔釜采出，关闭 FIC4507。

停泵 P－404、P－405、P－406，关闭入出口阀。

塔压分别由 PIC4501 和 PIC4505 控制。

系统保压保液。

② 反应器停车：迅速切断反应器配氢阀 FFIC4511，切断反应器进料阀 FIC4510 及反应器向后系统进料阀 FIC4513，床层物料自身打循环，直到床层温度降至合适时停止物料循环，如反应器床层温度上升，则可启动联锁系统或自动发生联锁。

③ T－406、T－407 系统

停产品采出，关 FFIC4520，关闭 FIC4515，关 FIC4523。

停塔釜加热，关 FIC4514。

停中部再沸器，关闭 FIC4516，FIC4517。

停 P－408，P－409，关进出口阀。

塔压由 PIC4511 控制。

系统保压保液。

④ 脱丁烷塔：

停止采出，关闭 FIC4525、FIC4527。

停塔釜加热，关 FIC4524。

停 P－410，关进出口阀。

系统保压保液。

6. P405A 泵故障

事故原因：P405A 泵故障。

事故现象：P405A 停止运行；T－404 回流中断；T－404 温度、压力失常。

事故处理方法：迅速投用 P－405B，打开泵 P－405B 进出阀。

调整 T－404 回流量。

控制 T－404 回复正常运行。

7. P408A 泵故障

事故原因：P－405A 泵故障。事故现象：T－407 返回 T－406 的量停止。事故处理方法：迅速投用 P－408B，并打开进出口阀门；调整 T－406 回流量；控制 T－406 回复正常运行。

八、仿 DCS 系统操作画面

流程图画面说明见表 6－7。

表 6－7　流程图画面说明

图名	说明	调图方式	图名	说明	调图方式
OVERVIEW	总貌图	CTRL＋1	GX0001	高压脱丙烷塔现场图	CTRL＋8
GR0001	高压脱丙烷塔	CTRL＋2	GX0002	低压脱丙烷塔现场图	CTRL＋6
GR0002	低压脱丙烷塔	CTRL＋3	GX0003	MAPD 转化器现场图	CTRL＋7
GR0003	MAPD 转化器	CTRL＋4	GX0004	1#丙烯精馏塔现场图	CTRL＋8
GR0004	1#丙烯精馏塔	CTRL＋5	GX0005	2#丙烯精馏塔现场图	
GR0005	2#丙烯精馏塔	CTRL＋6	GX0006	脱丁烷塔现场图	
GR0006	脱丁烷塔	CTRL＋7			

九、乙烯分离单元仿真 PI&D 图

乙烯分离单元仿真图见图 6－5～图 6－9 所示。

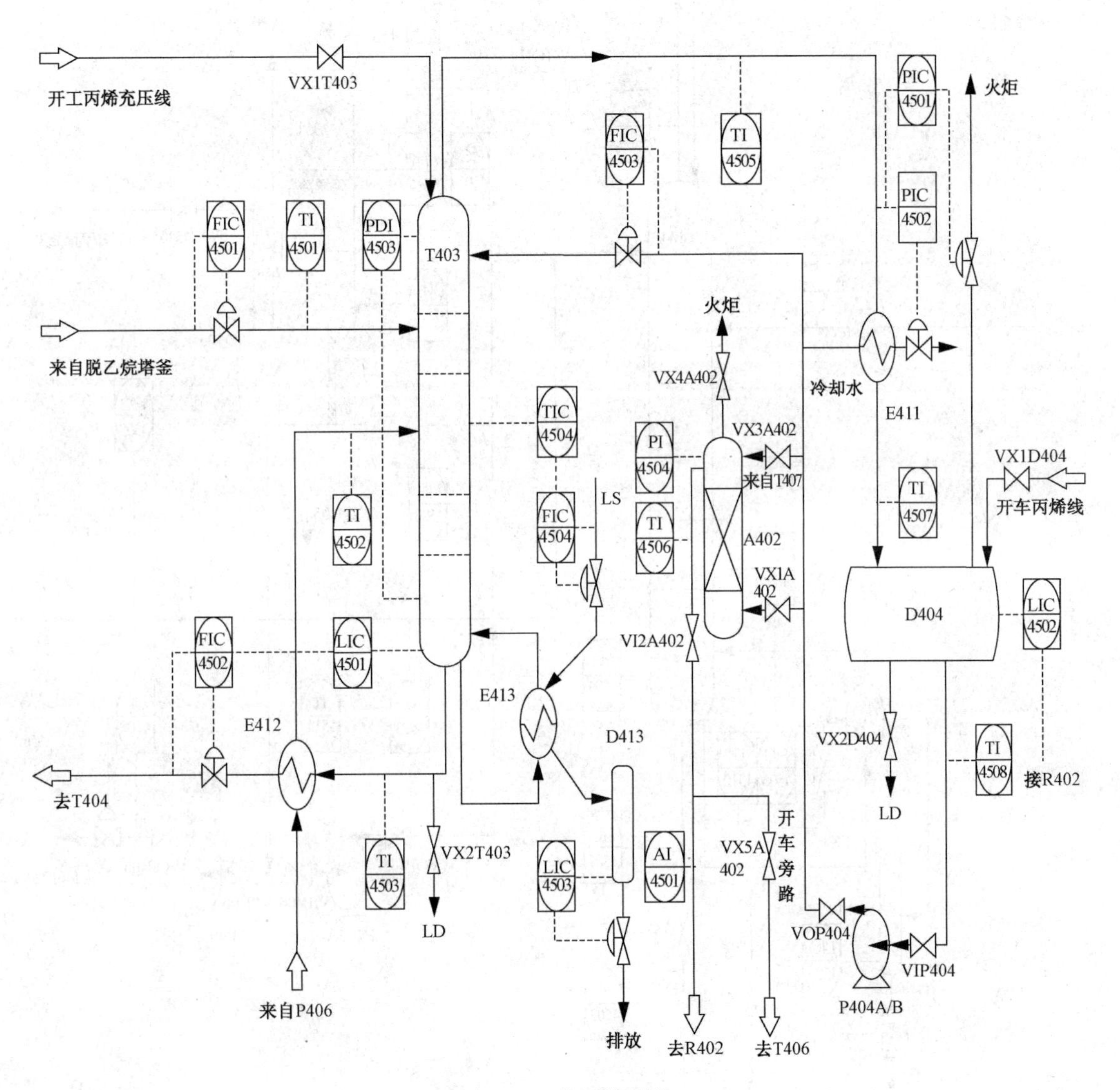

图 6－5　高压脱丙烷

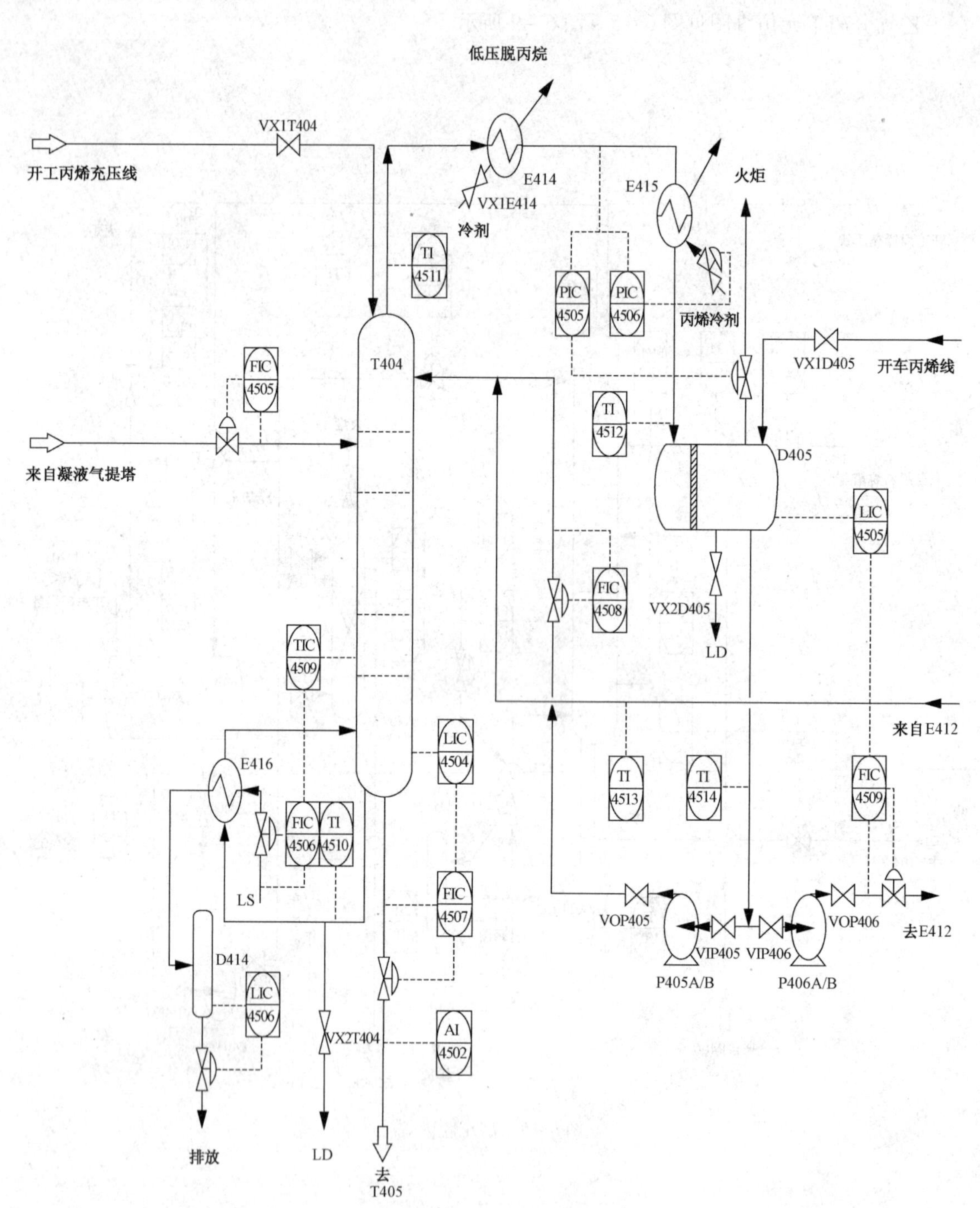

低压脱丙烷
VX1T404
开工丙烯充压线
E414
VX1E414
冷剂
E415
火炬
TI
4511
PIC
4505
PIC
4506
丙烯冷剂
VX1D405
开车丙烯线
T404
FIC
4505
来自凝液气提塔
TI
4512
D405
LIC
4505
FIC
4508
VX2D405
LD
TIC
4509
来自E412
E416
LIC
4504
TI
4513
TI
4514
FIC
4509
FIC
4506
TI
4510
LS
FIC
4507
VOP405
VOP406
去E412
VIP405
VIP406
P405A/B
P406A/B
D414
LIC
4506
VX2T404
AI
4502
排放
LD
去
T405

图6－6　低压脱丙烷

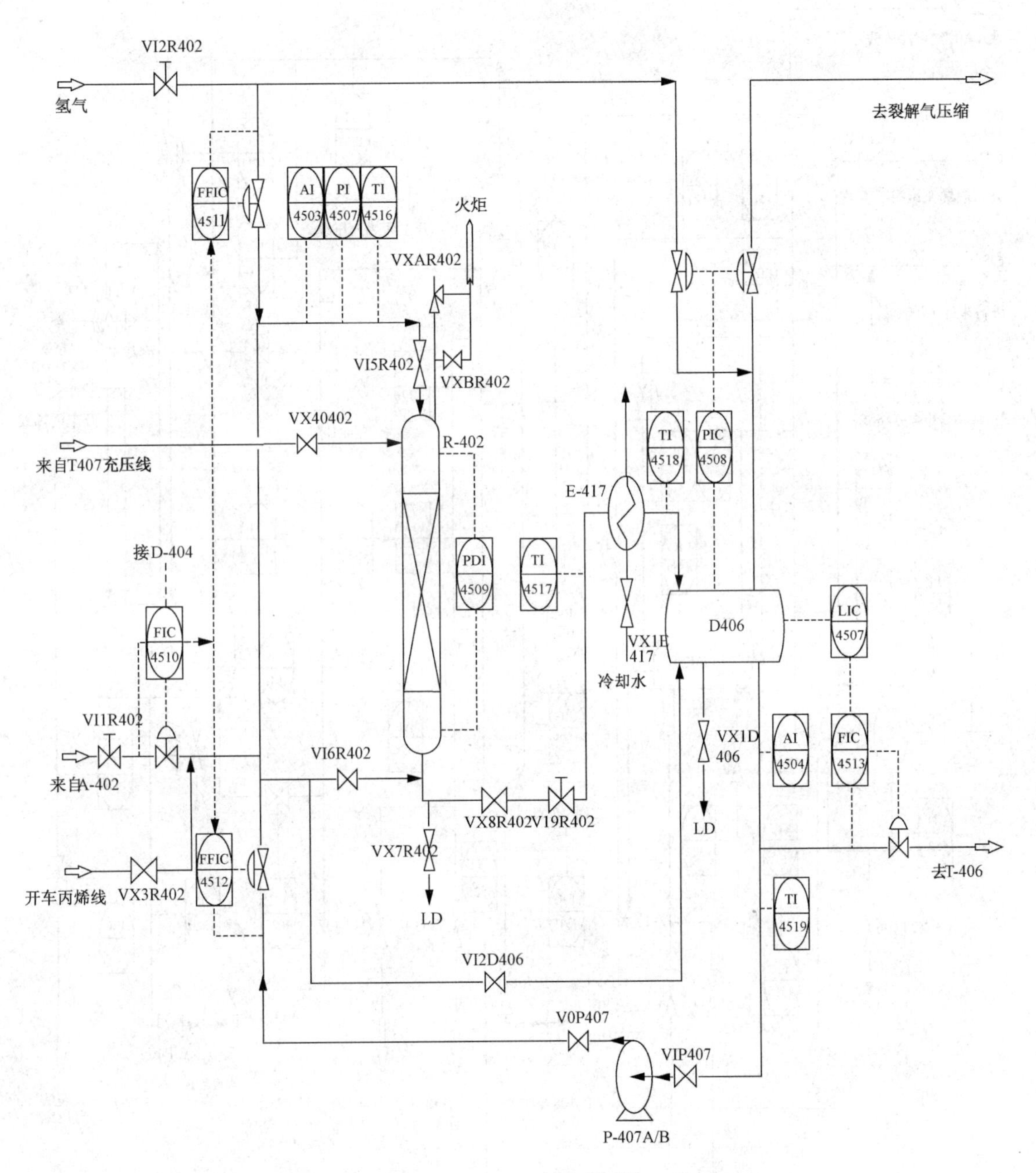

图6-7 MAPD转化器系统

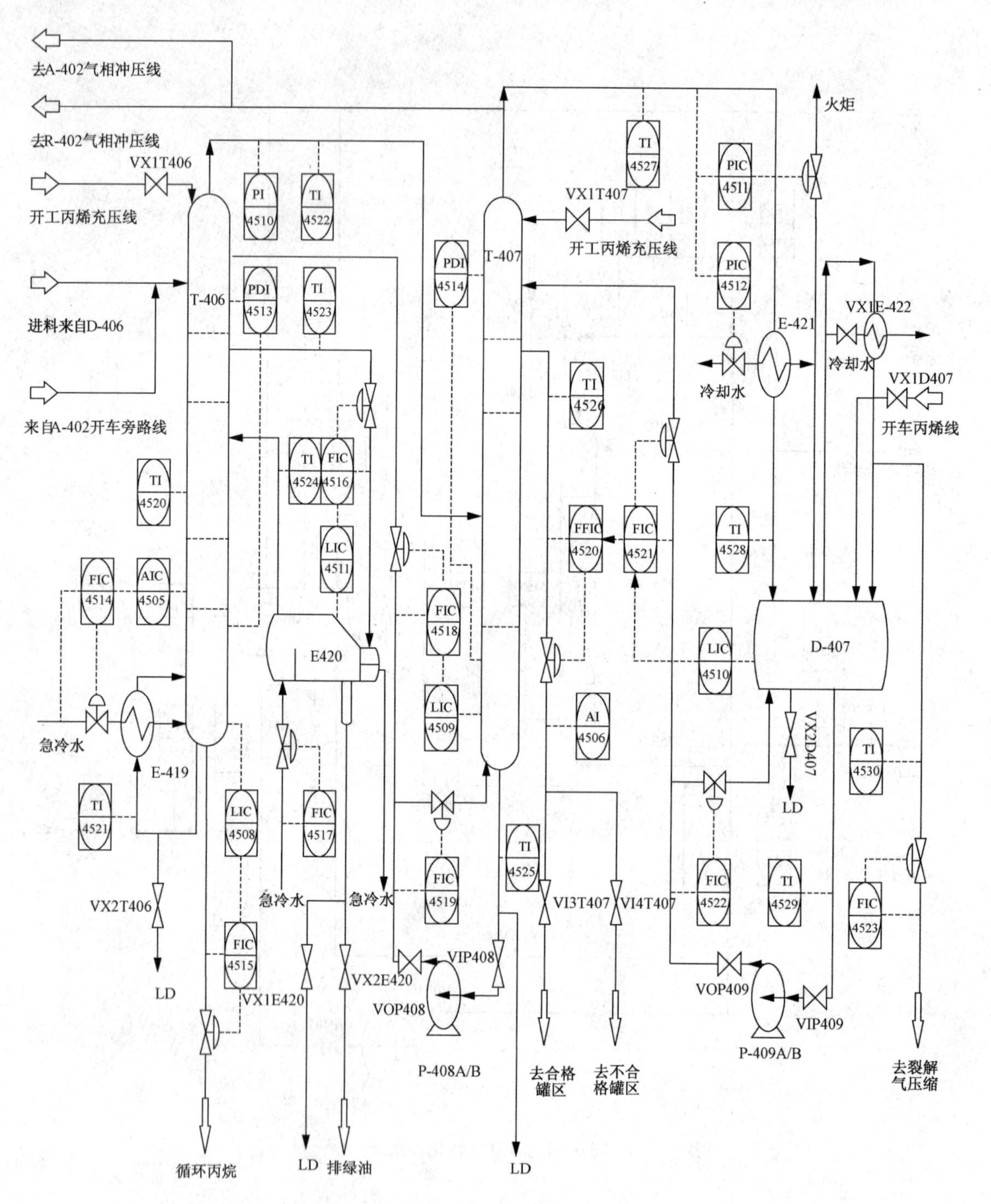
去A-402气相冲压线
去R-402气相冲压线
VX1T406
开工丙烯充压线
进料来自D-406
来自A-402开车旁路线
T-406
PI 4510
TI 4522
PDI 4513
TI 4523
TI 4524
FIC 4516
LIC 4511
TI 4520
FIC 4514
AIC 4505
E420
急冷水
E-419
TI 4521
LIC 4508
FIC 4517
VX2T406
LD
急冷水
急冷水
FIC 4515
VX1E420
VX2E420
循环丙烷
LD
排绿油
T-407
PDI 4514
TI 4527
VX1T407
开工丙烯充压线
TI 4526
FFIC 4520
FIC 4521
FIC 4518
LIC 4509
AI 4506
FIC 4519
VIP408
VOP408
P-408A/B
TI 4525
VI3T407
VI4T407
去合格罐区
去不合格罐区
LD
火炬
PIC 4511
PIC 4512
E-421
冷却水
VX1E-422
冷却水
VX1D407
开车丙烯线
TI 4528
LIC 4510
D-407
VX2D407
LD
TI 4530
FIC 4522
TI 4529
FIC 4523
VOP409
VIP409
P-409A/B
去裂解气压缩

图 6－8　丙烯精馏

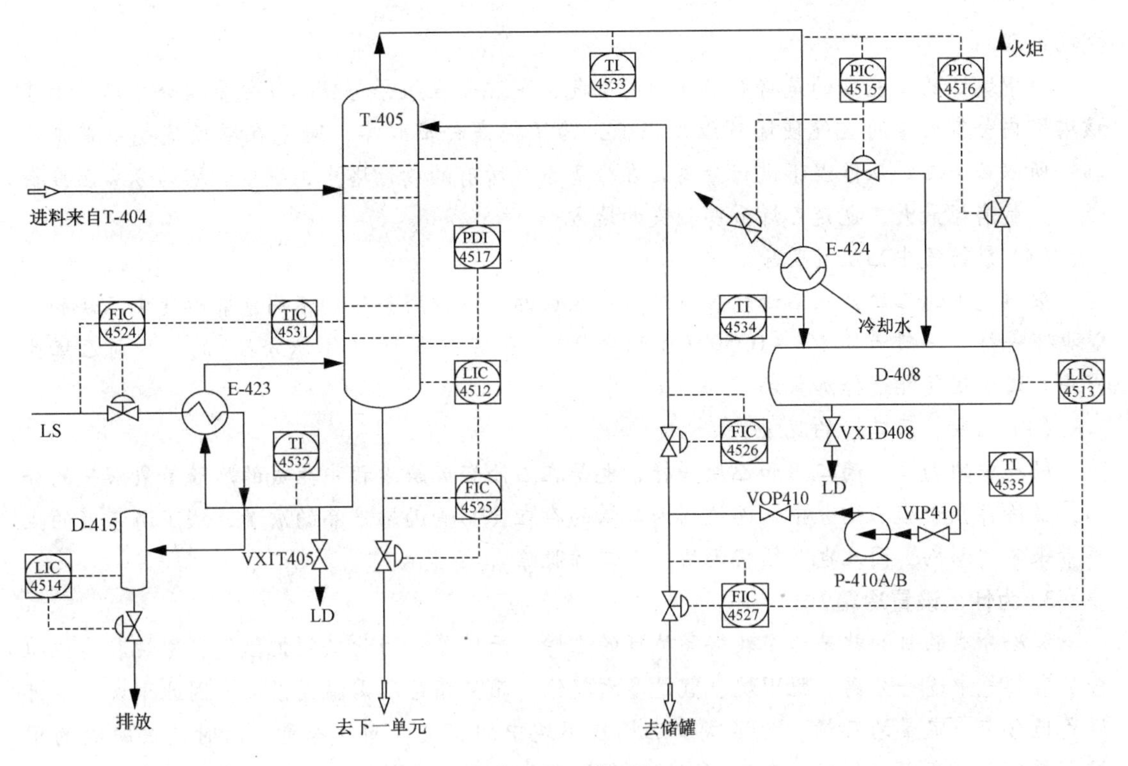

图6-9　脱丁烷

习题与答案

1. 乙烯生产中为什么添加黄油抑制剂?

裂解气在碱洗过程中，由于烃类的冷凝和聚合，碱洗塔上面会浮有一层黄色油包水型碱性乳化物，即黄油。大量黄油的产生会影响碱洗塔的正常运行和碱洗效果，增加新鲜碱消耗量，严重时会造成碱洗不合格，影响下游生产，并对设备造成危害。同时大量黄油易聚合结垢堵塞塔内分布器及填料，造成堵塔现象，缩短碱洗塔的运行周期。此外，含大量黄油的废碱外排，严重影响了环境，并且增加了处理费用。因此，许多装置在碱洗/水洗塔中下部加注黄油抑制剂，对减少碱洗塔中黄油的产生有益。

2. 装置裂解气的分离包括哪些流程?

乙烯装置裂解气的分离主要包括裂解气的干燥、裂解气中乙炔和丙炔/丙二烯的脱除、氢气的提纯/净化和裂解气的分离(碳一至碳五的分离)。

(1) 裂解气的干燥

由于在石油烃裂解过程中加入了稀释蒸汽，在裂解气的冷却和酸性杂质脱除过程中又有水洗，虽然在裂解气压缩过程中经加压、降温能脱除大部分的重烃和水，但裂解气中仍含有微量的水(大约500mg/kg)。在低温下微量水能与烃类形成白色结晶水合物，在高压低温条件下会附着在设备及管道内，易使设备及管道堵塞。深冷分离要求裂解气中的水含量小于5mg/kg，即裂解气露点小于-60℃。因此，裂解气在进入深冷分离之前必须进行脱水干燥，以达到深冷分离的要求。

(2) 裂解气的分离

裂解气的分离是指用精馏分离法把碳一到碳五馏分逐一分开，将产品乙烯、丙烯提纯精制的过程。

脱甲烷塔的工艺目的是将裂解气中的氢气、甲烷等轻组分与碳二及更重组分分离。由于该塔塔内含有大量的氢气使塔顶温度很低，为了提高分离收率，避免在塔顶尾气中带走乙烯，所以必须在加压低温下进行分离。在分离系统所有的精馏塔中，脱甲烷塔的分离温度最低、冷量消耗最大，也是乙烯最易损失的地方。

(3) 裂解气中乙炔的脱除

裂解气中的乙炔是在石油烃裂解过程中生成的，依裂解条件的不同，裂解气中乙炔的含量也不一样，一般为0.2%~0.5%(体积分数)，也有高达1%(体积分数)的。目前乙烯生产中广泛使用气相选择加氢法

(4) 丙炔、丙二烯的脱除裂

解气中的丙炔、丙二烯和乙炔一样，也是在石油烃裂解过程中生成的。随着裂解气的分离，最终存在于碳三馏分中。丙炔、丙二烯的存在会影响丙烯产品的质量，给下游装置的生产带来不利影响，因此也必须将丙炔、丙二烯脱除。

3. 为什么设置冷箱?

深冷分离的目的就是为了获得高纯度的乙烯、丙烯等，为此必须把氢气、甲烷和其他组分从裂解气中逐一分离。脱甲烷、氢是多元精馏，而且精馏所需温度很低，因此甲烷中不可避免地含有一定量的乙烯。为了减少乙烯在甲烷中的损失，回收冷量，同时使被脱除的甲烷、氢气再分离得以利用，在脱除甲烷、氢过程中设置了冷箱。冷箱是利用焦耳-汤姆逊效应，以甲烷为制冷介质获取低温的多台板翅式高效换热器的组合体。由于制冷温度很低，极易散冷，因此用绝缘材料将高效换热器和气液分离罐等包在一个箱子里，称之为冷箱。

4. 什么是氢气的净化?

氢气的净化主要是指脱除高纯度氢气中的CO。虽然冷箱能分离出较高纯度的氢气，但是不能彻底脱除氢气中的CO。氢气中的CO是在石油烃裂解过程中生成的，CO对大多数加氢催化剂都有毒化作用，所以必须脱除氢气中的CO，为后续加氢系统提供合格的氢气。深冷分离工艺中CO的脱除采用甲烷化法，即CO和氢气在镍催化剂作用下发生如下反应：

$$CO + 3H_2 \longrightarrow CH_4 + H_2O + Q$$

5. 热区系统的作用是什么?

精馏分离的热区系统由脱丙烷塔和脱丁烷塔系统、碳三加氢反应系统、甲烷汽提和丙烯精馏系统组成，有些装置也将火炬系统划归热区系统。热区系统的主要作用：①分离出主产品丙烯；②通过加氢脱除碳三馏分中的MAPD；③分离出副产品混合碳四、裂解汽油和碳三液化气。

6. 为什么采用双塔脱丙烷?

在脱丙烷流程中，为节省冷冻功耗，早期的脱丙烷塔系统多采用高压脱丙烷。但由于塔釜温度较高，提馏段及塔釜再沸器易发生双烯烃的聚合结垢，造成塔的堵塞。为避免温度过高而形成的聚合物结垢和堵塞问题，同时达到节省冷冻功耗的目的，采用了双塔脱丙烷工艺。

7. 为什么设置汽提塔?

MAPD加氢时会有少量甲烷和过剩氢气存在，影响丙烯产品质量；可以单独设置甲烷汽提塔，也可以在丙烯精馏塔顶部设置汽提段，以脱除甲烷/氢气。

8. 设置高压脱丙烷塔的目的是什么?

设置高压脱丙烷塔的目的是在裂解气进入深冷分离系统之前除去碳四以上重组分。

9. 高压脱丙烷塔塔底温度为什么控制在80℃以下?

为避免高压脱丙烷塔塔釜温度过高而产生聚合物的堵塞问题，需将其塔釜温度控制在80℃以下。

10. 烯热区分离工段由哪几部分组成?

包括脱丙烷塔系统、MAPD加氢系统、丙烯精馏系统和脱丁烷塔系统等。

11. 丙烯精馏塔高压法的优缺点是什么?

高压法的的塔顶蒸汽冷凝温度高于环境温度，故可用工业水进行冷凝，产生凝液回流。塔釜用低压蒸汽进行加热，消耗丙烯压缩动力少，这样设备简单，易于操作。缺点是回流比大，塔板数多，消耗水和蒸汽多。

12. 炔烃存在的危害性是什么?

少量丙炔和丙二烯的存在，影响合成催化剂寿命，破坏聚合物性能，过多积累还有爆炸的危险。最终会影响丙烯聚合反应的顺利进行。

13. 丙烷塔和丙烯精馏塔的作用是什么?

将碳三组分与碳四馏分及比碳四更重组分进行分离的塔，称为脱丙烷塔。将丙烯与丙烷进行分离的塔，称丙烯精馏塔。

14. 高压脱丙烷塔回流控制参数是多少?

温度：41.5℃；压力：1.55MPa；流量：28624kg/h。

15. MAPD表示什么?

MA：丙炔（$CH \equiv C-CH_3$）；PD：丙二烯（$CH_2 = C = CH_2$）。

16. 高、低压脱丙烷塔顶采用的冷剂是什么?

高压脱丙烷塔顶气流用循环水冷凝，低压脱丙烷塔顶气流用-6℃的丙烯冷剂冷凝。

17. MAPD加氢反应器原料控制比例是多少?

新鲜进料与氢气进料的流量比率为1000∶5.18。新鲜进料与循环物料的流量比率为1∶1.4左右。

18. 为什么要脱除裂解气中水分?

在深冷分离时水会凝结成冰，并在一定压力和温度下，水与烃类生成白色的晶体水合物。冰和水合物结在管壁上，轻则增大动力消耗，严重者使管道堵塞，影响正常生产。

19. C_3馏分的脱水顺序是什么?

C_3馏分液相加氢时，干燥脱水设置在加氢之前。

C_3馏分气相加氢时，干燥脱水设置在加氢之后，进入丙烯精馏塔之前。

20. 分程压力控制器工作原理是什么?

压力增加到设定值时，为保持设定压力，"A"阀关闭以减少进气量，当压力超过时，为保持设定压力，"B"阀打开，泄掉气体，以维持压力恒定。

21. 丙烯精馏系统如何建立循环?

① 丙烯精馏塔接气相丙烯充压，塔压力控制在0.8MPa，停止充压。

② 丙烯精馏塔接液相丙烯充液，当D-407罐液位达50%时，启动泵给T-407塔打回流，当T-407塔釜液位达50%时，启动泵给T-406塔送料，T-406塔釜有液位后，投用塔顶冷凝器、塔釜再沸器、中沸器。

③ 丙烯精馏系统全回流运行，控制压力和液位，停止接液相丙烯。

22. 脱丁烷塔压力如何控制？

脱丁烷塔顶压力由PIC4515和PIC4516共同控制。当压力过低时，PIC4515控制塔顶气流不经过塔顶冷凝器直接进入回流罐D－408，PIC4515另外还控制塔顶返回的冷凝水量；在高压情况下，PIC4516控制从回流罐上进入火炬系统的气体流量。

第七章　乙酸生产工艺

第一节　概　述

乙酸又名醋酸，英文名称为 acetic acid，是具有刺激气味的无色透明液体，无水乙酸在低温时凝固成冰状，俗称冰醋酸。在16.7℃以下时，纯乙酸呈无色结晶，沸点118℃。乙酸蒸气刺激呼吸道及黏膜(特别是对眼睛的黏膜)，浓乙酸可灼烧皮肤。乙酸是重要的有机酸之一。

乙酸是稳定的化合物，但在一定的条件下，能引起一系列的化学反应。如：在强酸(H_2SO_4或 HCl)存在下，乙酸与醇共热发生酯化反应：

$$CH_3COOH + C_2H_5OH \xrightleftharpoons{H^+} CH_3COOC_2H_5 + H_2O$$

乙酸是许多有机物的良好溶剂，能与水、醇、酯和氯仿等溶剂以任意比例相混合。乙酸除用作溶剂外，还有广泛的用途，在化学工业中占有重要的位置，其用途遍及醋酸乙烯、醋酸纤维素、醋酸酯类等多种领域。乙酸是重要的化工原料，可制备多种乙酸衍生物如乙酸酐、氯乙酸、乙酸纤维素等，适用于生产对苯二甲酸、纺织印染、发酵制氨基酸，也作为杀菌剂。在食品工业中，乙酸作为防腐剂；在有机化工中，乙酸裂解可制得乙酸酐，而乙酸酐是制取乙酸纤维的原料。另外，由乙酸制得聚酯类，可作为油漆的溶剂和增塑剂；某些酯类可作为进一步合成的原料。在制药工业中，乙酸是制取阿司匹林的原料。利用乙酸的酸性，可作为天然橡胶制造工业中的胶乳凝胶剂，照相的显像停止剂等。

乙酸的生产具有悠久的历史，早期乙酸是由植物原料加工而获得或者通过乙醇发酵的方法制得，也有通过木材干馏而获得的。目前，国内外已经开发出了乙酸的多种合成工艺，成熟的醋酸生产工艺有乙炔乙醛法、乙醇乙醛法、乙烯乙醛法、丁烷氧化法和甲醇低压羰基合成法。乙炔乙醛法由于存在严重的汞污染已被淘汰；乙醇乙醛法因生产工艺落后、成本高，国外也已淘汰，国内尚有少量生产；乙烯乙醛法因需消耗乙烯资源，产品成本较高，国外已淘汰，但在我国目前还是主要生产工艺；丁烷氧化法仅适用于轻油比较丰富的地区，不具推广性。目前应用较广泛的为甲醇低压羰基合成法，依据催化剂体系不同，各公司开发出各具特色的甲醇低压羰基合成工艺技术。

第二节　乙酸典型生产工艺

1960年德国BASF公司成功开发了高压下经羰基化制乙酸(醋酸)的工业化方法，操作条件是反应温度210～250℃，反应压力65.0MPa，以羰基钴与碘组成催化体系。20世纪70年代，美国孟山都(Monstanto)公司开发铑络合物催化剂(以碘化物作助催化剂)，使甲醇羰基化制醋酸在低压下进行，并实现了工业化。1970年建成生产能力135×10^3t醋酸的甲醇低压羰基化装置。甲醇低压羰基化操作条件是反应温度175℃，反应压力3.0MPa。由于低压羰基化制醋酸技术经济、先进，20 世纪 70 年代中期新建的大厂多数采用孟山都公司的甲醇低压羰基化技术。

1. 甲醇高压羰基化法

甲醇与一氧化碳在碘化钴均相催化剂存在下，压力 63.7MPa、温度 250℃时进行反应，制得醋酸，即：

$$CH_3OH + CO \longrightarrow CH_3COOH$$

其工艺流程如图 7－1 所示。液态甲醇原料经尾气洗涤塔 5 后，同二甲醚与一氧化碳一起连续加入反应器 1，由反应器顶部引出的粗醋酸及未反应的气体，经冷却器 2 冷却后进入低压分离器 4。从低压分离器底部出来的粗醋酸送至脱气塔 6，顶部出来的尾气送尾气洗涤塔 5 用进料甲醇洗涤以回收转化气中的甲基碘，经过洗涤的尾气用作燃料。

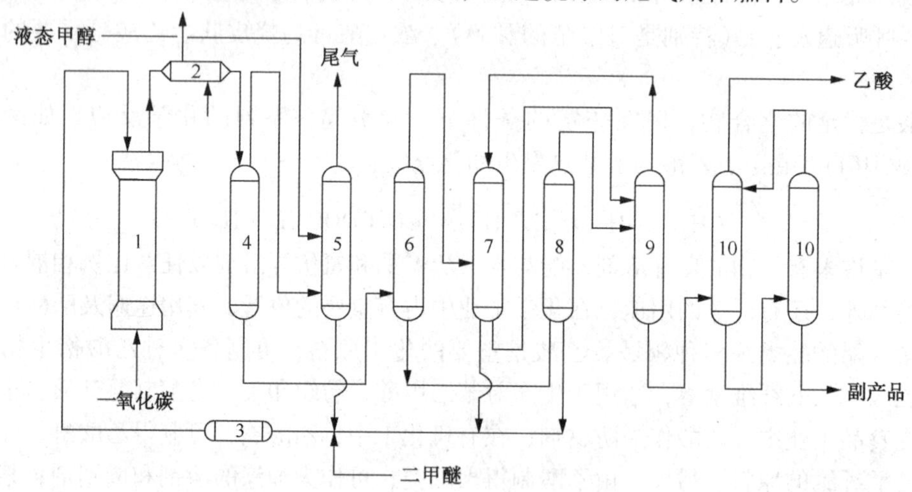

图 7－1　甲醇高压羰基化法生产醋酸的工艺流程示意图

1—反应器；2—冷却器；3—预热器；4—低压分离器；5—尾气洗涤塔；6—脱气塔；
7—分离塔；8—催化剂分离器；9—共沸物蒸馏塔；10—精馏塔

在脱气塔 6 中，除去低沸点组分，然后在催化剂分离器 8 中脱除碘化钴。碘化钴是在醋酸水溶液中作为塔底残余物除去。脱除催化剂的粗醋酸在共沸物蒸馏塔 9 中脱水并精制，所用夹带剂是一种随水蒸气蒸发的副产混合物，它是在反应过程中生成的，并在分离塔 7 中分离出来。共沸物蒸馏塔塔底得到不含水和甲酸的醋酸，再在两个精馏塔 10 中加工成纯度 99.8% 以上的纯醋酸。

甲醇高压羰基化制醋酸，其收率以甲醇计为 90%。但此法存在的主要问题是反应压力高，副产物多，产品精制复杂。

2. 甲醇低压羰基化法

美国孟山都公司在 20 世纪 70 年代初开发成功的甲醇低压羰基化生产醋酸的方法，采用铑的羰基络合物与碘化物组成的催化体系。目前，对铑系、铱系、钴系和镍系等各种甲醇羰基化法制醋酸的催化体系还在不断进行研究。

甲醇低压羰基化法使甲醇和一氧化碳在水－醋酸介质中，于压力 2.9～3.9MPa、温度 180℃左右的条件下反应生成醋酸，即：

$$CH_3OH + CO \longrightarrow CH_3COOH$$

由于催化剂的活性和选择性都很高，副产物很少，主要副反应为：

$$CO + H_2O \longrightarrow CO_2 + H_2$$

副产物还有少量的醋酸甲酯、二甲醚等。

甲醇低压羰基化法生产醋酸的工艺流程如图 7－2 所示。

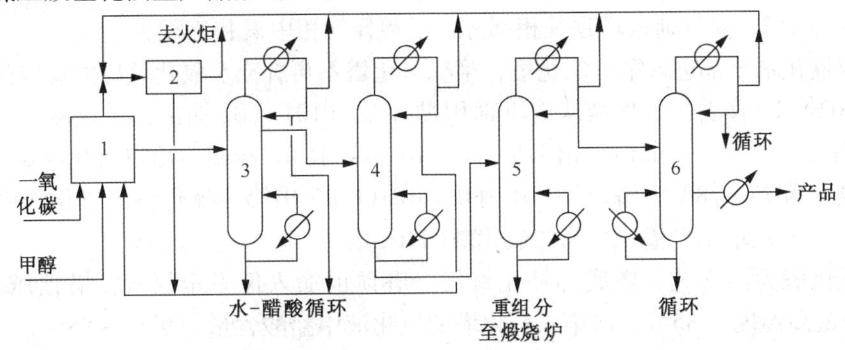

图 7－2　甲醇低压羰基化法生产醋酸的工艺流程示意图

1—反应器；2—洗涤器；3—脱轻组分塔；4—脱水塔；5—脱重组分塔；6—精制塔

原料甲醇与一氧化碳和经过净化的反应尾气，进入反应器 1 进行羰基化反应，从反应系统上部出来的气体经洗涤器 2 洗涤，回收其中的粗组分(包括有机碘化物)，并循环回反应器中。从反应器中部出来的粗醋酸首先进入脱轻组分塔 3，塔顶轻组分和塔底产物均循环回反应器。湿醋酸从脱轻组分塔侧线出料，然后在脱水塔 4 中采用普通蒸馏方法加以脱水干燥，脱水塔塔顶物即醋酸和水的混合物循环回反应器。由脱水塔塔底流出的无水醋酸送入脱重组分塔 5，从塔底除去重组分丙酸，塔顶物在精制塔 6 中进一步提纯，采用气相侧线出料，从而得到高纯度的醋酸。精制塔的塔顶物和塔底物均循环使用。

第三节　乙醛氧化法制备乙酸装置仿真

一、装置流程简述

本反应装置系统采用双塔串联氧化流程，主要装置有第一氧化塔 T101、第二氧化塔 T102、尾气洗涤塔 T103、氧化液中间储罐 V102、碱液储罐 V105。其中 T101 是外冷式反应塔，反应液由循环泵从塔底抽出，进入换热器中以水带走反应热，降温后的反应液再由反应器的中上部返回塔内；T102 是内冷式反应塔，它是在反应塔内安装多层冷却盘管，管内以循环水冷却。

乙醛和氧气首先在全返混型的反应器——第一氧化塔 T101 中反应(催化剂溶液直接进入 T101 内)，然后到第二氧化塔 T102 中，通过向 T102 中加氧气，进一步进行氧化反应(不再加催化剂)。第一氧化塔 T101 的反应热由外冷却器 E102A/B 移走，第二氧化塔 T102 的反应热由内冷却器移除，反应系统生成的粗醋酸送往蒸馏回收系统，制取醋酸成品。

蒸馏采用先脱高沸物，后脱低沸物的流程。

粗醋酸经氧化液蒸发器 E201 脱除催化剂，在脱高沸塔 T201 中脱除高沸物，然后在脱低沸塔 T202 中脱除低沸物，再经过成品蒸发器 E206 脱除铁等金属离子，得到产品醋酸。

从低沸塔 T202 顶出来的低沸物去脱水塔 T203 回收醋酸，含量 99% 的醋酸又返回精馏系统，塔 T203 中部抽出副产物混酸，T203 塔顶出料去甲酯塔 T204。甲酯塔塔顶产出甲酯，塔釜排出废水去中和池处理。

二、氧化系统流程简述

乙醛和氧气按配比流量进入第一氧化塔(T101)，氧气分两个入口入塔，上口和下口通氧量比例约为1:2，氮气通入塔顶气相部分，以稀释气相中氧和乙醛。

乙醛与催化剂全部进入第一氧化塔，第二氧化塔不再补充。氧化反应的反应热由氧化液冷却器(E102A/B)移去，氧化液从塔下部用循环泵(P101A/B)抽出，经过冷却器(E102A/B)循环回塔中，循环比(循环量:出料量)约(110～140):1。冷却器出口氧化液温度为60℃，塔中最高温度为75～78℃，塔顶气相压力0.2MPa(G)，出第一氧化塔的氧化液中醋酸浓度在92%～95%，从塔上部溢流去第二氧化塔(T102)。

第二氧化塔为内冷式，塔底部补充氧气，塔顶也加入保安全氮气，塔顶压力0.1MPa(G)，塔中最高温度约85℃，出第二氧化塔的氧化液中醋酸含量为97%～98%。

第一氧化塔和第二氧化塔的液位显示设在塔上部，显示塔上部的部分液位(全塔高90%以上的液位)。

出氧化塔的氧化液一般直接去蒸馏系统，也可以放到氧化液中间储罐(V102)暂存。中间储罐的作用：正常操作情况下做氧化液缓冲罐，停车或事故时存氧化液，醋酸成品不合格需要重新蒸馏时，由成品泵(P402)送来中间储存，然后用泵(P102)送蒸馏系统回炼。

两台氧化塔的尾气分别经循环水冷却的冷却器(E101)冷却，凝液主要是醋酸，带少量乙醛回到塔顶，尾气最后经过尾气洗涤塔(T103)吸收残余乙醛和醋酸后放空，洗涤塔下部为新鲜工艺水，上部为碱液，分别用泵(P103、P104)循环。洗涤液温度常温，洗涤液含醋酸达到一定浓度后(70%～80%)，送往精馏系统回收醋酸，碱洗段定期排放至中和池。

三、工艺技术指标

① 控制指标见表7-1。

表7-1 控制指标

序号	名称	仪表信号	单位	控制指标	备注
1	T101压力	PIC109A/B	MPa	0.19±0.01	
2	T102压力	PIC112A/B	MPa	0.1±0.02	
3	T101底温度	TI103A	℃	77±1	
4	T101中温度	TI103B	℃	73±2	
5	T101上部液相温度	TI103C	℃	68±3	
6	T101气相温度	TI103E	℃	与上部液相温差大于13℃	
7	E102出口温度	TIC104A/B	℃	60±2	
8	T102底温度	TI106A	℃	83±2	
9	T102温度	TI106B	℃	85～70	
10	T102温度	TI106C	℃	85～70	
11	T102温度	TI106D	℃	85～70	
12	T102温度	TI106E	℃	85～70	
13	T102温度	TI106F	℃	85～70	
14	T102温度	TI106G	℃	85～70	

续表

序号	名称	仪表信号	单位	控制指标	备注
15	T102 气相温度	TI106H	℃	与上部液相温差大于 15℃	
16	T101 液位	LIC101	%	35 ±15	
17	T102 液位	LIC102	%	35 ±15	
18	T101 加氮量	FIC101	M^3/h	150 ±50	
19	T102 加氮量	FIC105	M^3/h	75 ±25	

② 分析项目见表 7 – 2。

表 7 – 2　分析项目

序号	名称	位号	单位	控制指标	备注
1	T101 出料含醋酸	AIAS102	%	92 ~ 95	
2	T101 出料含醛	AIAS103	%	<4	
3	T102 出料含醋酸	AIAS104	%	>97	
4	T102 出料含醛	AIAS107	%	<0.3	
5	T101 尾气含氧	AIAS101A、B、C	%	<5	
6	T102 尾气含氧	AIAS105	%	<5	
7	T103 中含醋酸	AIAS106	%	<80	

四、工艺仿真画面

工艺仿真图见图 7 – 3 ~ 图 7 – 10 所示。

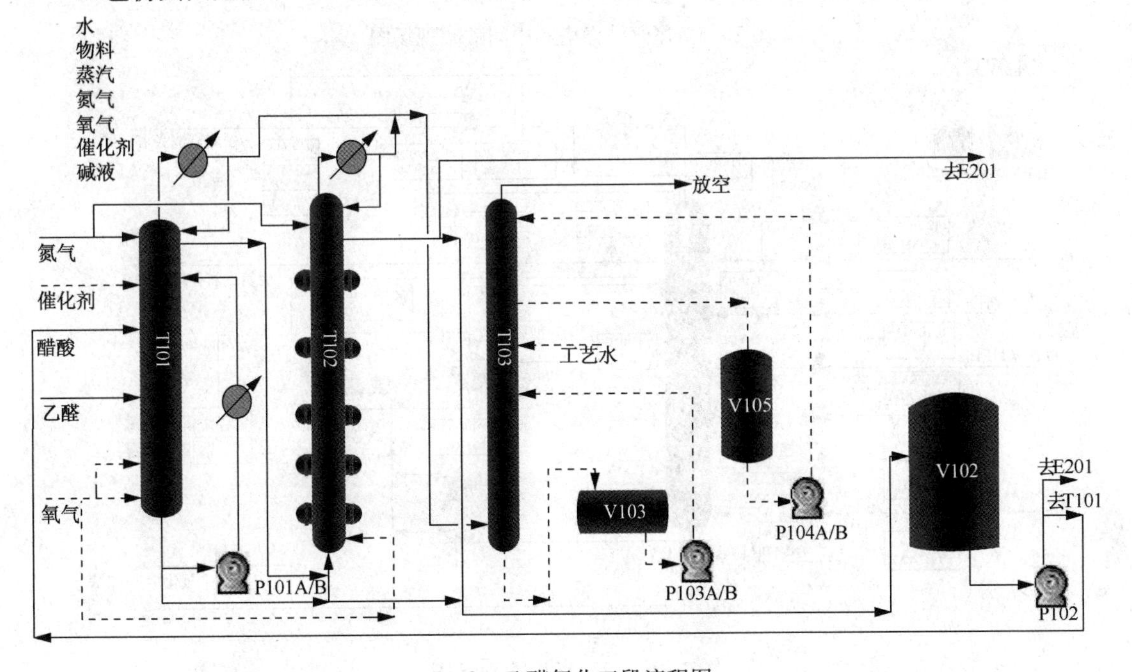

7 – 3　乙醛氧化工段流程图

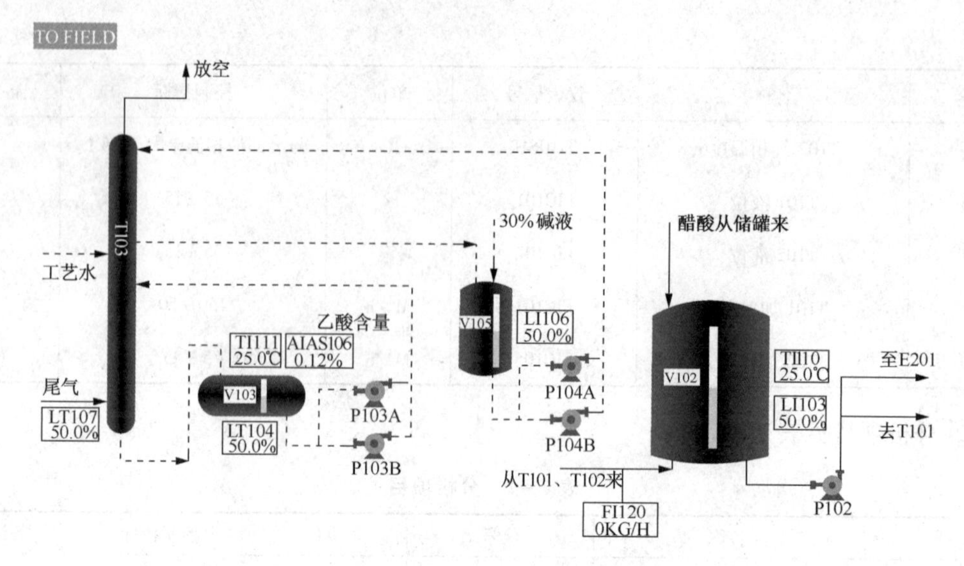

图 7－4　尾气洗涤塔和中间储罐 DCS 图

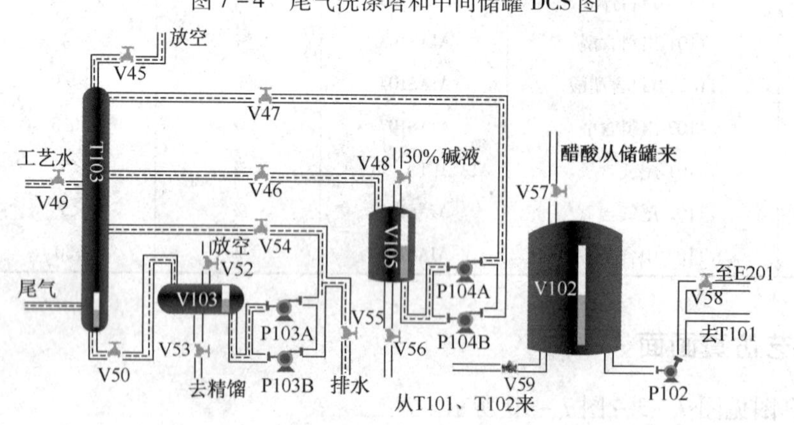

图 7－5　尾气洗涤塔和中间贮罐现场图

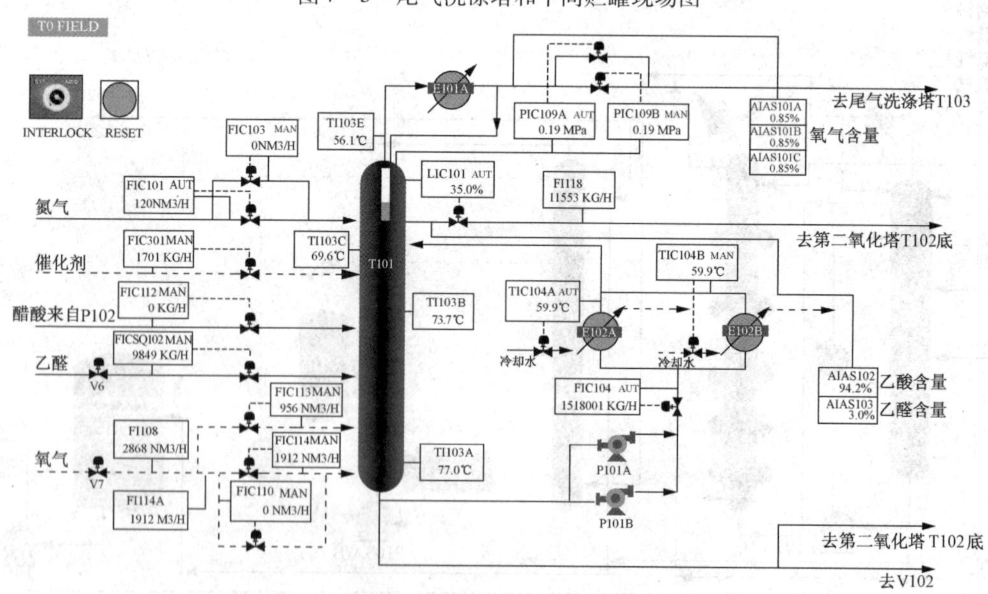

图 7－6　第一氧化塔 DCS 图

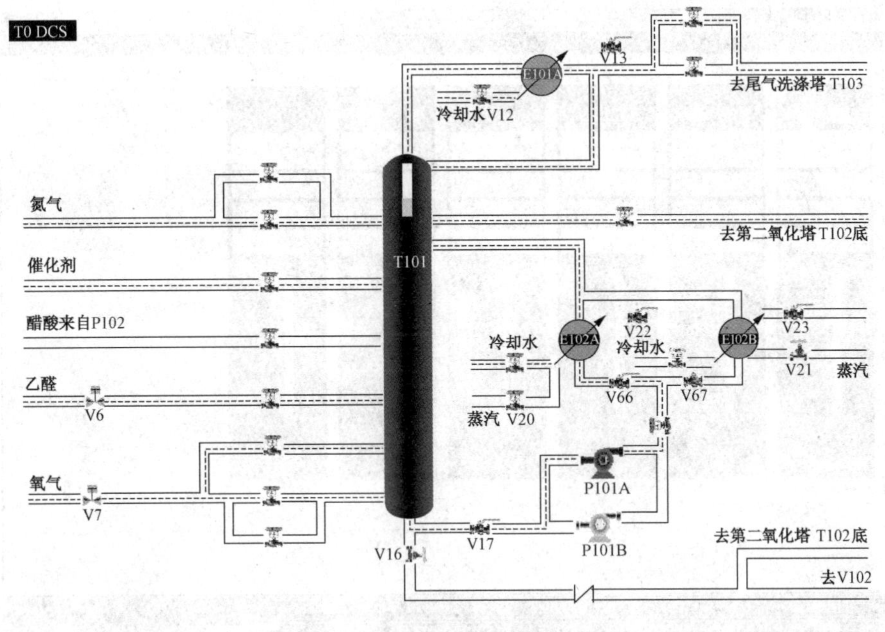

图 7 -7 第一氧化塔现场图

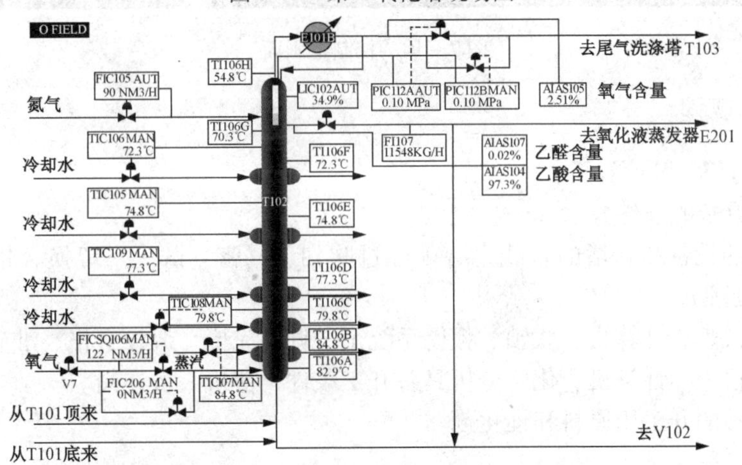

图 7 -8 第二氧化塔 DCS 图

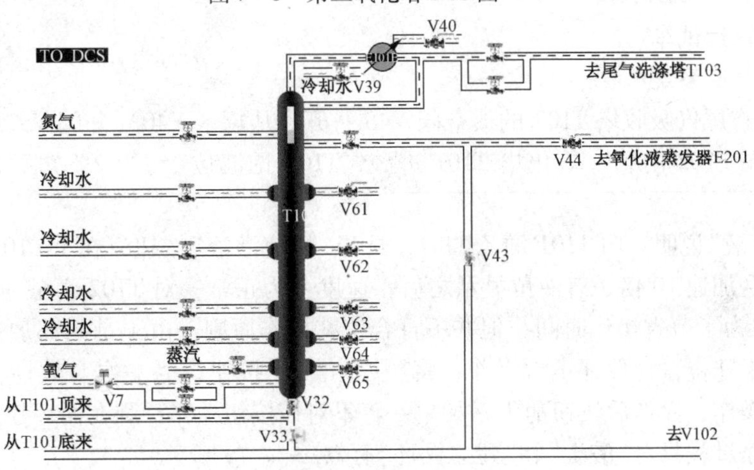

图 7 -9 第二氧化塔现场图

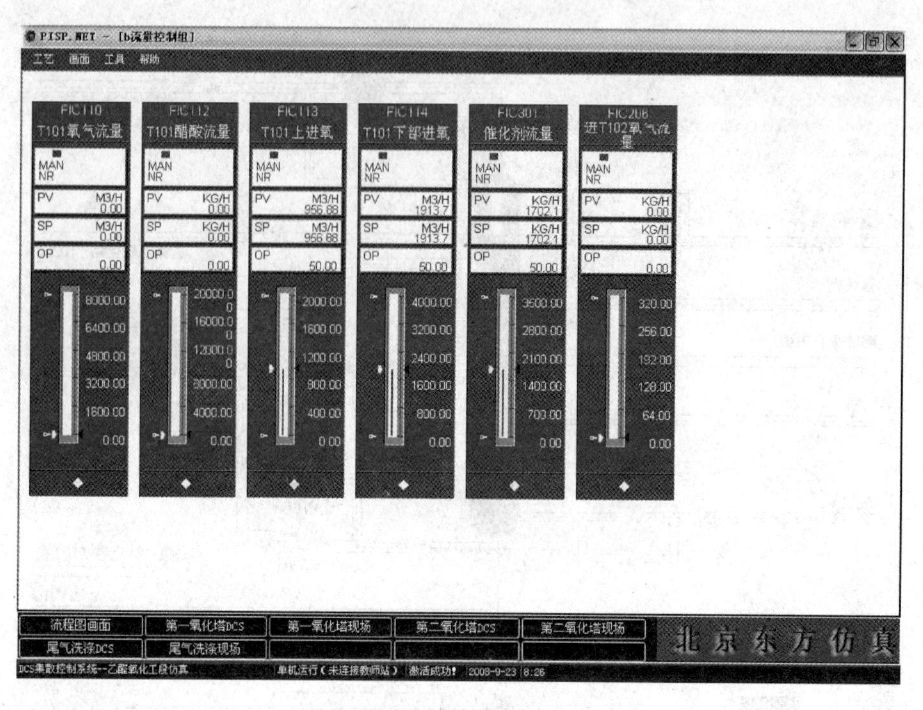

图 7－10　控制组画面

五、操作规程

（一）冷态开车/装置开工

1. 开工应具备的条件

① 检修过的设备和新增的管线，必须经过吹扫、气密、试压、置换合格（若是氧气系统，还要脱脂处理）。

② 电气、仪表、计算机、联锁、报警系统全部调试完毕，调校合格、准确好用。

③ 机电、仪表、计算机、化验分析具备开工条件，值班人员在岗。

④ 备有足够的开工用原料和催化剂。

2. 引公用工程

3. N_2 吹扫、置换气密

4. 系统水运试车

5. 酸洗反应系统

① 首先将尾气吸收塔 T103 的放空阀 V45 打开；从罐区 V402（开阀 V57）将酸送入 V102 中，而后由泵 P102 向第一氧化塔 T101 进酸，T101 见液位（约为 2%）后停泵 P102，停止进酸。

"快速灌液"说明：向 T101 灌乙酸时，选择"快速灌液"按钮，在 LIC101 有液位显示之前，灌液速度加速 10 倍，有液位显示之后，速度变为正常；对 T102 灌酸时类似。使用"快速灌液"只是为了节省操作时间，但并不符合工艺操作原则，由于是局部加速，有可能会造成液体总量不守衡，为保证正常操作，将"快速灌液"按钮设为一次有效性，即只能对该按钮进行一次操作，操作后按钮消失；如果一直不对该按钮操作，则在循环建立后，该按钮也消失。该加速过程只对"酸洗"和"建立循环"有效。

② 开氧化液循环泵 P101，循环清洗 T101；

③ 用 N_2将 T101 中的酸经塔底压送至第二氧化塔 T102，T102 见液位后关来料阀停止进酸；

④ 将 T101 和 T102 中的酸全部退料到 V102 中，供精馏开车；

⑤ 重新由 V102 向 T101 进酸，T101 液位达 30% 后向 T102 进料，精馏系统正常出料，建立全系统酸运大循环。

6. 全系统大循环和精馏系统闭路循环

① 氧化系统酸洗合格后，要进行全系统大循环：

V402 ⟶ T101 ⟶ T102 ⟶ E201 ⟶ T201

↑

T202 ⟶ T203 ⟶ V209

↓

E206 ⟶ V204 ⟶ V402

② 在氧化塔配制氧化液和开车时，精馏系统需闭路循环。脱水塔 T203 全回流操作，成品醋酸泵 P204 向成品醋酸储罐 V402 出料，P402 将 V402 中的酸送到氧化液中间罐 V102，由氧化液输送泵 P102 送往氧化液蒸发器 E201 构成下列循环(属另一工段)：

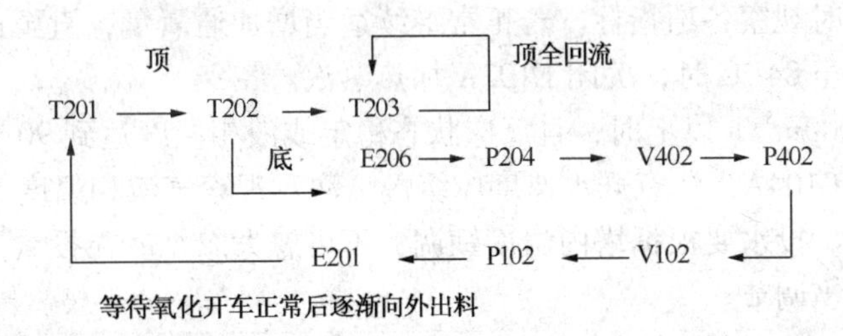

7. 第一氧化塔配制氧化液

向 T101 中加醋酸，见液位后(LIC101 约为 30%)，停止向 T101 进酸。向其中加入少量醛和催化剂，同时打开泵 P101A/B 打循环，开 E102A 通蒸汽为氧化液循环液加热，循环流量保持在 700000kg/h(通氧前)，氧化液温度保持在 70～76℃，直到使浓度符合要求(醛含量约为 7.5%)。

8. 第一氧化塔投氧开车

① 开车前联锁投入自动。

② 投氧前氧化液温度保持在 70～76 ℃，氧化液循环量 FIC104 控制在 700000kg/h。

③ 控制 FIC101N_2流量为 120m^3/h。

④ 按如下方式通氧：

a. 用 FIC110 小投氧阀进行初始投氧，氧量小于 100m^3/h 开始投。

首先特别注意两个参数的变化：LIC101 液位上涨情况，尾气含氧量 AIAS101 三块表是否上升；其次随时注意塔底液相温度、尾气温度和塔顶压力等工艺参数的变化。如果液位上涨停止然后下降，同时尾气含氧稳定，说明初始引发较理想，逐渐提高投氧量。

b. 当 FIC－110 小调节阀投氧量达到 320m^3/h 时，启动 FIC－114 调节阀，在 FIC－114 增大投氧量的同时减小 FIC－110 小调节阀投氧量直到关闭。

c. FIC－114 投氧量达到 1000m^3/h 后，可开启 FIC－113 上部通氧，FIC－113 与 FIC－114

的投氧比为1∶2。

原则要求：投氧在0～400m^3/h之内，投氧要慢。如果吸收状态好，要多次小量增加氧量。400～1000m^3/h之内，如果反应状态好要加大投氧幅度，特别注意尾气的变化及时加大N_2量。

d. T101塔液位过高时要及时向T102塔出一下料。当投氧到400m^3/h时，将循环量逐渐加大到850000kg/h；当投氧到1000m^3/h时，将循环量加大到1000m^3/h。循环量要根据投氧量和反应状态的好坏逐渐加大。同时根据投氧量和酸的浓度适当调节醛和催化剂的投料量。

⑤ 调节方式：将T101塔顶保安全N_2开到120m^3/h，氧化液循环量FIC104调节为500000～700000kg/h，塔顶PIC109A/B控制为正常值0.2MPa。将氧化液冷却器(E102A/B)中的一台E102A改为投用状态，调节阀TIC104B备用。关闭E102A的冷却水，通入蒸汽给氧化液加热，使氧化液温度稳定在70～76 ℃。调节T101塔液位为25%±5%，关闭出料调节阀LIC101，按投氧方式以最小量投氧，同时观察液位、气液相温度及塔顶、尾气中含氧量变化情况。当液位升高至60%以上时需向T102塔出料降低一下液位。当尾气含氧量上升时要加大FIC101氮气量，若继续上升氧含量达到5%(体积分数)打开FIC103旁路氮气，并停止提氧。若液位下降一定量后处于稳定，尾气含氧量下降为正常值后，氮气调回120m^3/h，含氧仍小于5%并有回降趋势，液相温度上升快，气相温度上升慢，有稳定趋势，此时小量增加通氧量，同时观察各项指标。若正常继续适当增加通氧量，直至正常。

待液相温度上升至84 ℃时，关闭E102A加热蒸汽。

当投氧量达到1000m^3/h以上时，且反应状态稳定或液相温度达到90 ℃时，关闭蒸汽，开始投冷却水。开TIC104A，注意开水速度应缓慢，注意观察气液相温度的变化趋势，当温度稳定后再提投氧量。投水要根据塔内温度勤调，不可忽大忽小。在投氧量增加的同时，要对氧化液循环量做适当调节。

投氧正常后，取T101氧化液进行分析，调整各项参数，稳定一段时间后，根据投氧量按比例投醛、投催化剂。液位控制为35% ±5%向T102出料。

在投氧后来不及反应或吸收不好，液位升高不下降或尾气含氧增高到5%时，关小氧气，增大氮气量后，液位继续上升至80%或含氧继续上升至8%，联锁停车，继续加大氮气量，关闭氧气调节阀。取样分析氧化液成分，确认无问题时，再次投氧开车。

9. 第二氧化塔投氧

① 待T102塔见液位后，向塔底冷却器内通蒸汽保持氧化液温度在80 ℃，控制液位35%±5%，并向蒸馏系统出料。取T102塔氧化液分析。

② T102塔顶压力PIC112控制在0.1MPa，塔顶氮气FIC－105保持在90m^3/h。由T102塔底部进氧口，以最小的通氧量投氧，注意尾气含氧量。在各项指标不超标的情况下，通氧量逐渐加大到正常值。当氧化液温度升高时，表示反应在进行。停蒸汽开冷却水TIC－105、TIC－106、TIC－108、TIC－109，使操作逐步稳定。

10. 吸收塔投用

① 打开V49，向塔中加工艺水湿塔。

② 开阀V50，向V105中备工艺水。

③ 开阀V48，向V103中备料(碱液)。

④ 在氧化塔投氧前开P103A/B向T103中投用工艺水。

⑤ 投氧后开P104A/B向T103中投用吸收碱液。

⑥ 如工艺水中醋酸含量达到80%时，开阀 V51 向精馏系统排放工艺水。

11. 氧化塔出料

当氧化液符合要求时，开 LIC102 和阀 V44 向氧化液蒸发器 E201 出料。用 LIC102 控制出料量。

（二）正常停车

氧化系统停车：

① 将 FIC102 切至手动，关闭 FIC－102，停醛。

② 将 FIC114 逐步将进氧量下调至 1000m^3/h。注意观察反应状况，当第一氧化塔 T101 中醛的含量降至 0.1 以下时，立即关闭 FIC114、FICSQ106，关闭 T101、T102 进氧阀。

③ 开启 T101、T102 塔底排出口，逐步退料到 V－102 罐中，送精馏处理。停 P101 泵，将氧化系统退空。

（三）事故处理

1. T101 液面波动

事故现象：T101 液面波动。

处理方法：①开启 T101 的打循环泵 P101B。②关闭泵 P101A，调节液位至正常值。

2. T101 内温度波动

事故现象：T101 内温度波动。

处理方法：①开启 T101 的换热器 E102B 的调节阀 TIC104B。

②关闭换热器 E102A 的调节阀 TIC104A，调节温度至正常值。

3. T101 进醛流量不稳

事故现象：T101 进醛流量不稳。

处理方法：

① 将 INTERLOCK 打向 BP。

② 将 T101 的进醛控制阀 FICSQ102 切至手动，关闭，停止进醛。

③ 关闭 T101 的进催化剂控制阀 FIC301。

④ 当 T101 中醛的含量 AIAS103 降至 0.1% 以下时，关闭其主进氧阀 FIC114。

⑤ 关闭 T101 的副进氧阀 FIC113。

⑥ 关小 T102 的进氧阀 FICSQ106。

⑦ 关闭 T102 的蒸汽控制阀 TIC107 和 V65。

⑧ 醛被氧化完后，开启 T101 塔底阀门 V16。

⑨ 开启 T102 塔底阀门 V33，逐步退料到 V102 中。

⑩ 开启 V102 的回料阀 V59。

⑪ 关闭 T101 的泵 P101A，停循环。

⑫ 将 T101 的换热器 E102A 的冷却水控制阀 TIC104A 设为手动。

⑬ 关闭换热器 E102A 的冷却水控制阀 TIC104A。

⑭ 退料结束后，关闭 T102 的冷却水控制阀 TIC106 和 V61、TIC105 和 V62TIC109 和 V63、TIC108 和 V64。

⑮ 将 T101 的进氮气阀 FIC101 设为手动，关闭 T101 的进氮气阀 FIC101。

⑯ 将 T102 的进氮气阀 FIC105 设为手动，关闭 T102 的进氮气阀 FIC105。

4. T101 含醛高/氧吸收慢

事故现象：T101 含醛高/氧吸收慢。

处理方法：开大第一氧化塔 T101 的进催化剂控制阀 FIC301，使其开度大于 70%，增加催化剂的用量。

5. T101 顶压力升高

事故现象：T101 顶压力升高。

处理方法：① 打开 T101 的塔顶压力控制阀 PIC109B。② 关闭 PIC109A，用 PIC109B 调节压力。

6. T101T102 尾气中含氧高

事故现象：T101T102 尾气中含氧高。

处理方法：开大 T101 的进催化剂控制阀 FIC301，增加催化剂的用量。

7. T102 顶压力升高

事故现象：T102 顶压力升高。

处理方法：①打开 T102 的塔顶压力控制阀 PIC112B。②关闭 PIC112A，用 PIC112B 调节压力。

（四）岗位操作法

1. 第一氧化塔

塔顶压力 0.18～0.2MPa(G)，由 PIC109A/B 控制。

循环比(循环量与出料量之比)为 110～140 之间，由循环泵进出口跨线截止阀控制，由 FIC104 控制，液位 35%±15%，由 LIC101 控制。

进醛量满负荷为 9.86t/h，由 FICSQ102 控制，根据经验最低投料负荷为 66%，一般不许低于 60% 负荷，投氧不许低于 1500m^3/h。

满负荷进氧量设计为 2871m^3/h 由 FI108 来计量。进氧、进醛配比为氧:醛 =0.35～0.4，根据分析氧化液中含醛量，对氧配比进行调节。

上下进氧口进氧的配比约为 1:2。

塔顶气相温度控制与上部液相温差大于 13℃，主要由充氮量控制。

塔顶气相中的含氧量 <5%，主要由充氮量控制。

塔顶充氮量根据经验一般不小于 80m^3/h，由 FIC101 调节阀控制。

循环液(氧化液)出口温度 TI103F 为 60℃±2℃，由 TIC104 控制 E102 的冷却水量来控制。

塔底液相温度 TI103A 为 77℃±1℃，由氧化液循环量和循环液温度来控制。

2. 第二氧化塔(T102)

塔顶压力为 0.1MPa±0.02MPa，由 PIC112A/B 控制。

液位 35%±15%，由 LIC102 控制。

进氧量：0～160m^3/h，由 FICSQ106 控制，根据氧化液含醛量来调节。

氧化液含醛为 <3% 以下。

塔顶尾气含氧量 <5%，主要由充氮量来控制。

塔顶气相温度 TI106H 控制与上部液相温差大于 15℃，主要由氮气量来控制。

塔中液相温度主要由各节换热器的冷却水量来控制。

塔顶 N_2 流量根据经验一般不小于 60m^3/h 为好，由 FIC105 控制。

3. 洗涤液罐

V103 液位控制 0～80%，含酸大于 70%～80% 就送往蒸馏系统处理。送完后加盐水至液位 35%。

（五）联锁说明

开启 INTERLOCK，当 T101、T102 的氧含量高于 8% 或液位高于 80%，V6、V7 关闭，联锁停车。

取消联锁的方法：若联锁条件没消除（T101、T102 的氧含量高于 8% 或液位高于 80%），点击“INTERLOCK”按钮，使之处于弹起状态，然后点击“RESET”按钮即可；

若联锁条件已消除（T101、T102 的氧含量低于 8% 且液位低于 80%），直接点“RESET”按钮即可。

习题与答案

1. 乙醛氧化制醋酸为什么选择 Mn(CH_3COO)$_2$？

乙酸锰做催化剂可以保证乙醛氧化生成过氧乙酸的反应和过氧乙酸分解成乙酸的反应，以相同的速度进行，且制造乙酸锰的原料易得，所以选择乙酸锰做催化剂。

2. 氧化液组成对氧化反应有何影响？

氧化液主要组成醋酸和乙醛的含量随塔的高度而变化。随氧化反应的进行，醋酸的浓度沿塔高不断递增，乙醛浓度沿塔高不断递减。通常在氧化塔第三节以上，氧化液的组成基本稳定，变化很小。因此可以说氧化反应主要在氧化塔下部三节内进行。氧化塔上部粗醋酸出口处，其醋酸含量控制在 90%～96%，乙醛 0.4%～1.0%，水分一般在 1.5%～2.5%。粗醋酸中醋酸含量过高，容易产生过度氧化，使甲酸和二氧化碳等副产物增加，影响了产品质量和消耗定额。

3. 为什么要控制原料纯度？

乙醛中水的含量对氧的吸收率影响很大，氧的吸收率随氧化液中水的含量增加而显著下降，因此控制乙醛的含水量小于 0.3%，同时对催化剂中氧气的水含量也控制在最低限度。

4. 为什么要控制氧化液中乙醛的含量？

乙醛对氧气有良好的吸收性，氧化液中乙醛量增加，对氧吸收的影响甚微，但却能增加气相中的乙醛含量，一般控制氧化液中乙醛含量以出口粗醋酸中所含的乙醛不超 0.4%～1.0% 为宜，这样既保证了吸收氧所需的乙醛，又减少了气相中乙醛的含量，降低乙醛的消耗。

5. 反应温度对氧化反应有何影响？

提高反应温度一般可以增加反应速度，同时过氧乙酸也能及时分解，使产量增加；但却使其他副产物的生成反应加剧，使粗醋酸中甲酸、高分子物、焦油状物质增多，并生成大量的二氧化碳废气。同时由于温度升高，使易挥发的乙醛大量逸入到氧化塔上部的气相空间，增加了乙醛自燃与爆炸的危险性。温度过低，降低了反应速度，减少产量。如果反应温度低于 40℃，过氧乙酸则不能及时分解，会引起积聚而发生爆炸。故用氧气氧化时，氧化段温度可以控制在 75～85℃ 左右。

6. 增加反应压力对氧化反应有一定的好处，为什么要控制较低的压力？

在氧化反应中，压力直接影响反应速度，提高压力反应有利于向生成醋酸的方向进行，对氧气的吸收也有利，并提高了乙醛的沸点，降低了气相中乙醛的分压，减少了乙醛的挥发，但提高压力也相应增加设备制造费用。一般用氧气做氧化剂，塔顶压力保持在0.06~0.10MPa。

7. 原料配比是如何确定的？

为使氧气在氧化塔中与乙醛充分发生反应，必须严格控制氧化液中乙醛的含量，含量过多过少都会对生产带来不利的影响。在实际生产中要严格控制乙醛和氧气的配比，及时调节乙醛的加入量。根据理论计算，以理论消耗为基础，一般每立方米氧气加入乙醛量为3.0~3.5kg。

8. 在生产中应注意哪些问题以便克服各种影响氧化反应的因素？

① 严格控制乙醛与氧气的配比；

② 根据氧化液成分和乙醛的加入量，及时准确地调节乙酸锰的加入量；

③ 根据反应温度调节各反应段的冷却水量；

④ 自动调节废气的流量以稳定塔顶压力；

⑤ 调节氧化液的出料量，使液面稳定在一定的范围内。

9. 为什么要控制氮气的含量？

醋酸装置氮气有四种用途：维持反应器的操作压力，提供氧化塔保安气、设备清洗置换吹扫、放空管氮封。在维持反应器的操作压力中，由于氮气中含有的氧气可以与乙醛发生反应，为确保反应量控制在最低水平，保证安全生产，要严格控制氮气含氧量小于1%，并定期取样分析。

10. 氧化塔安全结构有哪些？

防爆膜放空，电磁阀紧急放空，保安氮气，稳定的氧化塔液面和氧化液出料，稳定连续的尾气排放。

11. 氧化液中间槽有什么作用？

暂存氧化液，平衡氧化塔出料，稳定氧化塔出料连续稳定。

12. 氧化塔与中间槽为什么要接平衡管？

平衡中间槽与氧化塔的压力，以确保氧化塔出料连续稳定。

13. 氧化塔塔底压力为什么不进行测量？

氧化塔塔底压力为液相压力，其值完全可以由顶部压力、静液柱压力计算获得，如果测量其值，会增加密封点数，若发生泄漏，则带来不必要的检修作业量。

14. 氧化塔塔底为什么要通入一定量的氮气？通入量是如何确定的？

将塔顶未反应的乙醛和氧气混合物稀释，避免达到爆炸极限，危及安全生产；以塔顶废气含氧量小于3%确定氮气通入量。

15. 影响氧化塔塔顶压力波动的主要原因是什么？

原料配比、原料纯度、催化剂活性、反应温度。

16. 氧化塔操作温度为何自下而上是逐渐降低的？

氧气通入分五个梯阶，且通入量由下至上逐渐减少，各反应段放出的热量也逐渐减少，在同样的冷却水量下，各反应段温度必将由下至上逐渐降低，同时氧化塔操作温度由下至上，逐渐降低可以形成一个稳定的氧化液流动温度梯阶，利于氧化反应热量的及时移出。

第八章 聚丙烯装置仿真

第一节 概 述

聚丙烯(Polypropylene，缩写为PP)是以丙烯为单体聚合而成的聚合物，是通用塑料中的一个重要品种，结构式为：$\left[CH_2 - \underset{\displaystyle CH_3}{\underset{|}{CH}} \right]_n$ 。

有等规物、无规物和间规物三种构型，工业产品以等规物为主要成分。聚丙烯也包括丙烯与少量乙烯的共聚物在内。通常为半透明无色固体，无臭无毒。由于结构规整而高度结晶化，故熔点高达167℃，耐热，制品可用蒸汽消毒是其突出优点。密度为$0.90g/cm^3$是最轻的通用塑料。耐腐蚀，抗张强度30MPa，强度、刚性和透明性都比聚乙烯好。缺点是耐低温冲击性差，较易老化，但可分别通过改性和添加抗氧剂予以克服。聚丙烯用途：

1. 工程用聚丙烯纤维

分为聚丙烯单丝纤维和聚丙烯网状纤维，聚丙烯网状纤维以改性聚丙烯为原料，经挤出、拉伸、成网、表面改性处理、短切等工序加工而成的高强度束状单丝或者网状有机纤维，可以广泛地使用于地下工程防水、工业民用建筑工程以及道路和桥梁工程中。是砂浆/混凝土工程抗裂、防渗、耐磨、保温的新型理想材料。

2. 双向拉伸聚丙烯薄膜

在塑料制品中包装材料占有极其重要的位置，据统计世界用于包装领域的塑料约占塑料总消费量的35%。我国双向拉伸聚丙烯(BOPP)薄膜是PP树脂消费量最大的领域之一。

3. 汽车用改性聚丙烯

PP用于汽车工业具有较强的竞争力，但因其模量和耐热性较低，冲击强度较差，因此不能直接用作汽车配件，轿车中使用的均为改性PP产品，其耐热性可由80℃提高到145～150℃，并能承受高温750～1000h后不老化，不龟裂。

4. 家用电器用聚丙烯

我国家用电器产业发展迅速，品种多，产量大。因此，在未来几年内应加大开发家用电器PP专用料的力度，以适应市场变化的需求。

5. 管材用聚丙烯

2003年全国塑料管材总产量突破1.8Mt，同比增长23%。早期PP管材主要用作农用输水管，但是由于早期产品性能还存在一些问题(抗冲击强度、耐老化性能较差)，市场未能打开。随着上海塑料建材厂首家引进国外先进技术，采用进口PP－R料生产的输送冷、热水用的管材得到市场认可后，目前已有不少厂家建设PP－R管材生产线。

6. 高透明聚丙烯

透明PP比普通PP、PVC、PET、PS更具特色，有更多优点和开发前景。

第二节 聚丙烯典型生产工艺

自1954年意大利的纳塔教授首次合成结晶聚丙烯以来，聚丙烯工业化生产规模不断扩大，产品性能逐步提高，应用越来越广，迄今已发展成为一种最具活力的聚合物材料。50多年来已有二十几种生产聚丙烯的工艺技术路线，各种工艺技术按聚合类型可分为溶液法、浆液法(也称溶剂法)、本体法、本体和气相组合法、气相法生产工艺。

一、浆液法聚合工艺

1. 工艺概述

浆液法工艺(图8-1)也称淤浆法或溶剂法工艺，是最早的聚丙烯生产工艺，从1957年第一套工业化装置一直到80年代中后期，浆液法工艺在长达近30年的时间里一直是最主要的聚丙烯生产工艺，这里不具体介绍。

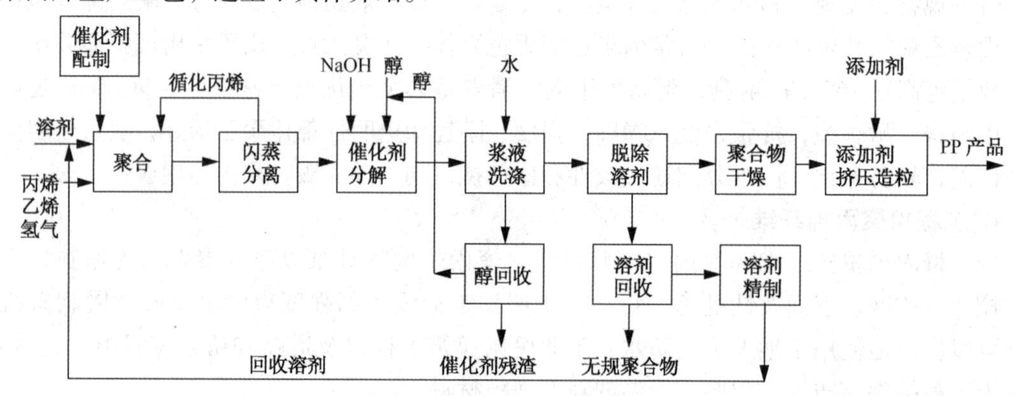

图8-1 溶剂法工艺框图

二、溶液法聚合工艺

溶液法工艺流程复杂，且成本较高，溶液法聚合温度可高达140℃以上，结晶PP溶解在α-烯烃中。在这个温度下，聚合热可以转化成一种有用的能量，如蒸汽。Eastman工艺是惟一工业化生产结晶PP的溶液法聚合工艺。工艺流程如图8-2所示。

三、本体法聚合工艺

本体法生产工艺按聚合工艺流程，可分为间歇式聚合工艺和连续式聚合工艺两种。

1. 间歇式聚合工艺

全流程可分为原料精制、聚合反应、闪蒸去活、造粒包装、丙烯回收等五个部分，见图8-3所示。

① 原料精制。液态丙烯经过脱硫塔、脱一氧化碳塔、脱氧塔、脱水塔等除去硫化物、一氧化碳、水、氧等杂质后，进入精丙烯计量罐。氢气经过脱水塔除水后供聚合用。

② 聚合反应。精制后的丙烯经计量加入到聚合釜内，并将活化剂、给电子体、催化剂、相对分子质量调节剂(氢气)按一定比例分别加入聚合釜。各物料加完后，开始向聚合釜通入热水升温聚合，整个过程可以手动控制也可以利用计算机半自动控制。每釜反应时间约3~4h，聚合压力约3.5MPa，聚合温度约为75℃。

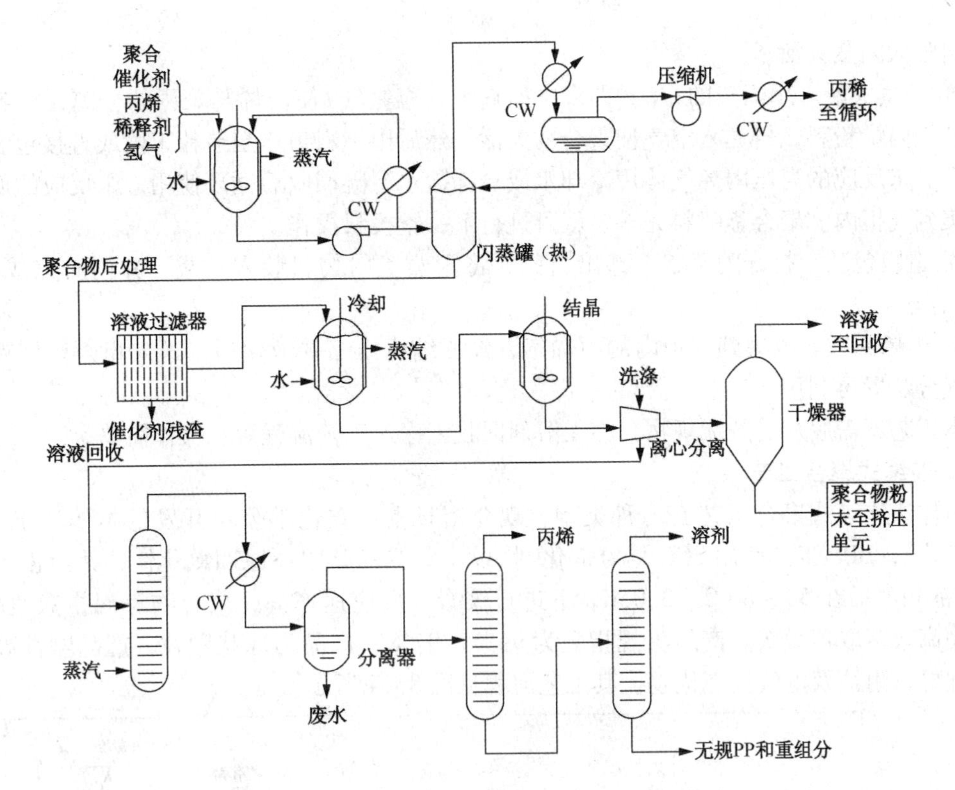

图 8－2　Eastman 溶液法聚丙烯工艺流程示意图

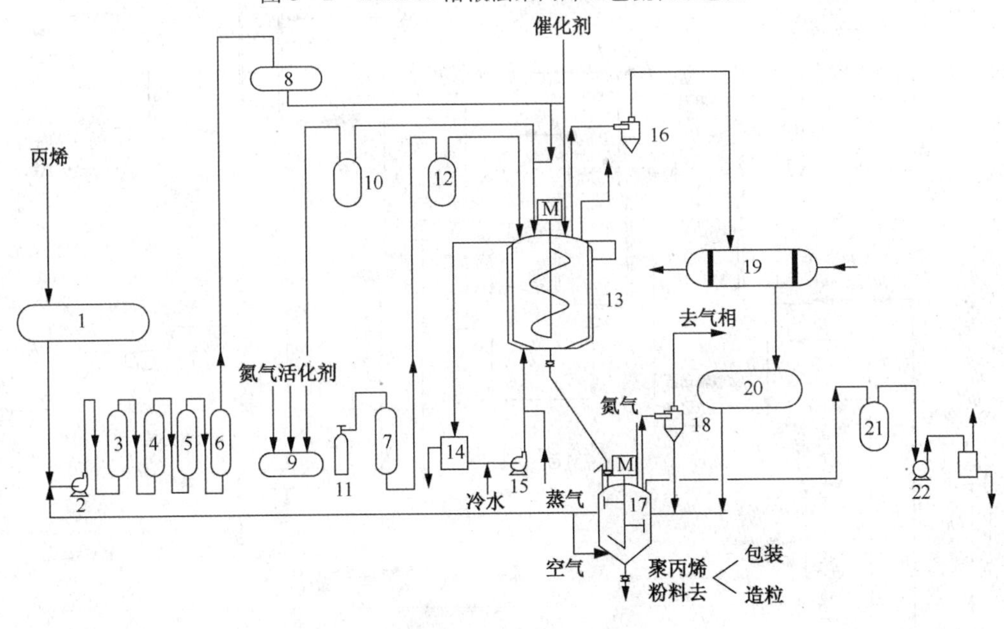

图 8－3　间歇本体法聚丙烯生产工艺流程图

1—丙烯罐；2—丙烯泵；3，4，5，6，7—净化塔；8—丙烯计量罐；9—活化剂罐；10—活化剂计量罐；11—氢气钢瓶；12—氢 气计量罐；13—聚合釜；14—热水罐；15—热水泵；16—分离器；17—闪蒸釜；18—分离器；19—丙烯冷凝器；20—丙烯回收罐；21—真空缓冲罐；22—真空泵

反应到有 70%～80% 丙烯转化成聚丙烯时（实际生产中，根据聚合釜搅拌器电机的电流大小判断），停止聚合反应。将丙烯放入高压丙烯冷凝器，用循环冷却水将丙烯冷凝回收至平衡压力，冷凝的液体丙烯进入高压丙烯回收罐储存，供下一釜聚合时投料用。将固体聚丙

烯粉料喷入闪蒸去活釜。

③ 闪蒸去活。用闪蒸的方法(即多次抽真空、充氮气)使丙烯与聚丙烯分离，得到不含丙烯的聚丙烯粉料，再通入空气使聚合物失活，然后由下料口送至造粒工段或直接包装以粉料出厂。未反应的高压丙烯气体用冷却水或冷冻盐水冷凝回收后循环使用，未反应的低压丙烯收集到气柜内。聚合釜喷料完毕，就可进行下一釜投料操作。

④ 造粒包装。打开闪蒸釜下部出料阀，将闪蒸釜内物料装入口袋，并同时完成称重、封袋工作。

⑤ 丙烯回收。收集到气柜内的丙烯气，经压缩机压缩并液化后，送入粗丙烯储罐，再送至气分装置再利用。

本工艺不需脱灰、脱无规物，亦无溶剂回收工序，工艺流程短，操作简单。

2. 连续式聚合工艺

本体法连续式聚合工艺有多种类型，现介绍日本住友化学公司开发的本体法工艺(称BPP工艺)，BPP工艺使用SCC络合催化剂(以一氯二乙基铝还原四氯化钛，并经正丁醚处理)，液相丙烯在50~80℃、3.0MPa下进行聚合，反应速率高，聚合物等规指数也较高，还采用高效萃取器脱灰。产品等规指数为96%~97%，产品为球状颗粒。产品刚性高，热稳定性好，耐油及电气性能优越，其工艺流程见图8-4所示。

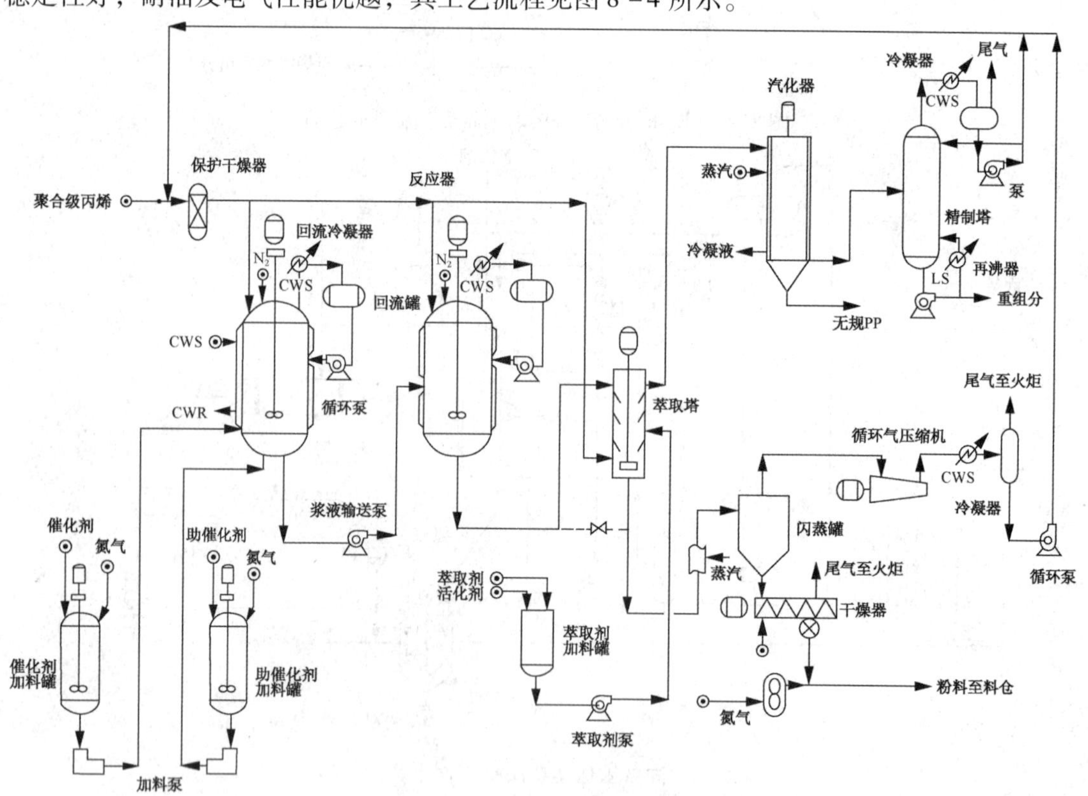

图8-4　BPP本体法工艺流程示意图

原料丙烯、催化剂分别加入聚合釜。用反应器夹套和丙烯的蒸发冷凝撤出聚合反应热。从反应器排出的浆液送入萃取塔顶部，新鲜液态丙烯加到萃取塔底部。另外环氧丙烷和乙醇的混合物作为去活剂加入萃取塔。洗涤之后的聚合物浆液从萃取塔底部排出，通过蒸汽加热的管线加热后排入闪蒸罐进一步干燥分离聚合物，同时萃取塔顶部物流送入薄膜式蒸发器和精制塔，精制后的丙烯送入丙烯进料罐。无规聚丙烯和重组分(含有残余催化剂)分别从蒸发器和精制塔底部回收。闪蒸出的单体丙烯经压缩、冷凝后循环回反应器。聚合物被送到挤压造粒机料斗，混入添加剂后切成颗粒产品。

四、本体法－气相法组合工艺

本体法－气相法组合工艺主要包括巴塞尔公司的 Spheripol 工艺、日本三井化学公司的 Hypol 工艺、北欧化工公司的 Borstar 工艺等。

这里主要介绍 Basell 的 Spheripol 工艺，Spheripol 工艺现属 Basell 聚烯烃公司所有(图 8－5)。Basell 公司成立于 2000 年 10 月，其聚丙烯生产能力超过位居第二的 BP 一倍以上，是世界上最大的聚丙烯树脂生产商，Basell 公司的业务遍布全球 120 个国家和地区。

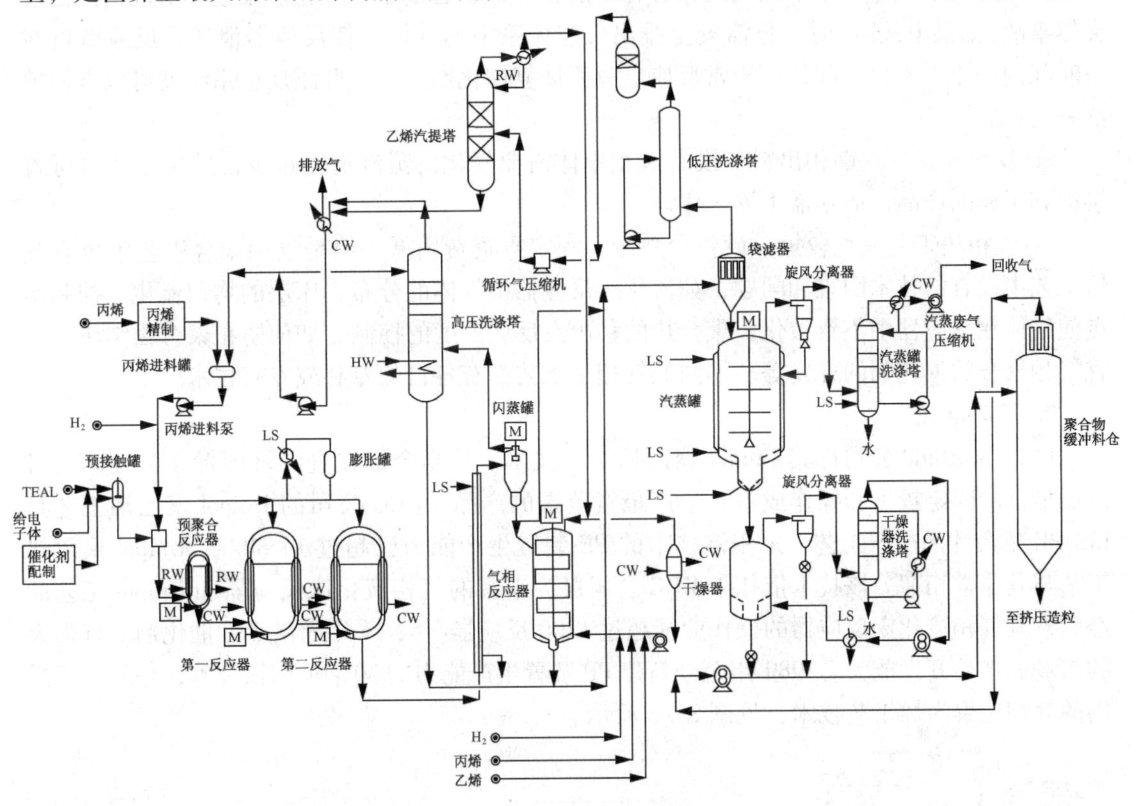

图 8－5　Spheripol 工艺流程示意图

Spheripol 工艺过程包括原料精制、催化剂制备、预聚合及液相本体反应系统、气相反应系统、聚合物脱气及单体回收、聚合物汽蒸干燥、挤压造粒等工序。

与其他工艺相同，由于催化剂对某些杂质极为敏感，一般都要设计原料精制系统以除去这些杂质。化学级丙烯去除毒害催化剂的杂质后也可直接用于聚合，但装置的丙烷排放量加大。

五、气相法工艺

1. 气相法工艺概况

气相法聚丙烯工艺的研究和开发始于 20 世纪 60 年代。主要有 Unipol 工艺、Novolen 工艺、Innovene 工艺、Chisso 工艺等。在过去的 20 年中各种气相法工艺发展很快，1998 年底气相法工艺的生产能力占到了全球聚丙烯生产能力的 27.9%。

气相法生产工艺与浆液法和本体法工艺相比，具有下列一些特点：

① 可在宽范围内调节产品品种。聚合反应没有液相存在，易于控制丙烯产物的分子量和共聚单体含量，这样就易于生产分子量分布和共聚单体含量范围比其他工艺宽的产品，如高乙烯含量的无规共聚物，也可缩短产品牌号切换的过渡时间，过渡产品少，因为只要改变反应器内的气体组成，就可以改变产物的组成。

② 适宜抗冲聚丙烯的生产。在浆液法工艺中，溶剂会溶解在反应过程中生成的无规物，因而使反应器内物料黏度增加，以致影响搅拌、混合，特别是生产高抗冲共聚物时，橡胶相会部分溶解在溶剂中。因而气相法是最适宜生产抗冲聚丙烯的生产工艺。

③ 安全性好，开停车方便。在气相聚丙烯工艺中，包括丙烯在内的所有可燃性物质在反应器中都处于气相，每单位反应器容积中的物料数量远小于非气相法工艺。所以，当出现突然事故(如供电故障)时，只需安全排出反应体系中的气体，使反应器泄压，反应就可在短时间内停止，不会引起任何异常反应。只要恢复催化剂进料，升压反应系统就可以方便地恢复生产。

④ 反应器是气－固相出料，没有液相单体需要气化，蒸汽消耗量少，反应器出口可直接得到干燥的产品，而不需干燥工序。

⑤ 气相法工艺流程较短，设备台数少，固定投资费用低。但是气相聚合工艺中也有其他工艺中没有的技术困难和问题，如流化床反应器中气体的分布、床层的均匀流化、控制露点使气体在反应器中不致液化，聚合热的移出及反应温度的控制、如何防止聚合物结块、适宜气相聚合的催化剂的开发等。不同的气相法工艺都有各自的专利或专有技术。

2. Unipol 工艺

Union Carbide 公司称其 Unipol 聚丙烯工艺技术，是当今最先进的聚丙烯工艺技术，可以用最低的固定投资和操作成本，生产最宽范围的产品。UCC 公司的 Unipol 聚乙烯工艺是 LLDPE 革命性的生产工艺，采用该技术的 PE 装置生产能力已超过 14 Mt/a，Unipol 聚丙烯工艺与其非常相似。该技术依托于 UCC 公司极为丰富的气相流化床反应器和 Unipol 工艺的经验，其气相流化床反应器的操作业绩超过 1200 反应器/年；采用超高活性催化剂，有强大的市场和产品开发能力。1989 年至今新建 PP 装置生产能力的 30% 采用该技术，是最广泛采用的气相法聚丙烯工艺技术，见图 8－6 所示。

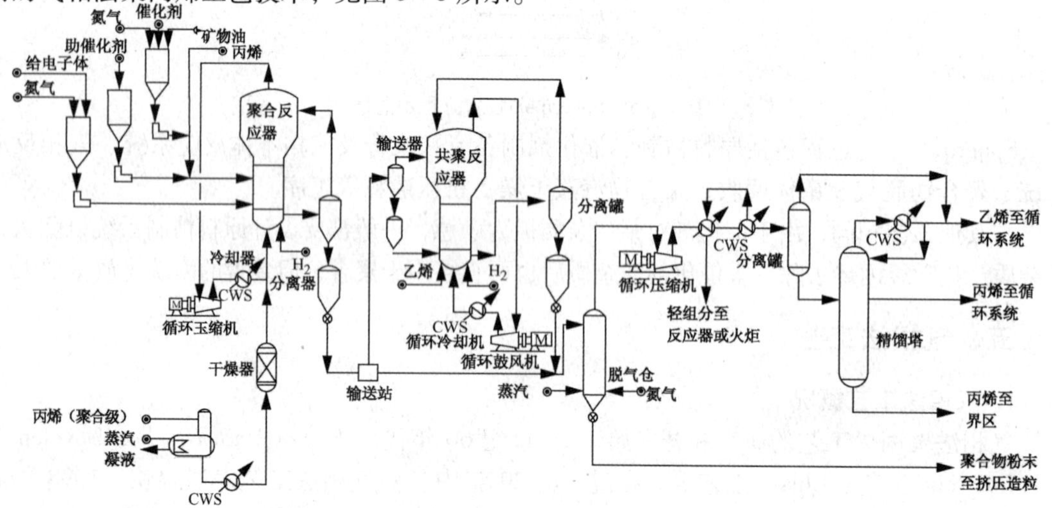

图 8－6　Unipol 聚丙烯工艺流程示意图

工艺过程主要包括原料精制、催化剂进料、聚合、聚合物脱气和尾气回收、造粒及产品储存、包装等工序。UCC公司称其紧凑的挤压造粒技术使造粒系统的投资和操作费用更低。

进入界区的原料丙烯、乙烯一般要进行精制，脱除原料中可能存在的各种对聚合反应催化剂有严重毒害作用的杂质，如氧气、一氧化碳、二氧化碳、水、醇等。通常采用汽提塔脱除丙烯中的轻组分，如氧气、一氧化碳等，再用分子筛干燥器脱除水、醇等。精制系统一般要根据原料的具体规格来设计精制方案。

将主催化剂配制成矿物油悬浮液，用桶装加入带搅拌的进料器中，再用催化剂进料泵把催化剂从进料器注入反应器的分布板上部注入口。催化剂的进料速度也就决定了反应速率，并控制了产量。助催化剂从反应器的底部进入反应器。

聚合反应系统可分成以下几个部分：第一反应器、抗冲共聚反应器、反应器出料、分离。如只生产均聚物和无规共聚物则只需要一个反应器系统。

第一反应器用于生产均聚物、无规共聚物和抗冲共聚物的均聚物部分，是由一台流化床反应器、一台循环气冷却器和一台循环气压缩机组成的一个反应系统。SHAC催化剂只加入第一反应器。反应器是连续返混式流化床反应器，顶部有一个很大的膨胀段，以使聚合物颗粒沉降。反应器的操作压力为3.4MPa，在65℃左右操作，接近单体露点。反应器进料中有一部分液体丙烯和冷凝剂(饱和烃)，大约占10%～12%(质量分数)，液体的气化潜热强化了反应热的撤出，反应热主要是通过液体蒸发冷凝撤出。循环气回路中的循环气鼓风机使循环反应气体与新鲜进料的液态聚合级丙烯一起从反应器分布板底部吹入反应器，使床层流化、返混，并带走反应热。循环气鼓风机也提供了克服回路压力降的压头，大约为0.17MPa。反应热通过管壳式气体冷却器用冷却水撤出反应系统，反应器床层内没有明显的温度和组成差别。反应器中的聚合物经两个自动控制的排料系统间断地排出，送入聚合物脱气仓或抗冲共聚反应器。

产品性能通过反应条件来控制。调节循环气中氢气与丙烯的比例，可以控制产品的熔体流动速率。调节两种助催化剂比例可以调节产品的等规指数；调节乙烯对丙烯的比例，控制无规共聚物的乙烯含量、结晶度或等规指数。使用气相色谱在线测定反应器中的气相组成，调节有关进料的流量可以控制反应器中的气相组成。聚合反应的温度通过调节循环冷却水的温度给定值控制进入反应器的循环气的温度来控制。循环气冷却器在开车时用来加热反应器，反应器的压力通过控制丙烯的进料速率来保持恒定。生产能力可以在很宽的范围内灵活控制，通过改变催化剂进料量可以很容易地改变生产能力，产品性能与生产能力无关。

流化床反应器反应停留时间小于1.5h，并带强烈返混。因此，本系统牌号转换时间与本体法(一般为4h)相当，过渡产品量也较少。

聚合反应不正常时，可以用杀死系统(Kill System)向反应器中注入很少量的CO阻聚剂可部分地或全部中止聚合反应。在停电等紧急情况下，反应器的循环气排放通过备用透平，驱动压缩机在较低的转速下运转，使杀死剂充分分散在反应器床层中，终止聚合反应。待系统操作正常后，再把CO从反应器里吹扫出去，使催化剂的活性立刻恢复，以继续进行聚合反应而不产生等外品。

第二反应器生产抗冲共聚物。这个系统的组成与第一反应器相同，包括一台流化床反应器、一台循环气冷却器和一台循环气压缩机，只是循环气流全部为气体，设备尺寸相对也小一些，反应器材质仍为碳钢。反应压力大约为2.4MPa，反应温度为65～70℃。含有活性催化剂的均聚物间断地从第一反应器送入第二反应器，乙烯、丙烯、氢气和循环单体也连续加入反应器中，在均聚物的基体上生成乙烯－丙烯共聚物。

反应器内如果出现结块，可以从监测反应器各参数的仪表预先发出警告，这样可在操作上采取适当的措施以防结块严重。

随着催化剂和原料向反应器内的加入，聚丙烯不断生成，在流化床内累积，使床层升高。当床层升到预定的高度时，间歇出料的产品排放程序自动启动。排放阀打开，一部分产品排入产品排放罐，然后阀门关闭，分离出粉料产品中夹带的未反应气体。两个产品排料系统交替操作，也可以单独操作。每个排料系统由一个高压气固分离罐和一个产品吹出罐组成。从反应器排出的树脂粉料先到分离罐，分离后的气体循环回反应器顶部。反应器床层静压差使气流可以不经加压直接返回到反应器，流化床层的料位高度通过改变产品的出料频率得到控制。

从反应器排出的聚合物还吸附有少量未反应的烃类(约0.2%～0.3%)，这些烃类必须从产品中分离干净并回收，以保证安全、环保和产品质量等方面的要求。

反应器的出料首先进入一个小的立式产品接受器，从底部吹入氮气，脱除聚丙烯粉料中溶有的烃类。粉料重力流入脱气仓，脱气仓底部加入氮气和少量蒸汽，进一步去除烃类并去活催化剂的残余活性。脱气过程是使脱气仓里的树脂，以“柱塞流”的形式向下流动。该仓在微正压的条件下操作，其温度与反应温度非常接近。氮气自下而上地流过树脂，当树脂到达脱气仓底部，即达到脱气的要求。从脱气仓底部排出的处理合格的聚合物送入挤压造粒系统。

脱气设备排出的尾气进入尾气回收系统。该系统是为了回收那些未反应的单体，以提高单体的总利用率，降低单体消耗和成本。尾气回收系统由压缩、冷凝和分离等设备组成。富含单体的物流循环回反应系统，氮气大部分送火炬。生产抗冲共聚物时，尾气中的乙烯和丙烯分离，乙烯循环回共聚反应器。

在挤压造粒单元与其他工艺基本一样，添加剂与少量PP粉料配成母料加入挤压机，不同的是UCC公司建议粉料不要中间储存，经脱气、失活处理后直接造粒。因此，脱气仓需有保持3～4h产量的缓冲能力，由于反应系统中产品混合充分，Unipol工艺与其他工艺相比，需要产品掺混料仓的数量少，每条生产线只需要两台掺混料仓和一台过渡牌号料仓。

六、工艺技术比较

所有介绍的这些工艺都采用气相法生产抗冲共聚物，差别主要是均聚物的生产工艺，本体法工艺主要采用环管反应器，采用釜式液相反应器的工艺(Hypol工艺)已不能适应装置大型化的要求。本体法工艺都有催化剂的预聚合过程，而气相法工艺一般直接将催化剂加入聚合反应器，流程较简单，设备台数相对较少。对于大规模生产装置，各种工艺技术的水平趋于接近，无论在投资、消耗定额和主要产品的性能等方面的区别并不显著。对于工艺技术的选择，除考虑工艺技术的先进性、经济性之外，产品质量和将来生产的灵活性以及专利商的技术开发实力也是重要的考虑因素，见表8－1。

表 8-1 工艺技术简要比较表

项　目	Spheripol 工艺	Borstar 工艺	Unipol 工艺	Novolen 工艺	Innovene 工艺
专利商/公司	Basell	Borealis	Univation	ABB/EQUISTAR	BP
催化剂	MC 系列催化剂	BC 催化剂	SHAC®	PTK 催化剂	CD 催化剂
预聚合	小环管反应器	小环管反应器	无	无	无
均聚反应器	双环管反应器	1 个环管反应器 + 1 个气相流化床反应器	1 个气相流化床反应器	1 个立式搅拌床反应器	1 个卧式搅拌床反应器
共聚反应器	流化床反应器(1 个或 2 个)	流化床反应器(1 个或 2 个)	1 个气相流化床反应器	1 个立式搅拌床反应器	1 个卧式搅拌床反应器
产品类型①	HP，RCP，ICP，三元共聚物(丙烯-乙烯-丁烯)	HP，RCP，ICP	HP，RCP，ICP，丙烯-丁烯共聚物	HP，RCP，ICP	HP，RCP，ICP
MFR 范围	宽	宽	较窄	较窄	较窄
PI 范围	宽	宽	较窄	较窄	较窄

① HP—均聚物，RCP—无规共聚物，ICP—抗冲共聚物。

七、原料及公用工程

1. 丙烯的制造

作为生产聚丙烯的主要原料丙烯，主要来自蒸汽裂解的乙烯生产装置、炼油厂的催化裂化装置和丙烷脱氢技术。

(1) 从乙烯生产装置的裂解气中分离制取丙烯

由各种烃类(包括烷烃、轻油、石脑油)裂解生产乙烯，联产大量丙烯。蒸汽裂解技术是现代石油化工的基础技术之一，烃类裂解过程的反应极其复杂，反应条件和原料都将直接影响和决定产品的分布。按原料组分不同，每生产 1t 乙烯，联产丙烯的量大致在 0.3 ~ 0.65t 之间。裂解的深度直接影响丙烯和乙烯的比例，裂解深度越高，丙烯的产率越低。

(2) 从炼厂气中回收丙烯

催化裂化装置以重油为原料生产汽油或柴油，同时可得到一定数量的气体(C_1 ~ C_4)产物，这些产物中含有丙烯。近年来随着催化技术的不断进步，气体收率明显提高，碳三馏分收率由原来的 7% 提高到 13%(按进料体积计)，丙烯收率可达 5% ~9%(按进料体积计)。中国石化石油化工科学研究院开发的深度催化裂化工艺，可使丙烯收率达 21.03%，使很多炼油厂除生产油品外，还副产了大量丙烯，这些炼厂气丙烯经过适当精制后可直接用于丙烯的聚合。国内所有小本体装置以及近几年来采用国产化环管技术建成的 7 套 70kt/a 聚丙烯装置等都是采用炼厂气丙烯为原料。

(3) 丙烷脱氢技术

丙烷脱氢技术由美国 VOP 公司和美国联合触媒/ABB Lummus 公司开发并已工业化。由于丙烯需求量的逐年上升，丙烷脱氢就成为补充丙烯资源不足的有效而经济的重要方法。特别是在油田轻烃资源丰富、丙烷资源充足的地方，它可比烃类裂解生产更多的丙烯。

2. 公用工程

聚丙烯装置用到的公用工程主要有电、循环冷却水、蒸汽、氮气、消防水、脱盐水、工业水、仪表风、工业风等。蒸汽通常在界区内减温、减压成 0.35MPa 的饱和蒸汽，主要用于反应器开车时聚合系统的加热，产生用于工艺操作的气相丙烯，气化从反应器排出的液相单体，保温伴热等。脱盐水用于闭路冷却系统的补充水、挤压造粒的切粒水等。氮气主要用于开车前整个系统的氮气置换，聚合物粉料的气流输送，需要氮气保护的设备，分子筛的再生等。氮气的纯度要求 >99.9%(体积分数)，氧含量 <10μL/L，压力大于 0.4MPa。仪表风的压力一般要求大于 0.5MPa。循环水的压力一般要求 0.45MPa 以上。

八、聚丙烯生产的工艺过程

根据前面对各种工艺技术的介绍，可以将聚丙烯生产的工艺过程(采用高效催化剂的新工艺技术)归纳为以下几个工段:

1. 催化剂配制工段

聚合催化剂系统一般由一种主催化剂(载体型钛催化剂)和两种助催化剂(三乙基铝、给电子体)组成。主催化剂一般为专有技术，是各种工艺技术的核心所在，由工艺技术所有者或其合作的催化剂供应商提供，不同工艺技术所使用的催化剂因反应条件不同、专利商不同而有所不同，前面已有介绍。辅助催化剂可从市场上购买。

催化剂配制一般分为催化剂自身的制备及聚合前催化剂预处理或预聚合。不同工艺技术对催化剂制备的步骤与要求有所不同。有液相本体聚合过程的工艺技术一般要对主催化剂进行预处理或预聚合，以提高催化剂颗粒的机械稳定性和催化剂活性。不同工艺对催化剂进行预处理的方法也不尽相同，有连续法也有间歇法。

2. 原料精制工段

原料丙烯、共聚单体乙烯中含有的极性组分如水、硫(硫化氢、羰基硫、硫醇等)、一氧化碳、二氧化碳、有机胂等均为有害物质，能使催化剂中毒，活性降低，并使产品中灰分含量增加。因此，需要在进聚合反应器之前除去这些介质。

精制的方法有精馏、吸附、过滤等物理方法和用固体催化剂床层脱除硫、胂等杂质的化学方法。

3. 聚合工段

聚合工段是聚丙烯工艺技术的核心部分。反应器的形式、数量、系统组成及控制方式是不同工艺之间区别的主要标志。反应器系统包括反应器、循环鼓风机或循环泵、换热器、储罐等。随工艺或产品方案不同每套工艺装置可有一至四个反应器系统。

聚合过程的设计和控制是决定产品质量的关键步骤。

影响聚合过程的因素很多，原料及辅助材料的质量、聚合用各种催化剂的配方及加入量、反应器的设计形式和反应条件控制都对聚合反应产生影响。

4. 分离与干燥脱活工段

聚合成的聚丙烯粉料产品夹带着未反应的液相或气相单体从反应器中排出，未反应的单体必须与聚丙烯粉料分离。将反应器排出的聚合物粉末和未反应单体排到低压分离罐，靠气体闪蒸的作用，未反应单体基本上可以从颗粒中脱除。分离出的单体再循环回反应系统。为防止惰性组分(如丙烷)的累积，一般要从装置向外排放一部分分离出的单体。

分离后的聚合物产品进一步用蒸汽和热氮气或氮气和蒸汽的混合气处理，不同工艺有所不同，在水等极性分子作用下破坏粉末中残余的催化剂活性组分，使其失去活性，并进一步脱除粉末产品中残存的微量单体。

经分离与干燥后的PP粉末，用闭路氮气输送系统输送到粉料仓和挤压机进料仓，进行造粒。为了减少粉尘与空气、易燃挥发性介质可能形成的爆炸危险，采用氮气作为输送介质。

5. 造粒工段

为使聚合物性能稳定、改进产品性能或结构并便于安全储存和运输，在聚丙烯粉料中加入各种添加剂一起送入挤压机，经塑化、熔融在水下切成颗粒产品。

尽管不同工艺技术挤压造粒系统的设计有所不同，比如添加剂有采用配成母料添加的，也有添加纯的添加剂的，也有添加复配添加剂的，但其中的主要区别在于各种添加剂的选择与配方略有不同。

6. 产品掺合、包装码垛及储存

经挤压机切粒后的颗粒产品送入产品掺和料仓，均化后送往包装料仓进而包装码垛，或送入料仓储存。

7. 公用工程

每一个工艺装置都包括一些装置内公用工程设施或工艺辅助设施，PP工艺装置内公用工程和辅助设施，不同工艺技术有所不同，一般包括以下系统：排放气系统和火炬系统，冷冻水系统，密封油系统，蒸汽与冷凝液系统，水系统(循环水、工艺水、热水)，氮气系统，废油处理系统等。

九、安全

聚丙烯的生产过程是将易燃、易爆的丙烯、共聚单体乙烯、氢气等原料在催化剂作用下聚合成聚丙烯粉料。这些烃类原料和氢气一旦发生泄漏而造成爆炸或火灾将是灾难性的事故，因而装置的设计和生产的安全性就显得极为重要。聚丙烯装置与其他石油化工装置一样在设计中要考虑以下职业安全与卫生问题：物料及工艺过程的危险性分析、装置安全设计、安全控制系统、工艺联锁系统，并将装置的安全分析、设计与检查贯穿于工程项目的全过程。

为排除不安全或不正常的条件，如出现反应异常、工艺条件失控、工艺流体大量泄漏、公用工程故障等情况，装置中设置了工艺安全联锁系统，在工艺设计中提供了下列保护系统。

① 全线紧急停车系统：当紧急情况或关键公用工程发生故障，如冷却水、供电以及仪表风中断，全线紧急停车系统能使装置按照设定的操作程序自动安全停车而不致发生事故。

② 局部停车系统：当机械和设备运行中发生故障时，局部停车系统能够使发生故障的设备停车并与上下游设备隔离，以保护机械和设备，上游工段停车时防止结块，防止工艺流体倒流。

③ 手动启动系统：在造成工厂停车的条件解除而且对联锁系统用手动复位后，工厂操作才能按照操作手册中规定的程序重新开始。

④ 备用电源系统：由于聚丙烯生产过程安全性、连续性要求很高，供电系统采用双电源供电(每个电源按100%负荷设计)以确保供电的可靠性。仪表供电备用蓄电池容量要保证电源故障时持续30min供电，以使装置能够安全停车。

⑤ 可燃气体报警系统：为了及时发现可燃气体的泄漏，在有可能泄漏出可燃气体的设备和法兰处要设置可燃气体检测器。检测器的位号和报警信号或位置示于安装在控制室的控制盘或模拟盘上。

第三节 聚丙烯装置仿真

一、工艺流程简述

工艺流程说明：

000 单元：原料丙烯经 D001A/B 固碱脱水器粗脱水，经 D002 羰基硫水解器、D003 脱硫器脱去羰基硫及 H_2S，然后进入两条可互相切换的脱水、脱氧、再脱水的精制线：D004A/B 氧化铝脱水器、D005A/B Ni 催化剂脱氧器、D006A/B 分子筛脱水器，经上述精制处理后的丙烯中水分脱至 10μg/g 以下，硫脱至 0.1μg/g 以下，然后进入丙烯罐 D007，经 P002A/B 丙烯加料泵打入聚合釜。

100 单元：高效载体催化剂系统由 A(Ti 催化剂)、B(三乙基铝)及 C(硅烷)组成。A 催化剂由 A 催化剂加料器 Z101A/B 加入 D200 预聚釜。B 催化剂存放在 D101B 催化剂计量罐中，经 B 催化剂计量泵 P101A/B 加入 D200 预聚合釜，B 催化剂以 100% 浓度加入 D200 预聚合釜。这样做的好处是可以降低干燥器入口挥发分的含量，但安全上要特别注意，管道的安装、验收要特别严格，因为一旦泄漏就会着火。C 催化剂的加入量非常小，必须先在 D110A/B、C 催化剂计量罐中配制成 15% 的已烷溶液，然后用 C 催化剂计量泵 P104A/B 打入 D200。

200 单元：丙烯、催化剂(A、B、C)先在 D200 预聚釜中进行预聚合反应，预聚压力 3.1～3.96MPa，温度低于 20℃，然后进入第 1～2 反应器(D201、D202)在液态丙烯中进行淤浆聚合，聚合压力 3.1～3.96MPa，温度 67～70℃。由 D202 排出的淤浆直接进入第 3 反应器 D203 进行气相聚合，聚合压力 2.8～3.2MPa，温度 80℃。

300 单元：聚合物与丙烯气依靠自身的压力离开第 3 反应器 D203 进入旋风分离器 D301、D302－1、D302－2，分离聚合物之后的丙烯气相经油洗塔 T301 洗去低聚物、烷基铝、细粉料后经压缩机 C301 加压与 D203 未反应丙烯一起，进入高压丙烯洗涤塔 T302，分离去烷基铝、氢气之后的丙烯回至丙烯罐 D007，T302 塔底的含烷基铝、低分子聚合物、已烷及丙烷成分较高的丙烯送至气分以平衡系统内的丙烯浓度，一部分重组分及粉料气化后回至 T301 入口，T302 的气相进丙烯回收塔 T303 回收丙烯。

二、工艺设备

工艺设备一览表见表 8－2。

表 8－2 设备一览表

序号	设备名称	设备编号	备注
1	D201 循环风机	C201A/B	高速风机
2	D202 循环风机	C202	高速风机
3	丙烯加料泵	P002A/B	高速泵
4	丙烯凝液泵	P203A/B	离心泵

续表

序　号	设备名称	设备编号	备　注
5	第一夹套水泵	P211	离心泵
6	第二夹套水泵	P212	离心泵
7	第三夹套水泵	P213	离心泵
8	丙烯预热器	E001	
9	丙烯冷却器	E200	
10	第一反应器冷却器	E201	
11	第二反应器冷却器	E202	
12	第三反应器冷却器	E203	
13	第二反应器尾气冷却器	E207	
14	第三反应器冷却器	E208	
15	丙烯罐	D007	
16	预聚釜	D200	
17	第一反应釜	D201	
18	第二反应釜	D202	
19	第三反应釜	D203	
20	丙烯凝液罐	D221	
21	丙烯凝液罐	D222	
22	丙烯过滤器	F204A/B	滤筒式
23	A催化剂加料器	Z102A/B	

三、工艺仿真流程图

工艺仿真流程图见图8－7～图8－19所示。

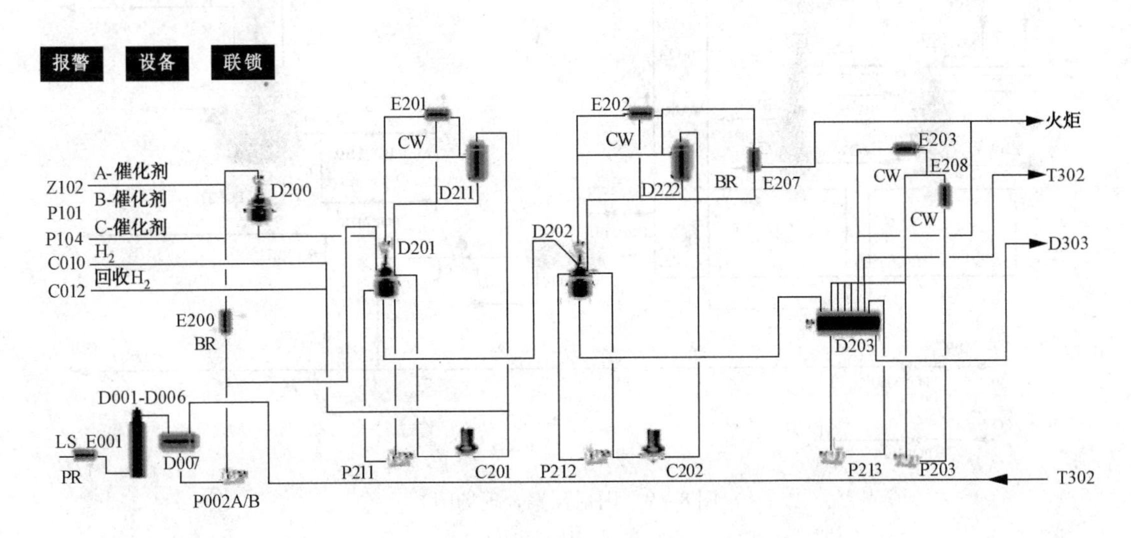

图8－7　SPG工艺聚丙烯聚合工段总貌图

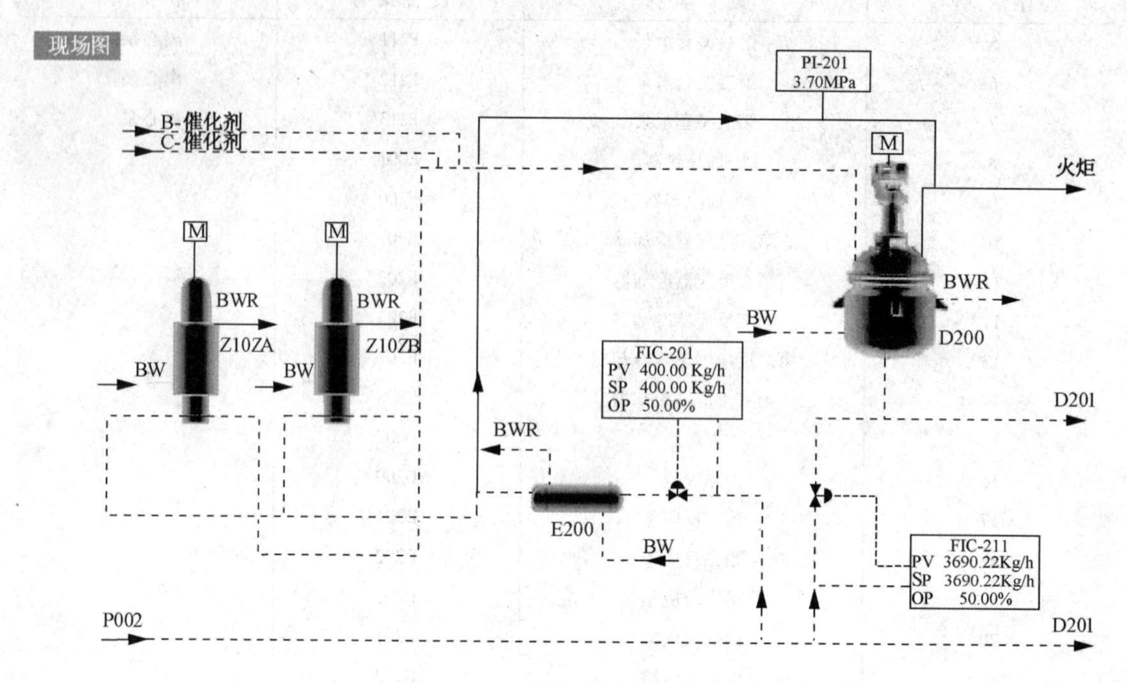

图 8－8　丙烯预聚合 DCS 图

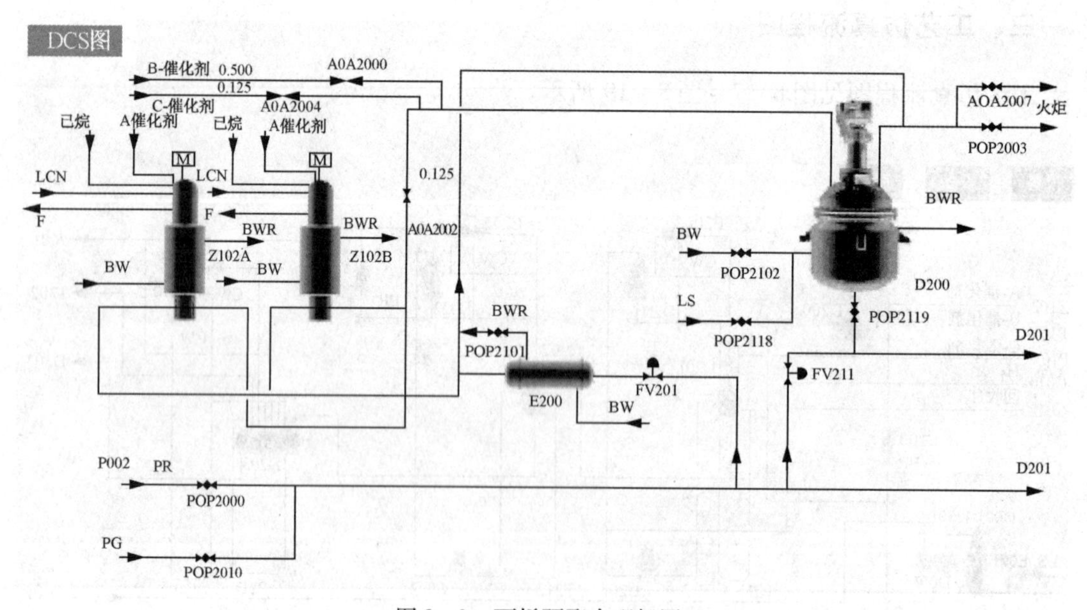

图 8－9　丙烯预聚合现场图

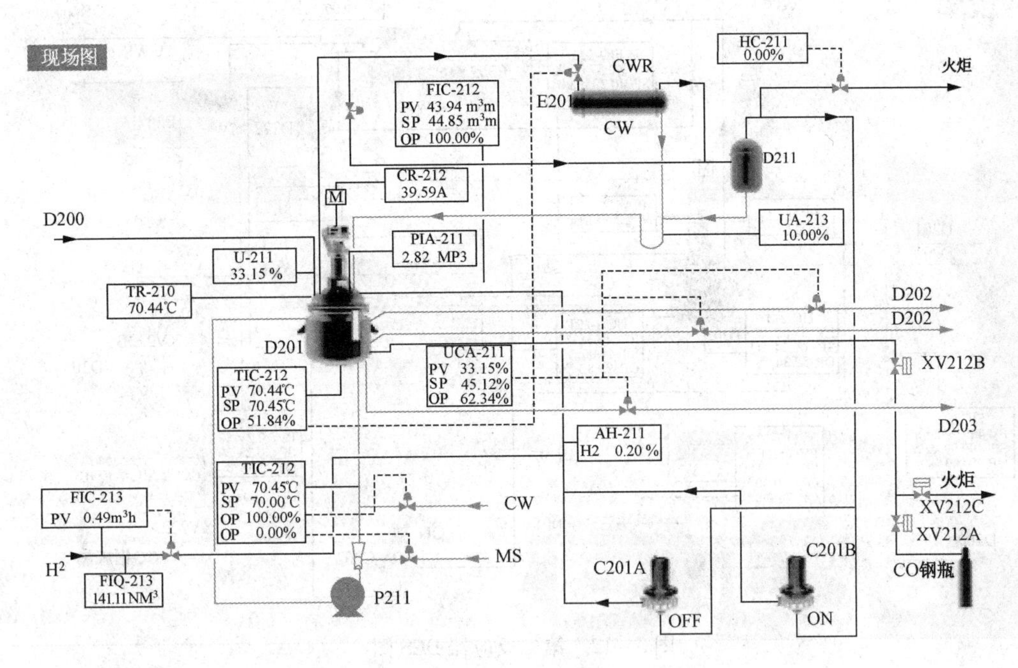

图 8－10 第一反应器 DCS 图

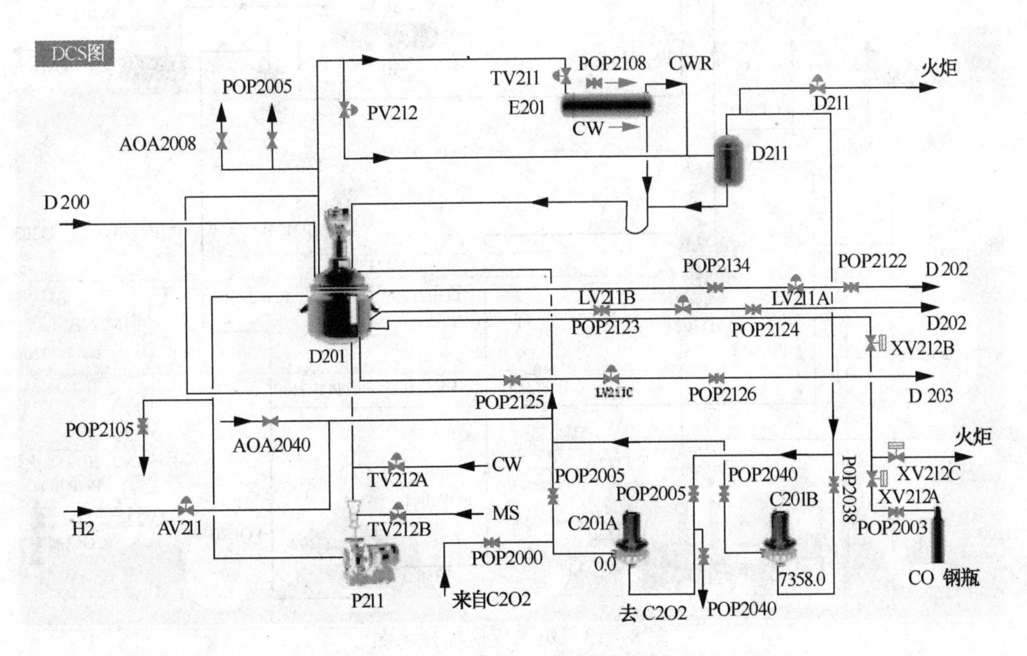

图 8－11 第一反应器现场图

现场图

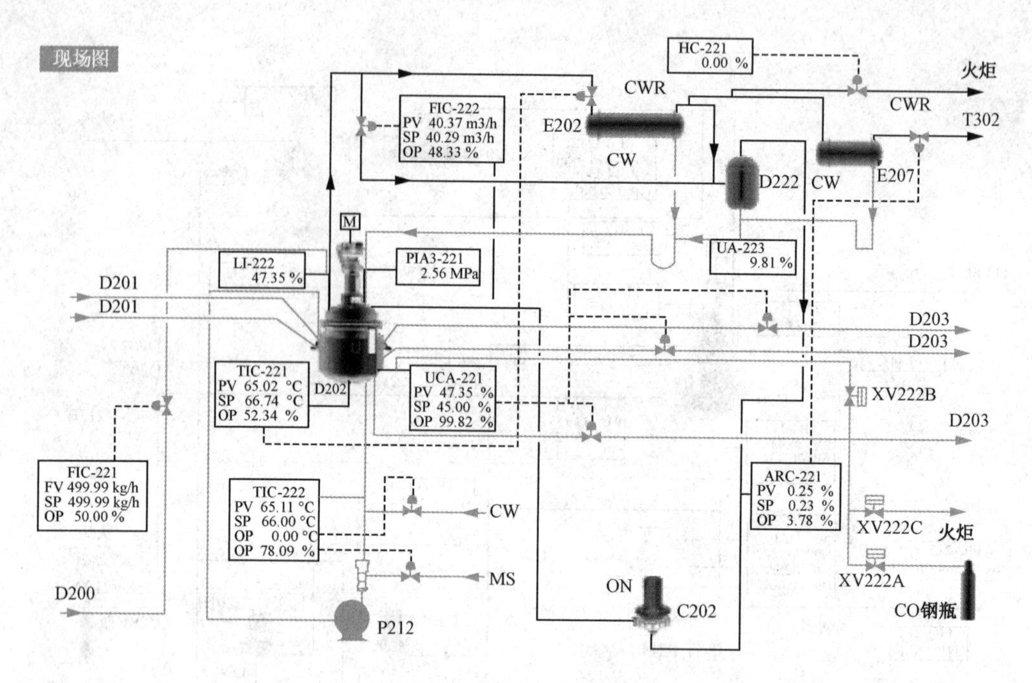

图 8-12　第二反应器 DCS 图

DCS图

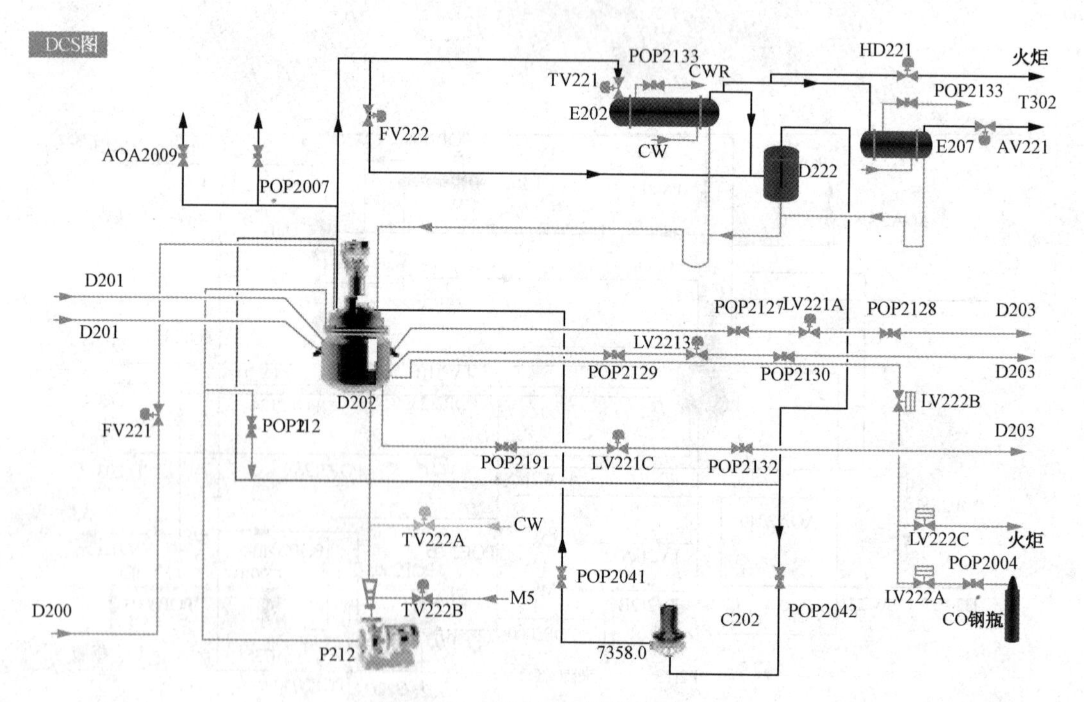

图 8-13　第二反应器现场图

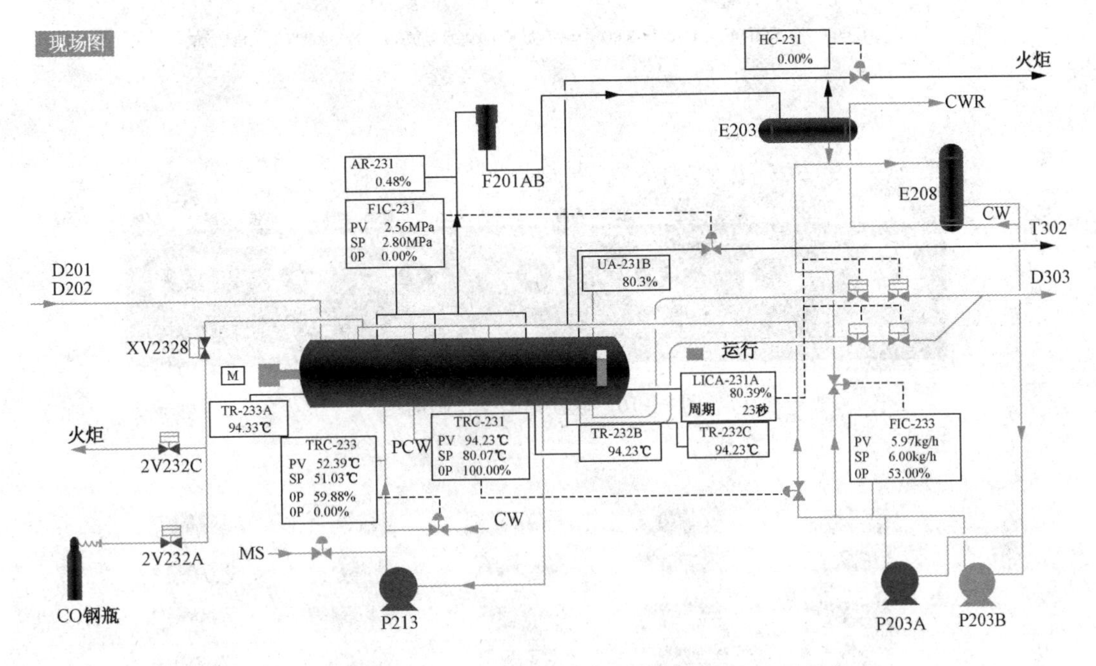

图 8-14 第三反应器 DCS 图

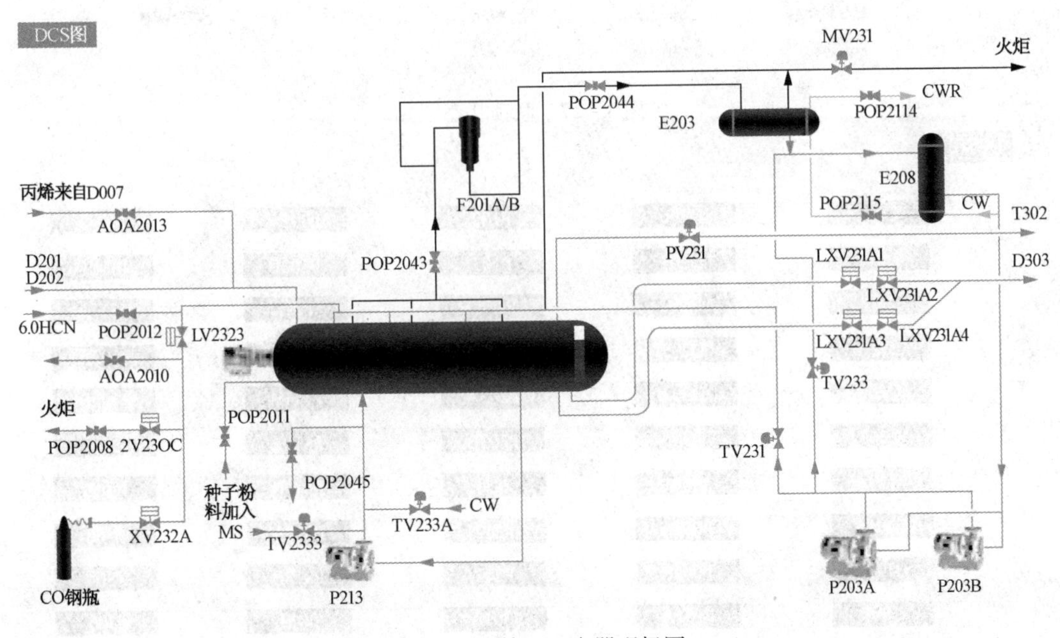

图 8-15 第三反应器现场图

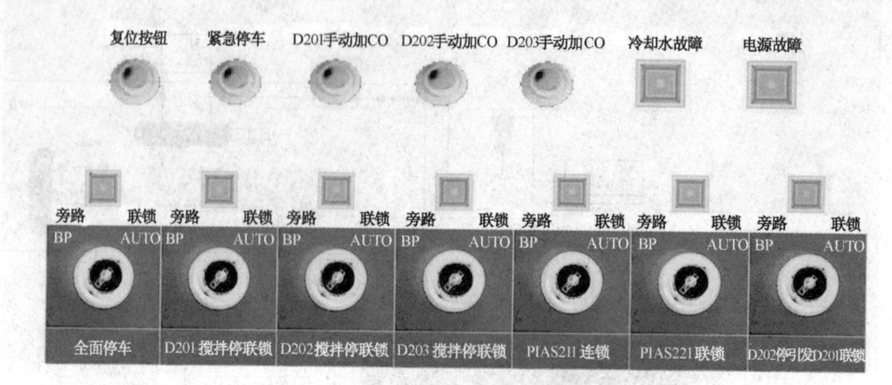

图 8－16　联锁辅助操作画面

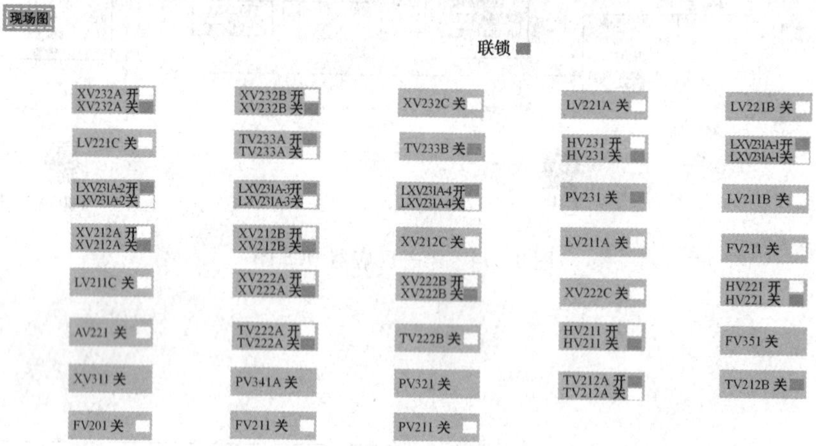

现场图

联锁

XV232A 开 XV232A 关　XV232B 开 XV232B 关　XV232C 关　LV221A 关　LV221B 关
LV221C 关　TV233A 开 TV233A 关　TV233B 关　HV231 开 HV231 关　LXV231A-1开 LXV231A-1关
LXV231A-2开 LXV231A-2关　LXV231A-3开 LXV231A-3关　LXV231A-4开 LXV231A-4关　PV231 关　LV211B 关
XV212A 开 XV212A 关　XV212B 开 XV212B 关　XV212C 关　LV211A 关　FV211 关
LV211C 关　XV222A 开 XV222A 关　XV222B 开 XV222B 关　XV222C 关　HV221 开 HV221 关
AV221 关　TV222A 开 TV222A 关　TV222B 关　HV211 开 HV211 关　FV351 关
XV311 关　PV341A 关　PV321 关　TV212A 开 TV212A 关　TV212B 关
FV201 关　FV211 关　PV211 关

图 8－17　联锁状态图

DCS图

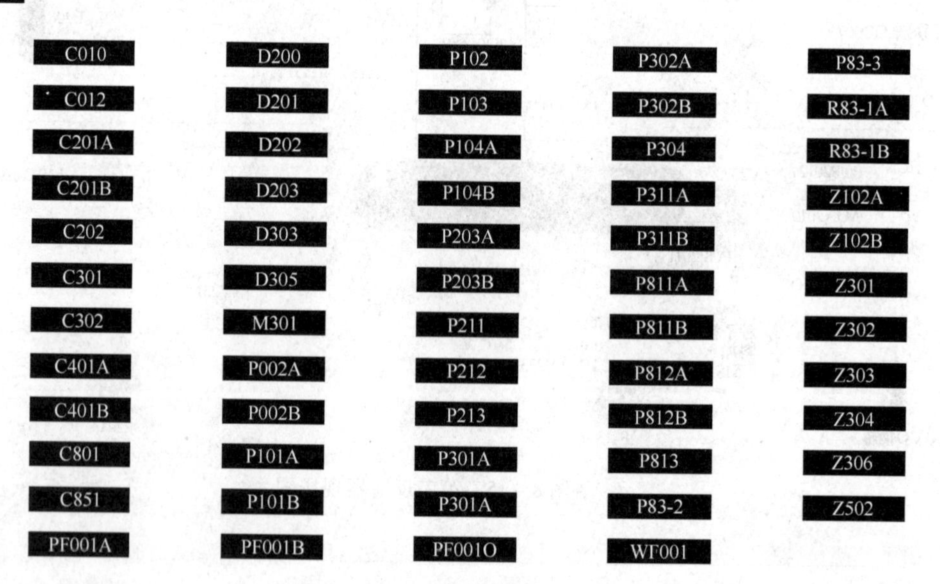

图 8－18　设备启动现场图

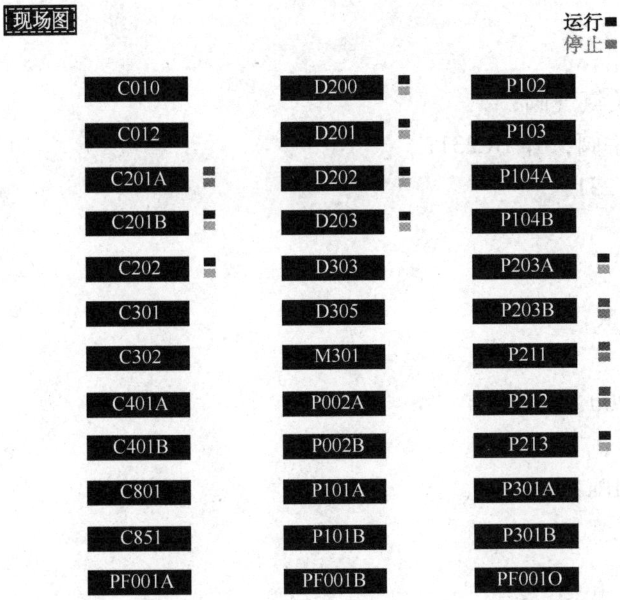

现场图

运行■
停止■

C010	D200	P102	P302A	P83-3
C012	D201	P103	P302B	R83-1A
C201A	D202	P104A	P304	R83-1B
C201B	D203	P104B	P311A	Z102A
C202	D303	P203A	P311B	Z102B
C301	D305	P203B	P811A	Z301
C302	M301	P211	P811B	Z302
C401A	P002A	P212	P812A	Z303
C401B	P002B	P213	P812B	Z304
C801	P101A	P301A	P813	Z306
C851	P101B	P301B	P83-2	Z502
PF001A	PF001B	PF001O	WF001	

图 8－19　运行状态图

四、正常工况下工艺参数

正常工况下工艺参数见表 8－3。

表 8－3　正常工况下工艺参数表

仪表位号	标准设定值	项目名称	仪表位号	标准设定值	项目名称
PI201	3.1/3.7MPa(G)	D200 压力	LI222	1848mm	D202 液位
FIC201	450kg/h	进 D200 丙烯总流量	LIA223	2000mm	D202 回流液管液位
PIA211	3.0/3.6MPa(G)	D201 压力	TR220		D202 气相温度
FIC211	2050kg/h	进 D201 丙烯流量	TIC221	67℃	D202 液相温度
FIC212	$45m^3/h$	进 D201 循环气流量	TIC222		P212 出口温度
LICA211	45%	D201 液位	HC221		D202 气相压力
LI212	1848mm	D201 液位	ARC221	0.24% ~9.4%	D202 气相色谱
LIA213	2000mm	D201 回流液管液位	XV222A/B/C		D202 加 CO
TR210	70℃	D201 气相温度	PIC231	2.8MPa(G)	D203 压力
TIC211	70℃	D201 液相温度	FIC233	$15m^3/h$	P203A/B 出口流量
TIC212		P211 出口温度	LICA231A	900mm	D203 料位
HC211		D201 气相压力	LI231B	900mm	D203 料位
ARC211	0.24% ~9.4%	D201 气相色谱	TRC231	80℃	D203 温度
XV212A/B/C		D201 加 CO	TR232A/B/C	80℃	D203 温度
PIA221	3.0/3.6MPa(G)	D201 压力	TIC233		P213 出口温度
FIC221		进 D202 丙烯流量	HC231		D203 压力
FIC222	$40m^3/h$	进 D202 循环气流量	XV232A/B/C		D203 加 CO
LICA221	45%	D202 液位			

五、操作规程

（一）装置冷态开工过程

1. 种子粉料加入 D203

① 启动种子粉料加入按钮；

② 料位10%后关此阀；
③ 开高压氮气阀POP2012充压；
④ 当D203充压至0.5MPa，关氮气阀；
⑤ 现场开D203气相至E203手阀，开HC231；
⑥ 放空至0.05MPa后，关HV231；
⑦ 总控启动D203搅拌。

2. 丙烯置换

① 引气态丙烯进系统D200置换；
② 现场启动气态丙烯进料阀；
③ 开FIC201阀将丙烯引入D200；
④ 压力达0.5MPa后关FIC201；
⑤ 开现场火炬阀放空至0.05MPa；
⑥ 关现场火炬阀。

3. D201置换

① 开FIC211阀，将气态丙烯引入D201；
② 开FIC212阀；
③ 开C201A/B入口阀；
④ 开C201A/B出口阀；
⑤ 启动C201A/B，调节转速；
⑥ 当PIA211达0.5MPa时，关FIC211阀；
⑦ 停D201风机；
⑧ 开HIC211阀放空；
⑨ 放至0.05MPa，关HC211。

4. D202置换

① 开FIC221阀，将气态丙烯引入D202；
② 开FIC222；
③ 开C202入口阀；
④ 开C202出口阀；
⑤ 启动C202，调整转速；
⑥ 当PIAS221达0.5MPa时，关FIC221；
⑦ 停C202风机；
⑧ 开HC221阀放空；
⑨ 放至0.05MPa，关HC221阀。

5. D203置换

① 现场开D007来气相丙烯阀；
② 充压至0.5MPa后关此阀；
③ 开HC231阀放空；
④ 放空至PIC231为0.05MPa后，关HC231；
⑤ 重新升压。

6. D200 升压

① 开 FIC201，升压；

② PI201 指示为 0.7MPa 后，关 FIC201。

7. D201 升压

① 开 FIC211 引气相丙烯；

② PIA211 指示为 0.7MPa 后，关 FIC211。

8. D202 升压

① 开 FIC221 引气相丙烯；

② PIAS221 指示为 0.7MPa 后，关 FIC221。

9. 向 D200 加液态丙烯

① 开液态丙烯进料阀；

② 开 E200BWR 入口阀；

③ 开 D200 夹套 BW 入口阀；

④ 开 FIC201，引液态丙烯入 D200；

⑤ 启动 D200 搅拌；

⑥ 当 PI201 指示为 3.0MPa 时，开现场釜底阀。

10. 向 D201 加液态丙烯

① 开 FIC211，向 D201 进液态丙烯；

② 启动 D201 搅拌；

③ 现场开 E201CWR 入口阀；

④ 开 LICA211A 一条线前后手阀；

⑤ 开 C201A 或 B 机入口阀；

⑥ 开 C201A 或 B 机出口阀；

⑦ 开 C201A 或 B 机；

⑧ 调整转速；

⑨ 调节 FCI212 为 $45m^3/h$；

⑩ 开 MS 阀，釜底 TIC212 升温；

⑪ 调节 TIC211，控制釜温为 65℃。

11. 向 D202 加液态丙烯

① 开 FIC221，向 D202 进液相丙烯；

② 启动 D202 搅拌；

③ 现场开 E202CWR 入口阀，开 E207CW 入口阀；

④ 开 C202 入口阀；

⑤ 开 C202 出口阀；

⑥ 启动 C202；

⑦ 调节转速；

⑧ 调节 FIC222 为 $40m^3/h$；

⑨ 釜底 TIC222 升温，控制釜温为 60℃；

⑩ 调节 FIC221 冲洗进料量为 500kg/h。

12. 向D203加液态丙烯

① 当D202出料至D203后，即为D203进液相丙烯；
② 开E203CWR入口阀；
③ 开E208CWR出口阀；
④ 启动P213；
⑤ 开MS阀，釜底TRC233升温；
⑥ 调整TRC231，控制釜温为80℃；
⑦ 启动P203A。

13. 给D201加入H_2

循环至D201、D202、D203中。

14. 向系统加催化剂

① 现场调节C－Cat进反应釜D200；
② 中控全线联锁投用，阻聚剂CO加入系统，现场打开CO管线手阀；
③ 现场调节B－Cat进反应釜D200；
④ 现场调节A－Cat进反应釜D200。

（二）装置正常停工过程

1. 停催化剂进料

① 停催化剂A；
② 停催化剂B；
③ 停催化剂C；
④ 停止氢进入D201。

2. 维持三釜的平稳操作

① D201夹套CW切换至HW；
② 控制D201温度在65～70℃；
③ D202夹套CW切换至HW；
④ 控制D202温度在60～64℃；
⑤ D203夹套CW切换至HW；
⑥ 控制D203温度在80℃左右。

3. D201、D202排料

① 关闭丙烯进料FV201、FV211、FV221；
② 停E200、D200冷冻水；
③ D200停搅拌；
④ 从D201向D202卸料；
⑤ 当D201倒空后，停止D201出料；
⑥ 停D201搅拌；
⑦ 停C201、E201；
⑧ 从D202向D203卸料；
⑨ 当D202倒空后，停止D202出料；
⑩ 停D202搅拌；
⑪ 停C202、E202、E207；

⑫ 当 D203 倒空后，关闭 LICA231A；
⑬ 停 P203、E203、E208；
⑭ 停 D203 搅拌；
⑮ 关闭 AV221、PV231。

4. 放空

① 开 D200 放空阀；
② 开 D201 放空阀；
③ 开 D202 放空阀；
④ 开 D203 放空阀。

（三）事故处理

1. 停电

事故现象：停电。

处理方法：紧急停车。

2. 停水

事故现象：冷却水停。

处理方法：紧急停车。

3. 停蒸汽

事故现象：蒸汽停。

处理方法：紧急停车。

4. IA 停

事故现象：仪表风停止供应，必须紧急停车全系统联锁停车。

处理方法：紧急停车。

5. 原料中断

事故现象：原料停。

处理方法：紧急停车。

6. 氮气中断

事故现象：造成干燥闪蒸单元不能正常操作。

处理方法：

① 关闭 LICA231 阀，停止向干燥系统放料；
② D201 隔离进行自循环；
③ D202 隔离进行自循环；
④ D203 隔离进行自循环。

7. 低压密封油中断

事故现象：低压密封油中断(LSO)：P812A/B 停泵，出口压力下降很大，各个用户 FG、PG 指示下降。

处理方法：紧急停车。

8. 高压密封油中断

事故现象：高压密封油中断。

处理方法：紧急停车。

9. A－CAT 不上量

事故现象：A－CAT 不上量。

处理方法：①减小 FIC201 的进料量。②维持 D201 温度，压力控制。

10. 聚合反应异常

事故现象：聚合反应异常。

处理方法：①调整 A－Cat 的运转周期，减小 A 催化剂的量。②适当增加 FIC201 的流量。

11. D201 的温度压力突然升高

事故现象：D201 的温度压力突然升高。

处理方法：①提高 TIC212 的 CW 阀开度，减少蒸汽。②提高 FIC201 进料量。

12. D203 的温度压力突然升高

事故现象：D203 的温度压力突然升高。

处理方法：①关闭 TRC231 前后手阀。②开副线阀调整流量。

13. D203 下料系统堵塞

事故现象：D203 下料系统堵塞。

处理方法：紧急停车。

14. 浆液管线不下料

事故现象：浆液管线不下料。

处理方法：①增大 TIC212 蒸汽量，提高夹套水温；②D202 向 T302 泄压；③最终调节 D201 比 D202 压差为 0.2MPa。

15. D201 液封突然消失

事故现象：D201 液封突然消失。

处理方法：紧急停车。

16. D201 搅拌停

事故现象：D201 搅拌停。

处理方法：紧急停车。

17. D201－D202 间 SL 管线全堵

事故现象：D201－D202 间 SL 管线全堵。

处理方法：①现场开另一条 D201 至 D202 浆液调节阀前后手阀。②开 D201 至 D203 浆液线调节阀前后手阀。

（四）自动保护系统

200 工段自动保护系统：

① 当 D201 压力 PIAS211 超过 4.0MPa 时，发出联锁信号 HC211 阀门自动打开。

② 当 D202 压力 PIAS221 超过 4.0MPa 时，发出联锁信号 HC221 阀门自动打开。

③ 当 D201 因搅拌停止，压力和温度不正常升高或接受到 D202 停车信号及全面停车信号时，发出联锁信号，相应阀门开始动作：FIC201 阀门关，ARC211 阀门关闭，XV212A/B 阀门开，XV212C 关闭，TIC212B 关闭，TIC212A 开，LIC211 阀门关闭。

④ 当 D202 因搅拌停止，压力和温度不正常升高或接受到 D203 停车信号及全面停车信号时，发出联锁信号，相应阀门开始动作：XV222A/B 阀门开，XV222C 阀门关，FIC221 阀门关，ARC221 阀门关，TIC222B(MS)阀门关，TIC222A(CW)阀门开，LIC221 阀门关，同

时 D201 系统停车，FIC201、FIC211、ARC211、TIC212B、LIC211 阀门关，TIC212A 阀门开。

⑤ 当 D203 因搅拌停止，压力和温度不正常升高或接受到全面停车信号时，发出联锁信号，相应阀门开始动作：HC231 阀门开，LIC231 阀门关，PIC231 阀门关，C301 停，XV232A/B 阀门开，XV232C 阀门关，TIC233B 阀门关，TIC233 阀门开，同时 D201、D202 系统停车。

习题与答案

1. 丙烯精制的目的是什么？

在液相本体聚合生产工艺中，要降低单耗及提高单釜产量，原料丙烯的精制是一个关键问题。丙烯中的水能引起高效催化剂活性中心的失活而使催化剂活性降低，甚至造成反应弱或清汤现象；丙烯中的硫是极其有害的杂质，不管是有机硫还是无机硫对反应都是有害的，特别是 COS 能使聚合反应链终止，造成催化剂活性下降、单釜产量降低、粉料中出现塑化块，甚至造成堵釜无法生产。所以为保证高效催化剂生产聚丙烯，保证聚合反应的正常进行，达到优质高产的效果，必须有效地脱除丙烯中的水、硫、氧等杂质。要求丙烯中的水 $<10\mu g/g$、S $<3\mu g/g$、氧 $<10\mu L/L$。

2. 丙烯精制岗位的任务是什么？

① 负责将丙烯收进精制系统，并经丙烯干燥塔精制，获得聚合级的液相精丙烯。

② 负责给聚合岗位送料，负责高压回收来的丙烯进回收丙烯计量罐，并注意回收计量罐压力液面。

③ 负责丙烯干燥塔的再生及切换工作。

④ 负责所属区域的卫生。

3. 丙烯精制指标

① 原料质量指标：丙烯纯度≥98%：乙烷乙烯 $<100\mu L/L$、S $<5\mu L/L$、CO $<10\mu L/L$、水 $<10\mu L/L$、氧 $<10\mu L/L$、二烯烃 $<5\mu L/L$、炔烃 $<5\mu L/L$。

② 干燥后精丙烯质量指标：丙烯纯度≥98%：S $<2\mu L/L$、CO $<10\mu L/L$、水 $<10\mu L/L$、氧 $<10\mu L/L$、二烯烃 $<5\mu L/L$、炔烃 $<5\mu L/L$。

4. 精制岗位主要工艺指标是什么？

精制系统操作压力≯2.0MPa，精制系统操作温度≯400℃，丙烯干燥器再生温度 300~400℃，电加热器出口温度 <400℃；丙烯干燥器再生压力 0.02~0.04MPa；丙烯干燥器再生前丙烯含量≤0.5%(体积分数)。

5. 生产中聚丙烯的熔体流动速率是如何控制的？

熔体流动速率是通过控制 H_2 的加入量来实现的(0.2)，生产牌号确定后，根据对应的 H_2 浓度选择 H_2 流量控制阀。设定氢气浓度浓度并与氢气流量投串级(0.4)，再根据化验分析结果、反应负荷作适当的调整，使产品熔融指数达到要求(0.4)。

6. 在压缩机的出口处，一般会安装(　　)来检测压缩后气体的状态。　答案：B

A. 流量表　　　B. 压力表　　　C. 温度表　　　D. 差压计

7. 每组填料密封由一片切向环和一片径向环组成的往复压缩机填料密封中，其中切向

环起着密封的作用，径向环主要起着(　　)的作用。　答案：B

A. 密封　　B. 阻流　　C. 隔绝空气　　D. 隔绝冷却水

8. 管道吹扫和气密试验是装置(　　)的一项重要工作。　答案：C

A. 开车前　　B. 开车后　　C. 试车前　　D. 试车后

9. 引蒸汽前应确认蒸汽管线上的疏水器(　　)。　答案：D

A. 已隔离　　B. 前切断阀已打开

C. 后切断阀已打开　　D. 前、后切断阀和副线均已打开

10. 当界区来的丙烯压力达到(　　)MPa时，才可以打开界区丙烯阀，装置可以引入丙烯。　答案：C

A. 1.0　　B. 0.5　　C. 3.0　　D. 2.0

11. 引丙烯前，管线或设备应升压至(　　)MPa。　答案：C

A. 0.1～0.3　　B. 0.2～0.3　　C. 0.3～0.8　　D. 1.0～2.0

12. 挤压造粒机加工段和模板采用(　　)升温。　答案：D

A. 低压蒸汽　　B. 中压蒸汽　　C. 电加热和高压蒸汽　　D. 热油或高压蒸汽

13. 聚丙烯粉料的熔融指数单位是(　　)。　答案：A

A. g/10min　　B. g/min　　C. kg/min　　D. kg/10min

14. 串级调节系统参数整定步骤应为(　　)。　答案：B

A. 先主环后副环　　B. 先副环后主环　　C. 没有先后顺序　　D. 只整定副环

15. 在装置停工时，系统必须用氮气密封，其目的是(　　)。答案：C

A. 控制系统温度　　B. 控制系统压力

C. 使系统处于微正压，防止空气进入系统　　D. 给系统置换

16. 界区丙烯进料控制阀门和丙烯储罐液位进行串级操作，如果丙烯储罐液位检测膜盒损坏，使丙烯储罐液位不变，则造成的后果是(　　)。　答案：B

A. 丙烯储罐压力不变　　B. 丙烯储罐压力升高

C. 丙烯储罐压力降低　　D. 不影响丙烯罐压力

17. 环管反应器进液相丙烯充满的标志是(　　)。　答案：C

A. 压力达到操作压力　　B. 环管反应器出料阀已经打开

C. 各腿顶部排放阀打开温度迅速降低　　D. 反应器温度降低

18. 汽蒸器洗涤塔属于(　　)。　答案：C

A. 填料塔　　B. 浮阀塔　　C. 板式塔　　D. 提馏塔

19. 低压丙烯洗涤塔循环泵属于(　　)。　答案：A

A. 离心泵　　B. 齿轮泵　　C. 往复泵　　D. 多级离心泵

20. 氢气系统引氢气置换过程中，氢气流量控制阀前管线进行置换的方法是(　　)。答案：B

A. 打开氢气同丙烯管线相连手阀置换　　B. 从氢气过滤器进行置换

C. 从压力处直接排大气进行置换　　D. 断开法兰进行置换

21. 凝液系统溢流口处设置检测器检测的物质是(　　)。　答案：D

A. 氮气　　B. 水蒸气　　C. 空气　　D. 丙烯

22. 丙烯储罐开车过程中，投用液位步骤正确的是(　　)。　答案：A

A. 先打开液位计顶部阀门，然后打开底部阀门

B. 先打开液位计底部阀门，然后打开顶部阀门

C. 可同时打开

D. 没有先后顺序

23. 为防止催化剂在线混合器堵，管线中丙烯流速必须要大于(　　)m/s。　答案：B

A. 1　　B. 2　　C. 3　　D. 4

24. 通常现场压力表显示的是(　　)。　答案：C

A. 真空度　　B. 绝压　　C. 表压　　D. 以上均是

25. 低压丙烯洗涤塔停车首先进行操作的是(　　)。　答案：A

A. 将低压丙烯洗涤塔隔离　　B. 停循环泵，密封油排空

C. 将洗涤塔内油倒入废油罐　　D. 打开同火炬相连阀门进行卸压

26. 闪蒸罐系统停车的标志是(　　)。　答案：A

A. 环管反应器停止出料　　B. 循环过滤器没有物料

C. 汽蒸罐没有物料　　D. 干燥器没有物料

27. 干燥器系统紧急停车过程中，干燥器内物料的处理方法是(　　)。答案：B

A. 放置在干燥器内　B. 从采样口处排出　C. 拆开人孔在排出　D. 以上做法都可以

28. 往复式压缩机试车前，旁路阀状态正确的是(　　)。　答案：D

A. 开关无所谓　　B. 必须稍开　　C. 必须全关　　D. 必须全开

29. 循环气压缩机吹扫气的作用是(　　)。　答案：B

A. 防止循环气中的粉末进入轴承　　B. 防止循环气中的粉末进入机械密封

C. 防止循环气中的粉末进入气阀　　D. 防止循环气中的粉末进入活塞

30. 下列选项中，可能引起真空泵频繁起跳的是(　　)。　答案：B

A. 入口压力低　　B. 系统憋压　　C. 机械故障　　D. 介质原因

31. 当装置主催化剂泵停时，应进行的具体操作步骤有(　　)。　答案：A，B，D

A. 关闭催化剂计量罐出口阀　　B. 关闭主催化剂到反应器的阀门

C. 管线中催化剂排空　　D. 把催化剂冲程归零

32. 循环气过滤器引丙烯时，来自(　　)系统。　答案：B，C

A. 低压丙烯洗涤塔　　B. 高压丙烯洗涤塔

C. 闪蒸罐　　D. 循环丙烯安全过滤器

33. 下列选项中，可能引起干燥器洗涤塔细粉含量过大的是(　　)。　答案：A，B，C

A. 干燥器料位过高　　B. 旋风分离器堵塞

C. 聚合反应过程中产生细粉量大　　D. 干燥器料位低

第九章 原油常减压装置仿真

化工生产的原料多数是由原油常减压分离而得到的，所以必须掌握关于原油常减压精馏及油品生产的相关理论及操作。后面的两章就是介绍原油常减压蒸馏以及催化重整的相关仿真操作。

第一节 概 述

常减压蒸馏是常压蒸馏和减压蒸馏的合称，基本属物理过程：原料油在蒸馏塔里按蒸发能力分成沸点范围不同的油品(称为馏分)，这些油有的经调和、加添加剂后以产品形式出厂，相当大的部分是后续加工装置的原料。

常减压蒸馏是炼油厂石油加工的第一道工序，称为原油的一次加工，包括三个工序：原油的脱盐、脱水→常压蒸馏→减压蒸馏。

一、原油的组成

石油又称原油，是从地下深处开采的棕黑色可燃黏稠液体。石油是古代海洋或湖泊中的生物经过漫长的演化形成的混合物，与煤一样属于化石燃料。石油的性质因产地而异，密度为0.8～1.0g/cm^3，黏度范围很宽，凝点差别很大(－60～30℃)，沸点范围为常温到500℃以上，可溶于多种有机溶剂，不溶于水，但可与水形成乳状液。组成石油的化学元素主要是碳(83%～87%)、氢(11%～14%)，其余为硫(0.06%～0.8%)、氮(0.02%～1.7%)、氧(0.08%～1.82%)及微量金属元素(镍、钒、铁等)。由碳和氢化合形成的烃类构成石油的主要组成部分，约占95%～99%，含硫、氧、氮的化合物对石油产品有害，在石油加工中应尽量除去。不同产地的石油中，各种烃类的结构和所占比例相差很大，但主要属于烷烃、环烷烃、芳香烃三类。通常以烷烃为主的石油称为石蜡基石油；以环烷烃、芳香烃为主的称环烃基石油；介于二者之间的称中间基石油。我国主要原油的特点是含蜡较多，凝点高，硫含量低，镍、氮含量中等，钒含量极少。除个别油田外，原油中汽油馏分较少，渣油占1/3。组成不同类的石油，加工方法有差别，产品的性能也不同，应当物尽其用。大庆原油的主要特点是含蜡量高，凝点高，硫含量低，属低硫石蜡基原油。

二、我国原油的类型

根据原油中含硫及酸值的高低，可将我国原油分为以下四种类型：

① 低硫低酸值原油(原油含硫0.1%～0.5%，酸值≤0.5mgKOH/g)，如大庆原油。

② 低硫高酸值原油(原油含硫0.1%～0.5%，酸值>0.5mgKOH/g)，如辽河原油，新疆原油。

③ 高硫低酸值原油(原油含硫>0.5%，酸值≤0.5mgKOH/g)，如胜利原油。

④ 高硫高酸值原油(原油含硫>0.5%，酸值>0.5mgKOH/g)，如孤岛原油和“管输原油”。

三、原油蒸馏的基本原理及特点

从石油中提炼出各种燃料、润滑油和其他产品的基本途径是：将原油按沸点分割成不同馏分，然后根据油品使用要求，除去馏分中的非理想组分，或经化学反应转化成所需要的组分，从而获得合格石油产品。

1. 概念

蒸馏是利用原油混合物中各个物质沸点的不同，将其分离的方法。

由于原油中物质的种类很多，而且很多物质的沸点相差不大，这样就使得原油中各个组分的完全分离十分困难。然而对原油加工来说，并不需要进行精确的分离，因此可以按一定的沸点范围，把原油分离成不同的馏分，再送往二次加工装置进行加工。

2. 馏分

馏分是指用分馏方法把原油分成的不同沸点范围的组分。

① 石油是一个多组分的复杂混合物，每个组分有其各自不同的沸点。

② 用分馏的方法，可以把石油馏分分成不同温度段，如<200℃、200~350℃等，称为石油的一个馏分。

③ 馏分不等同于石油产品，馏分必须经过进一步加工，达到油品的质量标准，才能称为合格的石油产品。

3. 石油馏分组成

原油经过常压、减压蒸馏可得到沸点范围不同的馏分，如汽油、煤油、柴油等轻质馏分油和常压重油，这些产品仍然是复杂的混合物(其质量是靠一些质量标准来控制的)。

① 从常压蒸馏开始馏出的温度(初馏点)到小于200℃的馏分为汽油馏分(也称轻油或石脑油馏分)。

② 常压蒸馏200~350℃的馏分为煤油、柴油馏分(也称常压瓦斯油，AGO)。

由于原油从350℃开始有明显的分解现象，所以对于沸点高于350℃的馏分，需在减压下进行分馏，在减压下蒸出馏分的沸点再换算成常压沸点。

③ 沸点相当于常压下350~500℃的馏分为减压馏分(也称减压瓦斯油，VGO)。

④ 沸点相当于常压下大于500℃的馏分为减渣馏分(VR)。

不同原油的各馏分含量差别很大。与国外原油相比，我国主要油田原油中>500℃的减压渣油含量都较高，<200℃的汽油馏分含量较少(一般低于10%)。

4. 蒸馏形式

蒸馏有多种形式，可归纳为闪蒸(平衡汽化或一次汽化)、简单蒸馏(渐次汽化)和精馏三种方式。简单蒸馏常用于实验室或小型装置上，如恩氏蒸馏；而闪蒸和精馏是在工业上常用的两种蒸馏方式，前者如闪蒸塔、蒸发塔或精馏塔的气化段等，精馏过程通常是在精馏塔中进行的。

(1) 闪蒸

加热某一物料至部分汽化，经减压设施，在容器(如闪蒸罐、闪蒸塔、蒸馏塔的汽化段等)的空间内，于一定温度和压力下气、液两相分离，得到相应的气相和液相产物，叫做闪蒸。

闪蒸只经过一次平衡，其分离能力有限，常用于只需粗略分离的物料。如石油炼制和石油裂解过程中的粗分。

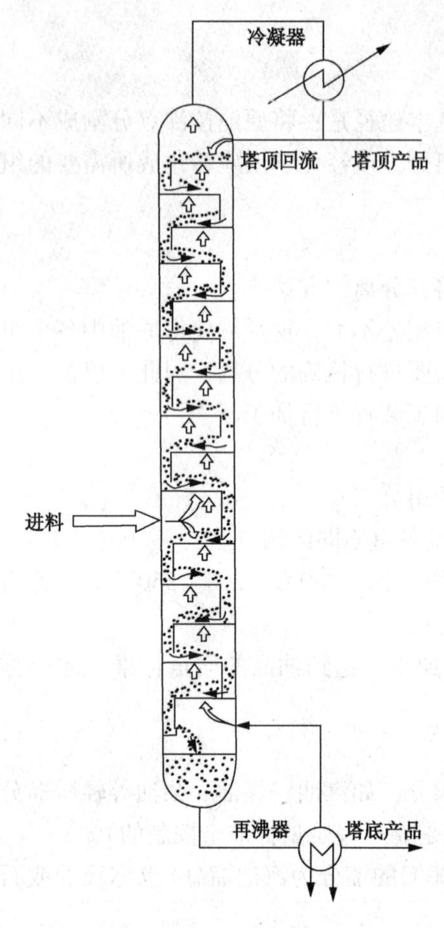

图 9－1 精馏塔

（2）简单蒸馏

作为原料的液体混合物被放置在蒸馏釜中加热，在一定的压力下，当被加热到某一温度时，液体开始气化，生成了微量的蒸气，即开始形成第一个汽泡。此时的温度即为该液相的泡点温度，液体混合物到达了泡点状态。生成的气体当即被引出，随即冷凝，如此不断升温，不断冷凝，直到所需要的程度为止。这种蒸馏方式称为简单蒸馏。

（3）精馏

精馏是分离液相混合物的有效手段，它是在多次部分汽化和多次部分冷凝过程的基础上发展起来的一种蒸馏方式，见图 9－1 所示。

炼油厂中大部分的石油精馏塔，如原油精馏塔、催化裂化和焦化产品的分馏塔、催化重整原料的预分馏塔以及一些工艺过程中的溶剂回收塔等，都是通过精馏这种蒸馏方式进行操作的。

由于塔顶液相回流和塔底气相回流的作用，沿精馏塔高度建立了两个梯度：自塔底至塔顶逐级下降的温度梯度；气、液相中轻组分自塔底至塔顶逐级增大的浓度梯度。

精馏塔内沿塔高的温度梯度和浓度梯度的建立及接触设施的存在是精馏过程得以进行的必要条件。

由于两个梯度的存在，在塔中每一个气、液两相的接触级中，由下而上的较高温度和较低轻组分浓度的气相与由上而下的较低温度和较高轻组分部的液相存在差别，因此气、液两相在接触前处于不平衡状态，形成相间推动力，使气、液两相在接触过程中进行相间的传热和扩散传质，最终使气相中的轻组分和液相中的重组分分别得到提纯。经过多次气、液相逆流接触，最后在塔顶得到较纯的轻组分，在塔底得到较纯的重组分。

精馏的实质：气、液两相进行连续多次的平衡汽化和平衡冷凝，精馏的分离效果要远远优于平衡汽化和简单蒸馏。

第二节 原油常减压蒸馏

常减压装置是对原油进行一次加工的蒸馏装置，即将原油分馏成汽油、煤油、柴油、蜡油、渣油等组分的加工装置。

1. 常压蒸馏及其特点

原油蒸馏一般包括常压蒸馏和减压蒸馏两部分。

原油的常压蒸馏，即原油在常压（或稍高于常压）下进行的蒸馏，所用的蒸馏设备为原油常压精馏塔（或称常压塔），见图 9－2 所示。

由于原油常压精馏塔的原料和产品不同于一般精馏塔，因此它具有以下工艺特点（其他的石油精馏塔也常常具有与之相似的工艺特点）：

为了使原油中的重质油在较低的温度下沸腾、汽化，除采用减压蒸馏外，还可在蒸馏过程中，向待蒸馏原油中通入高温水蒸气，即汽提。汽提实际上降低了油气的分压，与减压作用相同，而且操作更简便，因此在原油蒸馏工艺中得到了广泛的应用。但汽提要消耗大量蒸汽，且增加了冷却水的用量，因此与减压配合使用效果更好。

对石油精馏塔，提馏段的底部常常不设再沸器，因为塔底温度较高，一般在350℃左右，在这样的高温下很难找到合适的再沸器热源，因此，通常向底部吹入少量过热水蒸气，以降低塔内的油汽分压，使混入塔底重油中的轻组分汽化。汽提所用的水蒸气通常是400～450℃，约为3MPa的过热水蒸气。

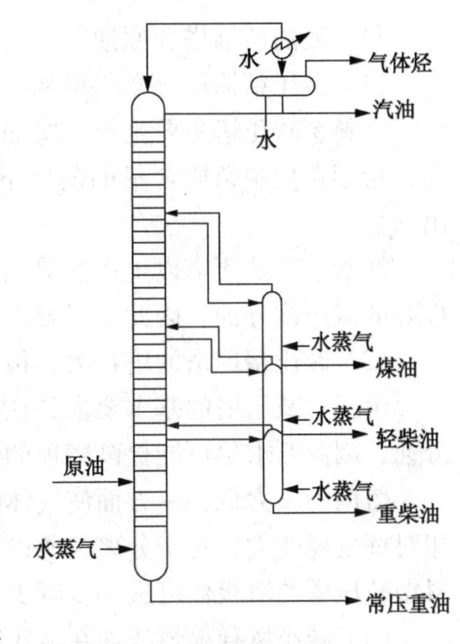

图9－2　常压蒸馏塔

在复合塔内，汽油、煤油、柴油等产品之间只有精馏段而没有提馏段，侧线产品中会含有相当数量的轻馏分，这样不仅影响本侧线产品的质量，而且降低了较轻馏分的收率。

所以通常在常压塔的旁边设置若干个侧线汽提塔，这些汽提塔重叠起来，但相互之间是隔开的，侧线产品从常压塔中部抽出，送入汽提塔上部，从该塔下注入水蒸气进行汽提，汽提出的低沸点组分与水蒸气一起从汽提塔顶部引出返回主塔，侧线产品由汽提塔底部抽出送出装置。

常压塔常设置中段循环回流：即从精馏塔上部的精馏段引出部分液相热油（或者是侧线产品），经与其他冷流换热或冷却后再返回塔中，返回口比抽出口通常高2～3层塔板。其作用是保证各产品分离效果的前提下，取走精馏塔中多余的热量。具有在相同的处理量下可缩小塔径，或者在相同的塔径下可提高塔的处理能力，可回收利用这部分温度较高的热源的优点。

2. 减压蒸馏及其特点

常压蒸馏剩下的重油组分相对分子质量大、沸点高，且在高温下易分解，使馏出的产品变质并生成焦炭，破坏正常生产。因此，为了提取更多的轻质组分，往往通过降低蒸馏压力，使被蒸馏的原料油沸点范围降低，这一在减压下进行的蒸馏过程叫做减压蒸馏。

减压蒸馏是在压力低于100kPa的负压状态下进行的蒸馏过程。由于物质的沸点随外压的减小而降低，因此在较低的压力下加热常压重油，高沸点馏分就会在较低的温度下汽化，从而避免了高沸点馏分的裂解。塔底得到的是沸点在500℃以上的减压渣油。减压渣油是焦化原料、催化原料等二次加工原料；经加工后可生产重质润滑油、沥青，也可作燃料油。

减压蒸馏的核心设备是减压塔和它的抽真空系统。减压塔的基本要求是尽量提高拔出率，对馏分组成要求不是很严格，而提高拔出率的关键是提高减压塔的真空度。减压蒸馏的原理与常压蒸馏相同，关键是减压塔顶采用了抽真空设备，使塔顶的压力降到几千帕。

抽真空设备的作用是将塔内产生的不凝气（主要是裂解气和漏入的空气）和吹入的水蒸气连续地抽走以保证减压塔的真空度要求。减压塔常用的抽真空设备是蒸汽喷射器（也称蒸汽吸射泵）或机械真空泵。其中机械真空泵只在一些干式减压蒸馏塔和小炼油厂的减压塔中采用，而广泛应用的是蒸汽喷射器。

与一般的精馏塔和原油常压精馏塔相比，减压精馏塔具有如下特点：

（1）减压精馏塔分燃料型和润滑油型两种

燃料型减压塔主要生产二次加工如催化裂化、加氢裂化等原料，它对分离精确度要求不高，希望在控制杂质含量的前提下，如残炭值低、重金属含量少等，尽可能提高馏分油拔出率。

润滑油型减压塔以生产润滑油馏分为主，希望得到颜色浅、残炭值低、馏程较窄、安定性好的减压馏分油，因此不仅要求拔出率高，而且具有较高的分离精确度。

（2）减压精馏塔的塔径大、板数少、压降小、真空度高

由于对减压塔的基本要求是在尽量减少油料发生裂解反应的条件下，尽可能多地拔出馏分油，因此要求尽可能提高塔顶的真空度，降低塔的压降，进而提高汽化段的真空度。

塔内的压力低，一方面使气体体积增大，塔径变大；另一方面由于低压下各组分之间的相对挥发度变大，易于分离，所以与常压塔相比，减压塔的塔板数有所减少。如前所述，燃料型减压塔的塔板数可进一步减少，亦利于减少压降。

（3）减小塔径缩短渣油在减压塔内的停留时间

减压塔底的温度一般在390℃左右，减压渣油在这样高的温度下，如果停留时间过长，其分解和缩合反应会显著增加，导致不凝气增加，使塔的真空度下降，塔底部结焦，影响塔的正常操作。

为此，减压塔底常采用减小塔径(即缩径)的办法，以缩短渣油在塔底的停留时间。

另外，由于在减压蒸馏的条件下，各馏分之间比较容易分离和分离精确度要求不高，加之一般情况下塔顶不出产品，所以中段循环回流取热量较多、减压塔的上部气相负荷较小，通常也采用缩径的办法，使减压塔成为一个中间粗、两头细的精馏塔。

由于上述各项工艺特征，从外形来看，减压塔比常压塔显得粗而短。

为了提高原油的拔出深度，同时避免原油在高温时分解，现代化的原油蒸馏装置都采用在常压和减压下操作，即常减压蒸馏。

由于常减压蒸馏是原油加工的第一步，并为以后的二次加工提供原料，所以常减压蒸馏装置的处理量也就是炼油厂的处理量。因此，常减压装置高效率的正常操作，对整个炼油厂的生产至关重要。

第三节　工艺流程

原油蒸馏流程就是用于原油蒸馏生产的炉、塔、泵、换热设备、工艺管线及控制仪表等按原料生产的流向和加工技术要求的内在联系而形成的有机组合。将此种内在的联系用简单的示意图表达出来，即成为原油蒸馏的流程图。

原油蒸馏过程中，在一个塔内分离一次称一段汽化。原油经过加热汽化的次数，称为汽化段数。

汽化段数一般取决于原油性质、产品方案和处理量等。原油蒸馏中，常见的是三段汽化。

原油的常减压蒸馏工艺流程如图9－3所示。石油经预热至200～240℃后进入初馏塔。轻汽油和水蒸气由塔顶蒸出，冷却到常温后进入分离器分离掉水和不凝气体，得轻汽油(国外称“石脑油”)。不凝气体称为“原油拔顶气”，占原油重量的0.15%～0.4%，其中乙烷

2% ~4%，丙烷约30%，丁烷约50%，其余为C_5及C_5以上组分，可用作燃料或生产烯烃的裂解原料。初馏塔底油料经常压加热炉加热至360~370℃，进入常压塔，塔顶出汽油，第一侧线出煤油，第二侧线出柴油。为了与油品的二次加工所得汽油、煤油和柴油区分开来，在它们前面冠以“直馏”两字，以表示它们是由原油直接蒸馏得到的。将常压塔釜重油在加热炉中加热至380~400℃进入减压蒸馏塔。采用减压操作是为了避免在高温下重组分的分解(裂解)。减压塔侧线油和常压塔三、四线油，总称“常减压馏分油”，用作炼油厂催化裂化等装置的原料。

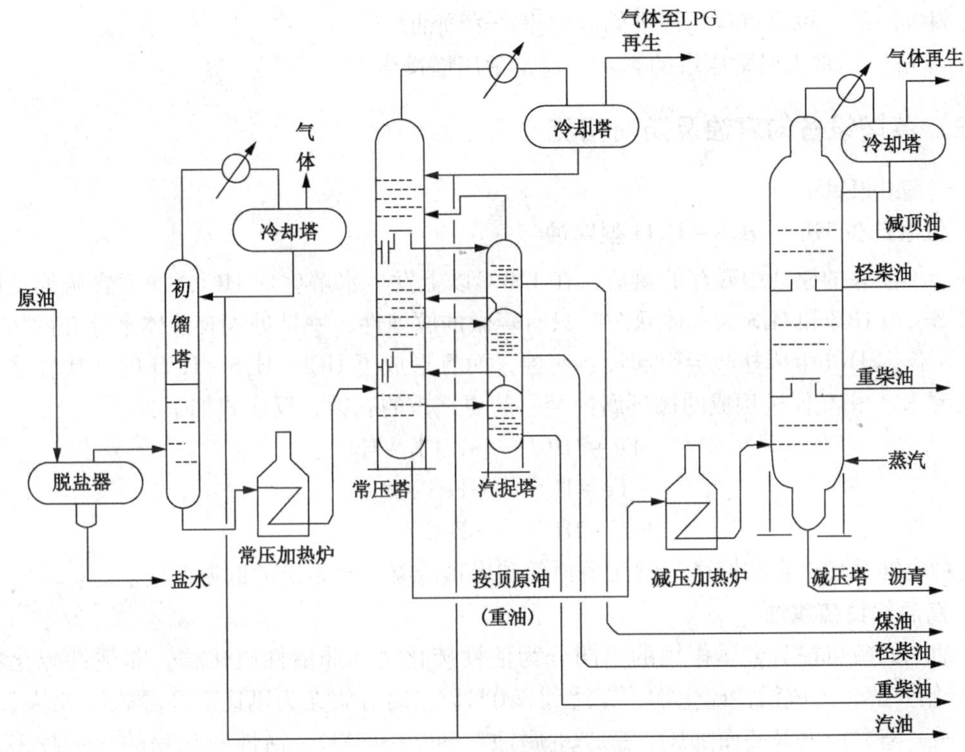

图9-3　原油三段汽化工艺流程

一、三段汽化原油蒸馏工艺流程的特点

① 初馏塔顶产品轻汽油一般作催化重整装置进料。由于原油中含砷的有机物质随着原油温度的升高而分解汽化，因而初馏塔顶汽油的砷含量较低，而常压塔顶汽油含砷量很高。砷是重整催化剂的有害物质，因而一般含砷量高的原油生产重整原料均采用初馏塔。

② 常压塔可设3~4个侧线，生产溶剂油、煤油(或喷气燃料)、轻柴油、重柴油等馏分。

③ 减压塔侧线出催化裂化或加氢裂化原料，产品较简单，分馏精度要求不高，故只设2~3个侧线，可不设汽提塔。

④ 减压蒸馏可以采用干式减压蒸馏工艺。主要特点：塔内元件采用填料代替了塔盘，从而使全塔的压降大大降低；抽真空系统一般采用带增压器的三级蒸汽喷射器，可使闪蒸区的残压降到4kPa(30mmHg)以下，低于湿式蒸馏时的烃分压，故没有必要向塔内吹入水蒸气以降低油气的分压，实现了干式减压蒸馏的操作。

二、初馏塔的作用

① 提高装置处理量。尤其是加工轻质原油时降低了原油换热系统和常压炉的压降，降低了常压炉的负荷。

② 转移塔顶低温腐蚀。设置初馏塔可以将一部分腐蚀转移到初馏塔顶，减轻常压塔顶的腐蚀，这样做在经济上较为合理。

③ 增加产品品种。可以将较轻的石脑油组分从初馏塔顶分离出来，作为乙烯裂解原料、重整原料等产品。也可以从初馏塔的侧线生产溶剂油。

④ 缓解原油带水对常压塔的影响，稳定常压塔操作。

三、蒸馏设备的腐蚀及防腐措施

（一）腐蚀原因

1. 低温部位 $HCl-H_2S-H_2O$ 型腐蚀

脱盐不彻底的原油中残存的氯盐，在120℃以上发生水解生成HCl，加工含硫原油时塔内有 H_2S，当HCl和 H_2S 为气体状态时只有轻微的腐蚀性，一旦进入有液体水存在的塔顶冷凝区，不仅因HCl生成盐酸会引起设备腐蚀，而且形成了 $HCl-H_2S-H_2O$ 的介质体系，由于HCl和 H_2S 相互促进构成的循环腐蚀会引起更严重的腐蚀，反应式如下：

$$Fe+2HCl\longrightarrow FeCl_2+H_2$$

$$Fe+H_2S\longrightarrow FeS+H_2$$

$$FeS+2HCl\longrightarrow FeCl_2+H_2S$$

这种腐蚀多发生在初馏塔、常压塔顶部和塔顶冷凝冷却系统的低温部位。

2. 高温部位硫腐蚀

原油中的硫可按对金属作用的不同分为活性硫化物和非活性硫化物。非活性硫化物在160℃开始分解，生成活性硫化物，在达到300℃以上时分解尤为迅速。高温硫腐蚀从250℃左右开始，随着温度升高而加剧，最严重腐蚀在340～430℃。活性硫化物的含量越多，腐蚀就越严重。反应式如下：

$$Fe+S\longrightarrow FeS$$

$$Fe+H_2S\longrightarrow FeS+H_2$$

$$Fe+RCH_2SH\longrightarrow FeS+RCH_3$$

高温硫腐蚀常发生在常压炉出口炉管及转油线、常压塔进料部位上下塔盘、减压炉至减压塔的转油线、进料段塔壁与内部构件等。

腐蚀程度不仅与温度、含硫量、H_2S 浓度有关，而且与介质的流速和流动状态有关。介质的流速越高，金属表面上由腐蚀产物FeS形成的保护膜越容易被冲刷而脱落，因界面不断被更新，金属的腐蚀也就进一步加剧，称为冲蚀。

3. 高温部位环烷酸腐蚀

原油中所含的有机酸主要是环烷酸。我国辽河、新疆、大港原油中的有机酸95%以上是环烷酸，胜利原油中的有机酸40%是环烷酸。环烷酸的相对分子质量为180～350，它们集中于常压馏分油（相当于柴油）和减压馏分油中，在轻馏分和渣油中的含量很少。环烷酸的沸点在两个温度区间：230～300℃及330～400℃。在第一个温度区间内，环烷酸与铁作用使金属被腐蚀：

$$2C_nH_{2n-1}COOH + Fe \longrightarrow Fe(C_nH_{2n-1}COO)_2 + H_2$$

在第二个温度区间，环烷酸与高温硫腐蚀所形成的 FeS 作用，使金属进一步遭到腐蚀，生成的环烷酸铁可溶于油被带走，游离出的 H_2S 又与无保护膜的金属表面再起反应，反应不断进行而加剧设备腐蚀：

$$2C_nH_{2n-1}COOH + FeS \longrightarrow Fe(C_nH_{2n-1}COO)_2 + H_2S$$

$$Fe + H_2S \longrightarrow FeS + H_2$$

环烷酸严重腐蚀部位大都发生在塔的进料段壳体、转油线和加热炉出口炉管等处，尤其是气液流速非常高的减压塔汽化段。

因为这些部位受到油气的冲刷最为激烈，使金属表面的腐蚀产物硫化亚铁和环烷酸铁不能形成保护膜，露出的新表面又不断被腐蚀和冲蚀，形成恶性循环。所以在加工既含硫又含酸的原油时，腐蚀尤为剧烈，应该尽量避免含硫原油与含酸原油的混炼。

（二）防腐蚀措施

目前普遍采取的工艺防腐措施是：“一脱三注”——原油深度电脱盐、挥发线注氨、挥发线注缓蚀剂、挥发线注水。高温腐蚀的工艺防腐：①混炼；②注高温缓蚀剂。实践证明，这一防腐措施基本消除了氯化氢的产生，抑制了对常减压蒸馏馏出系统的腐蚀。

1. 防腐原理

除去原油中的杂质，中和已生成的酸性腐蚀介质，改变腐蚀环境，在设备表面形成防护屏障。

2. 原油深度电脱盐

充分脱除原油中氯化物盐类，减少水解后产生的 HCl，是控制三塔塔顶及冷凝冷却系统 Cl^- 腐蚀的关键。

自地下采出的石油一般都含有水分，这些水中都溶解有 NaCl、$CaCl_2$、$MgCl_2$等盐类。一般在油田上都先采取沉降法除去部分水和固体杂质（泥沙、固体盐类等）。但是由于在采油和集输过程中的剧烈扰动，油和水形成了乳状液，单凭沉降是不能把水脱干净的。为此，在油田和炼油厂都设有脱盐脱水装置，对原料进行预处理以达到加工要求。

原油脱盐脱水的途径和方法决定于盐和水在原油中存在的状态：原油中存在的结晶颗粒状盐类，可用加入热淡水将其溶解的方法洗掉；溶解在原油所含水中的盐类，若能将水分除去，盐分也将随之被除掉，因此原油预处理的主要问题是脱水。

一般来说，水在原油中几乎不溶解，水和油可形成明显的两相，这样只要经过一段静置沉降过程，便可将沉在储罐下面的水分分离除掉。对油水形成的乳化液就再不能以沉降法将水分离了，而原油的脱水在实际上便成了破乳化问题。

破乳化方法一般可归纳为机械法、化学法和电场法三种。机械法包括加热沉降法、离心法和过滤法。化学法是通过加入破乳剂的方法来达到破乳化的目的。电场法脱盐脱水实质上是电场－化学破乳－热沉降的联合过程，此方法在我国各油田和炼油厂中广泛使用。

3. 注氨

硫化氢和残余氯化氢会引起严重腐蚀，因此，可采用注氨中和这些酸性物质抑制腐蚀。注入位置应在水的露点以前，这样氨与氯化氢气体才能充分混合，生成的氯化铵被水洗后带出冷凝系统。注入量按冷凝水的 pH 值来控制，维持 pH 在 7～9。注氨时会生成氯化铁沉积，既影响传热效果又会造成垢下腐蚀，因氯化铵在水中的溶解度很大，故可用连续注水的办法洗去。

4. 注缓蚀剂

缓蚀剂是一种表面活性剂，分子内部既有S、N、O等强极性基团，又有烃类结构基团，极性基团一端吸附在金属表面上，另一端烃类基团与油介质之间形成一道屏障，将金属和腐蚀性水相隔离开，从而保护了金属表面，使金属不受腐蚀。

将缓蚀剂配成溶液，注入到塔顶管线的注氨点之后，保护冷凝冷却系统，也可注入塔顶回流管线内，以防止塔顶部腐蚀。

原油深度电脱盐、向塔顶馏出线注氨、注缓蚀剂和注碱性水是行之有效的低温轻油部位的防腐措施。对于高温部位的抗硫腐蚀和抗环烷酸腐蚀，则须依靠合理的材质选择和结构设计加以解决。

第四节　油品质量指标简介

1. 常减压蒸馏装置能控制的车用汽油质量指标

常减压蒸馏装置能控制车用汽油的馏程，包括10%点、50%点、90%点、干点(终馏点)。

根据车用汽油的使用要求规定了各馏出点的温度。规定10%点馏出温度不高于70℃，这是保证发动机冷启动的性能；50%点馏出温度规定不高于120℃，它是保证汽油的均匀蒸发分布，达到良好的加速性和平稳性，以及保证最大功率和爬坡性能的重要指标；一般车用汽油90%点馏出温度不得超过190℃，是控制车用汽油中重质组分的指标，用以保证良好蒸发和完全燃烧，并防止积炭和生成酸性物质等，同时也保证不致稀释机油，以保证完全汽化和燃烧；干点是保证车用汽油不致因含重质成分而造成不完全燃烧，在燃烧室内结焦和积炭的指标，同时也是保证不稀释润滑油指标。它对停开车次数频繁的汽车更为重要。

但是常减压蒸馏装置所生产的直馏汽油辛烷值较低，一般约为50~60，故需和其他装置的高辛烷值组分调和后才能作为汽油成品出厂。

2. 常减压蒸馏装置能控制的轻柴油质量指标

常减压蒸馏装置能控制轻柴油的馏程、凝点、闪点等指标。

柴油馏程是一个重要的质量指标。柴油机的速度越高，对燃料的馏程要求就越严。一般来说，馏分轻的燃料启动性能好，蒸发和燃烧速度快，但是燃料馏分过轻，自燃点高，燃烧延缓期长，且蒸发程度大，易在气缸中引起爆震。燃料过重则会使喷射雾化不良，蒸发慢，不完全燃烧的部分在高温下受热分解，生成炭渣而弄脏发动机零件，使排气中有黑烟，增加燃料的单位消耗量。所以轻柴油规格要求50%馏出温度不高于300℃，95%馏出温度不高于365℃。柴油的馏程和凝点、闪点也有密切的关系。

凝点也是柴油的重要质量指标。轻柴油的规格就是按其凝点而分为10号、0号、-10号、-20号、-35号、-50号六个品种。通常柴油的馏程越轻，则凝点越低。

轻柴油的闪点是根据安全防火的要求而规定的一个重要指标。柴油的闪点在规格中规定为不低于65℃。柴油的馏程越轻，则其闪点越低。

3. 常减压蒸馏装置能控制的重柴油质量指标

常减压蒸馏装置能控制重柴油的馏程、密度、闪点、黏度等性质。

重柴油的馏程大致为300~400℃，即常三线或四线、减压一线油能出重柴油。

重柴油的密度不宜过大，太大时含沥青质和胶质太多，不易完全燃烧；密度太小时含轻馏分过多，会使闪点过低，保证不了使用安全。

重柴油的闪点是由它的轻馏分含量控制的。闪点要求不低于65℃，若轻馏分含量较多，则闪点较低，在储存和运输中不安全。尤其是凝点较高的重柴油在使用时需经预热，因而要求较高的闪点。为确保重柴油的使用安全，同时规定预热温度不得超过闪点的三分之二。

重柴油在低中速柴油机中使用，黏度过大时会使油泵压力下降，输油管内起泡，发生油阻，并影响喷油，雾化不良，以致不能完全燃烧而冒黑烟，不但浪费了燃料而且污染了环境；黏度太小时会引起喷油距离太短和雾化混合不良而影响燃烧。因而一般大、中型低速柴油机用重柴油的最低黏度应当控制在8.6mm^2/s以上。

重柴油的密度、闪点、黏度都是通过常减压蒸馏装置操作中馏分的切割来控制的，通常馏分越轻则密度越小，闪点和黏度越低。

4. 常减压蒸馏装置控制的常压重油质量指标

当常压重油用作重油催化裂化装置的原料时，常减压蒸馏装置需控制常压重油的钠离子含量。重油催化裂化装置要求原料中的钠含量在1～2μg/g以下，因为沉积在催化剂上的钠会“中和”催化剂的酸中心，并和催化剂基体形成低熔点的共熔物，造成催化剂的永久失活，因此要求常减压装置进行深度脱盐。通常常减压蒸馏装置脱盐深度达到3mg/L时，就能满足常压重油的钠离子含量小于1μg/g的要求。

5. 减压蜡油作为催化裂化原料时应满足的要求

减压蜡油残炭过大时，催化裂化生焦量会过多，使再生器负荷过大，甚至造成超温。但残炭过小时，又会使再生器热量不足，造成反应热量不够，需向再生器补充燃料。减压蜡油中的重金属在催化裂化时会沉积在催化剂上，使催化剂失活，导致脱氢反应增多，气体及生焦量增大。因此各厂对催化裂化原料油的质量都有一定要求。

当催化裂化采用掺炼渣油的工艺时(如重油催化裂化工艺)，减压蜡油的残炭、重金属含量等指标，主要影响渣油掺入量。若减压蜡油残炭、重金属含量低，则可掺炼较多的渣油；若减压蜡油残炭、重金属含量高，则只能掺入较少的渣油。因此重油催化裂化工艺对原料油的残炭和重金属含量也是有一定要求的。

6. 常减压蒸馏装置在全厂加工总流程中的重要作用

常减压装置将原油用蒸馏的方法分割成为不同沸点范围的组分，以适应产品和下游工艺装置对原料的要求。常减压蒸馏是炼油厂加工原有的第一个工序，即原油的一次加工，在炼油厂加工总流程中有重要作用，常被称之为“龙头”装置。

一般来说，原油经常减压装置加工后，可得到直馏汽油、航空煤油、灯用煤油、轻重柴油和燃料油等产品，某些富含胶质和沥青质的原油，经减压深拔后还可直接生产出道路沥青。在上述产品中，除汽油由于辛烷值较低，目前已不再直接作为产品外，其余一般均可直接或经过适当精制后作为产品出厂。常减压装置的另一个主要作用是为下游二次加工装置或化工工装置提供质量较高的原料。例如，重整原料、乙烯裂解原料、催化裂化、加氢裂化或润滑油加工装置的原料、焦化、氧化沥青、溶剂脱沥青或减黏裂化装置的原料等。近年来随着重油催化裂化技术的发展，某些原油的常压塔底重油也可直接作为催化裂化装置的原料。因此，常减压蒸馏装置的操作，直接影响着下游二次加工装置和全厂的生产状况。

第五节 常减压装置仿真操作

本装置为常减压蒸馏装置，原油用原油泵抽送到换热器，换热至110℃左右，加入一定量的破乳剂和洗涤水，充分混合后进入一级电脱盐罐。同时，在高压电场的作用下，使油水分离。脱水后的原油从一级电脱盐罐顶部集合管流出后，再注入破乳剂和洗涤水充分混合后进入二级电脱盐罐，同样在高压电场作用下，进一步油水分离，达到原油电脱盐的目的。然后再经过换热器加热到一般大于200℃进入蒸发塔，在蒸发塔拔出一部分轻组分。

拔头油再用泵抽送到换热器继续加热到280℃以上，然后去常压炉升温到356℃进入常压塔。在常压塔拔出重柴油以前组分，高沸点重组分再用泵抽送到减压炉升温到386℃进减压塔，在减压塔拔出润滑油料，塔低重油经泵抽送到换热器冷却后出装置。

一、工艺流程简述

1. 原油系统换热

罐区原油(65℃)由原油泵(P101/1，2)抽入装置后，首先与初顶、常顶汽油(H－101/1－4)换热至80℃左右，然后分两路进行换热：一路原油与减一线(H－102/1，2)、减三线(H－103/1，2)、减一中(H－105/1，2)换热至140℃左右；二路原油与减二线(H－106/1，2)、常一线(H－107)、常二线(H－108/1，2)、常三线(H－109/1，2)换热至140℃左右，然后两路汇合后进入电脱盐罐(R－101/1，2)进行脱盐脱水。

脱盐后原油(130℃左右)从电脱盐出来分两路进行换热，一路原油与减三线(H－103/3，4)、减渣油(H－104/3－7)、减三线(H－103/5，6)换热至235℃；二路原油与常一中(H－111/1－3)、常二线(H－108/3)、常三线(H－109/3)、减二线(H－106/5，6)、常二中(H－112/2，3)、常三线(H－109/4)换热至235℃左右；两路汇合后进入初馏塔(T－101)，也可直接进入常压炉。

闪蒸塔顶油气以180℃左右进入常压塔第28层塔板上或直接进入汽油换热器(H－101/1－4)、空冷器(L－101/1－3)。

拔头原油经拔头原油泵(P102/1，2)抽出与减四线(H－113/1)换热后分两路：一路与减二中(H－110/2－4)，减四线(H－113/2)换热至281℃左右；二路与减渣油(H－104/8－11)换热至281℃左右，两路汇合后与减渣油(H－104/12－14)换热至306.8℃左右再分两路进入常压炉对流室加热，然后再进入常压炉辐射室加热至要求温度入常压塔(T－102)进料段进行分馏。

2. 常压塔

常压塔顶油先与原油(H－101/1－4)换热后进入空冷(L－101/1，2)，再入后冷器(L－103/3)冷却，然后进入汽油回流罐(R－102)进行脱水，切出的水放入下水道。汽油经过汽油泵(P103/1，2)一部分打顶回流，一部分外放。不凝汽则由R－102引至常压瓦斯罐(R－103)，冷凝下来的汽油由R－103底部返回R－102，瓦斯由R－103顶部引至常压炉作自产瓦斯燃烧，或放空。

常一线从常压塔第32层(或30层)塔板上引入常压汽提塔(T－103)上段，汽提油汽返回常压塔第34层塔板上，油则由泵(P106/1，2)自常一线汽提塔底部抽出，与原油换热(H－107)后经冷却器(L－102)冷却至70℃左右出装置。

常二线从常压塔第22层(或20层)塔板上引入常压汽提塔(T－103)中段，汽提油汽返回常压塔第24层塔板上，油则由泵(P107，P106/2)自常二线汽提塔底部抽出，与原油换热(H－108/1，2)后经冷却器(L－103)冷却至70℃左右出装置。

常三线从常压塔第11层(或9层)塔板上引入常压汽提塔(T－103)下段，汽提油汽返回常压塔第14层塔板上，油则由泵(P108/1，2)自常三线汽提塔底部抽出，与原油换热(H－

109/1 -4)后经冷却器(L-104)冷却至70℃左右出装置。

常压一中油自常压塔顶第25层板上由泵(P110/1，2)抽出与原油换热(H-111/1-3)后返回常压塔第29层塔板上。

常压二中油自常压塔顶第15层板上由泵(P110/2，P111)抽出与原油换热(H-112/2，3)后返回常压塔第19层塔板上。

常压渣油经塔底泵(P109/1，2)自常压塔T-102底抽出，分两路去减压炉(炉-102，103)对流室，辐射室加热后合成一路以工艺要求温度进入减压塔(T-104)进料段进行减压分馏。

3. 减压塔

减顶油汽二级抽真空系统后，不凝汽自L-110/1，2放空或入减压炉(炉-102)作自产瓦斯燃烧。冷凝部分进入减顶油水分离器(R-104)切水，切出的水放入下水道，污油进入污油罐进一步脱水后由泵(P118/1，2)抽出装置，或由缓蚀剂泵抽出去闪蒸塔进料段或常一中进行回炼。

减一线油自减压塔上部集油箱由减一线泵(P112/1，2)抽出，与原油换热(H-102/1，2)后经冷却器(L-105/1，2)冷却至45℃左右，一部分外放，另一部分去减顶作回流用。

减二线油自减压塔引入减压汽提塔(T-105)上段，油汽返回减压塔，油则由泵(P113，P112/1)抽出与原油换热(H-106/1-6)后经冷却器(L-106)冷却至50℃左右出装置。

减三线油自减压塔引入减压汽提塔(T-105)中段，油汽返回减压塔，油则由泵(P114/1，2)抽出与原油换热(H-103/1-6)后经冷却器(L-107)冷却至80℃左右出装置。

减四线油自减压塔引入减压汽提塔(T-105)下段，油汽返回减压塔，油则由泵(P115，P114/2)抽出，一部分先与原油换热(H-113/1，2)，再与软化水换热(H-113/3，4->H-114/1，2)后经冷却器(L-108)冷却至50~85℃左右出装置；另一部分打入减压塔四线集油箱下部作净洗油用。

冲洗油自减压塔由泵(P116/1，2)抽出后与L-109/2换热，一部分返塔作脏洗油用，另一部分外放。

减一中油自减压塔一，二线之间由泵(P110/1，2)抽出与软化水换热(H-105/3)，再与原油换热(H-105/1，2)后返回减压塔。

减二中油自减压塔三，四线之间由泵(P111，P110/2)抽出与原油换热(H-110/2-4)后返回减压塔。

减压渣油自减压塔底由由泵(P117/1，2)抽出与原油换热(H-104/3-14)后，经冷却器L-109)冷却后出装置。

二、主要设备工艺控制指标

① 初馏塔(T-101)工艺指标见表9-1。

表9-1 初馏塔(T-101)工艺指标

名　称	温度/℃	压力/MPa(G)	流量/(t/h)
进料流量	235	0.065	126.262
塔底出料	228	0.065	121.212
塔顶出料	230	0.065	5.05

② 常压塔（T－102）工艺指标见表 9－2。

表 9－2　常压塔（T－102）工艺指标

名　称	温度/℃	压力/MPa(G)	流量/(t/h)
常顶回流出塔	120	0.058	
常顶回流返塔	35		10.9
常一线馏出	175		6.3
常二线馏出	245		7.6
常三线馏出	296		9.4
进料	345		121.2121
常一中出/返	210/150		24.499
常二中出/返	270/210		28.0
常压塔底	343		101.8

③ 减压塔工艺指标见表 9－3。

表 9－3　减压塔工艺指标

名　称	温度/℃	压力/mmHg	流量/(t/h)
减顶出塔	70	－700	
减一线馏出/回流	150/50		17.21/13.
减二线馏出	260		11.36
减三线馏出	295		11.36
减四线馏出	330		10.1
进料	385		
减一中出/返	220/180		59.77
减二中出/返	305/245		46.687
脏油出/返			
减压塔底	362		61.98

注：1mmHg＝133.322Pa。

④ 常压炉（F－101）、减压炉（F－102、F－103）工艺指标见表 9－4。

表 9－4　常压炉、减压炉工艺指标

名　称	氧含量/%	炉膛负压/mmHg	炉膛温度/℃	炉出口温度/℃
F－101	3～6	2.0	610.0	368.0
F－102	3～6	2.0	770.0	385.0
F－103	3～6	2.0	730.0	385.0

注：1mmHg＝133.322Pa。

三、装置冷态开工过程

（一）开工具备的条件

① 与开工有关的修建项目全部完成并验收合格。

② 设备、仪表及流程符合要求。

③ 水、电、汽、风及化验能满足装置要求。

④ 安全设施完善，排污管道具备投用条件，操作环境及设备要清洁整齐卫生。

（二）开工前的准备

① 准备好黄油、破乳剂、20#机械油、液氨、缓蚀剂、碱等辅助材料。

② 原油含水≯1%，油温不高于50℃，联系原油罐区，外操做好从罐区引燃料油的工作。

③ 准备好开工循环油、回流油、燃料气(油)。

（三）装油

装油的目的是进一步检查机泵情况，检查和发现仪表在运行中存在的问题，脱去管线内积水，建立全装置系统的循环。

1. 常减压装油流程及步骤：

（1）常压装油流程

① 原油罐→P101/1,2→H－101/1,4→

$$\left(\begin{array}{l}\rightarrow H-106/1,2\rightarrow H-107\rightarrow H-108/1,2\rightarrow H-109/1,2\rightarrow H-106/3,4\\ \rightarrow H-102/1,2\rightarrow H-103/1,2\rightarrow H-105/1,2\end{array}\right)\rightarrow R-101/1,2。$$

② R－101/1,2→

$$\left(\begin{array}{l}\rightarrow H-111/1,2\rightarrow H-108/3\rightarrow H-109/3\rightarrow H-106/5,6\rightarrow H-112/2,3\rightarrow H-109/4\\ \rightarrow H-103/3,4\rightarrow H-104/3-7\rightarrow H-103/5,6\end{array}\right)\rightarrow T-101。$$

③ T－101底→P102/1,2→H－113/1→$\left(\begin{array}{l}\rightarrow H-110/2-4\rightarrow H-113/2\\ \rightarrow H-104/8-11\end{array}\right)$→H－104/12－14→炉－101对流室→炉－101辐射室→T102。

（2）常压装油步骤

① 启动原油泵P－101/1,2(在泵图页面上点P－101/1,2一下，其中一个泵变绿色表示该泵已经开启)，打开调节阀FIC－1101、TIC－1101开度为50%，将原油引入装置；

② 原油一路经换热器H－105/2，另一路经H－106/4；现场打开VX0001、VX0002、VX0007开度为100%；

③ 两路混合后经含盐压差调节阀PDIC－1101(开度为50%)到 电脱盐罐R－101/1；

④ 再打开PDIC－1102(开度为50%)引油到电脱盐R－101/2，后经两路换热器H－109/4一路和H－103/6一路；

⑤ 打开温度调节阀TIC－1103(开度50%，使原油到初馏塔(T－101)，建立初馏塔塔底液位；

⑥ 待初馏塔T－101底部液位LIC－1103达到50%时，启动初馏塔底 泵P102/1,2(去泵现场图查找该泵，并左键点击一次开启该泵，以下同)；

⑦ 打开塔底流量调节阀FIC－1104(逐渐开大到50%)，打开TIC1102(开度为50%)流经换热器组H－113/2和H－104/11，H－104/1；

⑧ 分两股进入常压炉(F－101)；在常压炉的DCS画面上打开进入常压炉流量调节阀FIC1106、FIC1107(开度各为50%)；

⑨ 原油经过常压炉(F－101)的对流室、辐射室；

⑩ 两股出料合并为一股进入到 常压塔(T－102)进料段(即显示的TO T102)；

⑪ 观察常压塔塔底液位LIC1105的值，并调节初馏塔进出流量阀，控制初馏塔塔底液位LIC1103为50%左右(即PV＝50)。

2. 减压装置流程及步骤

（1）减压装油流程

T－102→P109/1，2→炉－102，103→T－104。

（2）减压装油步骤

① 待常压塔 T－102 底部液位 LIC－1105 达到 50% 时（即 PV＝50），启动常压塔底泵 P109/1，2 其中一个（方法同上述启动泵的方法）；

② 打开 FIC－1111 和 FIC－1112（开度逐渐开大到 50% 左右，调节 LIC1105 为 50%），分两路进 入减压炉 F－102 和 F－103 的对流室、辐射室；

③ 经两炉 F－102 和 F－103 后混合成一股进料，进入减压塔 T－104；

④ 待减压塔 T－104 底部液位 LIC－1201 达到 50% 时（即 PV＝50 左右），启动减压塔底 P117/1，2 其中一个；

⑤ 打开减压塔塔底抽出流量控制阀 FIC－1207（开度逐渐开大，控制塔底液位为 50% 左右。并到减压系统图现场打开开工循环线阀门 VX0040，然后停原油泵；装油完毕。

注：首先看现场图的手阀是否打开，确认该路管线畅通。然后到 DCS 画面上，先开泵，再开泵后阀，建立液位。

进油同时注意电脱盐罐 R101/1，2 切水。即：间断打开 LIC1101、LIC1102 水位调节阀，控制不超过 50%。

（四）冷循环

冷循环目的主要是检查工艺流程是否有误，设备、仪表是否有误，同时脱去管线内部残存的水。

待切水工作完成，各塔底液面偏高后（50% 左右），便可进行冷循环。

冷循环流程：

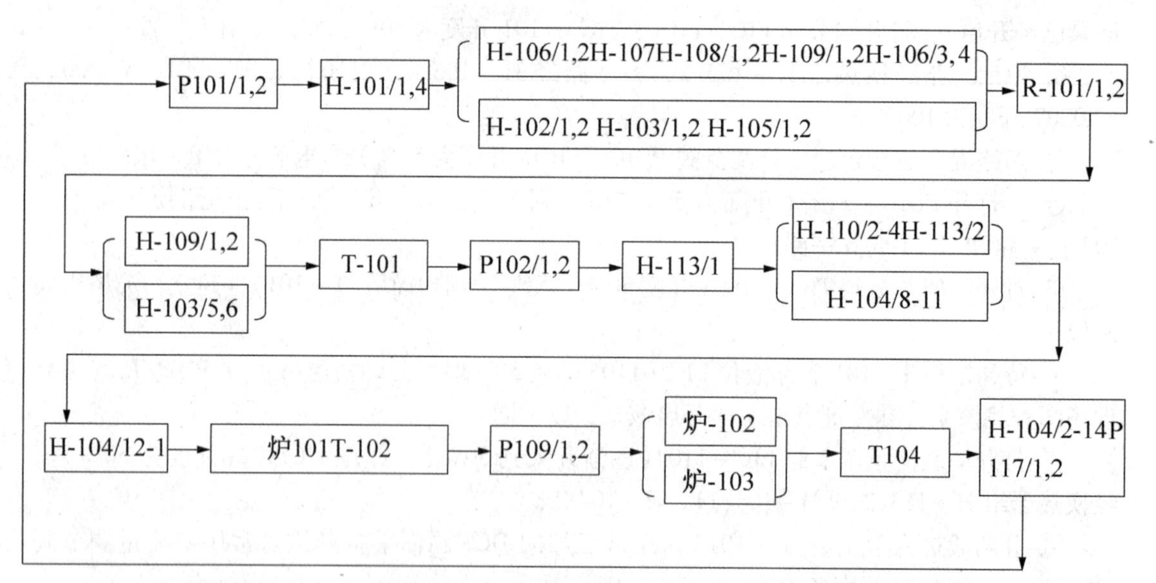

① 冷循环具体步骤与装油步骤相同；流程不变。

② 冷循环时要控制好各塔液面稍过 50% 左右（LIC1103、LIC1105、LIC1201），并根据各塔液面情况进行补油。

③ R－101/1，2 底部要经常反复切水：间断打开 LIC1101、LIC1102 水位调节阀，控制

不超过50%。

④ 各塔底用泵切换一次，检查机泵运行情况是否良好(在该仿真中不做具体要求)。

⑤ 换热器、冷却器副线稍开，让油品自副线流过(在该仿真中不做具体要求)。

⑥ 各调节阀均为手动，随时调节流量大小。

⑦ 检查塔顶汽油，瓦斯流程是否打开，防止憋压(现场打开VX008初馏塔顶，VX0042、VX0050、VX0017、VX0020、VX0018常压塔顶部。VX0019从初馏塔出来到常压塔中部偏上进气线，位置在常压塔现场图。

⑧ 启用全部有关仪表显示。

⑨ 如果循环油温低于50℃时即TI1109、炉F-101可以间断点火，但出口温度不高于80℃。

⑩ 冷循环工艺参数平稳后(主要是3个塔液位控制在50%左右，运行时间可少于4h在此做好热循环的各项准备工作。

注：加热炉简单操作步骤(以常压炉为例：在常压炉的DCS图中打开烟道挡板HC1101开度50%，打开风门ARC1101，开度为50%左右，打开PIC1102，开度逐渐开大到50%，调节炉膛负压，到现场打开自然风，现场打开VX0013，开度为50%左右，点燃点火棒，现场点击IGNITION为开状态。再在DCS画面中稍开瓦斯气流量调节阀TIC11105，逐渐开大调节温度，见到加热炉底部出现火燃标志图证明加热炉点火成功。

调节时可调节自然风风门、瓦斯及烟道挡板的开度，来控制各项指标。

实际加热炉的操作包括烘炉等细节，仿真这里不做具体要求。

(五)热循环

当冷循环无问题处理完毕后开始热循环，流程不变。

1. 热循环前准备工作

① 分别到各自现场图中打开T-101、T-102、T-104的顶部阀门，防止塔内憋压(部分在前面已经开启)。

② 在泵的现场图中启动空冷风机K-1，2。

到常压塔和减压塔的现场画面中打开各冷凝冷却器给水阀门，检查T-102、T-104馏出线流程是否完全贯通，防止塔内憋压。

常压塔现场图：打开VX0051、VX0052、VX0053开度50%。

减压塔现场图：打开VX0054、VX0055、VX0056、VX0057、VX0058、VX0059、VX0060开度为50%。

③ 循环前在现场画面将原油入电脱盐罐副线阀门全开，开VX0079、VX0006、VX0005(在后面还要关死这几个副线阀门)甩开电脱盐罐R101/1，2，防止高温原油烧坏电极棒。

2. 热循环升温、热紧过程

① 炉F-101、F-102、F-103开始升温，起始阶段以炉膛温度为准，前两小时温度不得大于300℃，两小时后以炉F-101出口温度为主，以每小时20~30℃速度升温(在这里我们只要适当控制升温速度即可，不要太快，步骤②~③在这里可省去，实际在工厂要严格按升温曲线进行升温操作)。

② 当炉F-101出口温度升至100~120℃时，恒温2h脱水，温度升至150℃恒温2~4h脱水。

③ 恒温脱水至塔底无水声，回路罐中水减少，进料段温度与塔底温度较为接近时，炉

F－101 开始以 20～25℃/h 速度升温至 250℃时恒温，全装置进行热紧。

④ 炉 F－102、F－103 出口温度 TIC1201、TIC1203 始终保持与炉 F－101 出口温度 TIC1104 平衡，温差不得大于 30℃。

⑤ 常压塔顶温度 TIC1106 升至 100～120℃时，联系轻质油引入汽油开始打顶回流(在常压塔塔顶回流现场图中打开轻质油线阀 VX0081，打开 FIC1110，开度要自己调节，此时严格控制水液面，严禁回流带水)。

⑥ 常压炉 F－101 出口温度升至 300℃时，常压塔自上而下开侧线，开中段回流(到现场图中打开手阀及机泵，在 DCS 操作画面中打开各调节阀)。

常压塔现场操作部分：

依次打开 FIC1116、FIC1115、FIC1114，开度为 50%，FIC1108、TIC1107、FIC1109、TIC1108 开度为 50%，打开泵 P104、P105、P103、P106、P107、P108。

升温阶段即脱水阶段，塔内水分在相应的压力下开始大量汽化，所以必须加倍注意，加强巡查，严防 P102/1,2、P109/1,2、P117/1,2 泵抽空。同时再次检查塔顶汽油线是否导通，以免憋压。

3. 热循环过程注意事项

① 热循环过程中要注意整个装置的检查，以防泄漏或憋压。

② 各塔底泵运行情况，发现异常及时处理。

③ 严格控制好各塔底液面。

④ 升温同时打开炉 F－101、F－102、F－103 过热蒸汽(打开 PIC－1203、PIC－1202、PIC－1205，开度为 50% 即可)，并放空，防止炉管干烧。

(六) 常压系统转入正常生产

1. 切换原油

① T－102 自上而下开完侧线后，启动原油泵，将渣油改出装置。启用渣油冷却器 L－109/2，将渣油温度控制在 160℃以内，在现场打开 VX0078、关闭开工循环线 VX0040，原油量控制在 70～80t/h。

② 导好各侧线、冷换热设备及外放流程，关闭放空，待各侧线来油后联系调度和轻质油，并启动侧线泵(前面已经打开)侧线外放。

③ 当过热蒸汽温度超过 350℃时，缓慢打开 T－102 底吹汽现场开启 VX0014，关闭过热蒸汽放空阀。

④ 待生产正常后缓慢将原油量提至正常(参数见指标表格)。

2. 常压塔正常生产

① 切换原油后，炉 F－101 以 20℃/h 的速度升温至工艺要求温度。

② 炉 F－101 抽空温度正常后，常压塔自上而下开常一中、常二中回流(前面已经做开启了)。

③ 原油入脱盐罐温度低于 140℃时，将原油入脱盐罐副线开关关闭。

④ 司炉工控制好炉 F－101 出口温度，常压技工按工艺指标和开工方案调整操作，使产品尽快合格，及时联系调度室将合格产品改入合格罐。

⑤ 根据产品质量条件控制侧线吹汽量。

3. 注意事项

① 控制好 V－102 汽油液面及油水界面，待汽油液面正常后停止补汽油，用本装置汽油

打回流。

② 过热蒸汽压力控制在 3.0 ~ 3.5kgf/cm^2（1kgf/cm^2 = 98.066kPa），温度控制在 380 ~ 450℃。开塔顶部吹汽时要先放净管线内冷凝水，再缓慢开汽，防止蒸汽吹翻塔盘。

③ R－101/1，2 送电，脱盐工做好脱盐罐切水工作，防止原油含水过大影响操作。

④ 严格控制好侧线油出装置温度。

⑤ 通知化验室按时作分析。

（七）减压系统转入正常生产

1. 开侧线

① 当常压开侧线后，减压炉开始以 20℃/h 的速度升温至工艺指标要求的范围内。

② 当过热蒸汽温度超过 350℃ 开减压塔底吹汽现场打开 VX0082，关过热蒸汽放空（仿真中没做）。

③ 当炉 F－102、F－103 出口温度升至 350℃ 时，炉 F－102、F－103 开炉管注汽打开 VX0021、VX0026，减压塔开始抽真空。

抽真空分三段进行：第一段 0 ~ 200mmHg（1mmHg = 133.322Pa），第二段 200 ~ 500mmHg，第三段 500 ~ 最大 mmHg。

操作步骤：在抽真空系统图上，先打开冷却水现场阀 VX0086，然后依次打开 VX0084、VX0085 各级抽真空阀门，并打开 VX0034 和泵 P118/1,2。

④ T－104 顶温度超过工艺指标时，将常三线油倒入减压塔顶打回流，待减一线有油后改减一线本线打回流，常三线改出装置，控制塔顶温度在指标范围内。

⑤ 减压塔自上而下开侧线。操作方法同常压步骤，基本相同。

2. 调整操作

① 当炉 F－102、F－103 出口温度达到工艺指标后，自上而下开中段回流，开回流时先放净设备管线内存水，严禁回流带水。

② 侧线有油后联系调度室、轻质油，启动侧线泵将侧线油改入催化料或污油罐。

③ 倒好侧线流程，启动 P116/1，2 开脏洗油系统，同时启用净洗油系统。

④ 根据产品质量调节侧线吹汽流量。

⑤ 司炉工稳定炉出口温度，减压技工根据开工方案要求尽快调整产品使其合格，将合格产品改进合格罐。

⑥ 将软化水引入装置，启用蒸汽发生器系统。自产气先排空，待蒸汽合格不含水后，再并入低压蒸汽网络或引入蒸汽系统。

3. 注意事项

① 开炉管注汽，塔部吹气应先放净管线内冷凝存水。

② 过热蒸汽压力控制在 2.5 ~ 3.0kgf/cm^2，温度控制在 380 ~ 450℃ 范围内。

③ 抽真空前先检查抽真空系统流程是否正确。抽真空后检查系统是否有泄露，控制好 R－105 液面。

④ 控制好蒸汽发生器水液面，自产蒸汽压力不大于 6kgf/cm^2。

⑤ 开净洗油，脏洗油系统，应先放尽过滤器、调节阀等低点冷凝水。应缓慢开启，防止吹翻塔盘。

⑥ 将常三线油引入减顶，打回流前必须检查常三线油颜色，防止黑油污染减压塔。打

回流时减一线流量计，外放调节阀走副线。

（八）投用一脱三注

① 生产正常后，将原油入电脱盐温度控制在120～130℃，压力控制在8～10kgf/cm^{2}范围内，电流不大于150A。然后开始注入破乳剂、水。

② 常顶开始注氨，注破乳剂。

操作步骤：在电脱盐图页现场开破乳剂泵P120和水泵P119，然后打开出口阀VX0037、VX0087，开度50%，在DCS图上，打开FIC1117、FIC1118，开度都为50%。

注：生产正常各项操作工艺指标达到要求后，主要调节阀所处状态如下：

① 原油进料流量FIC1101投自动，SP=125。

② 初馏塔底液位LIC1103投自动，SP=50。

初馏塔底出料FIC1104投自动，SP=121。

③ 常压炉出口温度TIC1104投自动，SP=368；炉膛温度TIC1105投串级。

风道含氧量ARC1101投自动，SP=4；炉膛负压PIC1102投自动，SP=－2。

烟道挡板开度HC1101投手动，OP=50。

④ 常压塔塔底液位LIC1105投自动，SP=50；塔底出料FIC1111、FIC1112都投串级，塔顶温度TIC1106投自动，SP=120；塔顶回流量FIC1110投串级。

塔顶分液罐V－102油液位LIC1106投自动，SP=50；水液位LIC1107投自动，SP=50。

⑤ 减压炉出口温度TIC1201和TIC1202投自动，SP=385；炉膛温度TIC1203和TIC1202投串级。

风道含氧量ARC1201和ARC1202投自动，SP=4；炉膛负压PIC1201和PIC1204投自动，SP=－2。

烟道挡板开度HC1201和1202投手动，OP=50。

⑥ 减压塔塔底液位LIC1201投自动，SP=50；塔底出料FIC1207投串级；塔顶温度TIC1205投自动，SP=70；塔顶回流量FIC1208投串级；LIC1202投自动，SP=50。

⑦ 现场各换热器，冷凝器手阀开度为50，即OP=50。各塔底注气阀开度为50；抽真空系统蒸汽阀开度为50。泵的前后手阀开度为50。

四、装置正常停工过程

（一）降量

① 降量前先停电脱盐系统。

a. 打开R－101/1,2原油副线阀门，关闭R－101/1,2进出口阀门，停止注水、注剂。静止送电30min后开始排水，使原油中水分充分沉降。

b. 待R－101/1,2内污水排净后，启动P119/1,2将R－101/1,2内原油自原油循环线打入原油线回炼。

注：待R－101/1,2罐内无压力后打开罐顶放空阀。

c. R－101/1,2内原油退完后，将常二线油自脱盐罐冲洗线倒入R－101/1,2内进行冲洗。在罐底排污线放空。

d. 各冲洗一小时。

② 降量分多次进行，降量速度为10～15t/h。

③ 降量初期保持炉出口温度不变，调整各侧线油抽出量，保证侧线产品质量合格。

④ 降量过程中注意控制好各塔底液面，调节各冷却器用水量，将侧线油品出装置温度控制在正常范围内。

（二）降量关侧线阶段

① 当原油量降至正常指标的60%～70%时开始降炉温。炉出口温度以25～30℃/h的速度均匀降温。

② 降温时将各侧线油品改入催化料或污油罐，常减压各侧线及汽油回流罐控制高液面，作洗塔用。

③ 炉F－101出口温度降到280℃左右时，T－102开始自上而下关侧线，停中段回流，各侧线及汽油停止外放。

④ 炉F－102、F－103出口温度降到320℃时，T－104开始自上而下关侧线，停中段回流，各侧线及汽油停止外放。

塔破真空分三个阶段进行：第一阶段：正常值－500mmHg(1mmHg＝133.322Pa)；第二阶段：正常值500～250mmHg；第三阶段：正常值250－0mmHg。

破真空时应关闭L－10/3，4顶部瓦斯放空阀。

⑤ 当过热蒸汽出口温度降至300℃时，停止所有塔部吹气，进行放空。

（三）装置打循环及炉子熄火

① T－102关完侧线后立即停原油泵，改为循环流程进行全装置循环。循环流程为：

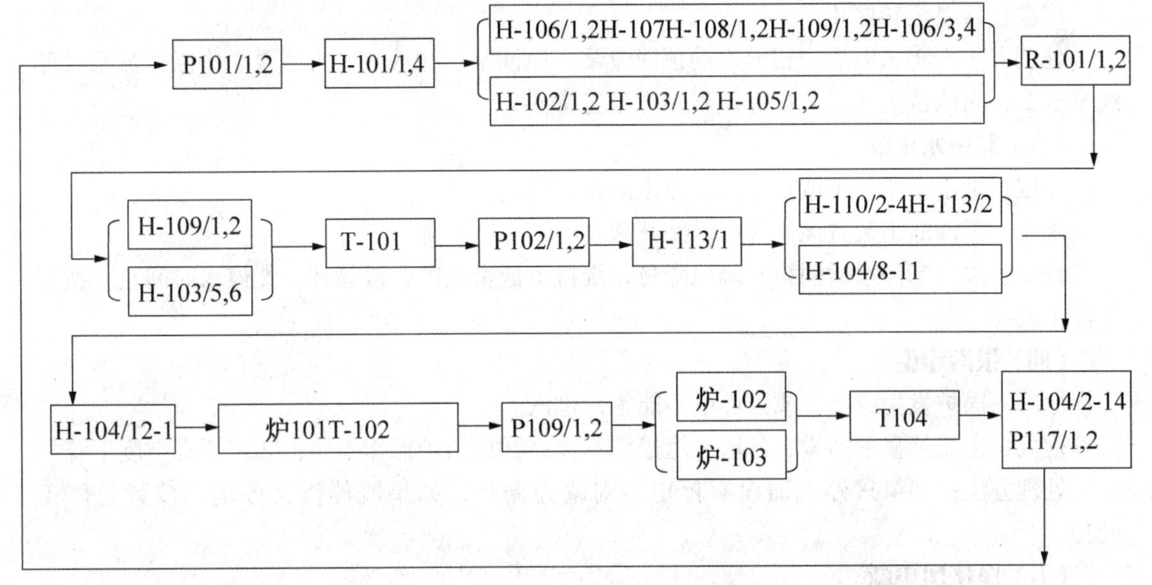

② T－104关侧线后，将减压侧线油自分配台倒入减压塔打回流洗塔。减侧线油打完后将常压各侧线倒入减压塔顶回流洗塔，直到各侧线油打完为止。

注意：将侧线油倒入减一线打回流时应打开减一线流量计和外放调节阀的副线阀门。

③ 常压技工将汽油回流罐内汽油全部打入常压塔顶洗常压塔，塔顶温度过低时停空冷。

④ 炉子对称关火阻，继续降温，炉出口温度降至180℃时停止循环，炉子熄火，风机不停。待炉膛温度降至200℃时停风机，打开放爆门加速冷却，过热蒸汽停掉。

⑤ 炉子熄火后，将各塔底油全部打出装置。

五、紧急停车

紧急停工步骤：

① 加热炉立即熄火。

② 停止原油进料，关各馏出阀、注气阀，破真空，认真退油，关塔部吹气，过热蒸汽改为放空。

③ 将不合格油品改进污油罐。

④ 对局部着火部位应及时切断火源，加强灭火。

⑤ 尽量维持局部循环，尽量按正常的停工方法处理。

注意：减压破真空时，不能太快，要关闭瓦斯放空阀。

六、事故列表

（一）原油中断

原因：原油泵故障。

现象：塔液面下降，塔进料压力降低，塔顶温度升高。

处理方法：① 切换原油泵；②不行按停工处理。

（二）供电中断

原因：供电部门线路发生故障。

现象：各泵运转停止。

处理方法：①来电后，相继启动顶回流泵、原油泵、初底泵、常底泵、中断回流泵及侧线泵。②各岗位按生产工艺指标调整操作至正常。

（三）循环水中断

原因：供水单位停电或水泵出故障不能正常供水。

现象：①油品出装置温度升高；②减顶真空度急剧下降。

处理方法：①停水时间短，降温降量，维持最低量生产，或循环。②停水时间长，按紧急停工处理。

（四）供汽中断

原因：锅炉发生故障，或因停电不能正常供汽。

现象：①流量显示回零，各塔、罐操作不稳；②加热炉操作不稳；③减顶真空度下降。

处理方法：如果只停汽而没有停电，则改为循环，如果既停汽又停电，按紧急停工处理。

（五）净化风中断

原因：空气压缩机发生故障。

现象：仪表指示回零。

处理方法：①短时间停风，将控制阀改副线，用手工调节各路流量、温度、压力等；②长时间停风，按降温降量循环处理。

（六）加热炉着火

原因：炉管局部过热结焦严重，结焦处被烧穿。

现象：炉出口温度急剧升高，冒大量黑烟。

处理方法：熄灭全部火嘴并向炉膛内吹入灭火蒸汽。

（七）常压塔底泵停

原因：泵出故障，被烧或供电中断。

现象：①泵出口压力下降，常压塔液面上升；②加热炉熄火，炉出口温度下降。

处理方法：切换备用泵。

（八）（常顶回流阀）阀卡10%

原因：阀使用时间太长。

现象：塔顶温度上升，压力上升。

处理方法：开旁通阀。

（九）换热器H－109/4故障(1Mt)

原因：换热器H－109/4层堵。

现象：炉进料温度下降，进料流量下降。

处理方法：开大换热器副线，控制炉出口温度。

（十）闪蒸塔底泵抽空

原因：泵本身故障。

现象：泵出口压力下降，塔底液面迅速上升，炉膛温度迅速上升。

处理方法：切换备用泵，注意控制炉膛温度。

（十一）减压炉息火

原因：燃料中断。

现象：炉堂温度下降，炉出口温度下降，火灭。

处理方法：①减压部分按停工处理；②常渣出装置。

（十二）抽－1故障

原因：真空泵本身故障。

现象：减压塔压力上升。

处理方法：加大抽－2蒸汽量。

（十三）低压闪电

原因：供电不稳。

现象：全部或部分低压电机停转，操作混乱。

处理：①如时间短，切换备用泵，顺序：顶回流、中段回流、处理量调节。②及时联系电修部门送电，按工艺指标调整操作。

（十四）高压闪电

原因：供电不稳。

现象：全部或部分高压电机停转，初馏塔和常压塔进料中断，液面下降。

处理：①如时间短，切换备用泵。②及时联系电修部门送电，按工艺指标调整操作。

（十五）原油含水

原因：原油供应紧张。

现象：原油泵可能抽空，初馏塔液面下降，压力上升。

处理：加强电脱盐罐操作，加强切水。

七、原油常减压装置现场及DCS图

原油常减压装置仿真图见图9－4～图9－17所示。

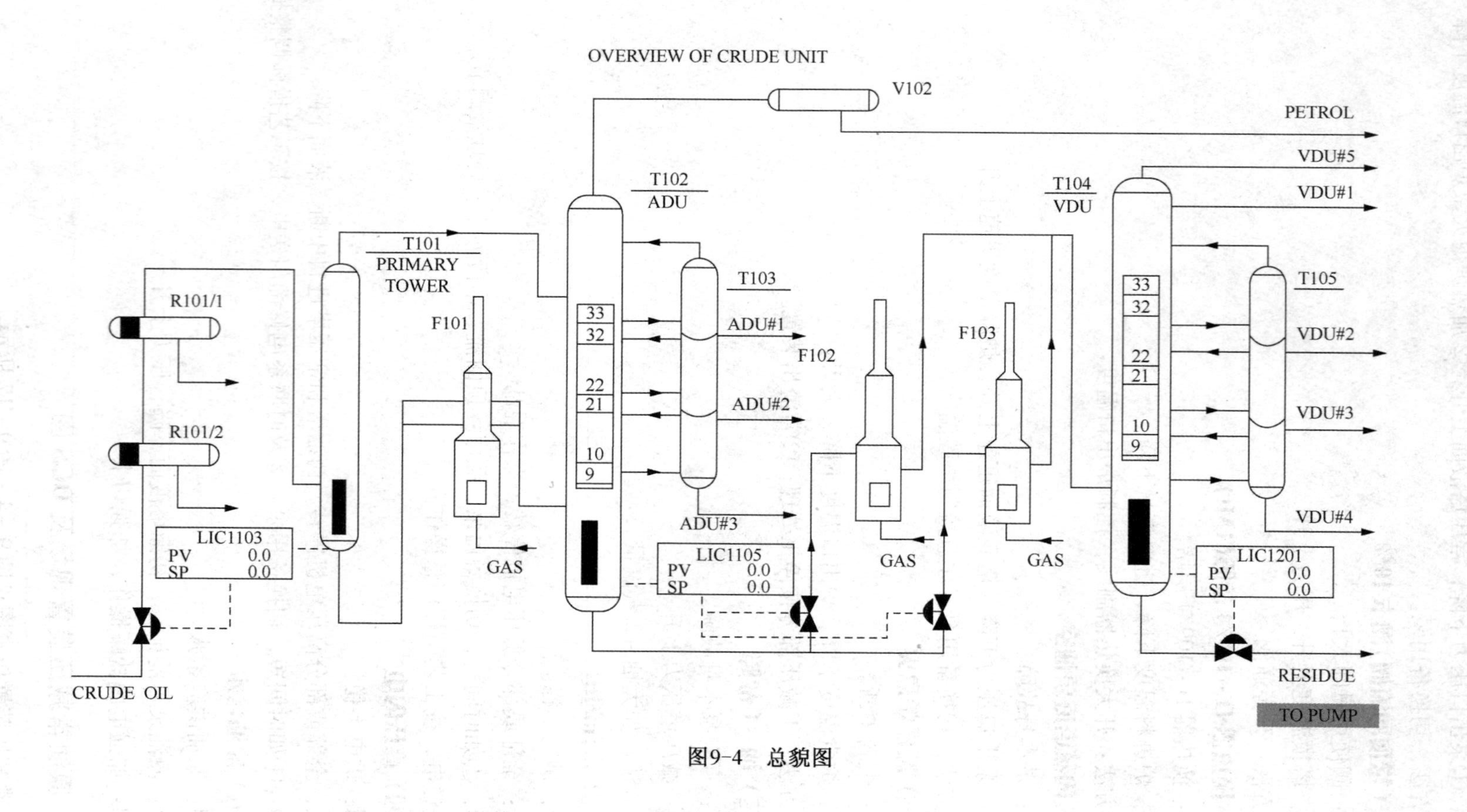
OVERVIEW OF CRUDE UNIT
V102
PETROL
VDU#5
VDU#1
T102
ADU
T104
VDU
T101
PRIMARY
TOWER
R101/1
R101/2
F101
T103
ADU#1
F102
ADU#2
F103
T105
VDU#2
VDU#3
VDU#4
33
32
22
21
10
9
ADU#3
LIC1103
PV 0.0
SP 0.0
LIC1105
PV 0.0
SP 0.0
LIC1201
PV 0.0
SP 0.0
GAS
GAS
GAS
CRUDE OIL
RESIDUE
TO PUMP
图9-4 总貌图

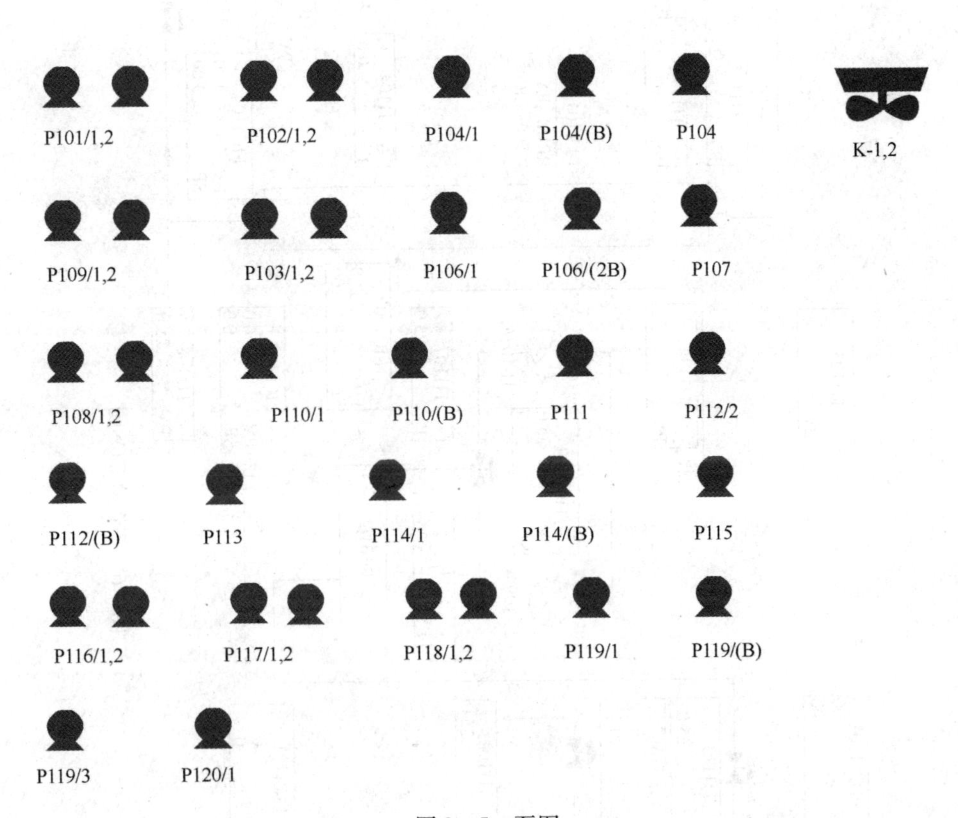

P101/1,2
P102/1,2
P104/1
P104/(B)
P104
K-1,2
P109/1,2
P103/1,2
P106/1
P106/(2B)
P107
P108/1,2
P110/1
P110/(B)
P111
P112/2
P112/(B)
P113
P114/1
P114/(B)
P115
P116/1,2
P117/1,2
P118/1,2
P119/1
P119/(B)
P119/3
P120/1

图 9 - 5　泵图

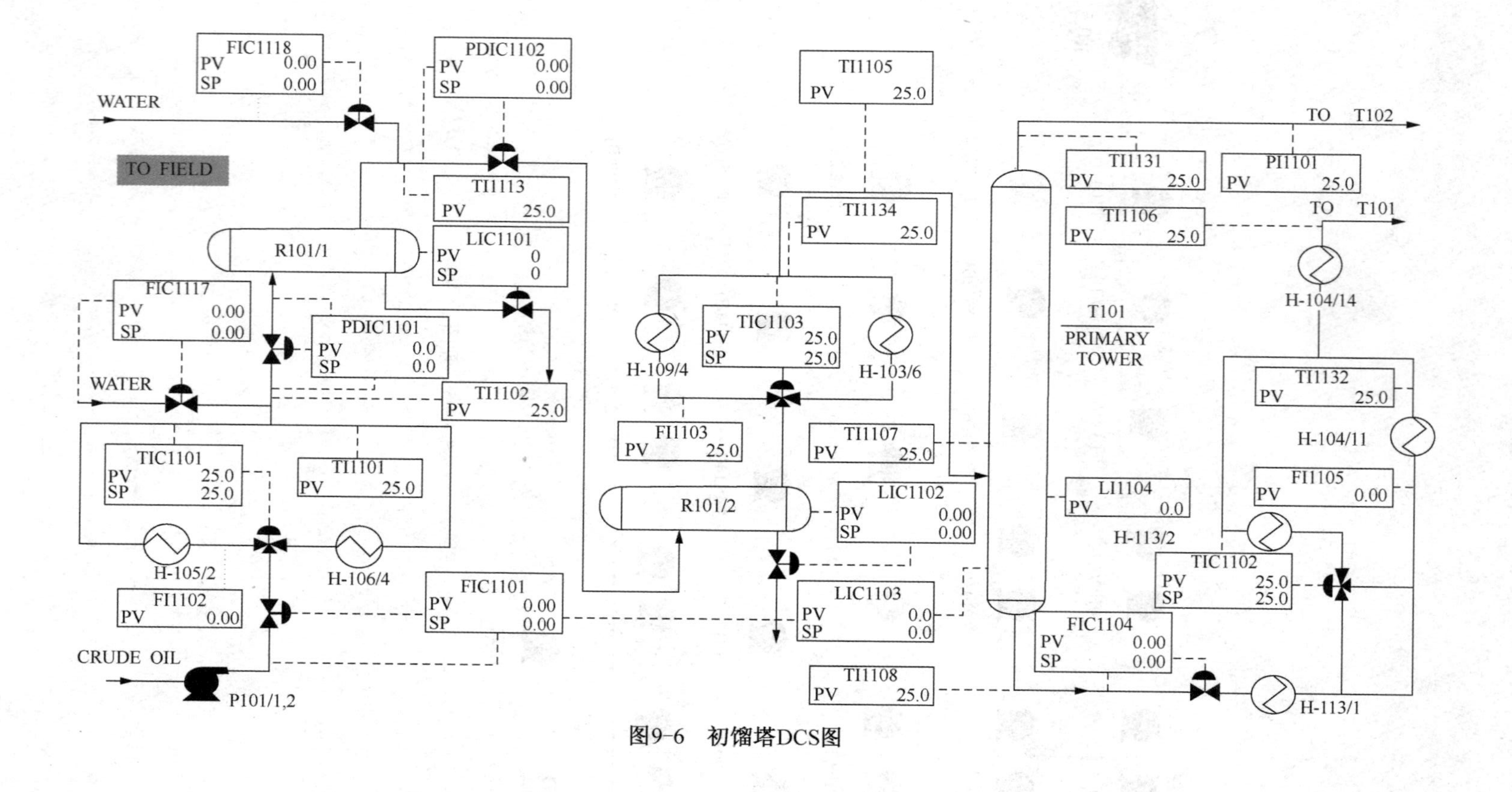
FIC1118
PV 0.00
SP 0.00
WATER
TO FIELD
PDIC1102
PV 0.00
SP 0.00
TI1113
PV 25.0
R101/1
LIC1101
PV 0
SP 0
FIC1117
PV 0.00
SP 0.00
PDIC1101
PV 0.0
SP 0.0
WATER
TI1102
PV 25.0
TIC1101
PV 25.0
SP 25.0
TI1101
PV 25.0
H-105/2
H-106/4
FI1102
PV 0.00
FIC1101
PV 0.00
SP 0.00
CRUDE OIL
P101/1,2
TI1105
PV 25.0
TI1134
PV 25.0
TIC1103
PV 25.0
SP 25.0
H-109/4
H-103/6
FI1103
PV 25.0
TI1107
PV 25.0
R101/2
LIC1102
PV 0.00
SP 0.00
LIC1103
PV 0.0
SP 0.0
TI1108
PV 25.0
TO T102
TI1131
PV 25.0
PI1101
PV 25.0
TI1106
PV 25.0
TO T101
H-104/14
T101
PRIMARY
TOWER
TI1132
PV 25.0
H-104/11
FI1105
PV 0.00
LI1104
PV 0.0
H-113/2
TIC1102
PV 25.0
SP 25.0
FIC1104
PV 0.00
SP 0.00
H-113/1
图9-6 初馏塔DCS图

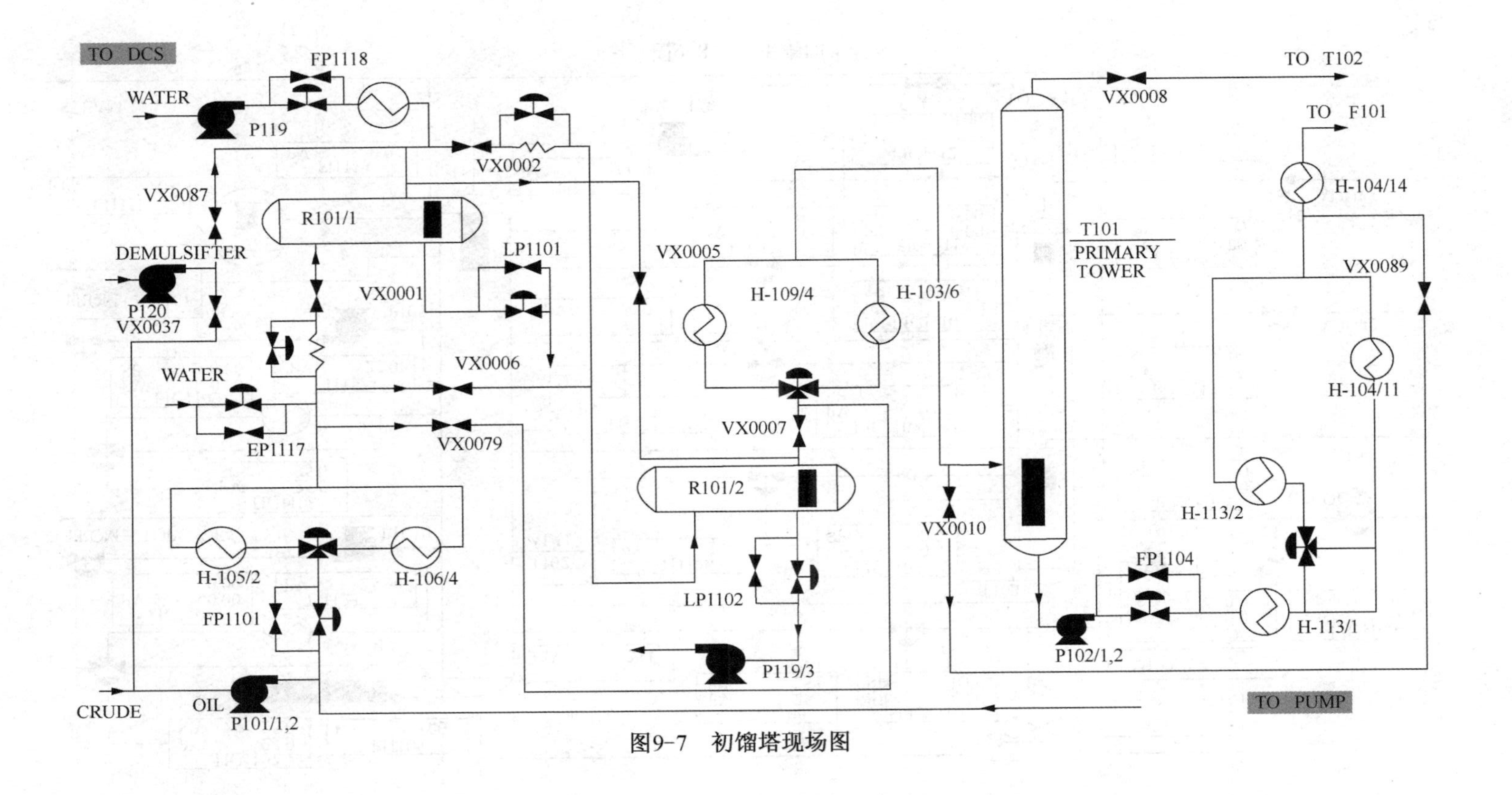
TO DCS
FP1118
WATER
P119
VX0002
VX0087
R101/1
DEMULSIFTER
LP1101
P120
VX0037
VX0001
WATER
VX0006
EP1117
VX0079
H-105/2
H-106/4
FP1101
CRUDE
OIL
P101/1,2
VX0005
H-109/4
H-103/6
VX0007
R101/2
LP1102
P119/3
VX0008
TO T102
T101
PRIMARY
TOWER
VX0010
FP1104
P102/1,2
TO F101
H-104/14
VX0089
H-104/11
H-113/2
H-113/1
TO PUMP

图9-7 初馏塔现场图

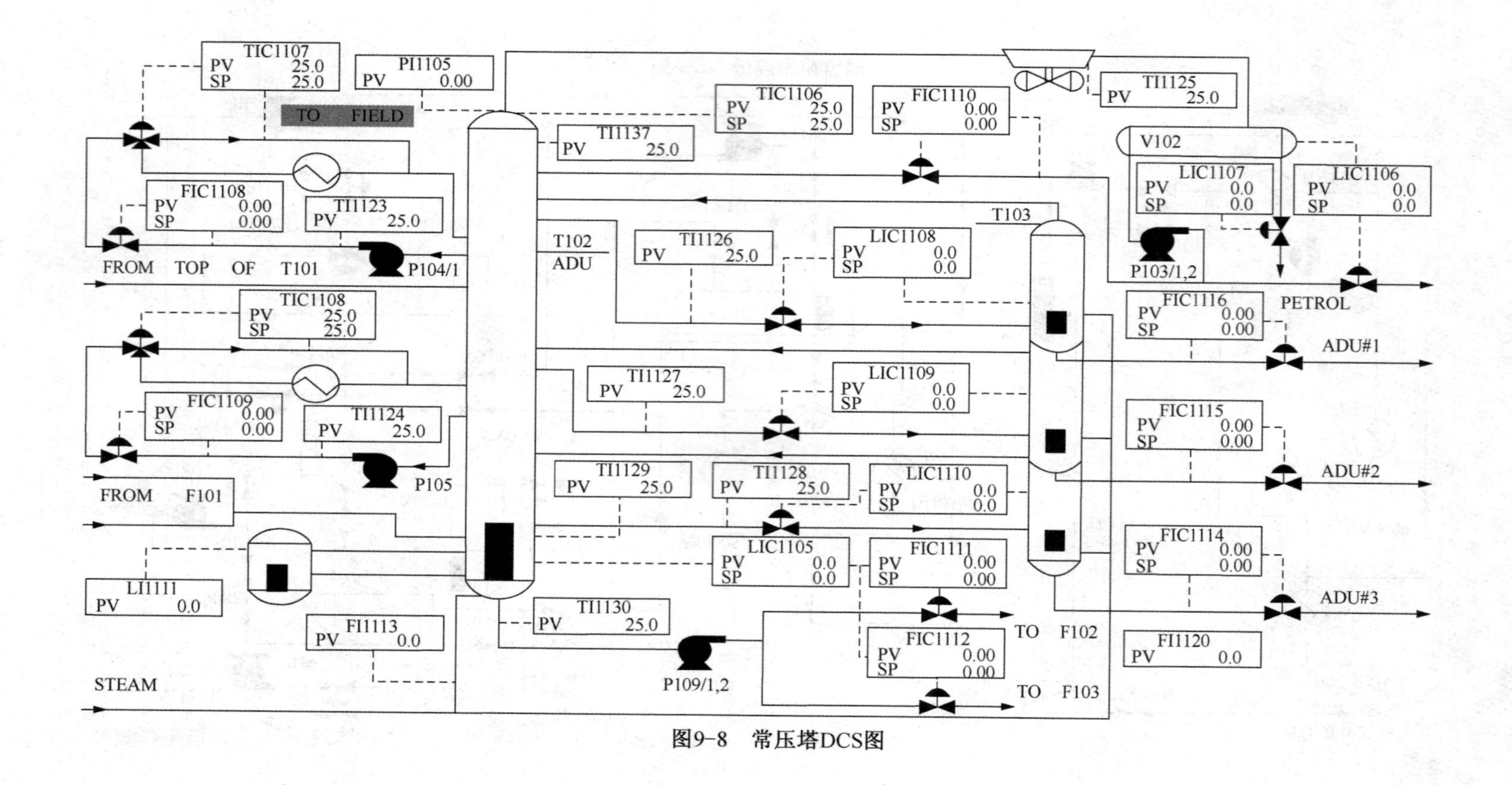
TIC1107 PV 25.0 SP 25.0
PI1105 PV 0.00
TO FIELD
TIC1106 PV 25.0 SP 25.0
FIC1110 PV 0.00 SP 0.00
TI1125 PV 25.0
TI1137 PV 25.0
V102
LIC1107 PV 0.0 SP 0.0
LIC1106 PV 0.0 SP 0.0
FIC1108 PV 0.00 SP 0.00
TI1123 PV 25.0
T103
T102
ADU
TI1126 PV 25.0
LIC1108 PV 0.0 SP 0.0
FROM TOP OF T101
P104/1
P103/1,2
PETROL
TIC1108 PV 25.0 SP 25.0
FIC1116 PV 0.00 SP 0.00
ADU#1
TI1127 PV 25.0
LIC1109 PV 0.0 SP 0.0
FIC1109 PV 0.00 SP 0.00
TI1124 PV 25.0
FIC1115 PV 0.00 SP 0.00
P105
ADU#2
TI1129 PV 25.0
TI1128 PV 25.0
LIC1110 PV 0.0 SP 0.0
FROM F101
FIC1114 PV 0.00 SP 0.00
LIC1105 PV 0.0 SP 0.0
FIC1111 PV 0.00 SP 0.00
LI1111 PV 0.0
ADU#3
TI1130 PV 25.0
FI1113 PV 0.0
TO F102
FIC1112 PV 0.00 SP 0.00
FI1120 PV 0.0
STEAM
P109/1,2
TO F103

图9-8 常压塔DCS图

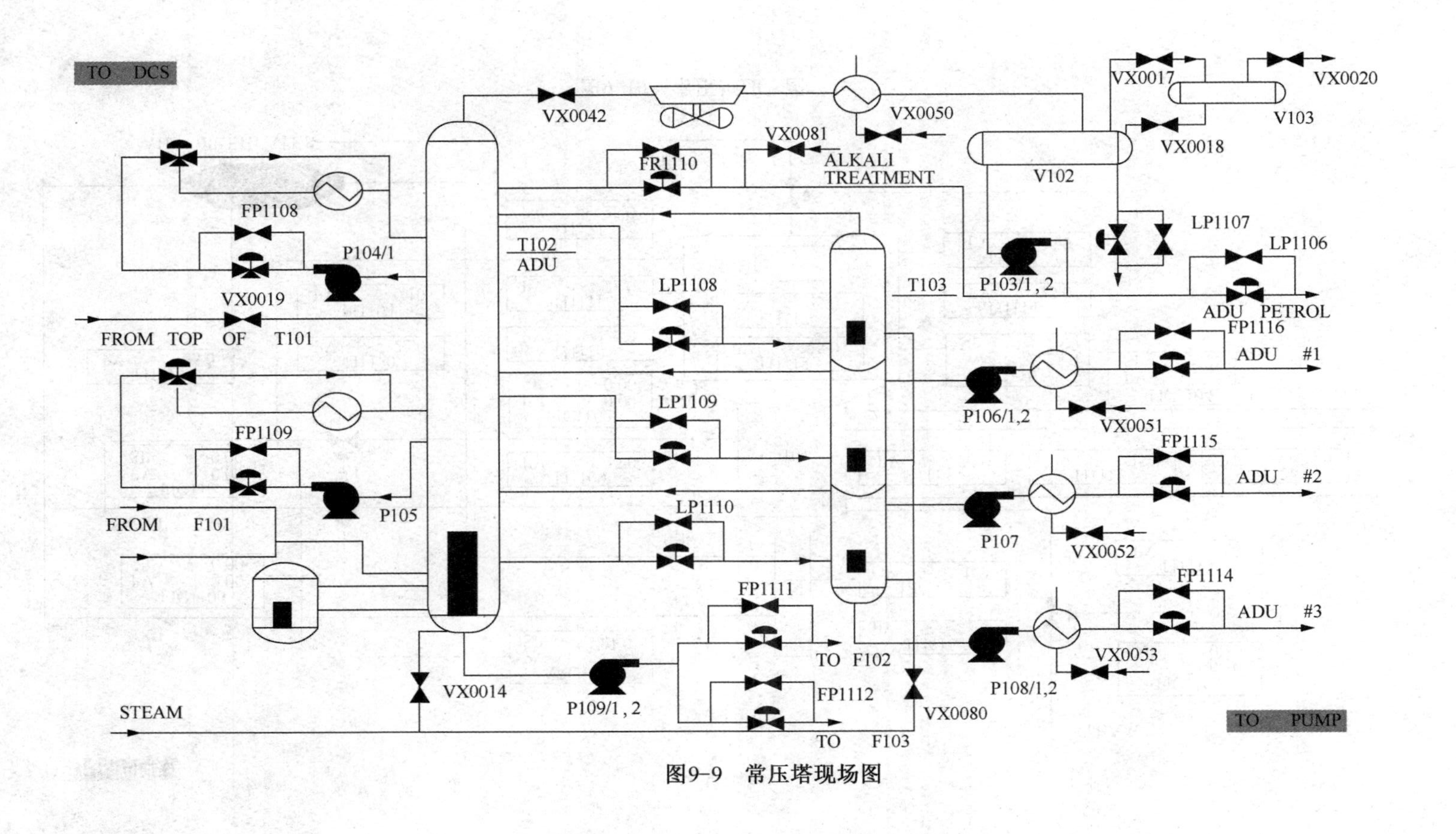
TO DCS
VX0042
VX0050
VX0017
VX0020
V103
VX0018
VX0081
FR1110
ALKALI
TREATMENT
V102
FP1108
P104/1
T102
ADU
LP1107
LP1106
VX0019
FROM TOP OF T101
LP1108
T103
P103/1，2
ADU PETROL
FP1116
ADU #1
LP1109
P106/1,2
VX0051
FP1109
FP1115
ADU #2
P105
FROM F101
LP1110
P107
VX0052
FP1111
FP1114
ADU #3
TO F102
VX0053
VX0014
FP1112
P108/1,2
STEAM
P109/1，2
VX0080
TO PUMP
TO F103
图9-9 常压塔现场图

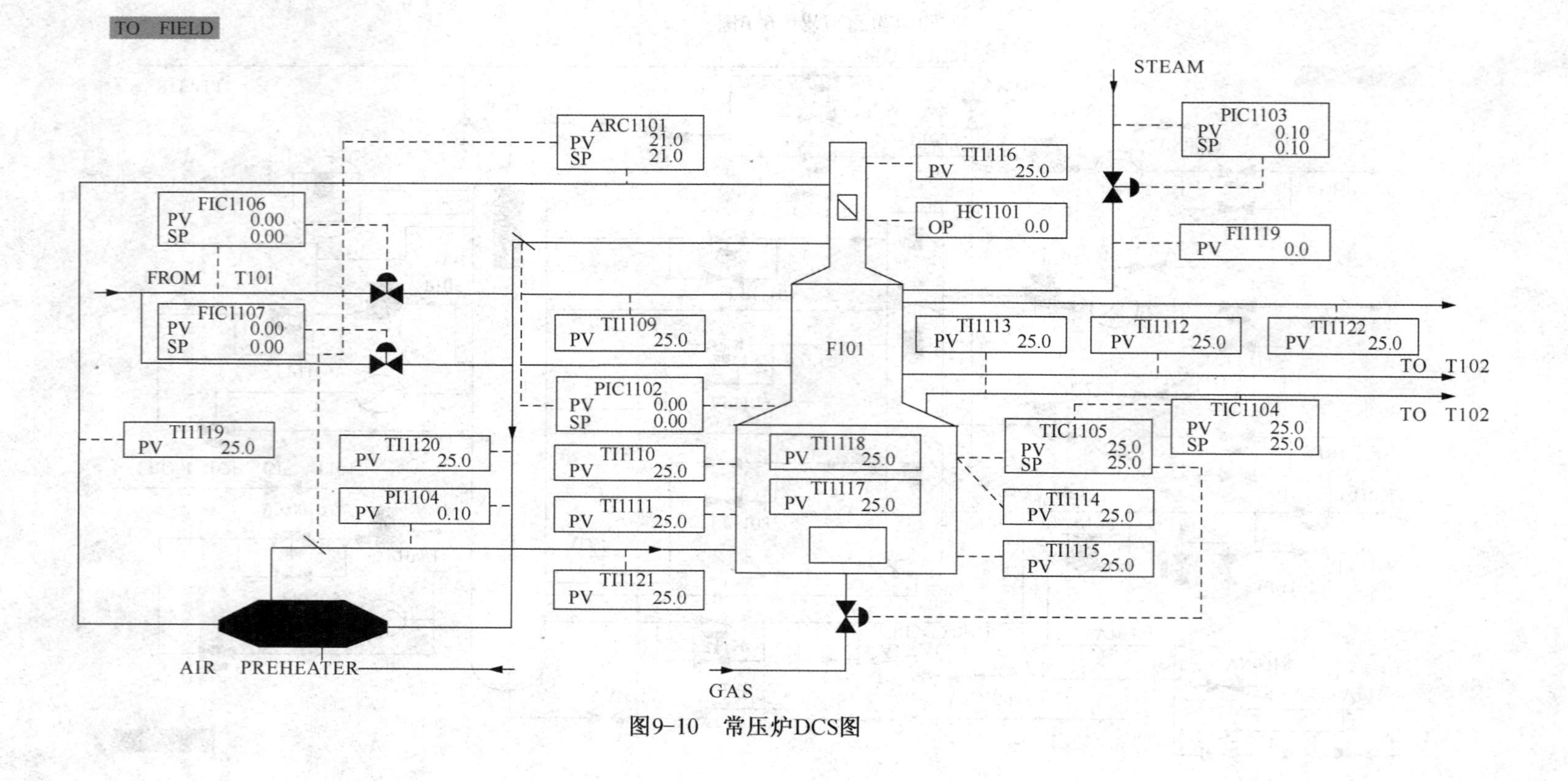

图9-10 常压炉DCS图

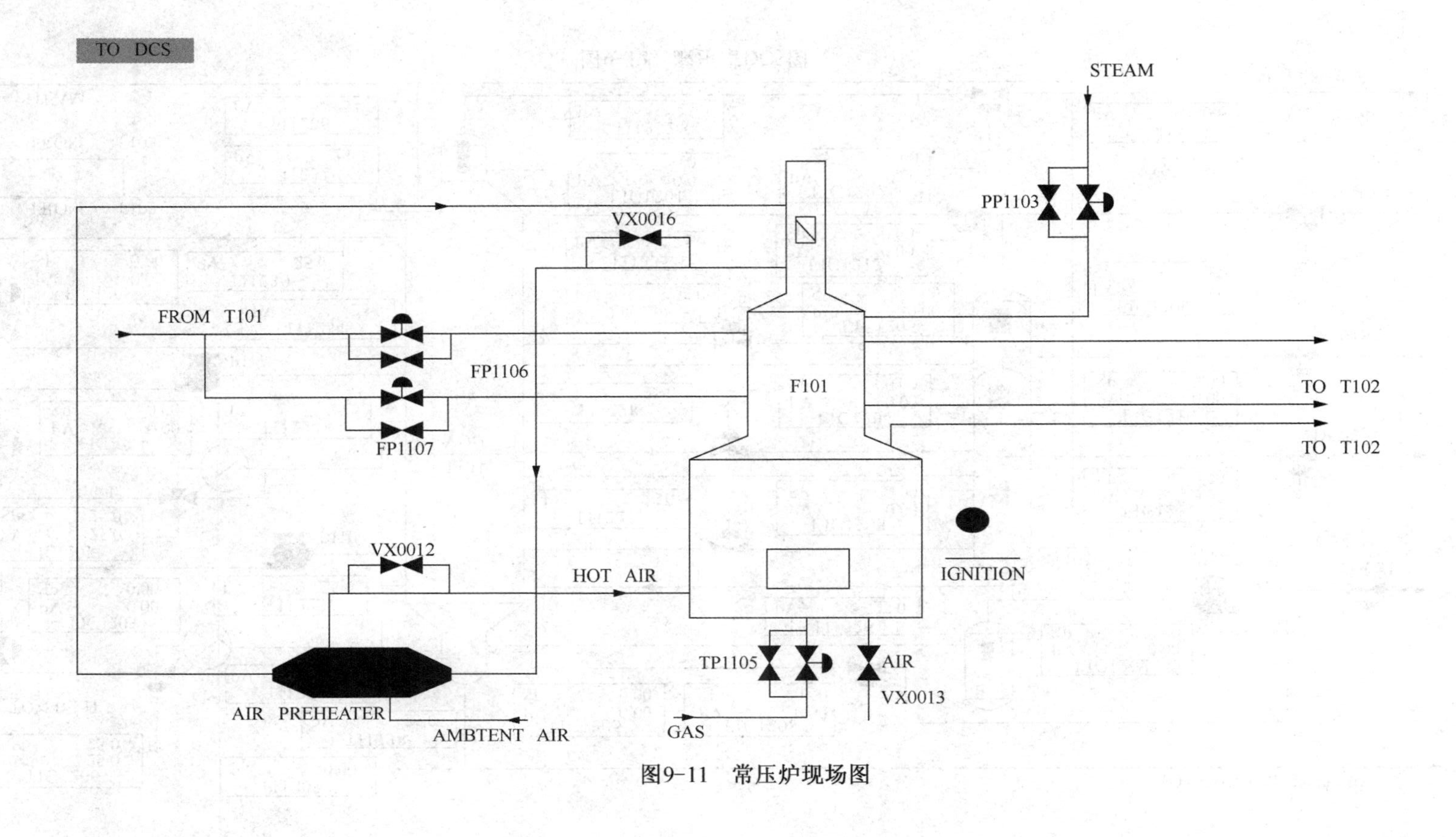
TO DCS
STEAM
PP1103
VX0016
FROM T101
FP1106
FP1107
F101
TO T102
TO T102
VX0012
HOT AIR
IGNITION
TP1105
AIR
VX0013
AIR PREHEATER
AMBTENT AIR
GAS

图9-11 常压炉现场图

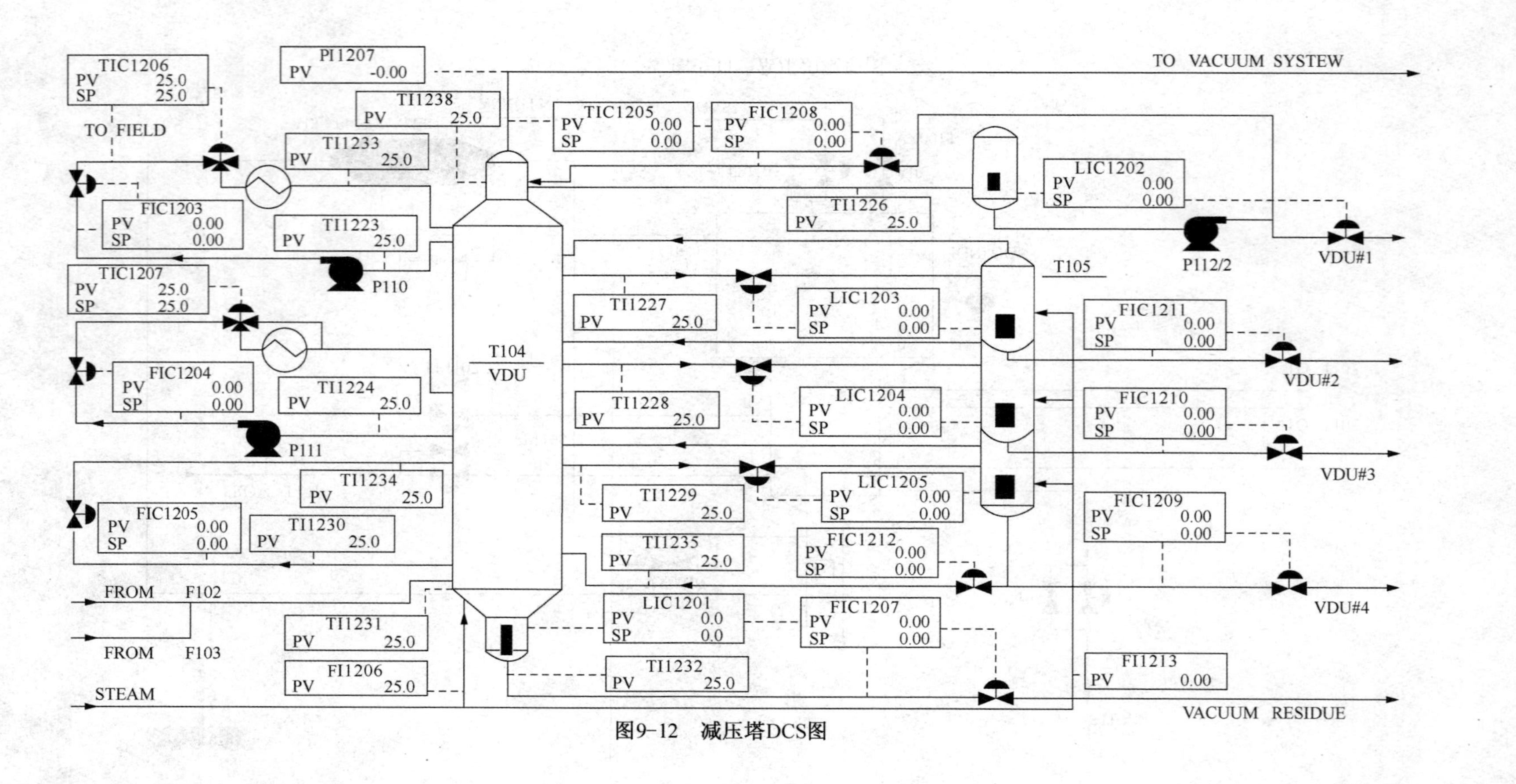

图9-12 减压塔DCS图

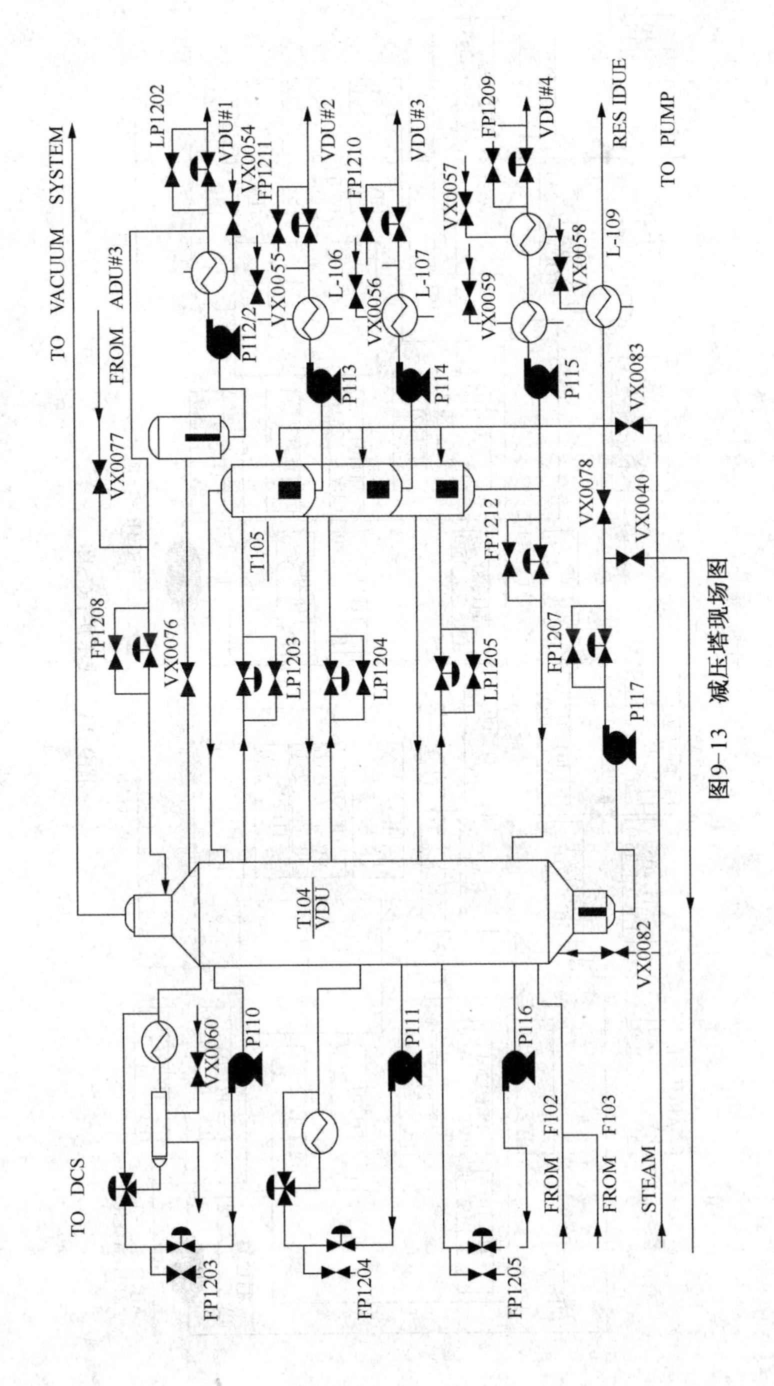
TO VACUUM SYSTEM
FROM ADU#3
VX0077
FP1208
VX0076
LP1202
VDU#1
VX0054
FP1211
P112/2
VX0055
L-106
VDU#2
P113
FP1210
VX0056
L-107
VDU#3
P114
VX0057
FP1209
VDU#4
VX0059
VX0058
P115
L-109
RES IDUE
TO PUMP
VX0083
T105
LP1203
LP1204
LP1205
FP1212
VX0078
VX0040
FP1207
P117
T104
VDU
VX0082
TO DCS
VX0060
P110
P111
P116
FP1203
FP1204
FP1205
FROM F102
FROM F103
STEAM

图9–13 减压塔现场图

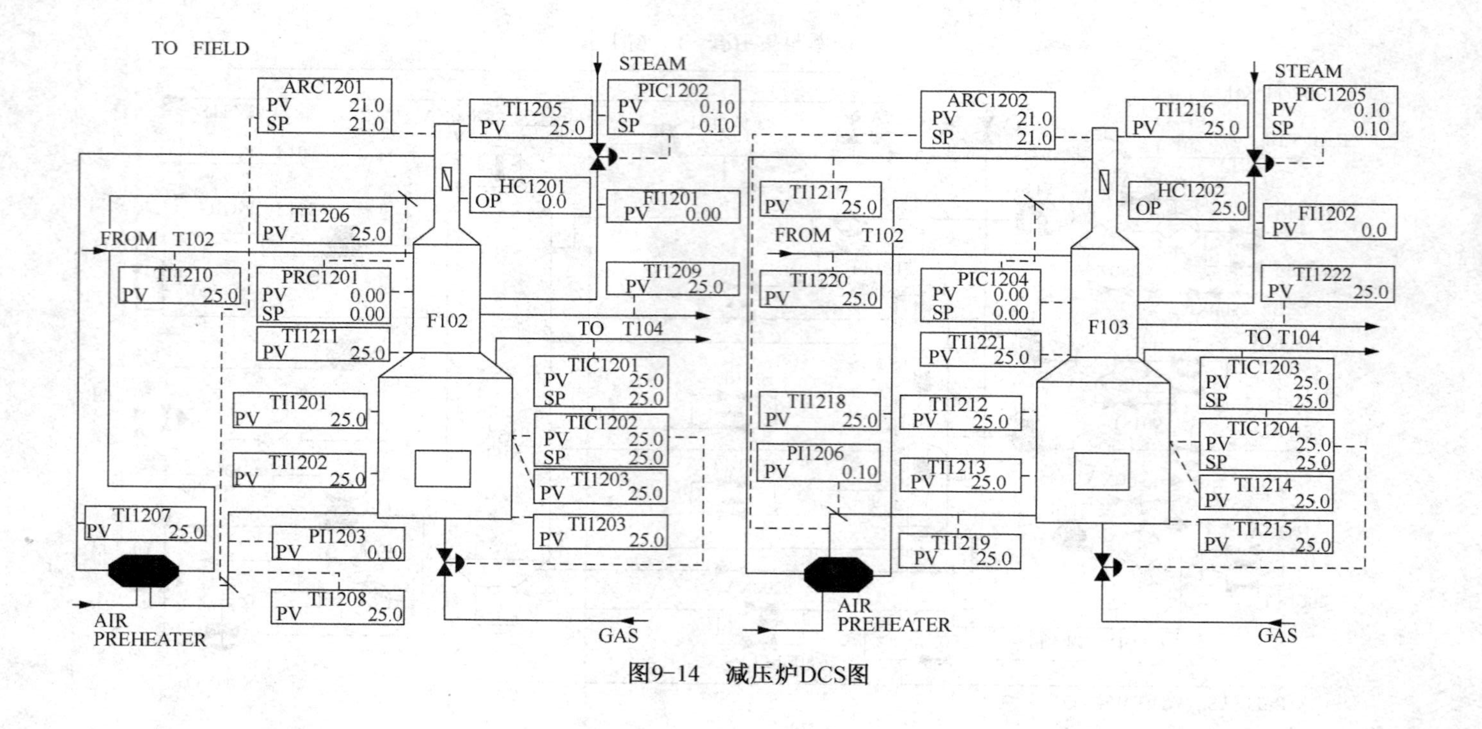

图9-14　减压炉DCS图

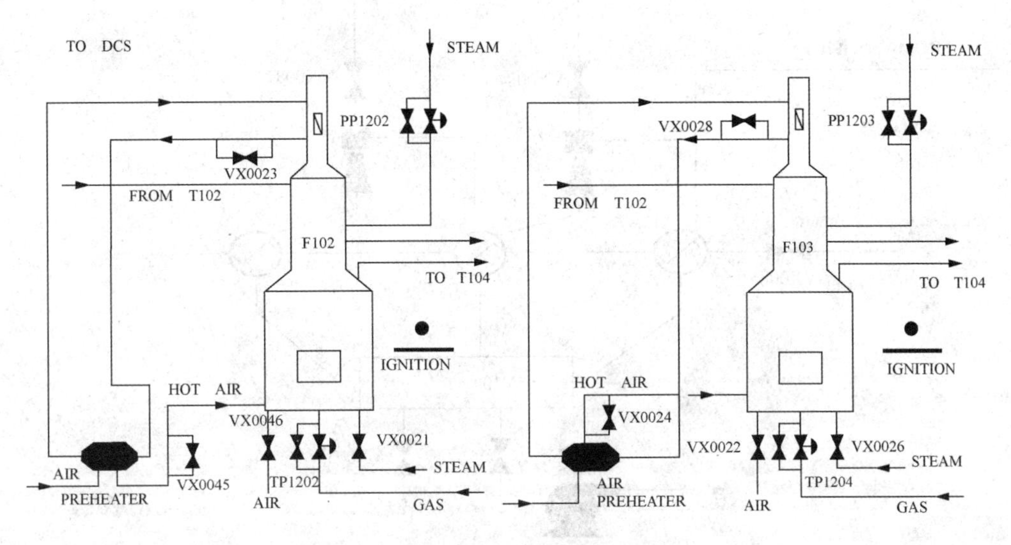

图 9－15 减压炉现场图

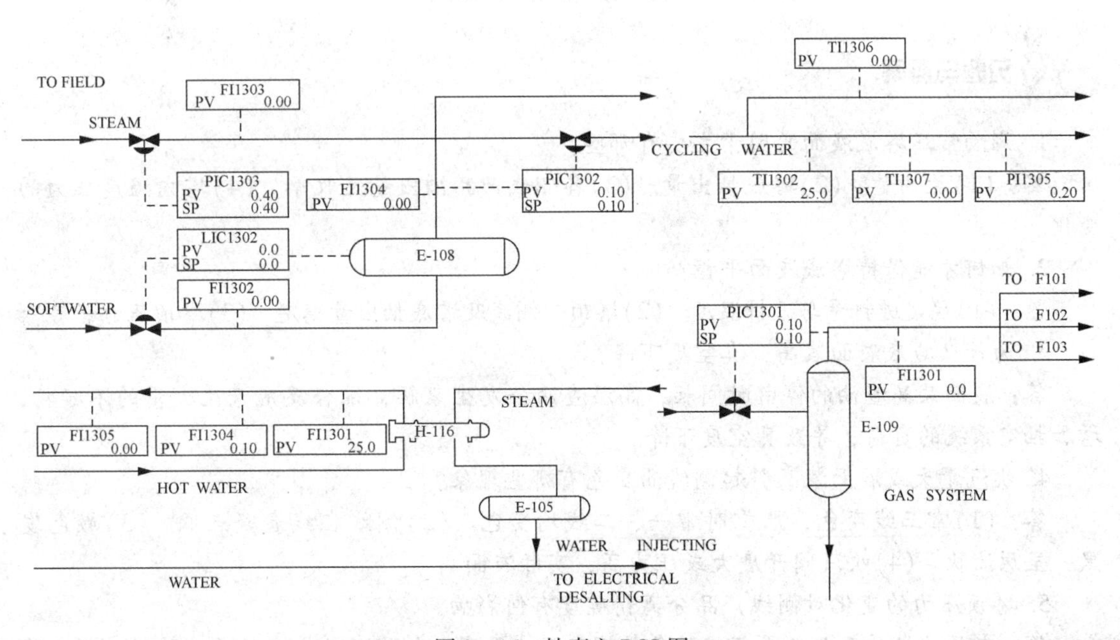

图 9－16 抽真空 DCS 图

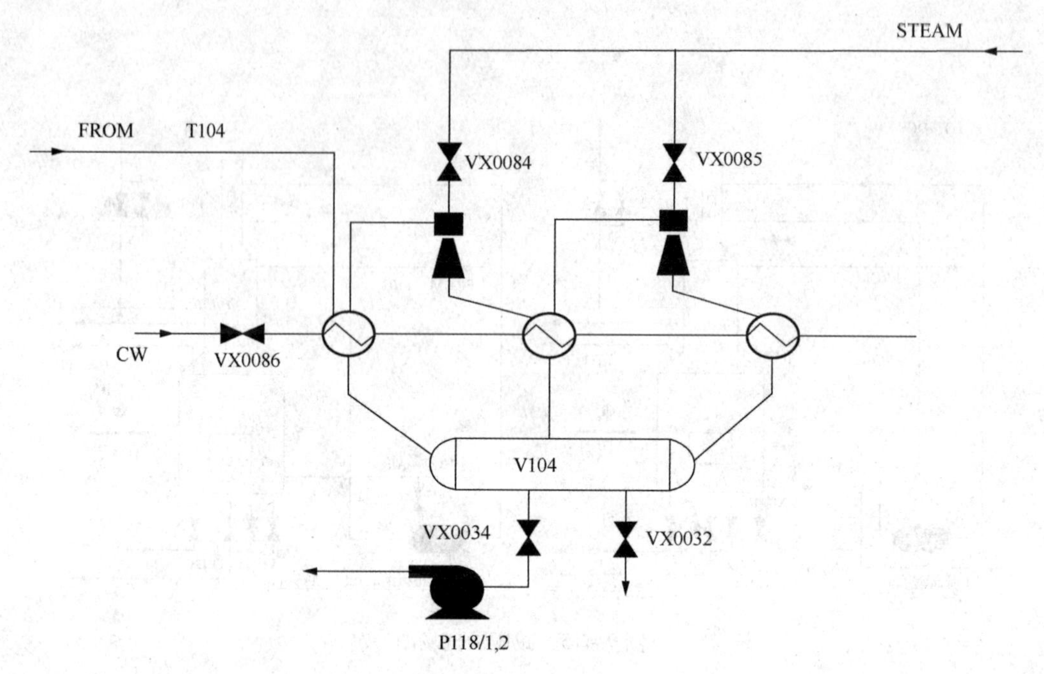

图 9－17 抽真空现场图

1. 影响常压塔底液面的因素主要有哪些?

答:(1)原油量。(2)塔底抽出量。(3)各侧线产品馏出量及收率。(4)塔内温度压力的变化。

2. 如何才能保持塔底液面平稳?

答:(1)稳定进料量与进料温度。(2)塔顶、侧线及塔底抽出量稳定。(3)塔顶压力稳定。

3. 为什么减底液面装高,真空度下降?

答:液面装高渣油的停留时间长,高温渣油会发生裂解,缩合反应产生大量的不凝物,增加抽空系统的负荷,导致真空度下降。

4. 吹汽量大或液面装高引起侧线油变色有哪些现象?

答:(1)常三线变色,严重时常一、二线均变色。(2)侧线在线表凝点低。(3)颜色发黑,呈原油状。(4)吹汽阀开度大或压力高,实际液面高。

5. 塔顶压力的变化对侧线产品分离精确度有何影响?

答:在原油性质及加工量不变的条件下,压力升高,侧线产品分离精确度降低,压力降低,侧线产品的分离精确度增加。

6. 减底液面高有哪些现象?

答:(1)仪表指示液面高。(2)塔底真空表指示真空度低。(3)进料段温度与塔底温度差值小,甚至低于塔底温度。(4)严重时减顶真空度下降,增压器叫。

7. 炉出口温度波动的原因？

答：(1)入炉原料油的温度、流量、性质变化。(2)燃料油压力或性质的变化；燃料气压力变化或燃料气带油。(3)仪表自动控制失灵。(4)外界气候变化。(5)炉膛温度变化。

8. 简述过剩空气系数和加热炉燃烧的关系。

答：(1)过剩空气系数太小，说明入炉空气量小，燃烧不完全，浪费燃料。(2)过剩空气系数太大，入炉空气量太多，炉膛温度下降，传热效果不好，烟道气量多，带走热量多，浪费燃烧且炉管易氧化剥皮。(3)过剩空气系数降低1%，可使炉子热效率提高0.5%~1%。

9. 常压炉日常检查和注意事项？

答：(1)经常检查炉内负荷，判断炉管是否弯曲脱皮、鼓泡、发红发暗等现象，注意弯头、堵头、法兰等处有无漏油。(2)经常检查火焰燃烧情况、炉出口温度、炉膛温度。(3)经常检查瓦斯是否带油(尤其是低压瓦斯)，燃料油压力是否稳定。(4)注意炉膛内负压情况，经常检查风门、烟道挡板开度，并根据氧含量分析提供数据进行调整。(5)内外操作员做好联系，掌握炉子进料量变化，做好事先调节。(6)经常检查消防设备是否齐全，做到妥善保管。

10. 烘炉前的检查内容？

答：(1)对施工质量进行验收。(2)检查炉墙砌筑(砌缝、烟道、膨胀缝)的情况，并在炉墙内放砖样一块(提前称重，并做好记录)。(3)检查炉体保温及保温层的情况。(4)检查炉管、回弯头、底板、吊架、防爆门、看火门、火嘴安装情况。(5)检查炉区活动部位是否灵活好用。例如，烟道挡板，快开风门，蝶阀等。(6)准备好点火用具。(7)安全设施，卫生条件达到要求。(8)转好燃料油、天然气流程，经详细检查后引油引气。

11. 简述加热炉开工点火前的准备工作？

答：(1)炉管用蒸汽、水贯通试压，检查炉管胀口、堵头、弯头是否泄漏。(2)入炉细致检查管板、吊架是否牢固，炉壁衬里有无脱落，烟道内有无杂物。(3)检查、试验看火窗、防爆门、烟道挡板、阻火器是否灵活好用，严密正确。(4)贯通试漏，检查消防蒸汽和其他消防设施。(5)用蒸汽贯通检查火嘴是否好用，阀门开关是否灵活。(6)清扫炉区杂物及易燃物。(7)提前进行燃料油循环(注意脱水)。(8)准备点火用具，严禁用污油点火。(9)最后检查一次烟道挡板，风门开度。

12. 减压炉管内油品的流速太低有何不好？

答：减压炉管内油品的流速太低则油品在炉管内停留时间增长，油品易结焦，造成炉局部过热，炉管寿命降低，缩短大修周期，严重时造成泄漏着火停工。

13. 炉管吹汽的作用是什么？

答：加速流速，使油品的流动状态呈湍流，减少局部过热，防止炉管结焦。

14. 减压塔顶温度为什么不能过高？

答：减压塔顶温度不能大于90℃，温度过高会增加塔顶冷凝系统负荷，影响真空度。

15. 影响减压真空度主要因素有哪些？真空度是如何变化的？

答：(1)抽真空设备的效能。如加工精度低，组装质量差或喷嘴磨损、堵塞等使真空度下降。(2)抽空器的工作蒸汽压力低，使真空度下降。(3)冷却水量少，冷却水温度高，使蒸汽及油气冷凝冷却不下来，而使真空度下降。(4)减压炉出口温度高，使油品裂解的汽提增多。(5)减顶瓦斯线不畅通。(6)减顶温度过高，塔顶负荷大。

16. 汽油的干点为什么高于塔顶温度？

答：常压塔塔顶温度指的是常压塔塔顶油品在其油气分压下，平衡蒸发的露点温度。汽油的干点是油品恩氏蒸馏的终馏点。但常压塔塔顶油气分压与大气压近似，同一油品的终馏点高于露点，所以汽油干点高于塔顶温度。

17. 装置开工为什么要进行恒温热紧？

答：装置检修中所有法兰、螺栓等都是在常温常压下紧好的，由于各种材料的热膨胀系数不一样，温度升高后高温部位的密封面有可能发生泄漏。因此，在升温开侧线以前，必须对设备、管线进行详细检查，高温部位须进行热紧。恒温热紧的温度通常在常压炉出口温度250℃，时间1～2h。经过详细检查无问题，常压炉可继续升温，进入开侧线阶段。

18. 简述常压塔的作用是什么？

答：常压塔又名精馏塔，通过常压操作，从拔头原油中切割出合格的汽油、柴油、过汽化油(蜡油)等产品。常压操作员要认真掌握物料平衡和热量平衡，搞好平稳操作。要保证馏出口产品质量合格，提高拔出率，并为下一道工序的平稳操作打下基础。

19. 简述初馏塔(闪蒸塔)的作用是什么？

答：初馏塔(闪蒸塔)的主要任务是脱除原油中所含的水分和部分轻组分，为常压操作打下基础，提高闪蒸塔的拔出率，还能降低常压炉的热负荷，有利于提高处理量。

20. 简述减压塔的作用是什么？

答：减压塔的主要作用是分割在常压进炉温度下不能汽化的馏分，通常是350～560℃之间的馏分，一般可作为馏分油料或润滑油料。

21. 简述换热系统在常压系统中的作用是什么？

答：换热器是蒸馏装置中用来加热原料、回收热量、冷却产品的重要设备。

22. 水冷却器是控制入口水量好还是出口好？

答：对油品冷却器而言，用冷却水入口阀控制弊多利少，控制入口可节省冷却水，但入口水量限死可引起冷却器内水流短路或流速减慢，造成上热下凉，采用出口控制能保证流速和换热效果，一般不宜使用入口水量控制。

23. 换热馏程的一般安排原则是什么？

答：(1)原油先于温度较低的油品换热，再与温度较高的油品换热，这样温差大，传热效率高，且热源必须温度较高且有一定流量才可换热。(2)要考虑原油通过换热器的压力降不致太大，如一个热源需通过若干个换热器，要采用并联形式来降低压降。(3)高温热源油品经过多次换热，如减压渣油，以充分回收热量。(4)黏度大、不清洁、有毒或腐蚀设备的流体走管程。

24. 简述炉出口温度波动的原因是什么？

答：(1)入炉原料油的温度、流量、性质变化。(2)燃料油压力变化，燃料气压力变化或燃料气带油。(3)仪表自动控制失灵。(4)外界气候变化。(5)炉膛温度变化。

25. 简述造成闪蒸塔顶温度变化的原因是什么？

答：(1)换热温度变化。换热温度升高则塔顶温度升高。

(2)原油含水或性质变化。原油含水大，进料温度下降，但因含水变化，水分汽化携带到塔顶的热量增多，所以塔顶温度升高；原油轻组分多，塔顶压力上升而塔顶温度下降。

有关阀门开度是否合适，流程是否正确，有无泄漏，各线温度、压力等是否正常。

26. 简述原油破乳剂的作用机理是什么？

答：原油进电脱盐之前加入破乳剂，分散在乳化液中，因具有较小的表面张力，较高的表面活性，在油水界面它可以替代乳化剂，从而改变原油界面的性质，形成一个较弱的易被破坏的吸附膜，在高压电场的作用下，达到原油破乳的作用。

27. 简述中和缓蚀剂的作用机理是什么？

答：常压塔顶注缓蚀剂，可在管线内壁形成一层保护膜，减缓设备腐蚀。缓蚀剂中还含有氨(NH_3)，可中和塔顶冷凝下来的酸性物质(HCl)，防止露点腐蚀。

28. 用化学方程简述塔顶露点腐蚀及缓蚀剂防腐的基本原理是什么？

答：露点腐蚀即：$2HCl + Fe = FeCl_2 + H_2\uparrow$

缓蚀剂防腐机理：(1)一方面缓蚀剂在金属表面形成薄膜阻止反应。(2)另一方面缓蚀剂中的碱性物质与酸发生中和反应减少Fe的腐蚀。

29. 加热炉火嘴使用蒸汽雾化的目的及出现的现象是什么？

答：(1)利用蒸汽的冲击和搅拌，使燃料油喷成雾状从而与空气得到充分的混合，使燃料油燃烧完全。

(2)如蒸汽量过小，雾化不好，燃料油燃烧不完全，火焰发软呈暗红色。蒸汽量过多，使火焰发白，虽雾化好，但易熄火。蒸汽和燃料油过多，使火焰过长，引起炉管尾部过热而结焦。

30. 一次进原油的目的及应具备的条件是什么？

答：(1)一次进油的目的：进一步置换工艺设备及工艺管线内的水分。

(2)进油前应具备的条件：①蒸汽贯通、试压全部完毕后发现问题已全部处理好。②设备及工艺管线内的水全部清除。③水、电、汽、风、燃料全部引入装置，且处于备用状态。

一次进油的注意事项：(1)进油过程中，再次检查工艺流程，要准确无误(主导操作人员、班长、技术员三级检查)，各倒淋、切水阀、各塔侧线阀全部关死。

(2)进油时油到哪里人到哪里，做到不跑油、不串油、不装高、不凝线、不憋压、不抽空。

31. 冷循环的目的是什么？

答：(1)进一步检查设备、管线、阀门等有无漏处，有无堵塞，工艺流程是否正确。(2)进一步检查机泵的运转是否正常。(3)进一步检查控制阀、调节表、液位计、流量计是否好用。(4)冷油循环量：原油泵、初底泵、常底泵：100~150t/h。(5)循环时间：8h。

32. 开始放常渣时有什么注意事项？

答：(1)放常渣时速度不能太快，并注意渣油温度的变化。(2)为了保证二塔液位，要由原油泵缓慢的补充原油，切忌速度太快，防止冲塔和突沸。(3)炉出口温度要平稳。(4)控制好初馏塔顶、常压塔顶温度，防止回流带水或切水跑油。(5)注意各点温度，保持平稳操作。

33. 简述烘炉的目的是什么？

答：(1)通过缓慢的升温，脱除炉墙在砌筑过程中耐火砖及耐火材料等材质表面和分子的结晶水。使耐火胶泥得到充分烧结，以免在炉膛急剧升温时因为水大量汽化膨胀而造成炉墙碎裂或变形。(2)对燃料油系统或自动控制系统进行负荷试验。(3)考察炉体及各部件在热状态下的性能。

34. 简述点瓦斯的步骤是什么？

答：(1)将高压瓦斯引至炉区，控制压力≮0.3MPa。(2)向炉膛吹气15min驱赶炉膛内瓦斯气。(3)排尽瓦斯罐中的凝缩油。(4)点燃长明灯，放入炉内。(5)调节瓦斯阀开度，点燃瓦斯嘴。

35. 简述点火注意事项是什么？

答：(1)点火时操作员不能正视火嘴和看火口，以防回火伤人。(2)司炉员点火后燃烧不正常，不得离开炉子以防缩火、灭火，致使炉膛内喷入大量的燃料油。(3)最初炉膛潮湿，抽力过大可能突然灭火，此时立即关闭火嘴，向炉膛吹汽驱赶瓦斯。(4)点火正常后做好设备和燃烧情况检查，进一步调整火焰，做好升温的一切准备。

36. 简述管壳式冷凝、冷却器的启用步骤是什么？

答：(1)打开上水阀，开小放空阀排气，见水后关放空，稍开大排水阀。(2)慢慢开热油进出口阀直至全开。(3)调节回水阀开度，使油品冷却温度在指标内。

37. 简述空冷器的启用步骤是什么？

答：先开油入口阀。试压不漏再开出口阀，然后启动风机(湿空冷还需把除盐水引进除盐水罐，启动泵，除盐水液位保持中间位置)。

38. 简述侧线油干点、凝点的影响因素是什么？

答：(1)侧线馏出量过多，侧线温度高。(2)下一线汽提太大。(3)上一线抽出量太大。(4)炉温波动。(5)换热器漏，原油串入侧线或拔头油串入侧线。(6)蒸汽压力波动，塔底汽提量过大。(7)塔底液位高冲塔。(8)原油量过大。(9)原油含水增加，水汽化后降低了油气分压使轻油汽化，减少产品变轻。(10)常顶、常一控制失灵，汽油太重。

39. 简述侧线油闪点低的原因及调节方法是什么？

答：闪点低的原因：(1)侧线汽提量小。(2)塔顶或上一线拔出率少，温度低。(3)侧线泵抽空或汽提塔满塔。(4)汽提塔没液位，馏出油停留时间短，轻组分汽化不及时。(5)原油变轻。(6)侧线馏出温度低，组分轻。(7)塔顶压力大。

调节方法：(1)适当开大侧线汽提。(2)增加塔顶或上一线馏出量。(3)更换或重新启动泵，汽提塔满液位时调整抽出或馏出，保持中间液位。(4)增大馏出量或减少外送量，使汽提塔保持中间液位。(5)适当提高塔顶温度，或提高侧线馏出。(6)提高上线馏出，提高温度或增加本线馏出。(7)降低塔顶压力或提高塔顶温度。

40. 论述汽油干点的影响因素及调节方法是什么？

答：影响因素：(1)塔顶压力变化。(2)塔顶温度变化。(3)原油性质变化。(4)塔底或侧线吹汽量变化。(5)电脱盐效果差，脱后原油含水严重，闪蒸塔未能脱尽。(6)常顶回流控制失灵。(7)常炉出口温度高，如顶温度也相应提高，干点升高；反之，如顶温不变，回流量增大，塔顶压力上升，干点下降。

调节方法：(1)稳定塔顶压力。(2)利用回流量调节塔顶温度。(3)调节到新的适宜温度。(4)吹汽量大，塔顶压力上升，适当调整吹汽量。(5)联系油品及电脱盐岗位加强脱水，提高原油进闪蒸塔的温度。(6)改侧线控制，同时及时联系仪表修理。(7)联系司炉岗位，控制好炉出口温度。

41. 简述常压塔顶压力升高的原因是什么？

答：(1)原油含水量大，原油轻。(2)过热蒸汽压力大或带水。(3)塔顶回流温度高。(4)低压瓦斯线堵塞或尾气量大。(5)回流油带水。(6)塔底液位上升。

处理：(1)原油含水量大，联系原油岗位或调度切换原油罐，加强电脱盐切水，降低炉温或降量。(2)降低过热蒸汽压力或流量。(3)降低汽油冷后温度，防止汽油乳化。(4)疏通低压瓦斯堵塞部位，尾气量大可部分排空。(5)平稳回流罐水位防止回流带水。

42. 简述真空度变化的原因是什么？

答：(1)减压系统泄漏。(2)冷凝器给水中断或水压下降，水温高。(3)蒸汽压力下降，喷嘴腐蚀严重。(4)减炉出口温度高。(5)塔底液位上升或塔底吹汽压力变化。(6)水封罐液位满或空。(7)真空泵故障。

43. 原油入塔前为什么要有一定的过汽化度？

答：原油蒸馏过程中，为了不向塔内通入过多的水蒸气，同时又要防止塔底产品带走过多的轻组分，希望在精馏段取出的产品部分都汽化成气相让它们能在精馏段分离，同时为了使精馏段最低侧线以下的几层塔板上有一定的液相回流，这就要求原油入塔前要有一定的过汽化度。

44. 影响减顶温度的因素有哪些？

答：(1)温度及回流量。(2)真空度。(3)原油性质。(4)常压拔出率。(5)炉温。

45. 加热炉有哪些主要控制指标？为什么要强调多点考虑？

答：主要指标有：炉出口温度，炉膛温度，氧含量，负压，瓦斯量，过剩空气系数等。多点参考是为了保证全面分析，平稳操作，安全生产。

46. 减压塔顶不出产品的原因是什么？

答：为了避免在减顶管线中有大量的油蒸气通过而引起较大的压力降，从而降低进料段的真空度，降低减压收率，所以减顶不出产品，尽量采用塔顶循环回流来取出热量。

47. 减压塔底液面升高，塔顶真空度为什么会下降？

答：液面升高，高温减压渣油在塔内的停留时间延长，高温渣油在塔内裂解、缩合，产生大量的气体，使减压塔顶增压器的负荷增加，真空度下降。

48. 装置开工时热循环的目的是什么？

答：(1)脱除装置内油品中的水分。(2)为了防止管线、设备由于突然受热而造成一系列的不良结果。

49. 点火时应注意的事项有哪些？

答：(1)先开火嘴蒸汽，向炉膛内吹扫10~15min，然后将火嘴蒸汽开关关小。(2)点火时人身体要靠一侧，站在上风处，面部不准对着火嘴。(3)点火时先点中间火嘴，后点两边火嘴。(4)点火时先开汽，后开油或瓦斯。

50. 原油含盐含水对加工装置的影响是什么？

答：(1)原油含水大会影响蒸馏装置的正常操作。(2)原油含水大会降低原油换热效率。(3)原油含盐会在管和设备中沉积结垢造成堵塞影响传热。(4)原油含盐含水具有较大的腐蚀性。(5)原油含盐会引起二次加工催化剂中毒现象。

51. 原油中盐类的存在形式是什么？

答：(1)原油中的无机盐主要是氯化钙、氯化镁、氯化钠。(2)一部分盐类以结晶状态悬浮于原油中。(3)大部分盐类溶于水中，并以微粒状态分散在原油中，形成油包水型乳化液。

52. 影响闪蒸塔顶温度变化的原因是什么？

答：(1)热温度变化。换热温度升高则塔顶温度升高。(2)油含水或原油性质变化。原油含水大，进料温度下降，但因含水变化，水分汽化携带到塔顶的热量增多，所以塔顶温度高；原油轻组分多，塔顶压力上升而塔顶温度下降。

第十章 催化重整装置仿真

第一节 概　　述

一、催化重整在石油加工中的地位

催化重整是以石脑油为原料，在催化剂的作用下，烃类分子重新排列成新分子结构的工艺过程。其主要目的：一是生产高辛烷值汽油组分；二是为化纤、橡胶、塑料和精细化工提供原料(苯、甲苯、二甲苯，简称 BTX 等芳烃)。除此之外，催化重整过程还生产化工过程所需的溶剂、油品加氢所需高纯度廉价氢气(75% ~95%)和民用燃料液化气等副产品。

由于环保和节能要求，世界范围内对汽油总的要求趋势是高辛烷值和清洁。在发达国家的车用汽油组分中，催化重整汽油约占 25% ~30%。我国已在 2000 年实现了汽油无铅化，汽油辛烷值在 90(RON)以上，汽油中有害物质的控制指标为：烯烃含量≯35%，芳烃含量≯40%，苯含量≯2.5%，硫含量≯0.08%。而目前我国汽油以催化裂化汽油组分为主，烯烃和硫含量较高。降低烯烃和硫含量并保持较高的辛烷值是我国炼油厂生产清洁汽油所面临的主要问题，在解决这个矛盾中催化重整将发挥重要作用。

石油是不可再生资源，其最佳应用是达到效益最大化和再循环利用。石油化工是目前最重要的发展方向，BTX 是一级基本化工原料，全世界所需的 BTX 有一半以上是来自催化重整。

二、催化重整发展简介

1940 年工业上第一次出现了催化重整，使用的是氧化钼 - 氧化铝($MoO_3-Al_2O_3$)催化剂，以重汽油为原料，在 480 ~530℃、1 ~2MPa(氢压)的条件下，通过环烷烃脱氢和烷烃环化脱氢生成芳香烃，通过加氢裂化反应生成小分子烷烃等，所得汽油的辛烷值可高达 80 左右，这一过程也称临氢重整。但是这个过程有较大的缺点：催化剂的活性不高，汽油收率和辛烷值都不理想，第二次世界大战以后临氢重整停止发展。

1949 年以后出现了贵金属铂催化剂，催化重整重新得到迅速发展，并成为石油工业中一个重要过程。铂催化剂比铬、钼催化剂的活性高得多，在比较缓和的条件下就可以得到辛烷值较高的汽油，同时催化剂上的积炭速度较慢，在氢压下操作一般可连续生产半年至一年不需要再生。铂重整一般是以 80 ~200℃馏分为原料，在 450 ~520℃、1.5 ~3.0MPa(氢压)及铂/氧化铝催化剂作用下进行，汽油收率为 90% 左右，辛烷值达 90 以上。铂重整生成油中含芳烃 30% ~70%，是芳烃的重要来源。1952 年发展了以二乙二醇醚为溶剂的重整生成油抽提芳烃的工艺，可得到硝化级苯类产品。因此，铂重整 - 芳烃抽提联合装置迅速发展成生产芳烃的重要过程。

1968 年开始出现铂 - 铼双金属催化剂，催化重整的工艺又有新的突破。与铂催化剂比较，铂 - 铼催化剂和随后陆续出现的各种双金属(铂 - 铱、铂 - 锡)或多金属催化剂的突出优点是具有较高的稳定性。例如，铂－铼催化剂在积炭达20%时仍有较高的活性，而铂催化剂在积炭达6%时就需要再生。双金属或多金属催化剂有利于烷烃环化的反应，增加芳烃的产率，汽油辛烷值可高达105(RON)，芳烃转化率可超过100%，能够在较高温度、较低压力(0.7～1.5MPa)的条件下进行操作。

目前应用较多的是双金属或多金属催化剂，在工艺上也相应做了许多改革。如催化剂的循环再生和连续再生，为减小系统压力降而采用径向反应器，大型立式换热器等。

三、催化重整原则流程

催化重整过程可生产高辛烷值汽油，也可生产芳烃。生产目的不同，装置构成也不同。

1. 生产高辛烷值汽油方案

以生产高辛烷值汽油为目的重整过程主要由原料预处理、重整反应和反应产物分离三部分构成，见图10－1所示。

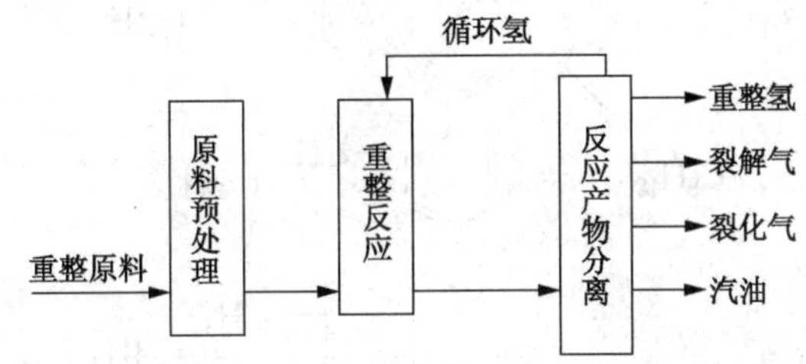

图10－1 生产高辛烷值汽油重整原则流程图

2. 生产芳烃方案

以生产芳烃为目的的重整过程主要由原料预处理、重整反应、芳烃抽提和芳烃精馏四部分构成。见图10－2所示。

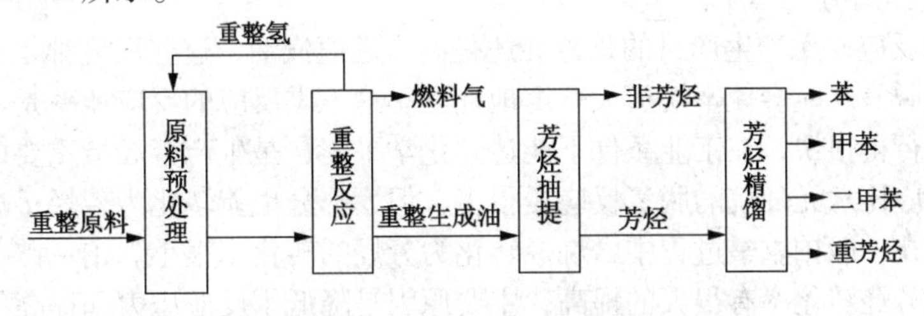

图10－2 生产芳烃重整原则流程图

第二节 催化重整反应

催化重整无论是生产高辛烷值汽油还是芳烃，都是通过化学过程来实现。因此，必须对重整条件下所进行的反应类型和反应特点有足够的了解和研究。

催化重整中发生一系列芳构化、异构化、裂化和生焦等复杂的平行和顺序反应。

1. 芳构化反应

凡是生成芳烃的反应都可以叫芳构化反应。在重整条件下芳构化反应主要包括：

(1) 六元环脱氢反应

例如：(环己烷) $\rightleftharpoons$ (苯) $+3H_2$ (甲基环己烷，$-CH_3$) $\rightleftharpoons$ (甲苯，$-CH_3$) $+3H_2$

（2）五元环烷烃异构脱氢反应

例如：

$$-CH_3 \rightleftharpoons \quad \rightleftharpoons \quad + 3H_2 \qquad CH_3,\ CH_3 \rightleftharpoons -CH_3 \rightleftharpoons -CH_3 + 3H_2$$

（3）烷烃环化脱氢反应

例如：

$$n-C_6H_{14} \overset{-H_2}{\rightleftharpoons} \quad \rightleftharpoons \quad + 3H_2$$

$$n-C_7H_{16} \overset{-H_2}{\rightleftharpoons} -CH_3 \rightleftharpoons -CH_3 + 3H_2$$

$$i\text{-}C_8H_{18} \rightleftharpoons CH_3-\ -CH_3 + 4H_2$$

$$i\text{-}C_8H_{18} \rightleftharpoons -CH_3,\ -CH_3 + 4H_2$$

$$i\text{-}C_8H_{18} \rightleftharpoons CH_3-\ -CH_3 + 4H_2$$

芳构化反应的特点：①强吸热，其中相同碳原子烷烃环化脱氢吸热量最大，五元环烷烃异构脱氢吸热量最小，因此，实际生产过程中必须不断补充反应过程中所需的热量；②体积增大，因为都是脱氢反应，这样重整过程可生产高纯度的富产氢气；③可逆，实际过程中可控制操作条件，提高芳烃产率。

对于芳构化反应，无论生产目的是芳烃还是高辛烷值汽油，这些反应都是有利的。尤其是正构烷烃的环化脱氢反应会使辛烷值大幅度地提高。这三类反应的反应速率是不同的：六元环烷的脱氢反应进行得很快，在工业条件下能达到化学平衡，是生产芳烃最重要的反应；五元环烷的异构脱氢反应比六元环烷的脱氢反应慢很多，但大部分也能转化为芳烃；烷烃环化脱氢反应的速率较慢，在一般铂重整过程中，烷烃转化为芳烃的转化率很小。铂－铼等双金属和多金属催化剂重整的芳烃转化率有很大的提高，主要原因是降低了反应压力和提高了反应速率。

2. 异构化反应

例如：

$$n-C_7H_{16} \longleftrightarrow i-C_7H_{16} \qquad -CH_3 \rightleftharpoons$$

$$CH_3-\ -CH_3 \rightleftharpoons -CH_3,\ -CH_3$$

在催化重整条件下，各种烃类都能发生异构化反应且是轻度的放热反应。异构化反应有利于五元环烷异构脱氢生成芳烃，提高芳烃产率。对于烷烃的异构化反应，虽然不能直接生成芳烃，但却能提高汽油辛烷值，并且由于异构烷烃较正构烷烃容易进行脱氢环化反应。因此，异构化反应对生产汽油和芳烃都有重要意义。

3. 加氢裂化反应

例如：

$$-CH_3 + H_2 \longrightarrow CH_3-CH_2-CH_2-\underset{\displaystyle CH_3}{\underset{|}{CH}}-CH_3$$

$$n-C_7H_{16}+H_2 \longrightarrow n-C_3H_8+i-C_4H_{10}$$

$$C_6H_5-\underset{\displaystyle CH_3}{\underset{|}{CH}}-CH_3+H_2 \longrightarrow C_6H_6+C_3H_8$$

加氢裂化反应实际上是裂化、加氢、异构化综合进行的反应，也是中等程度的放热反应。由于是按正炭离子反应机理进行反应，因此，产品中 C_3 以下的小分子很少。反应结果生成较小的烃分子，而且在催化重整条件下的加氢裂化还包含有异构化反应，这些都有利于提高汽油辛烷值，但同时由于生成小于 C_5 气体烃，汽油产率下降，并且芳烃收率也下降，因此，加氢裂化反应要适当控制。

4. 缩合生焦反应

在重整条件下，烃类还可以发生叠合和缩合等分子增大的反应，最终缩合成焦炭，覆盖在催化剂表面，使其失活。因此，这类反应必须加以控制，工业上采用循环氢保护，一方面使容易缩合的烯烃饱和，另一方面抑制芳烃深度脱氢。表 10-1 为催化重整中各类反应。

表 10-1　催化重整中各类反应的特点和操作因素的影响

反　应	六员环烷脱氢	五员环烷异构脱氢	烷烃环化脱氢	异构化	加氢裂化	
反应特点	热效应 反应热/(kJ/kg 产物) 反应速度 控制因素	吸热 2000~2300 最快 化学平衡	吸热 2000~2300 很快 化学平衡或反应速度	吸热 ~2500 慢 反应速度	放热 很小 快 反应速度	放热 ~840 慢 反应速度
对产品产率的影响	芳烃 液体产品 C_1~C_4 气体 氢气	增加 稍减 — 增加	增加 稍减 — 增加	增加 稍减 — 增加	影响不大 影响不大 — 无关	减少 减少 增加 减少
对重整汽油性质的影响	辛烷值 密度 蒸气压	增加 增加 降低	增加 增加 降低	增加 增加 降低	增加 稍增 稍增	增加 减小 增大
操作因素增大时对各类反应产生的影响	温度 压力 空速 氢油比	促进 抑制 影响不大 影响不大	促进 抑制 影响不很大 影响不大	促进 抑制 抑制 影响不大	促进 无关 抑制 无关	促进 促进 抑制 促进

第三节　催化重整催化剂

一、催化重整催化剂类型及组成

工业重整催化剂分为两大类：非贵金属和贵金属催化剂。

非贵金属催化剂主要有 Cr_2O_3/Al_2O_3、MoO_3/Al_2O_3 等，其主要活性组分多属元素周期表中第Ⅵ族金属元素的氧化物。这类催化剂的性能较贵金属低得多已淘汰。

贵金属催化剂主要有 $Pt-Re/Al_2O_3$、$Pt-Sn/Al_2O_3$、$Pt-Ir/Al_2O_3$ 等系列，其活性组分主要是元素周期表中第Ⅷ族的金属元素，如铂、钯、铱、铑等。

贵金属催化剂由活性组分、助催化剂和载体构成。

1. 活性组分

由于重整过程有芳构化和异构化两种不同类型的理想反应。因此，要求重整催化剂具备脱氢裂化、异构化两种活性功能，即重整催化剂的双功能。一般由一些金属元素提供环烷烃脱氢生成芳烃、烷烃脱氢生成烯烃等脱氢反应功能，也叫金属功能；由卤素提供烯烃环化、五元环异构等异构化反应功能，也叫酸性功能。通常情况下把提供活性功能的组分又称为主催化剂。

重整催化剂的这两种功能在反应中是有机配合的，它们并不是互不相干的，应保持一定平衡。

（1）铂

活性组分中所提供的脱氢活性功能，目前应用最广的是贵金属 Pt。一般来说，催化剂的活性、稳定性和抗毒物能力随铂含量的增加而增强。但铂是贵金属，其催化剂的成本主要取决于铂含量，研究表明：当铂含量接近于1%时，继续提高铂含量几乎没有裨益。随着载体及催化剂制备技术的改进，使得分布在载体上的金属能够更加均匀地分散，重整催化剂的铂含量趋向于降低，一般为0.1%～0.7%。

（2）卤素

活性组分中的酸性功能一般由卤素提供，随着卤素含量的增加，催化剂对异构化和加氢裂化等酸性反应的催化活性也增加。在卤素的使用上通常有氟氯型和全氯型两种。氟在催化剂上比较稳定，在操作时不易被水带走，因此氟氯型催化剂的酸性功能受重整原料含水量的影响较小。一般氟氯型新鲜催化剂含氟和氯约为1%，但氟的加氢裂化性能较强，使催化剂的选择性变差。氯在催化剂上不稳定，容易被水带走，这也正好通过注氯和注水控制催化剂酸性，从而达到重整催化剂的双功能合适地配合。一般新鲜全氯型催化剂的氯含量为0.6%～1.5%，实际操作中要求氯稳定在0.4%～1.0%。

2. 助催化剂

助催化剂是指本身不具备催化活性或活性很弱，但其与主催化剂共同存在时能改善主催化剂的活性、稳定性及选择性。近年来重整催化剂的发展主要是引进第二、第三及更多的其他金属作为助催化剂，一方面减小铂含量以降低催化剂的成本，另一方面改善铂催化剂的稳定性和选择性，把这种含有多种金属元素的重整催化剂叫双金属或多金属催化剂。目前，双金属和多金属重整催化剂主要有以下三大系列：铂－铼系列、铂－铱系列、铂－锡系列。

3. 载体

载体也叫担体，一般来说载体本身并没有催化活性，但是具有较大的比表面积和较好的机械强度，它能使活性组分很好地分散在其表面，从而更有效地发挥其作用，节省活性组分的用量，同时也提高催化剂的稳定性和机械强度。目前，作为重整催化剂的常用载体有 $\eta-Al_2O_3$ 和 $\gamma-Al_2O_3$。

二、催化重整催化剂使用

1. 开工技术

由于催化剂的类型和重整反应工艺不同，采用不同开工技术。对于氧化态铂－铼或铂－铱催化剂的固定床重整部分开工技术包括催化剂的装填、干燥、还原、硫化和进油等步骤，每个步骤都会影响催化剂的性能和反应过程。

（1）催化剂的装填

装催化剂前必须对装置作彻底清扫和干燥。清除杂物和硫化铁等污染物，装催化剂必须在晴天进行，催化剂要装得均匀结实，各处松密一致，以免进油后油气分布不均，产生短路。

（2）催化剂的干燥

开工前反应区一定要彻底干燥以防催化剂带水。干燥系统通过循环压缩机用热氮气循环流动来完成，在各低点排去游离水。干燥用的氮气中通入空气，以维持一定的氧含量，使催化剂在高温下氧化，清洁表面，有利于还原，同时也可将系统中残存的烃类烧去，氧浓度可逐步升到5%左右，温度可逐步升到500℃左右，必要时循环氮气可经分子筛脱水，以加快干燥进程。整个反应部分气体回路均在干燥之列。

（3）催化剂的还原

还原过程是在循环氢气的氛围下，将催化剂上氧化态的金属还原成具有更高活性的金属态。还原前用氮气扫系统，一次通过，以除去系统中含氧气体。还原时从低温开始，先用干燥的电解氢或经活性炭吸附过的重整氢一次通过床层，从高压分离器排出，以吹扫系统中的氮气。然后用氢将系统充压到0.5～0.7MPa进行循环，并以30～50℃/h的速度升温，当温度升到480～500℃时保持1h，结束还原。在整个还原过程中（包括升温过程），在各部位的低点放空排水。在有分子筛干燥设施的装置上，必要时可投用分子筛干燥设施。

（4）催化剂预硫化

对铂－铼或铂－铱双金属催化剂须在进油前进行硫化，以降低过高的初活性，防止进油后发生剧烈的氢解反应。硫化温度为370℃左右，硫化剂（硫醇或二硫化碳）从各反应器入口注入，以免炉管吸硫造成硫不足，同时也避免硫的腐蚀，硫化剂在1h内注完，新装置注硫量要多些。注硫量不同，进油催化剂床层温度和氢浓度的变化也不一样。一般注硫量第一反应器、第二反应器以0.06～0.15%为宜。第三反应器、第四反应器还要稍高一些。硫化时如注硫量过多，则在进油后由于催化剂上的硫释放出来，需要较长时间才能将循环气中硫含量降到2μg/g以下，在此期间不能将反应温度提高到所需温度，只能在480℃较低温条件下运转，否则会加速催化剂失活。

（5）重整进油及调整操作

催化剂预硫化后即可进油。如果使用的重整进料油是储存的预加氢精制油，需再经过气提塔除去油中水和氧。根据循环气中含水量逐步提高到所需温度，并进行水氯平衡的调节。

如果是还原态或铂－锡催化剂，则开工方法稍有不同，因为催化剂为还原态，故不需还原过程。由于催化剂中加入锡，已抑制了催化过程的初活性，不需要预硫化。

2. 反应系统中水氯平衡的控制

在装置运转中催化剂的水氯平衡控制是非常重要的。固为一个优良的催化剂，其金属功能和酸性功能是相互匹配的。但在运转过程中，催化剂上氯含量（酸性功能）受反应系统中水等影响而逐渐损失，所以在操作时要加以调节，以保持催化剂有适宜的氯含量。调节方法在开工初期和正常运转时有所不同。

（1）开工初期

由于催化剂在还原时和进油后初期系统中的水量较多，氯损失较大，或由于氯化更新时未到预期的效果，所以在开工初期必须集中补氯以期对催化剂上氯进行调整。

集中补氯时的注氯量要根据循环气中水的多少来定。详见表10－2。一般总的补氯量为催化剂的0.2%（质量）左右。

表 10-2 重整开工补氯量表

气中含水量/(μg/g)	进料油中注氯量/(μg/g)	气中含水量/(μg/g)	进料油中注氯量/(μg/g)
>500	25~50	100~200	5~10
200~500	10~25	50~100	3~5

集中补氯期间，温度不要超过480℃。当循环气中含水量小于200μg/g，硫化氢含量小于2μg/g，原料油中硫含量小于0.5μg/g，反应器温度即可升到490℃，随着进油时间的增长，系统气中水含量继续下降，当气中含水小于50μg/g后，按正常水-氯平衡调节。

(2) 正常运转

当重整转入正常运转后，反应系统中水和氯的来源是原料油中的水和氯及注入的水和氯。循环气中水宜在15~50μg/g之间，以15~30μg/g为好，适量的水能活化氧化铝，并使氯分布均匀。循环气中氯含最在1~3μg/g之间，过高的氯表明催化剂上氯过量。催化剂上的氯含量是反应系统中水和氯摩尔比的函数。

3. 催化剂的失活控制与再生

在运转过程中催化剂的活性逐渐下降，选择性变坏，芳烃产率和生成油辛烷值降低。其原因主要由于积炭、中毒和老化。因此在运转过程中必须严格操作，尽量防止或减少这些失活因素的产生，以制催化剂失活速率，延长开工周期。通常用提高反应温度来补偿催化剂的活性损失，当运转后期，反应温度上升到设计的极限，或液体收率大幅度下降时，催化剂必须停工再生。

(1) 催化剂的失活控制

① 抑制积炭生成。催化剂在高温下容易生成积炭，但如能将积炭前身物及时加氢或加氢裂解变成轻烃，则减少积炭。催化剂制备时在金属铂以外加入第二金属如铼、锡、铱等，可大大提高催化剂的稳定性。因为铼的加氢性能强，容炭能力提高；锡可提高加氢性能；铱可把积炭前身物裂解变成无害的轻烃，从而减少积炭。由于催化剂中加入了第二金属和制备技术的改进，催化剂上铂含量从0.6%降到0.3%，甚至更低，而催化剂的稳定性和容炭能力却大为提高。

提高氢油比有利于加氢反应的进行，减少催化剂上积炭前身物的生成。提高反应压力可抑制积炭的生成，但压力加大后，烷烃和环烷烃转化成芳烃的速度减慢。对铂-铼及铂-铱双金属催化剂在进油前进行预硫化，以抑制催化剂的氢解活性，也可减少积炭。

② 抑制金属聚集。在优良的新鲜催化剂中，铂金属粒子分散很好，大小在10 nm左右，而且分布均匀。但在高温下，催化剂载体表面上的金属粒子聚集很快，金属粒子变大，表面积减少，以致催化剂活性减小。所以对提高反应温度必须十分慎重。如催化剂上因氯损失较多，而使活性下降，则必须调整好水-氯平衡，控制好催化剂上氯含量，观察催化剂活性是否上升，在此基础上再决定是否提温。

再生时高温烧炭也加速金属粒子的聚集，一定要很好地控制烧炭温度，并且要防止硫酸盐的污染。烧炭时注入一定量的氯化物会使金属稳定，并有助于金属的分散。

另外，要选用热稳定性好的载体，如$\gamma-Al_2O_3$。在高温下不易发生相变，可减少金属聚集。

③ 防止催化剂污染中毒。在运转过程中如果原料油中含水量过高，会洗下催化剂上的氯，使催化剂酸性功能减弱而失活，并且使催化剂载体结构发生变化，加速催化剂上铂晶粒的聚集。氧及有机氧化物在重整条件下会很快变为水，所以必须避免原料油中过量水、氧及有机氧化物的存在。

原料油中的有机氮化物在重整条件下会生成氨，进而生成氯化铵，使催化剂的酸性功能减弱而失活。此时虽可注入氯以补偿催化剂上氯的损失，但已生成的氯化铵会沉积在冷却器、循环氢压缩机进口，堵塞管线，使压降增大，所以当发现原料油中氮含量增加，首先要降低反应温，寻找原因加以排除，不宜补氯和提温。

在重整反应条件下，原料油中的硫及硫化物会与金属铂作用使铂中毒，使催化剂的脱氢和脱氢环化活性变差。如发现硫中毒，也是先降低反应温度，再找出硫高的原因加以排除。

催化剂硫中毒的另一种情况是再生时硫酸盐中毒而失活。当催化剂烧炭时，存在炉管和热交换器内的硫化铁与氧作用生成二氧化硫和三氧化硫进入催化剂床层，在催化剂上生成亚硫酸盐及硫酸盐强烈吸附在铂及氧化铝上，促使金属晶粒长大，抑制金属的再分散，活性变差，并难于氯化更新。

砷中毒是原料油中微量的有机砷化物与催化剂接触后，强烈地吸附在金属铂上而使金属失去加氢脱氢的金属功能。例如，某重整装置首次使用大庆石脑油为原料油时，砷含量在1000μg/kg以上，经40天运转后，第一反应器温降为0℃，第二反应器为2℃，第三反应器为7℃，铂催化剂已完全丧失活性。后分析催化剂上砷含量(质量分数)，第一反应器为0.15%，第二反应器为0.082%，第三反应器为0.04%，都已超过催化剂所允许的砷含量0.02%。将失活催化剂进行再生前后的评价，结果表明再生前后的活性无差别，说明不能用再生方法恢复其活性。砷中毒为不可逆中毒，中毒后必须更换催化剂。所必须严格控制原料油中砷和其他金属如Pb、Cu等的含量，以防止催化剂发生永久性中毒。

（2）催化剂的再生

催化剂经长期运转后如因积炭失去活性，经烧炭、氯化更新、还原及硫化等过程，可完全恢复其活性，但如因金属中毒或高温烧结而严重失活，再生不能使其恢复活性，则必须更换催化剂。例如，某重整装置用铂－铼双金属催化剂(Pt 0.3%，Re 0.3%)，经运转一周期后反应器降温，停止进料并用氮气循环置换系统中的氢气，加压烧炭及氯化更新进行再生，效果良好。

催化剂再生包括以下几个环节：

① 烧炭。烧炭在整个再生过程中所占时间最长，且在高温下进行，而高温对催化剂上微孔结构的破坏、金属的聚集和氯的损失都有很大影响，所以要采取措施尽量缩短烧炭时间并很好地控制烧炭温度。烧炭前将系统中的油气吹扫干净，以节省无谓的高温燃烧时间。烧炭时若采用高压，则可加快烧炭速度。提高再生气的循环量，除了可加快积炭的燃烧外，并可及时将燃烧时所产生的热量带出。烧炭时床层温度不宜超过460℃，再生气中氧浓度宜控制在0.3%～0.8%之间。当反应器内燃烧高峰过后，温度会很快下降。如进出口温度相同，表明反应器内积炭已基本烧完。在此基础上将温度升到480℃，同时提高再生气中氧含量至1.0%～5.0%，烧去残炭。

② 氯化更新。氯化更新是再生中很重要的一个步骤，研究和实践证明：烧焦后催化剂再进行氯化和更新，可使催化剂的活性进一步恢复而达到新鲜催化剂的水平。有时甚至可以超过新鲜催化剂的水平。

重整催化剂在使用过程中，特别是在烧焦时。铂晶粒会逐渐长大，分散度降低。同时烧焦过程中产生水，会使催化剂上的氯流失。氯化就是在烧焦之后，用含氯气体在一定温度下处理催化剂，使铂晶粒重新分散，从而提高催化剂的活性，氯化也同时可以对催化剂补充一部分氯。更新是在氯化之后，用干空气在高温下处理催化剂。据称更新的作用是使铂的表面再氧化以防止铂晶粒的聚结，从而保持催化剂的表面积和活性。对不同的催化剂应采用相应的氯化和更新条件。在含氧气氛下，注入一定量的有机氯化物，如二氯乙烷、三氯乙烷或四氯化碳等，在高温下使金属充分氧化，在聚集的铂金属表面上形成 Pt－O－Cl 而自由移动，使大的铂晶粒再分散，并补充所损失氯组分，以提高催化剂性能。氯化更新的好坏与循环气中氧、氯和水的含量及氯化温度、时间有关。一般循环气中氧浓度为 >8%（mol），水氯摩尔比为 20:1，温度 490～510℃，时间 6～8h。氯化时需注意床层温度的变化，因在高温时如注氯过快，或催化剂上残炭太多会引起燃烧，将损害催化剂，氯化更新时要防止烃类和硫的污染。

③ 被硫污染后的再生。催化剂及系统被硫污染后，在烧焦前必须先将临氢系统中的硫及硫化铁除去，以免催化剂在再生时受硫酸盐污染。我国通用的脱除临氢系统中硫及硫化铁的方法有高温热氢循环脱硫及氧化脱硫法。

高温热氢循环脱硫是在装置停止进油后，压缩机继续循环，并将温度逐渐提到 510℃，循环气中氢在高温下与硫及硫化铁作用生成硫化氢，并通过分子筛吸附除去，当油气分离器出口气中 H_2S 小于 1μL/L 时，热氢循环即将结束。

氧化脱硫是将加热炉和热交换器等有硫化铁的管线与重整反应器隔断，在加热炉炉管中通入含氧的氮气，在高温下一次通过，将硫化铁氧化成二氧化硫而排出。气体中氧含量为 0.5%～1.0%（体积），压力为 0.5MPa。当温度升到 420℃ 时硫化铁的氧化反应开始剧烈，二氧化硫浓度最高可达几千 μL/L，控制最高温度不超过 500℃。当气中二氧化硫低于 10μL/L 时，将氧浓度提高到 5%，再氧化两小时即结束。

第四节　催化重整原料选择及处理

由于催化重整生产方案不同，选用催化剂不同，重整催化剂本身又比较昂贵和“娇嫩”，易被多种金属及非金属杂质中毒而失去催化活性，为了提高重整装置运转周期和目的产品收率，则必须选择适当的重整原料并予以精制处理。

一、原料的选择

重整原料的选择主要有三方面的要求，即馏分组成、族组成和杂质含量。

1. 馏分组成

表 10－3 列出了生产芳烃的适宜馏分的馏程。

表 10－3　生产各种芳烃时馏分的适宜馏程

目的产物	适宜馏程/℃	目的产物	适宜馏程/℃
苯	60～85	二甲苯	110～145
甲苯	85～110	苯－甲苯－二甲苯	60～145

2. 族组成

芳烃潜含量是指将重整原料中的环烷烃全部转化为芳烃的芳烃量与原料中原有芳烃量之和占原料百分数（质量分数）。其计算方法如下：

芳烃潜含量（%）= 苯潜含量 + 甲苯潜含量 + C_8芳烃潜含量

苯潜含量（%）= C_6环烷（%）×78/84 + 苯（%）

甲苯潜含量（%）= C_7环烷（%）×92/98 + 甲苯（%）

C_8芳烃潜含量(%)= C_8环烷(%)×106/112 + C_8芳烃(%)

重整芳烃转化率(%)=芳烃产率(%)/芳烃潜含量(%)

3. 杂质含量

重整原料中含有少量的砷、铅、铜、铁、硫、氮等杂质会使催化剂中毒失活，水和氯的含量控制不当也会造成催化剂活性下降或失活。为了保证催化剂在长周期运转中具有较高的活性和选择性，必须严格限制重整原料中杂质含量。重整原料中杂质含量一般要求如下：

硫	< 0.5μg/g
氮	< 0.5μg/g
氯	< 1μg/g
水	< 5μg/g
砷	< 1μg/kg
铅、铜等	< 205μg/kg 在 1000μg/kg 以上。

二、重整原料的预处理

重整原料的预处理的目的是切取符合重整要求的馏分和脱除对重整催化剂有害的杂质及水分，满足重整原料的馏分、族组成和杂质含量的要求。重整原料的预处理由预分馏、预加氢、预脱砷和脱水等单元组成，见图 10-3 所示。

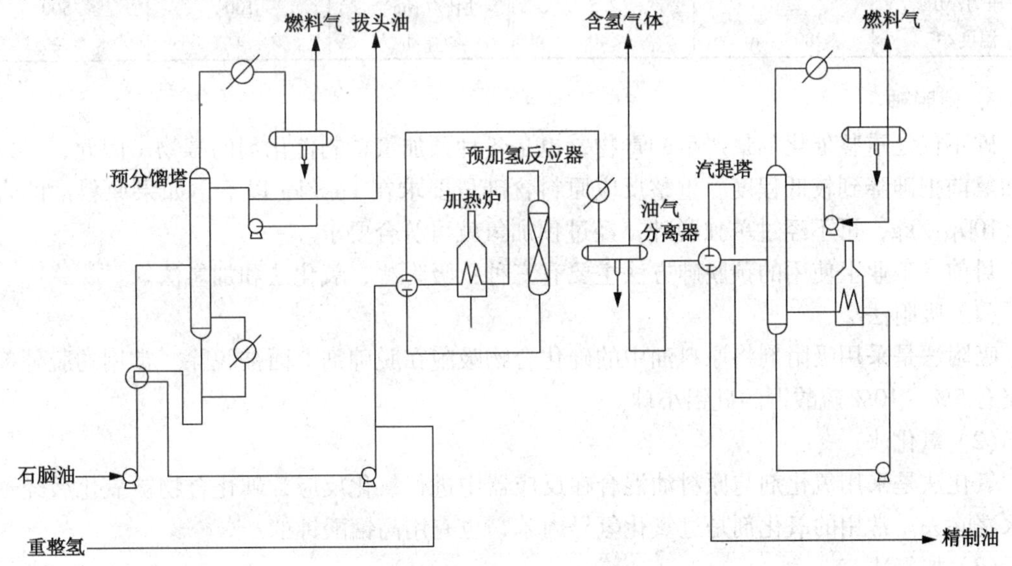

图 10-3 重整原料预处理工艺原则流程图

1. 预分馏

在预分馏部分原料油经过精馏以切除其轻组分(拔头油)，生产芳烃时一般只切 <60℃馏分，而生产高辛烷值汽油时切 <90℃的馏分。原料油的干点通常均由上游装置控制，少数装置也通过预分馏切除过重馏分，使其馏分组成符合重整装置的要求。

2. 预加氢

预加氢的作用是脱除原料油中对催化剂有害的杂质，使杂质含量达到要求。同时也使烯烃饱和以减少催化剂的积炭，从而延长装置运转周期。

我国主要原油的直馏重整原料在未精制以前，氮、铅、铜的含量都能符合要求，因此加氢精制的目的主要是脱硫，同时通过汽提塔脱水。对于大庆油和新疆油，脱砷也是预处理的重要任务。烯烃饱和与脱氮主要针对二次加工原料。

(1) 预加氢的作用原理

预加氢是在催化剂和氢压的条件下，将原料中的杂质脱除。

含硫、氮、氧等化合物在预加氢条件下发生氢解反应，生成硫化氢、氨和水等，经预加氢汽提塔或脱水塔分离出去；烯烃通过加氢生成饱和烃。烯烃饱和程度用溴价或碘价表示，一般要求重整原料的溴价或碘价 <1g/100g 油；砷、铅、铜等金属化合物先在预加氢条件下分解成单质金属，然后吸附在催化剂表面。

(2) 预加氢催化剂

预加氢催化剂在铂重整中常用钼酸钴或钼酸镍。在双金属或多金属重整中，开发了适应低压预加氢钼-钴-镍催化剂。这三种金属中，钼为主活性金属，钴和镍为助催化剂，载体为活性氧化铝。一般主活性金属含量为10% ~15%，助催化剂金属含量为2% ~5%。

(3) 预加氢操作条件

由于原料来源、组成及重整反应催化剂的要求不同，预加氢工艺操作条件应有变化，典型预加氢操作条件见表10-4。

表10-4 预加氢工艺操作条件

操作条件	直馏原料	二次加工原料	操作条件	直馏原料	二次加工原料
压力/MPa	2.0	2.5	氢油比/(Nm^3/m^3)	100	500
温度/℃	280~340	<400	空速/h^{-1}	4	2

3. 预脱砷

砷不仅是重整催化剂最严重的毒物，也是各种预加氢精制催化剂的毒物。因此，必须在预加氢前把砷降到较低程度。重整反应原料含砷量要求在1μg/kg以下。如果原料油的含砷量<100μg/kg，可不经过单独脱砷，经过预加氢就可符合要求。

目前，工业上使用的预脱砷方法主要有三种：吸附法、氧化法和加氢法。

(1) 吸附法

吸附法是采用吸附剂将原料油中的砷化合物吸附在脱砷剂上而被脱除。常用的脱砷剂是浸渍有5% ~10%硫酸铜的硅铝小球。

(2) 氧化法

氧化法是采用氧化剂与原料油混合在反应器中进行氧化反应，砷化合物被氧化后经蒸馏或水洗除去。常用的氧化剂是过氧化氢异丙苯，也有用高锰酸钾的。

(3) 加氢法

加氢法是采用加氢预脱砷反应器与预加氢精制反应器串联，两个反应器的反应温度、压力及氢油比基本相同。预脱砷所用的催化剂是四钼酸镍加氧精制催化剂。

第五节 催化重整工艺流程

一、固定床半再生式重整工艺流程

1. 典型的铂-铼重整工艺流程

催化剂在反应器中不流动，经过一定的运转时间，催化活性降低后停工进行烧焦再生和氯化更新，使催化剂恢复活性，重新投入下一周期运转。这种固定床半再生式装置的典型工艺流程如图 10－4 所示。石脑油经过预加氢精制后作为重整进料，与氢气混合后进入加热炉，然后进入反应器。反应产物从油气分离器顶部分出的大部分气体，经循环压缩机压送，与重整原料油混合，重新进入重整反应器，其余部分气体作为产氢送至预加氢或其他加氢装置。

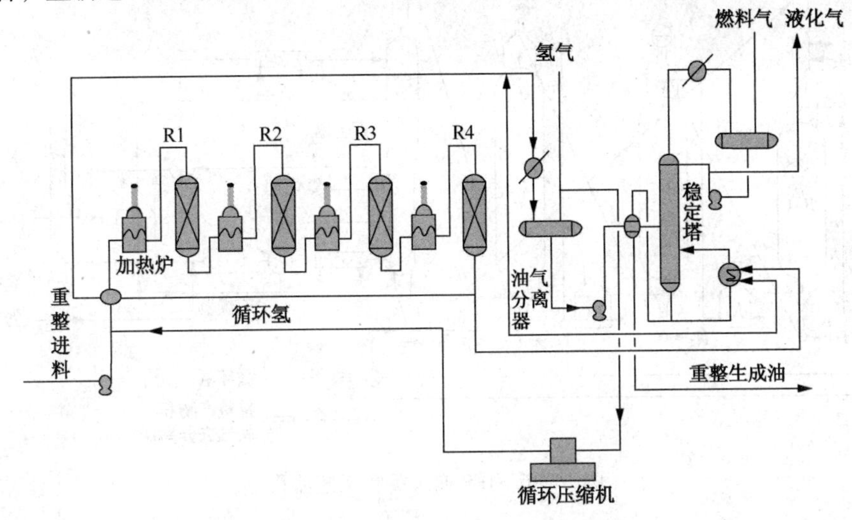

图 10－4　半再生式固定床重整典型工艺流程

2. 麦格纳重整工艺流程

麦格纳重整属于固定床反应器半再生式过程(图 10－5)，固定床半再生式重整过程的工艺优点：工艺反应系统简单，运转、操作与维护比较方便，建筑费用较低，应用最广泛。缺点：由于催化剂活性变化，要求不断变更运转条件(主要是反应温度)，到了运转末期，反应温度相当高，导致重整油收率下降，氢纯度降低，气体产率增加，而且停工再生影响全厂生产，装置开工率较低。

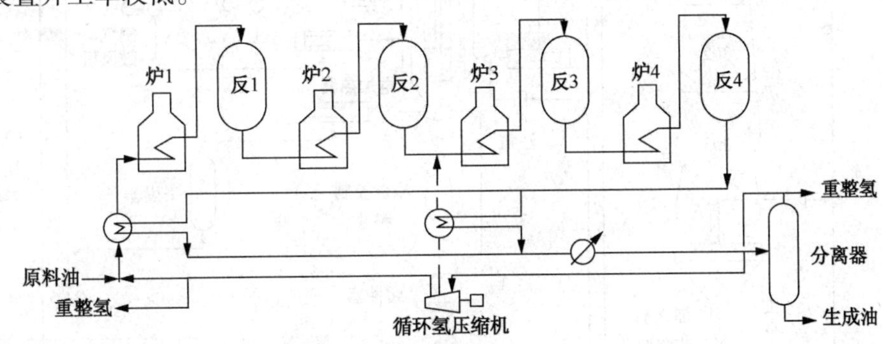

图 10－5　麦格纳重整工艺流程

二、连续再生式重整工艺流程

连续再生式重整工艺流程见图 10－6、图 10－7 所示。

三、重整反应的主要操作参数

1. 反应温度

提高反应温度不仅能使化学反应速度加快，而且对强吸热的脱氢反应的化学平衡也很有

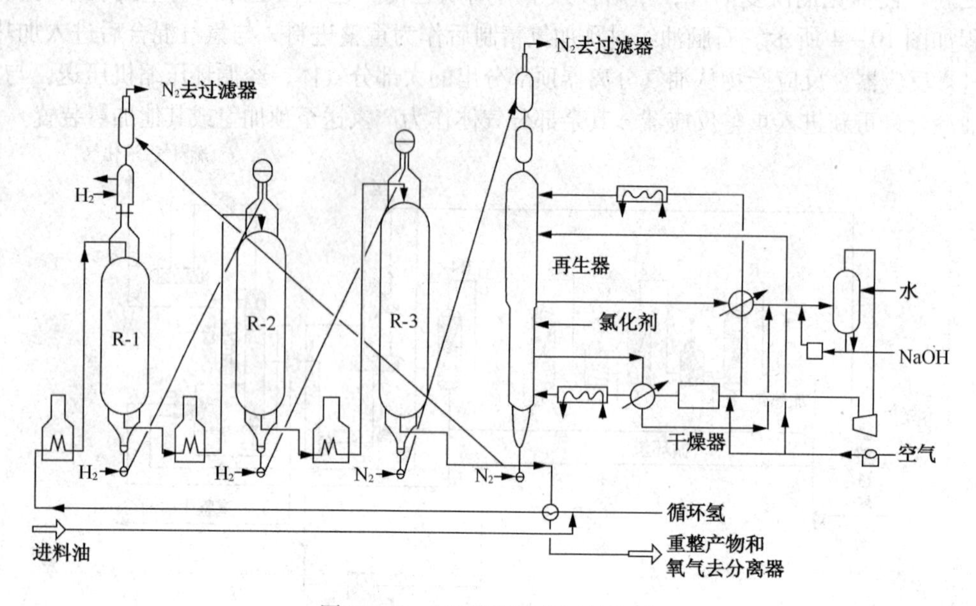

图 10－6　IFP 连续重整工艺流程

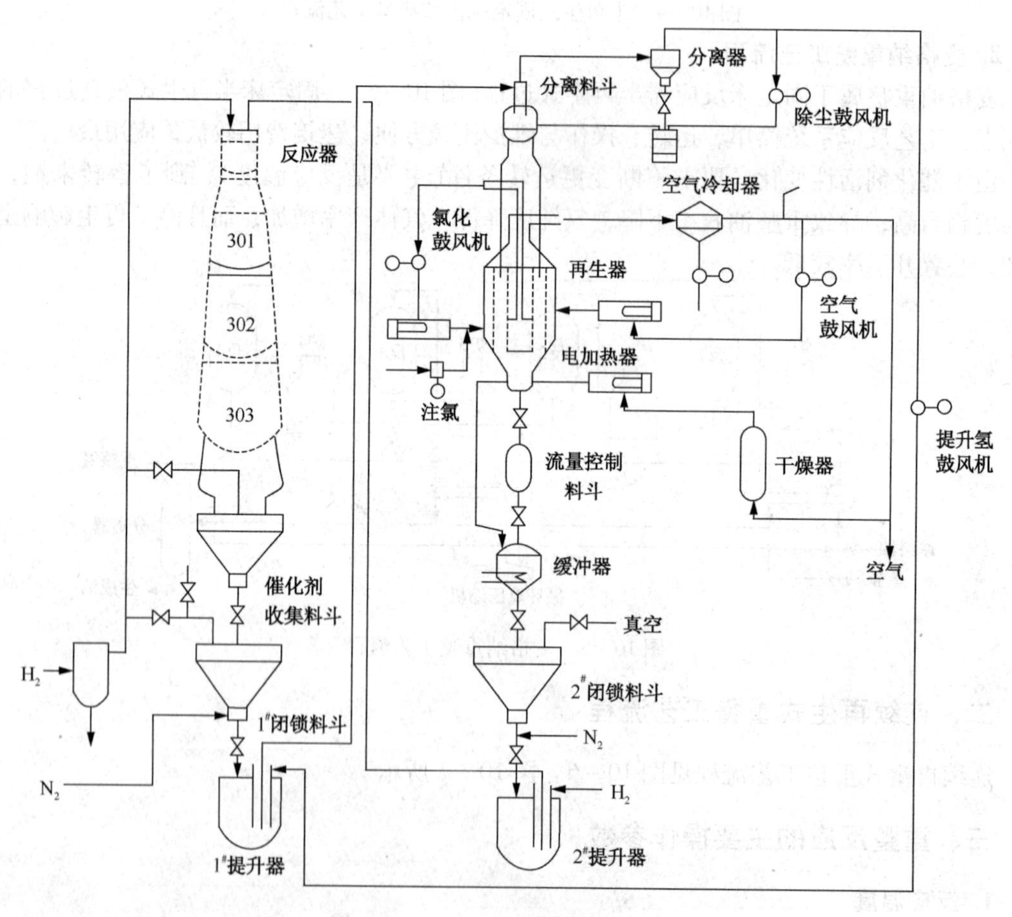

图 10－7　UOP 连续重整工艺流程

利，但提高反应温度会使加氢裂化反应加剧、液体产物收率下降，催化剂积炭加快及受到设备材质和催化剂耐热性能的限制，因此，在选择反应温度时应综合考虑各方面的因素。由于重整反应是强吸热反应，反应时温度下降，因此为得到较高的重整平衡转化率和保持较快的反应速度，就必须维持合适的反应温度，这就需要在反应过程中不断地补充热量。为此，重整反应器一般由三至四个反应器串联，反应器之间通过加热炉加热到所需的反应温度。

2. 反应压力

提高反应压力对生成芳烃的环烷脱氢、烷烃环化脱氢反应都不利，但对加氢裂化反应却有利。因此，从增加芳烃产率的角度来看，希望采用较低的反应压力。在较低的压力下可以得到较高的汽油产率和芳烃产率，氢气的产率和纯度也较高。但是在低压下催化剂受氢气保护的程度下降，积炭速度较快，从而使操作周期缩短。选择适宜的反应压力应从以下三方面考虑。

第一，工艺技术。有两种方法：一种是采用较低压力，经常再生催化剂，例如采用连续重整或循环再生强化重整工艺；另一种是采用较高的压力，虽然转化率不太高，但可延长操作周期，例如采用固定床半再生式重整工艺。

第二，原料性质。易生焦的原料要采用较高的反应压力，例如高烷烃原料比高环烷烃原料容易生焦，重馏分也容易生焦，对这类易生焦的原料通常要采用较高的反应压力。

第三，催化剂性能。催化剂的容焦能力大、稳定性好，则可以采用较低的反应压力。例如铂铼等双金属及多金属催化剂有较高的稳定性和容焦能力，可以采用较低的反应压力，既能提高芳烃转化率，又能维持较长的操作周期。

3. 空速

环烷烃脱氢反应的速度很快，在重整条件下很容易达到化学平衡，空速的大小对这类反应影响不大；而烷烃环化脱氢反应和加氢裂化反应速度慢，空速对这类反应有较大的影响。所以，在加氢裂化反应影响不大的情况下，适当采用较低的空速对提高芳烃产率和汽油辛烷值有好处。

通常在生产芳烃时，采用较高的空速；生产高辛烷值汽油时，采用较低的空速，以增加反应深度，使汽油辛烷值提高。但空速较低增加了加氢裂化反应程度，汽油收率降低，导致氢消耗量和催化剂结焦增加。

选择空速时还应考虑到原料的性质和装置的处理量。对环烷基原料，可以采用较高的空速；而对烷基原料则采用较低的空速。空速越大，装置处理量越大。

4. 氢油比

在重整反应中，除反应生成的氢气外，还要在原料油进入反应器之前混合一部分氢，这部分氢不参与重整反应，工业上称为循环氢。通入循环氢起如下作用：

① 为了抑制生焦反应，减少催化剂上积炭，起到保护催化剂的作用。

② 起到热载体的作用，减小反应床层的温降，使反应温度不致降得太低。

③ 稀释原料，使原料更均匀地分布于催化剂床层。

总压不变时提高氢油比意味着提高氢分压，有利于抑制生焦反应。但提高氢油比使循环氢量增加，压缩机动力消耗增加。在氢油比过大时，会由于减少了反应时间而降低了转化率。

由此可见，对于稳定性高的催化剂和生焦倾向小的原料，可以采用较小的氢油比；反之则需用较高的氢油比。铂重整装置采用的氢油摩尔比一般为 5 ~ 8，使用铂 - 铼催化剂时一般 <5，连续再生式重整 <1 ~ 3。

第六节　芳烃抽提和精馏

一、重整芳烃的抽提过程

（一）芳烃抽提的基本原理

溶剂液—液抽提原理是根据某种溶剂对脱戊烷油中芳烃和非芳烃的溶解度不同，从而使芳烃与非芳烃分离，得到混合芳烃。在芳烃抽提过程中，溶剂与脱戊烷油混合后分为两相（在容器中分为两层），一相由溶剂和能溶于溶剂中的芳烃组成，称为提取相（又称富溶剂、抽提液、抽出层或提取液）；另一相为不溶于溶剂的非芳烃，称为提余相（又称提余液、非芳烃），两相液层分离后再将溶剂和芳烃分开，溶剂循环使用，混合芳烃作为芳烃精馏原料。

衡量芳烃抽提过程的主要指标有芳烃回收率、芳烃纯度和过程能耗。

$$芳烃回收率 = \frac{抽出产品芳烃量}{脱戊烷油中芳烃量} \times 100\%$$

1. 溶剂的选择

在选择溶剂时必须考虑如下三个基本条件：①对芳烃有较高的溶解能力；②对芳烃有较高的选择性；③溶剂与原料油的密度差要大。

目前工业上采用的主要溶剂有：二乙二醇醚、三乙二醇醚、四乙二醇醚、二丙二醇醚、二甲基亚砜、环丁砜和 N－甲基吡咯烷酮等。

2. 抽提方式

工业上多采用多段逆流抽提方法，其抽提过程在抽提塔中进行，为提高芳烃纯度，可采用打回流方式，即以一部分芳烃回流打入抽提塔，称芳烃回流。工业上广泛用于重整芳烃抽提的抽提塔是筛板塔。

3. 操作条件的选择

（1）操作温度

温度升高溶解度增大，有利于芳烃回收率的增加，但是随着芳烃溶解度的增加，非芳烃在溶剂中的溶解度也会增大，而且比芳烃增加的更多，而使溶剂的选择性变差，使产品芳烃纯度下降。

抽提塔的操作温度一般为125～140℃。而对于环丁砜来说，操作温度在90～95℃范围内比较适宜。

（2）溶剂比

溶剂比增大芳烃回收率增加，但提取相中的非芳烃量也增加，使芳烃产品纯度下降。同时溶剂比增大，设备投资和操作费用也增加。所以在保证一定的芳烃回收率的前提下应尽量降低溶剂比。

对于不同原料和溶剂应选择适宜的温度和溶剂比，一般选用溶剂比为15～20。

（3）回流比

回流比是调节产品芳烃纯度的主要手段。回流比大则产品芳烃纯度高，但芳烃回收率有所下降。回流比的大小应与原料中芳烃含量多少相适应，原料中芳烃含量越高，回流比可越小。降低溶剂比时，产品芳烃纯度提高，起到提高回流比的作用。反之增加溶剂比具有降低回流比的作用。一般选用回流比为1.1~1.4，此时产品芳烃的纯度可达99.9%以上。

(4) 溶剂含水量

含水愈高溶剂的选择性愈好，因而，溶剂中含水量是用来调节溶剂选择性的一种手段。但是溶剂含水量的增加，将使溶剂的溶解能力降低

(5) 压力

抽提塔的操作压力对溶剂的溶解度性能影响很小，因而对芳烃纯度和芳烃回收率影响不大。

(二) 芳烃抽提的工艺流程

芳烃抽提工艺流程见图10-8所示。

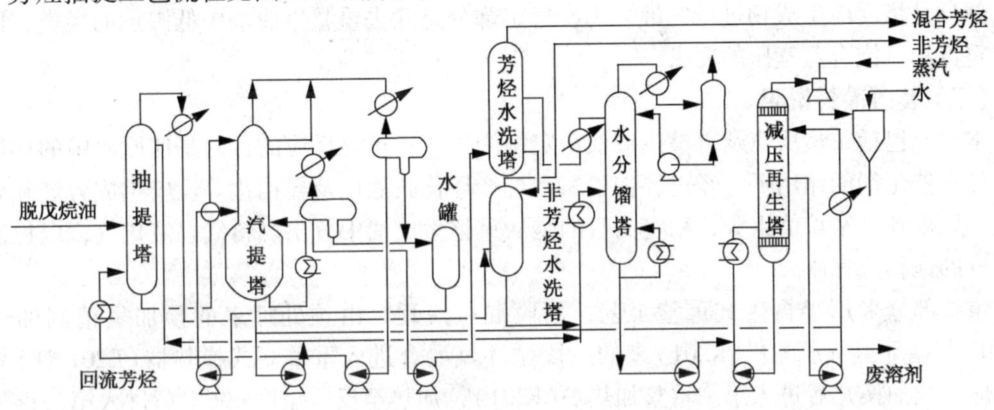

图10-8 芳烃抽提过程工艺流程图

1. 抽提部分

为了提高芳烃的纯度，抽提塔底打入经加热的回流芳烃。

2. 溶剂回收部分

溶剂回收部分的任务是从提取液、提余液和水中回收溶剂并使之循环使用。

溶剂回收部分的主要设备有汽提塔、水洗塔和水分馏塔。

3. 溶剂再生部分

再生是采用蒸馏的方法将溶剂和大分子叠合物分离。

二、芳烃精馏

1. 温差控制的基本原理和操作特点

实现精馏的条件是精馏塔内的浓度梯度和温度梯度。温度梯度越大，浓度梯度也就越大。但是塔内浓度变化不是在塔内自上而下均匀变化的，温差控制就以灵敏塔盘为控制点，选择塔顶或某层塔板做参考点，通过这两点温差的变化就能很好地反映出塔内的浓度变化情况。

只有在远离上、下限时温差才是合理的温差，只有在合理的温差下操作，才能保证塔顶温度稳定，才能起到提前发现、提前调节，保证产品质量的作用。

2. 芳烃精馏工艺流程

芳烃精馏的工艺流程有两种类型，一种是三塔流程，用来生产苯、甲苯、混合二甲苯和重芳烃，另一种是五塔流程，用来生产苯、甲苯、邻二甲苯、乙基苯和重芳烃。

第七节 催化重整装置仿真

一、工艺流程简介

（一）生产原理

重整的目的是将原料中的烃类，在催化剂存在的条件下进行芳构化和异构化等反应，达到制取辛烷值汽油的目的。其中反应部分设置四个反应器，烃类分子在这里进行化学反应，分离部分是将反应生成物进行气液分离，稳定部分是除去重整生成油中低沸点的烃类，以满足重整汽油对饱合蒸气压的要求。

（二）装置流程说明

本单元包括重整反应及重整生成油稳定两个工序。重整反应的目的是使原料中的环烷烃及烷烃在催化剂的作用下，经过环烷脱氢和烷烃环化脱氢以及异构化等反应生成芳烃和异构烃类，以得到高辛烷值组分，稳定的目的是从重整生成油中分出燃料气、液化气，以控制汽油成分的饱和蒸气压。

重整部分采用半再生式重整工艺，两段混氢流程，由预处理来的预加氢精制油经泵(P201)与循环氢气压缩机(K201)来的一段循环氢混合进入重整立式换热器(E201 管)与重整反应生成油换热后进入第一重整加热炉(F201)，加热至反应温度496℃后进入第一重整反应器(R201)进行反应，由于重整反应为吸热反应，物料经过反应器后有温降，为了再次达到重整反应的温度后进入第二重整加热炉(F202)，加热到反应温度496℃，再进入第二重整反应器(R202)，依次直到第四重整反应器(R204)，在第三重整入口混入二段混氢。由第四重整反应器(R204)出来的反应产物分为两路，一路到重整进料/重整产物立式换热器(E201 壳)与重整进料换热，另一路至二段混氢进料/重整产物立式换热器(E202 壳)与二段混氢换热。K201 来的二段混氢经(E202 管)换热后，与第二重整反应器(R202)出来的反应产物混合，经第三重整反应炉(F203)进入第三重整反应器(R203)。经两路换热重整产物混合后，经空冷(A201)、水冷(E203)进入重整气液分离罐(D201)进行气液分离，罐顶分出的含氢气体大部分经重整循环氢压缩机(K201)升压后在重整临氢系统中循环使用，另有一部分经氢气增压机(K202)送往本装置的预处理单元。罐底的重整生成油在 E205 与稳定塔(C201)底油换热后，进入稳定塔(C201)，稳定塔顶分出干气和液化气，经空冷(A202)、水冷(E206)进入回流罐(D202)，干气送往瓦斯管网，液化气经回流泵(P204)后分两路，一路打回塔顶，建立塔顶回流，另一路作为产品送出装置。塔底油经(E205)与进料换热，再经水冷(E207)后作为高辛烷值汽油组分自压送出装置。稳定塔底采用加热炉加热，经泵(P205)和炉(F205)建立塔底热循环。

（三）设备列表

设备列表见表 10－5。

（四）仪表列表

仪表列表见表 10－6。

（五）工艺卡片

工艺卡片见表 10－7。

表 10-5 设备列表

位号	名称	位号	名称	位号	名称
A201	反应器出口空冷器	F203	第三重整反应炉	E203	反应器出口水冷器
A202	C201 塔顶空冷器	F204	第四重整反应炉	E204	重整汽油冷却器
A203	C201 塔底稳定汽油空冷器	F205	C201 塔底再沸炉	K204	重整炉空气鼓风机
C201	稳定塔	K201	循环氢气压缩机	P201	预加氢精制油泵
D201	重整气液分离罐	K202	氢气增压机	P203	C201 进料泵
D202	稳定塔塔顶回流罐	K203	重整炉烟气引风机	P204	液化气泵
D203	液化汽吸收罐	D208	氢气压缩机入口缓冲罐	P205	稳定汽油泵
D204	一段注氯罐	D501	余热锅炉汽包	P501	余热锅炉给水泵
D205	二段注氯罐	D502	排污罐	R201	第一重整反应器
D207	干燥器	D503	排污罐	R202	第二重整反应器
E206	C201 塔顶液化气水冷器	D504	排污罐	R203	第三重整反应器
E207	稳定汽油水冷器	D505	排污罐	R204	第四重整反应器
F201	第一重整加热炉	E201	重整进料/重整产物立式换热器		
F202	第二重整加热炉	E202	二段混氢进料/重整产物立式换热器		

表 10-6 仪表列表

序号	仪表号	说明	单位	正常值	量程
1	AI1201	重整循环氢纯度	%	94.6	0~100
2	AI1202	重整循环氢气含水量	%	0.0	0~100
3	AI1203	重整产氢含氧量	%	94.6	0~100
4	AI1503	F205 过剩氧含量	%	4	0~100
5	AI1505	四合一炉过剩氧含量一	%	4	0~100
6	AI1506	四合一炉过剩氧含量二	%	4	0~100
7	FICQ1201	重整进料流量控制	t/h	37.5	0~55
8	FIC1208	重整净化风管流量控制	Nm^3/h	0	0~560
9	FIC1211	D203 抽出流量控制	t/h	39.8	0~61
10	FIC1213	D202 抽出流量控制	t/h	9.31	0~15.5
11	FIC1215A	F205 一路流量控制	t/h	34.64	0~54
12	FIC1215B	F205 二路流量控制	t/h	34.64	0~54
13	FIC1218	液化气出装置流量控制	t/h	0.616	0~1
14	FI1202	一段混氢流量	Nm^3/h	41000	0~41000
15	FI1209A	二段混氢流量	Nm^3/h	28800	0~30000
16	LIC1201	D201 液位控制	%	50	0~100
17	LIC1202	D203 液位控制	%	50	0~100
18	LIC1203	D202 液位控制	%	50	0~100
19	LIC1205	C201 塔底液位控制	%	50	0~100
20	LI1206	D208 液位显示	%	50	0~100
21	LI1401	D501 液位显示	%	50	0~100
22	LIC1402	D501 液位控制	%	50	0~100
23	LIC1403	D502 液位控制	%	50	0~100
24	LIC1404	D505 液位控制	%	50	0~100
25	LI1301	D-212 液位控制	%	50	0~100
26	LI1302	D210 液位控制	%	50	0~100
27	LI1303	D211 液位控制	%	50	0~100
28	LIC1403	D502 液位控制	%	50	0~100

续表

序　号	仪表号	说　明	单　位	正常值	量　程
29	PDI1201	E201 管程压降	kPa	6	0～120
30	PDI1202	E201 壳程压降	kPa	6	0～120
31	PDI1203	E202 管程压降	kPa	6	0～120
32	PDI1204	E202 壳程压降	kPa	6	0～120
33	PDI1205	R201 床层压降	kPa	6	0～120
34	PDI1206	R202 床层压降	kPa	6	0～120
35	PDI1207	R203 床层压降	kPa	6	0～120
36	PDI1208	R204 床层压降	kPa	6	0～120
37	PIC1202	F201 瓦斯压力控制	MPa	0.25	0～0.4
38	PIC1204	F202 瓦斯压力控制	MPa	0.25	0～0.4
39	PIC1206	F203 瓦斯压力控制	MPa	0.25	0～0.4
40	PIC1208	F204 瓦斯压力控制	MPa	0.25	0～0.4
41	PIC1210	D201 顶压力控制	MPa	1.1	0～1.6
42	PIC1213	F205 瓦斯压力控制	MPa	0.25	0～0.5
43	PIC1211	D203 压力控制	MPa	1	0～1.5
44	PI1201	一段混氢压力	MPa	1.65	0～2.5
45	PI1203	R201 入口压力	kPa	1.65	0～120
46	PI1205	R202 入口压力	kPa	1.55	0～120
47	PI1207	R203 入口压力	kPa	1.45	0～120
48	PI1209	R204 入口压力	kPa	1.35	0～120
49	PI1212	D202 压力	MPa	1.05	0～1.5
50	PI1214	二段混氢压力	MPa	0.25	0～2.0
51	PI1215	F205 长明灯瓦斯压力	MPa	1.45	0～0.5
52	TIC1207	F－201 出口温度控制	℃	496	0～800
53	TIC1210	F202 出口温度控制	℃	496	0～800
54	TIC1213	F203 出口温度控制	℃	496	0～800
55	TIC1216	F204 出口温度控制	℃	496	0～800
56	TIC1224	C201 灵敏板温度控制	℃	82.6	0～120
57	TIC1226	F205 出口温度控制	℃	237	0～400
58	TI1201	重整原料油进 E201 温度	℃	96	0～150
59	TI1202	重整原料油出 E201 温度	℃	422	0～700
60	TI1203	重整生成油温度	℃	110	0～200
61	TI1204	二段混氢出 E202 温度	℃	420	0～700
62	TI1205	重整生成油出 E201 温度	℃	125	0～200
63	TI1206	重整生成油二路混合温度	℃	122	0～200
64	TI1208	R201 入口温度	℃	496	0～800
65	TI1209	R201 底出口温度	℃	400	0～800
66	TI1211	R202 入口温度	℃	496	0～800
67	TI1212	R202 出口温度	℃	446	0～800
68	TI1214	R203 入口温度	℃	496	0～800
69	TI1215	R203 出口温度	℃	474	0～800
70	TI1217	R204 入口温度	℃	496	0～800
71	TI1218	R204 出口温度	℃	478	0～800
72	TI1219A	重整产物出空冷器温度	℃	60	0～100
73	TI1219B	重整产物出水冷器温度	℃	40	0～70
74	TI1220	重整油进 D203 温度	℃	40	0～70
75	TI1221	T201 顶油冷后温度	℃	43	0～70
76	TI1222	T201 进料温度	℃	132	0～200

续表

序号	仪表号	说明	单位	正常值	量程
77	TI1223	T201 顶温	℃	57	0~200
78	TI1225	C201 灵敏板温度	℃	82.6	0~120
79	TI1227	F205 循回温度	℃	237	0~400
80	TI1228	C201 底温度	℃	224	0~400
81	TI1229A	F205 一路出口温度	℃	237	0~400
82	TI1229B	F205 二路出口温度	℃	237	0~400
83	TI1230	重整汽油出装置温度	℃	43	0~70
84	TI1231	一段混氢温度	℃	80	0~150
85	TI1232	二段混氢温度	℃	68	0~100
86	TI1233	F203 入口温度	℃	44	0~800
87	TI1234	重整产物进空冷温度	℃	122	0~200
88	TIC1401	省煤段给水温度控制	℃	130	0~200
89	TIC1405	过热蒸汽温度控制	℃	360	0~700
90	TI1301	瓦斯进装置温度	℃	40	0~70
91	TI1302	除氧水温度	℃	120	0~150
92	TI1303	瓦斯加热后温度	℃	40	0~100
93	TI1304	瓦斯出 D401 温度	℃	40	0~100
94	TI1305	重整污油出装置温度	℃	40	0~200
95	TI1402	省煤段给水温度	℃	130	0~200
96	TI1403	省煤段出口水温度	℃	190	0~300
97	TI1404	过热段出口温度	℃	450	0~700
98	TI1406	过热段蒸汽温度	℃	420	0~700
99	TI1407	D501 底出料管温度	℃	250	0~400
100	TI1501	重整炉暖风器烟气入口温度	℃	315	0~600
101	TI1502	重整炉暖风器烟气出口温度	℃	150	0~80
102	TI1503	重整炉暖风器空气入口温度	℃	50	0~80
103	TI1504	重整炉暖风器空气出口温度	℃	110	0~600
104	TI1507	F205 对流下部温度	℃	254	0~800
105	TI1511	F205 对流室出口温度	℃	254	0~600
106	TI1513	重整炉烟道温度	℃	316	0~600
107	TI1514	F201 炉膛温度 A	℃	769	0~1200
108	TI1515	F201 炉膛温度 B	℃	769	0~1200
109	TI1516	F202 炉膛温度 A	℃	807	0~1200
110	TI1517	F202 炉膛温度 B	℃	807	0~1200
111	TI1518	F203 炉膛温度 A	℃	760	0~1200
112	TI1519	F203 炉膛温度 B	℃	760	0~1200
113	TI1520	F204 炉膛温度 A	℃	600	0~1200
114	TI1521	F204 炉膛温度 B	℃	600	0~1200
115	TI1522	四合一炉辐射室出口温度一	℃	750	0~1200
116	TI1523	四合一炉辐射室出口温度二	℃	750	0~1200
117	TI1524	四合一炉辐射室出口温度三	℃	750	0~1200
118	TI1525	四合一炉对流下段温度一	℃	623	0~1000
119	TI1526	四合一炉对流下段温度二	℃	623	0~1000
120	TI1527	四合一炉对流中段温度一	℃	544	0~1000
121	TI1528	四合一炉对流中段温度二	℃	544	0~1000
122	TI1529	四合一炉对流上段温度一	℃	263.8	0~600
123	TI1530	四合一炉对流上段温度二	℃	263.8	0~600
124	TI1531	F205 出口温度一	℃	185	0~600
125	TI1532	F205 出口温度二	℃	185	0~600

表 10-7 工艺卡片

名称	项目	单位	控制指标	备注
C201	顶温	℃	57.0	
	底温	℃	224.0	
	塔底液位	%	50.0	
	底循环量	t/h	35.0	
D201	压力	MPa	1.2.0	
	液位	%	50.0	
	温度	℃	35.0	
D202	压力	MPa	1.150	
	液位	%	50.0	
D203	压力	MPa	1.100	
	液位	%	50.0	
R201	入口温度波动	℃	±2.0	
	H_2/HC	Nm^3/m^3	≮550.0	
R202	入口温度波动	℃	±2.0	
	H_2/HC	Nm^3/m^3	≮550.0	
R203	入口温度波动	℃	±2.0	
	H_2/HC	Nm^3/m^3	≮1100.0	
R204	入口温度波动	℃	±2.0	
	H_2/HC	Nm^3/m^3	≮1100.0	
F201	炉膛温度	℃	≯800.0	
	出口温度	℃	≯510.0	
	炉膛负压	Pa	-20.0	
	炉膛氧含量	%	3.0~6.0	
F202	炉膛温度	℃	≯830.0	
	出口温度	℃	≯510.0	
	炉膛负压	Pa	-20.00	
	炉膛氧含量	%	3.0~6.0	
F203	炉膛温度	℃	≯800.0	
	出口温度	℃	≯520.0	
	炉膛负压	Pa	-20.0	
	炉膛氧含量	%	3.0~6.0	
F204	炉膛温度	℃	≯800.0	
	出口温度	℃	≯520.0	
	炉膛负压	Pa	-20±15.0	
	炉膛氧含量	%	3.0~6.0	
余热炉	烟气出口温度	℃	180.0	
	产汽压力	MPa	≯3.80	
	产汽温度	℃	400.0~435.0	
	烟气出口温度	℃	180.0	
	D501 液位	%	50.0	
F205	炉膛温度	℃	≯800.0	
	出口温度	℃	237.0	
	炉膛负压	Pa	-20.0	
	烟气出口温度	℃	180.0	
空气预热器	烟气出口温度	℃	150.0	
	空气出口温度	℃	110.0	
E204	出口温度	℃	35.0	
E207	出口温度	℃	35.0	

(六) 物料平衡

物料平衡见表 10－8。

表 10－8　物料平衡表

项　目	流　量/(t/h)	项　目	流　量/(t/h)
重整进料流量控制	37.5	F205 一路流量控制	34.64
D203 抽出流量控制	39.8	F205 二路流量控制	34.64
D202 抽出流量控制	9.31	液化气出装置流量控制	0.616

二、复杂控制说明

① F201 加热炉出口温度控制器 TIC1207 的控制回路引入高选器控制，高选器把 PIC1202 和 HIC1201 的高信号作为输出控制 TIC1207 的温度。

② F202 加热炉出口温度控制器 TIC1210 的控制回路引入高选器控制，高选器把 PIC1204 和 HIC1202 的高信号作为输出控制 TIC1210 的温度。

③ F203 加热炉出口温度控制器 TIC1213 的控制回路引入高选器控制，高选器把 PIC1206 和 HIC1203 的高信号作为输出控制 TIC1213 的温度。

④ F204 加热炉出口温度控制器 TIC1216 的控制回路引入高选器控制，高选器把 PIC1208 和 HIC1204 的高信号作为输出控制 TIC1216 的温度。

⑤ F205 加热炉燃料气入口压力控制器 PIC1213 的控制回路引入高选器控制，高选器把 TIC1226 和 HIC1205 的高信号作为输出控制 PIC1213 的压力。

⑥ D202 液位控制器 LIC1203 与流量控制器 FIC1213 呈串级控制。

⑦ D203 液位控制器 LIC1202 与流量控制器 FIC1211 呈串级控制。

⑧ 重整立式换及高分压力 PIC1210 分程控制，PV1210A. OP = (50.0 － PIC1210. OP) × 2；PV1210B. OP = (PIC1210. OP － 50.0) ×2。

三、联锁逻辑

① 联锁逻辑图见图 10－9 所示。

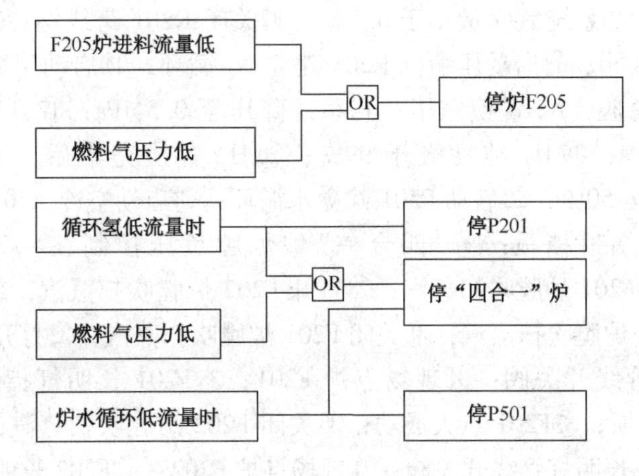

图 10－9　重整装置联锁图

② 联锁报警表见表 10－9。

表 10-9 联锁报警表

仪表位号	回路名称	联锁值
FT1215A	F205 一路流量控制	5.0t/h
FT1215B	F205 二路流量控制	5.0MPa
PI1215	F205 长明灯瓦斯压力	0.1MPa
FIA1209A	一段混氢流量	10000Nm³/h
FIA1209B	二段混氢流量	10000Nm³/h
TI1403	P501 出口流量	10.0℃
TI1502	重整炉暖风器烟气出口温度	220.0℃

四、操作规程

（一）冷态开车

1. C201 垫油

①D202 用氮气垫压至 1.0MPa；②D203 用正常流程充压至 1.0MPa；③打开开工循环线开关阀；④打开 FIC1211，启动 P201 给 C201 垫油；⑤C201 液位大于 70%；⑥建立进 F205 一路流量循环；⑦建立进 F205 二路流量循环；⑧关垫油开关阀；⑨停 P201；⑩启动空冷 A202；⑪打开水冷 E206 冷水上水阀；⑫打开 HC1507；⑬打开 F205 烟道挡板；⑭向 F205 炉膛吹扫蒸汽；⑮关闭 F205 炉膛吹扫蒸汽；⑯打开自然通风阀门；⑰打开 F205 长明灯开关阀；⑱点炉 F205；⑲打开瓦斯进 F205 阀；⑳炉 F205 点火成功；㉑打开引风机前阀 HC1502；㉒启动引风机；㉓关闭 HC1507；㉔打开通风机后阀 HC1501；㉕打开 F205 进风阀 HC1505；㉖启动通风机；㉗关闭自然通风阀门；㉘关闭 D202 充氮气阀门；㉙F205 炉出口温度大于 230℃；㉚C201 塔底温度大于 219℃；㉛回流罐液位大于 30%；㉜启动 P204 给 C201 塔顶打回流。

2. 重整系统循环干燥

①打开氮气入 K201 开关阀；②打开 K201 出口阀；③打开 K201 跨线阀；④打开氮气入 K202A 开关阀；⑤打开 K202A 出口阀；⑥打开 K202A 跨线阀；⑦打开氮气来管总阀；⑧系统压力充至 1.0MPa；⑨系统氧含量小于 0.5%；⑩关闭 K201 跨线阀；⑪关闭 K202A 跨线阀；⑫打开 D207 副线阀；⑬启动压缩机 K201 建立 N_2 循环；⑭启动压缩机 K202A 建立 N_2 循环；⑮关闭充 N_2 总阀，N_2 置换完毕；⑯系统降压至 0.5MPa；⑰开新氢至 D208 阀门；⑱系统充压至 1.0MPa；⑲H_2 纯度大于 99%；⑳H_2 置换完毕后，关闭新氢阀；㉑开 FIC1401、D501 液位至 50%；㉒启动 P501 建立水循环；㉓启动空冷 A201；㉔E203 上冷水；㉕打开“四合一”炉烟道挡板；㉖“四合一”炉炉膛负压控制在 -20mmHg（1mmHg = 133.322Pa）；㉗打开 F201 炉膛吹扫蒸汽；㉘打开 F202 炉膛吹扫蒸汽；㉙打开 F203 炉膛吹扫蒸汽；㉚打开 F204 炉膛吹扫蒸汽；㉛关闭 F201 炉膛吹扫蒸汽；㉜打开 F201 自然通风口；㉝打开 F201 长明灯管线开关阀；㉞现场点炉 F201；㉟F201 长明灯指示亮；㊱开瓦斯进 F201 压力控制阀进瓦斯；㊲F201 点火成功；㊳关闭 F202 炉膛吹扫蒸汽；㊴打开 F202 自然通风口；㊵打开 F202 长明灯管线开关阀；㊶现场点炉 F202；㊷F202 长明灯指示亮；㊸开瓦斯进 F202 压力控制阀进瓦斯；㊹F202 点火成功；㊺关闭 F203 炉膛吹扫蒸汽；㊻打开 F203 自然通风口；㊼打开 F203 长明灯管线开关阀；㊽现场点炉 F203；㊾F203 长明灯指示亮；

㊿开瓦斯进 F203 压力控制阀进瓦斯；(51)F203 点火成功；(52)关闭 F204 炉膛吹扫蒸汽；(53)打开 F204 自然通风口；(54)打开 F204 长明灯管线开关阀；(55)现场点炉 F204；(56)F204 长明灯指示亮；(57)开瓦斯进 F204 压力控制阀进瓦斯；(58)F204 点火成功；(59)一反 R201 床层温度升至 420℃；(60)二反 R201 床层温度升至 420℃；(61)三反 R201 床层温度升至 420℃；(62)四反 R201 床层温度升至 420℃；(63)在 D102 处切水。

3. 重整催化剂预硫化

①D206A 注入硫化剂至 10% 液位；②D206B 注入硫化剂至 15% 液位；③D206C 注入硫化剂至 25% 液位；④D206D 注入硫化剂至 50% 液位；⑤打开硫化剂 D206A 罐充 N_2 阀；⑥打开硫化剂 D206B 罐充 N_2 阀；⑦打开硫化剂 D206C 罐充 N_2 阀；⑧打开硫化剂 D206D 罐充 N_2 阀；⑨向 R201 注入硫化剂；⑩向 R202 注入硫化剂；⑪向 R203 注入硫化剂；⑫向 R204 注入硫化剂；⑬R201 硫化氢穿透；⑭R202 硫化氢穿透；⑮R203 硫化氢穿透；⑯R204 硫化氢穿透；⑰关闭 R201 注硫阀；⑱关闭 R202 注硫阀；⑲关闭 R203 注硫阀；⑳关闭 R204 注硫阀。

4. 重整系统进油

①启动 P201；②抽精制油，流量控制在 24t/h；③D204 罐建立液位；④D205 罐建立液位；⑤打开 D204 底出口阀；⑥打开 D205 底出口阀；⑦打开 P206A 出口阀；⑧打开 P207 出口阀；⑨一段注氯；⑩二段注氯；⑪D201 液位大于 50%；⑫投用 E204 冷却水；⑬开 D201 底液控阀向 D203 进油；⑭D203 液位大于 50%；⑮启动 P203 向单塔循环的稳定塔 C201 进料；⑯投用 E207；⑰炉 F201 出口温度提高至 490℃；⑱炉 F202 出口温度提高至 490℃；⑲炉 F203 出口温度提高至 490℃；⑳炉 F204 出口温度提高至 490℃；㉑进料量提高至正常值 37.5t/h；㉒液化气出装置。

（二）正常停车

①打开余热锅炉蒸汽放空开关阀；②关闭余热锅炉蒸汽并网开关阀；③F201 出口降温至 450℃；④F202 出口降温至 450℃；⑤F203 出口降温至 450℃；⑥F204 出口降温至 450℃；⑦处理量降至 23t/h；⑧停注氯泵 P206；⑨停注氯泵 P207；⑩重整系统氢气改自身循环；⑪F201 出口降温至 400℃；⑫F202 出口降温至 400℃；⑬F203 出口降温至 400℃；⑭F204 出口降温至 400℃；⑮停 P201，重整停止进料；⑯D201 尽可能减油，10% >LIC1201 > 5%；⑰关闭 LIC1201；⑱LIC1202 < 5%；⑲停 P203、C201 维持液面单塔循环；⑳关 C201 底至出装置开关阀；㉑C201 底温降至 < 150℃；㉒F206 熄火；㉓C201 底温降至 < 100℃；㉔停P205；㉕F201 出口降温至 100℃；㉖F202 出口降温至 100℃；㉗F203 出口降温至 100℃；㉘F204 出口降温至 100℃；㉙F201 熄火；㉚F202 熄火；㉛F203 熄火；㉜F204 熄火；㉝停 K201；㉞停 K202，停止循环；㉟D201 泄压至 0.05MPa；㊱开 K101 入口氮气；㊲开K202 入口氮气，对系统置换；㊳氮气充压至 0.5MPa；㊴泄压至 0.05MPa；㊵氢纯度 < 1%；㊶关 K201 入口氮气；㊷关 K202 入口氮气；㊸关 D201 顶至燃料气阀；㊹D202 内油经回流打入 C201 内，LIC1203 < 5%；㊺停 P204；㊻停空冷 A202；㊼停空冷 A203；㊽关 E206 冷水上水阀；㊾关 E207 冷水上水阀；㊿开 D202 顶氮气阀，C201 准备退油；(51)D202 压力控制在 0.3～0.5MPa；(52)C201 底油经不合格油线压出装置，LIC1205 < 0%；(53)关不合格油出装置开关阀；(54)关 D202 顶氮气阀；(55)关 D202 顶至燃料气阀，保压。

（三）事故处理

1. 长时间停电

事故原因：供电线路故障。

事故现象：所有电驱动设备停止运转，电机运行状态分布图上所有电机指示停

处理方法：①各加热炉立即熄火，炉膛通入蒸汽；②若反应器床层温度上升达550℃，则充入氮气，适当加大放空；③若反应器各床层温度无异常上升，床层温度低于400℃，停止排气；④F205缓慢降温，C201、D202、D203不要超高，防止油串入瓦斯。

2. 瞬时停电

事故原因：供电系统电压不稳。

事故现象：机泵设备部分或全部停运，DCS系统指示发生变化。

处理方法：①若压缩机停运，F201～F204立即熄火；②“四合一”炉膛通入蒸汽，准备压缩机紧急启动后重新点火；③注意观察各反应器床层温度的变化，发现床层超温，立即降低床层温度；④氢压机启动后，各炉按规程点火，待各部分达到进油条件时，向反应系统进料；⑤重新启动C201回流泵，底循环泵，恢复塔系统的操作，并逐渐调整至正。

3. 停循环水

事故原因：水系统故障。

事故现象：塔顶回流罐入口温度升高，D201入口温度升高，塔、罐压力升高。

处理方法：①各加热炉逐渐降温；②适当降低装置处理量；③在有调节能力的条件下，加开空冷器。

4. 停除氧水

事故原因：水系统故障。

事故现象：余热锅炉汽包液位迅速下降。

处理方法：①各加热炉立即熄火，炉膛通入蒸汽；②切换余热锅炉烟道挡板至主烟道挡板；③将锅炉产汽控制阀副线阀打开，打开余热锅炉高点放空阀，保护余热锅炉。

5. 重整进料泵停

事故原因：泵故障。

事故现象：进料流量指示为零，各加热炉出口温度上升。

处理方法：①切换备用泵；②若床层温度超过510℃，则关小瓦斯调节阀，降低塔底温度；③待备用泵运行正常后，恢复正常操作。

6. 重整循环压缩机停

事故原因：两段压缩机同时故障。

事故现象：两段氢气流量指示流量为零。

处理方法：①四个反应器加热炉熄火；②开备用机循环降温；③反映床层温度降至400℃，停进料。

7. F201炉管破裂

事故原因：年久失修。

事故现象：①F201炉膛温度TI1514、TI1515急剧上升；②重整四合一炉温度TI1523、TI1531上升；③重整四合一炉炉膛氧含量AI1505急剧下降，最后回零；④PIC1509上下大幅波动。

处理方法：①切断原料，停止进料；②炉膛通入灭火蒸汽，打开烟道挡板，关闭风门；③系统向火炬泄压，当压力降至0.5MPa，引 N_2 置换；④反应炉内必须保持正压。

8. 稳定塔底泵抽空

事故原因：稳定塔底泵 P205 故障。

事故现象：F205 两路流量为零；F205 发生联锁。

处理方法：联锁复位；切换备用泵，运行正常后开 F205 连锁旁路；按正常点炉步骤，点火升温。

9. 空气预热器故障

事故原因：空气预热器故障。

事故现象：烟气出口温度很高，烟气回收系统发生联锁。

处理方法：开大自然通风阀，重整降量生产。

10. C201 塔进料中断

事故原因：P203 故障。

事故现象：D203 液位升高，C201 液位下降。

处理方法：切换备用泵。

11. 汽包锅炉循环水泵故障

事故原因：P501 故障。

事故现象：余热锅炉汽包液位迅速下降。

处理方法：各加热炉立即熄火，炉膛通入蒸汽；切换余热锅炉烟道挡板至主烟道挡板；将锅炉产汽控制阀副线阀打开，打开余热锅炉高点放空阀，保护余热锅炉。

12. 燃料气中断事故

事故原因：软料气系统故障。

事故现象：加热炉瓦斯流量、压力下降，炉出口温度下降。

处理方法：停工。

五、仿 DCS 系统操作画面

① 流程图图名见表 10－10。

表 10－10 流程图名

图 名	说 明	调图方式	图 名	说 明	调图方式
GR0201	重整部分总貌流程图	Ctrl + 1	GF0202	重整立换及高分部分现场图	
GR0202	重整立换及高分部分流程图	Ctrl + 2	GF0203	炉 201/202、反 201/202 现场图	
GR0203	炉 201/202、反 201/202 流程图	Ctrl + 3	GF0204	炉 203/204、反 203/204 现场图	Ctrl + 0
GR0204	炉 203/204、反 203/204 流程图	Ctrl + 4	GF0205	稳定塔及吸收系统现场图	
GR0205	稳定塔及吸收系统流程图	Ctrl + 5	GF0206	氢气流程现场图	
GR0206	氢气流程图	Ctrl + 6	GF0207	余热锅炉现场图	
GR0207	重整炉烟气流程图	Ctrl + 7	GF0208	注氯系统现场图	
GR0208	重整“四合一”炉	Ctrl + 8	GF0503	机、泵现场操作图	
GR0209	余热锅炉流程图	Ctrl + 9	GF0507	重整反应部分辅操台	

② 仿真 PI&D 图见图 10－10 ~ 图 10－27 所示。

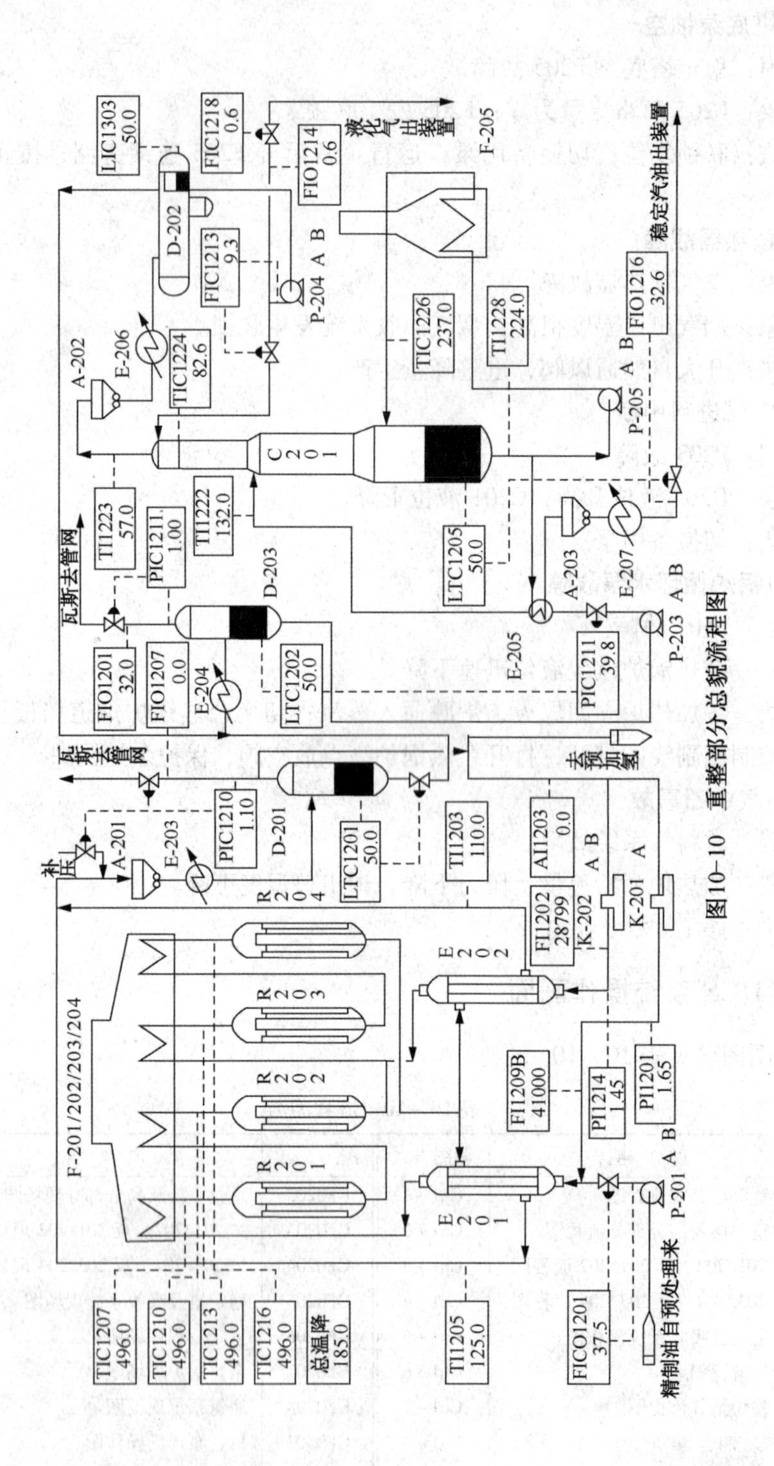

图10-10 重整部分总貌流程图

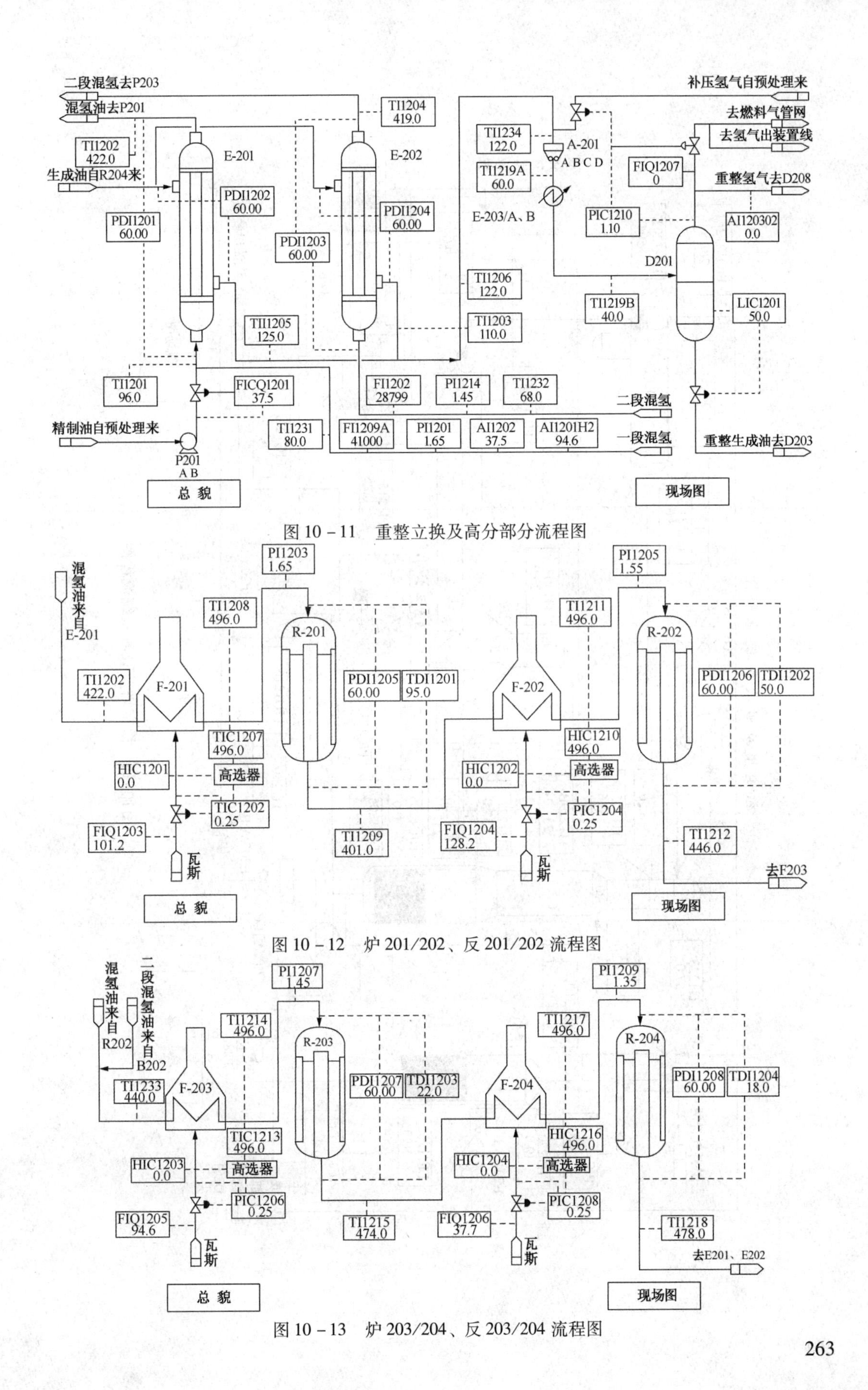

图 10－11　重整立换及高分部分流程图

图 10－12　炉 201/202、反 201/202 流程图

图 10－13　炉 203/204、反 203/204 流程图

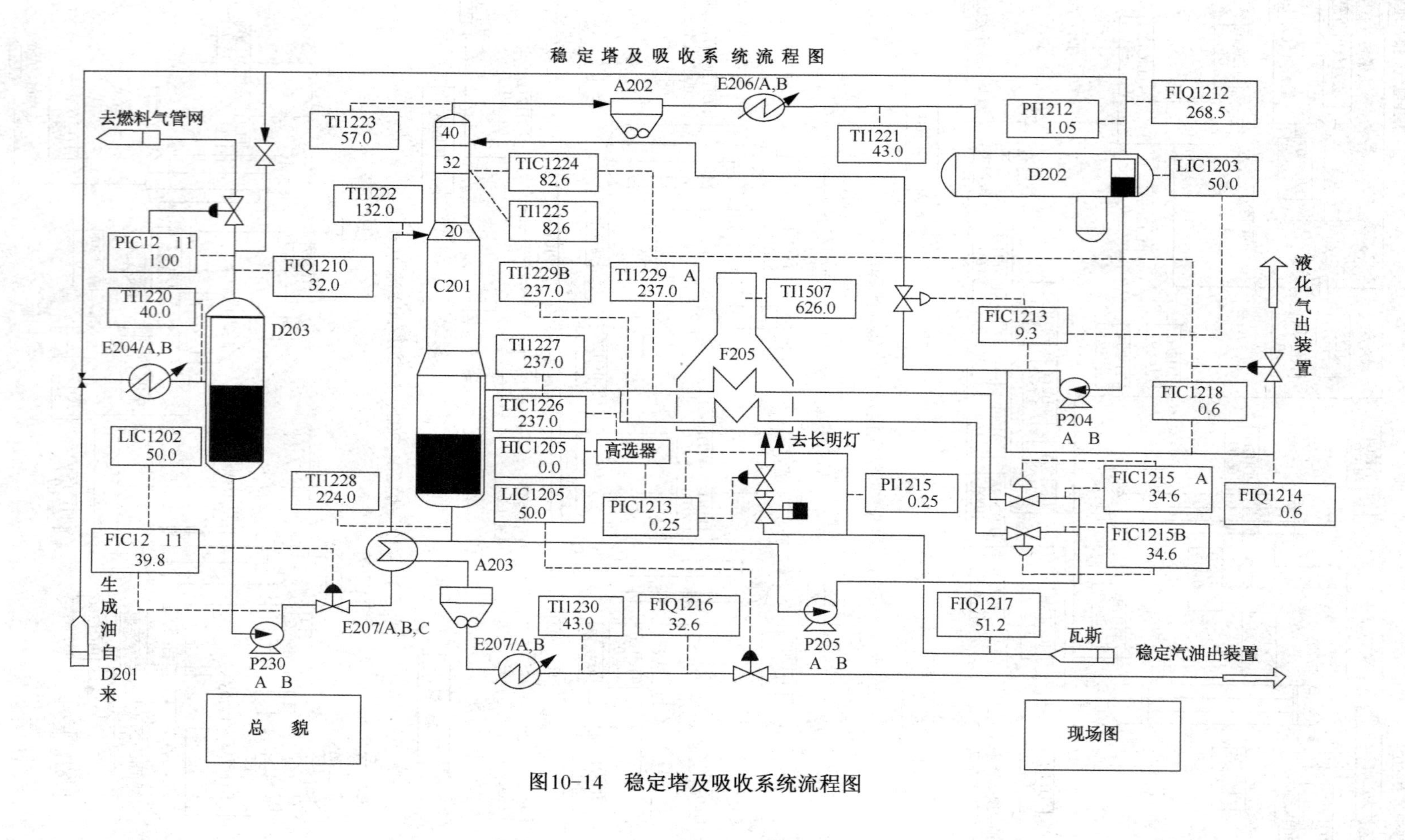

图10-14 稳定塔及吸收系统流程图

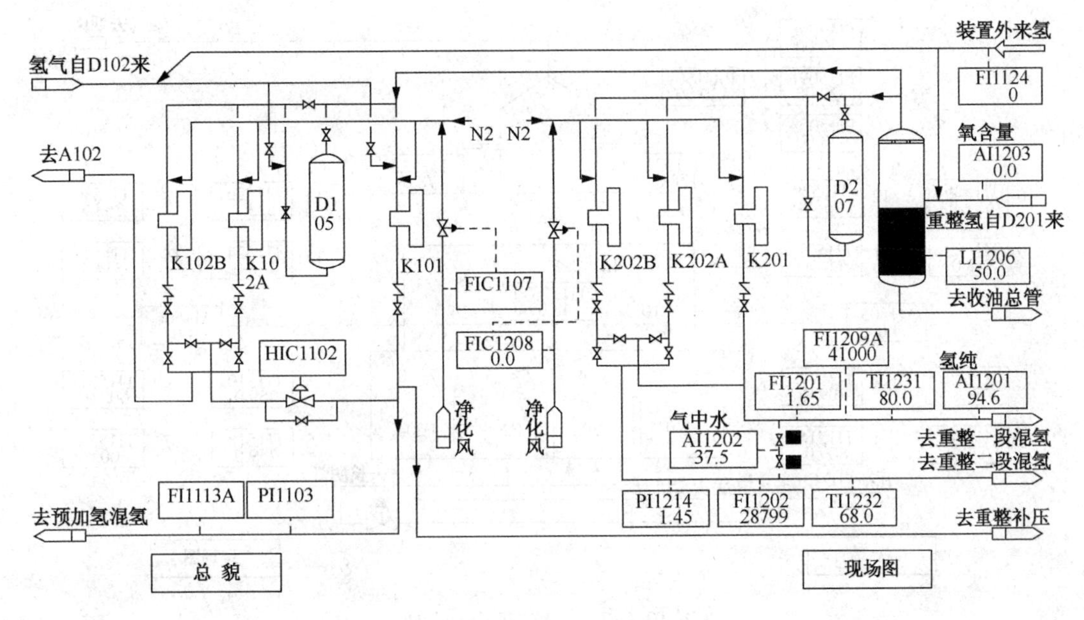

图 10 - 15　氢气流程图

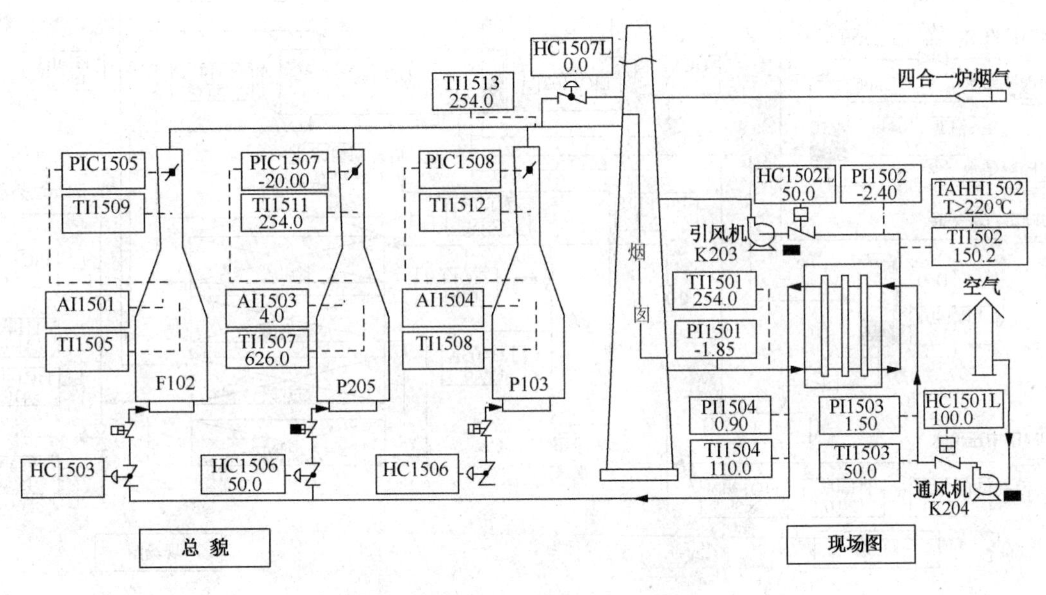

图 10 - 16　重整炉烟气流程图

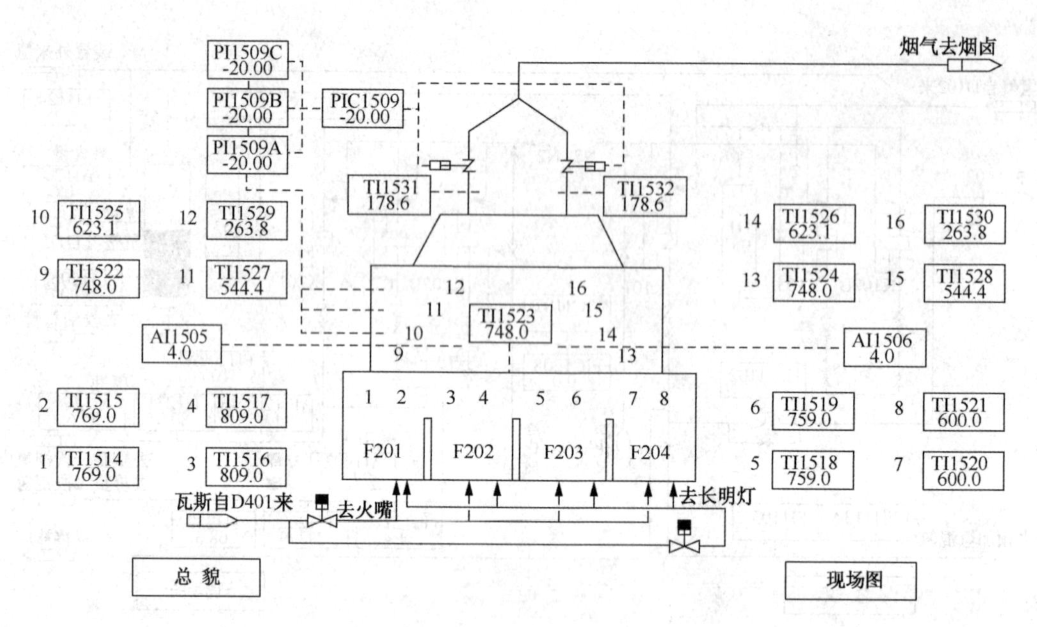

图 10－17 重整"四合一"炉

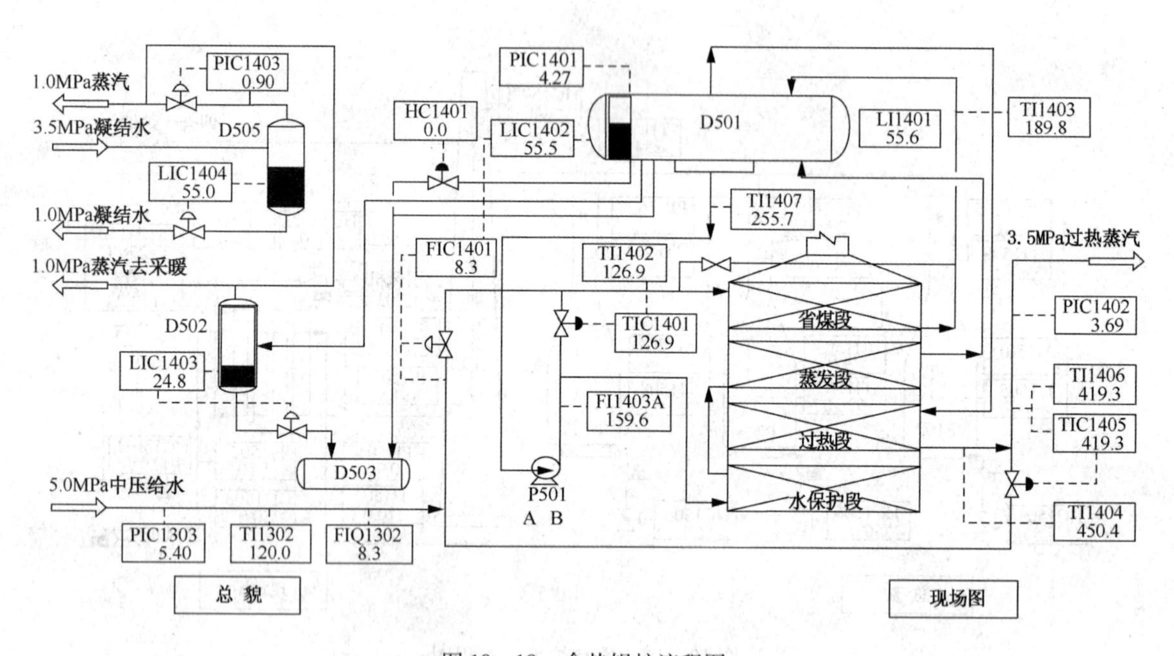

图 10－18 余热锅炉流程图

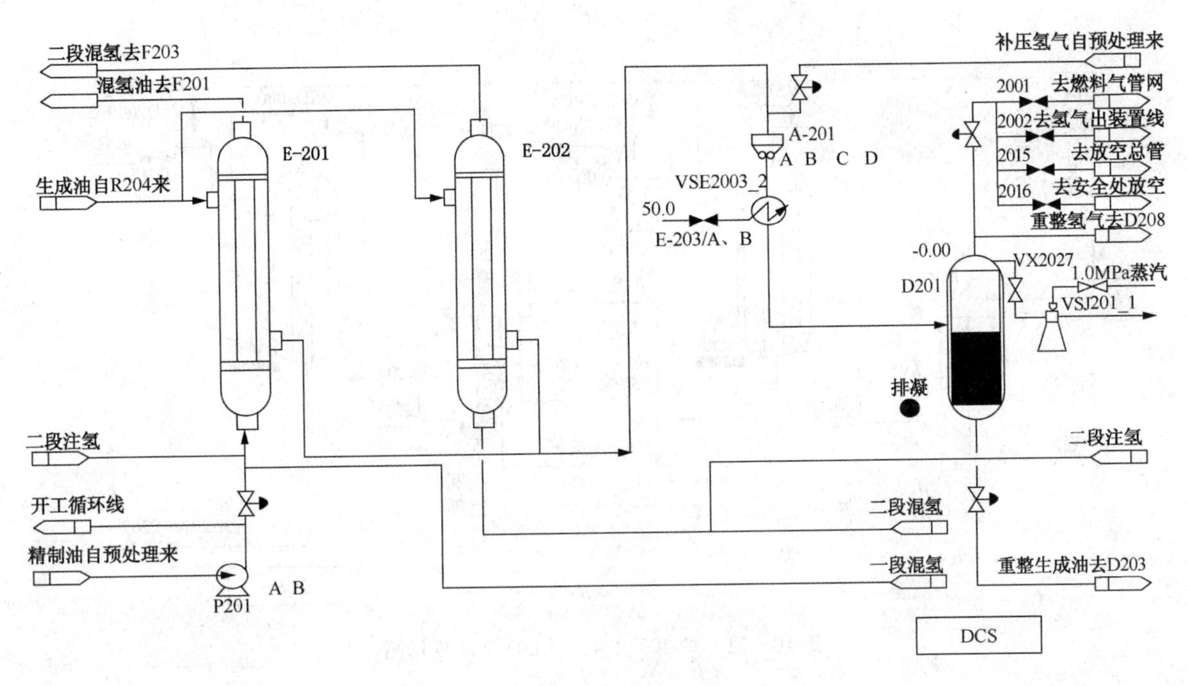

图 10－19　重整立换及高分部分现场图

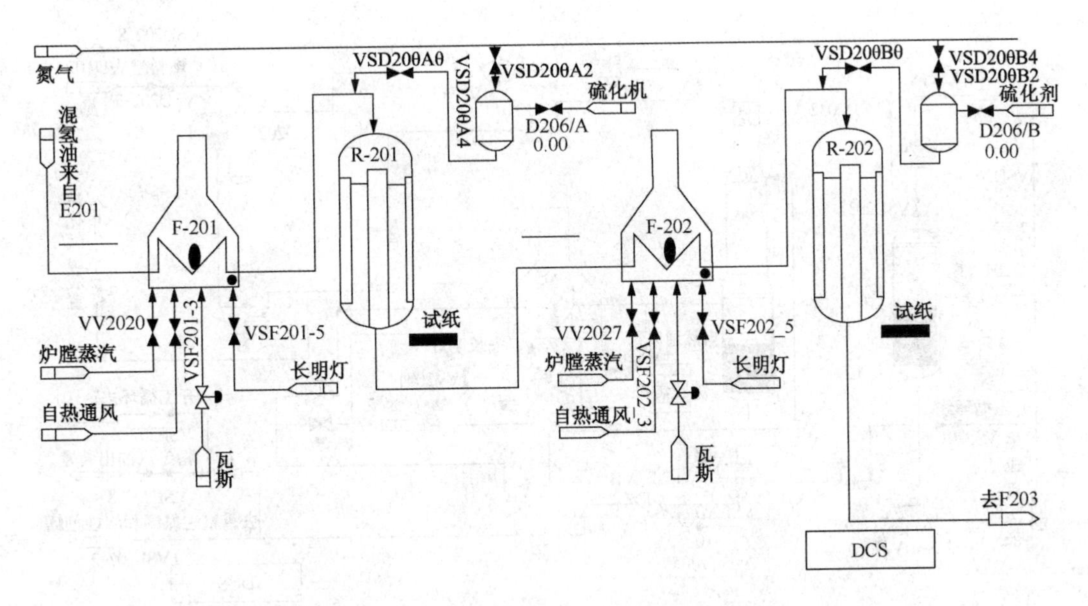

图 10－20　炉 201/202、反 201/202 现场图

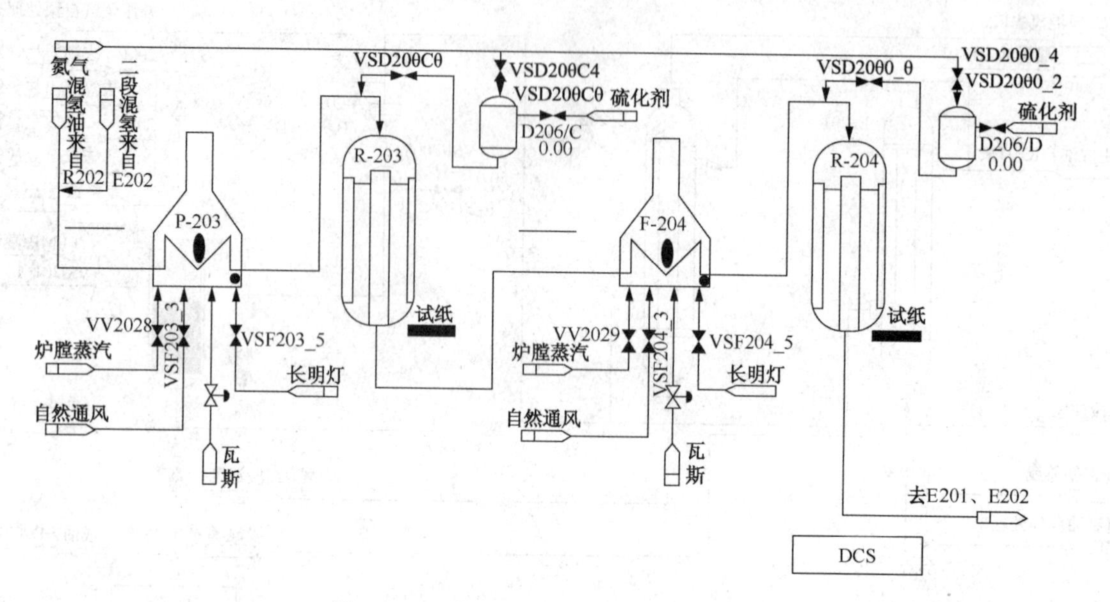

图 10－21　炉 203/204、反 203/204 现场图

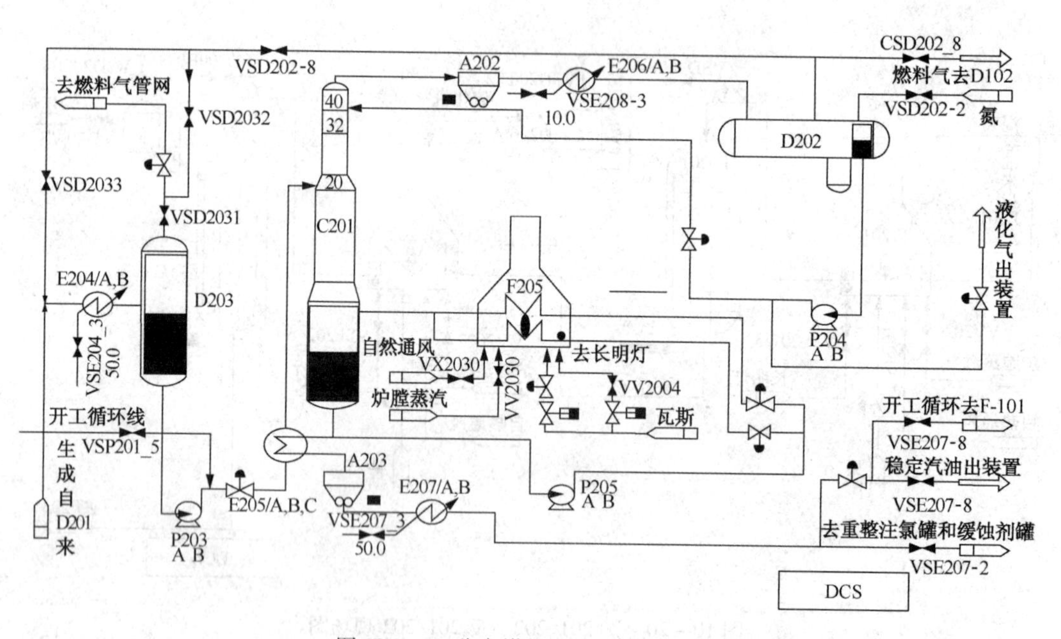

图 10－22　稳定塔及吸收系统现场图

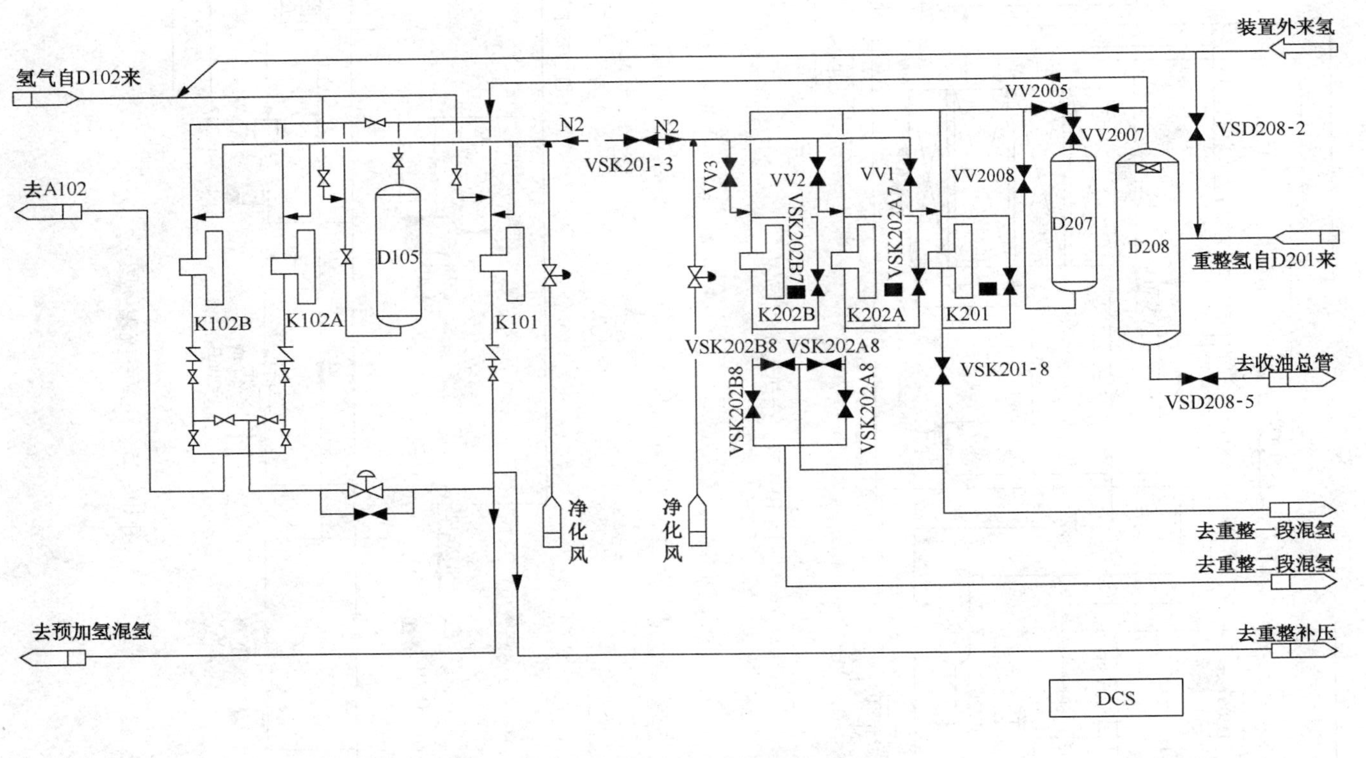

图10-23　氢气流程现场图

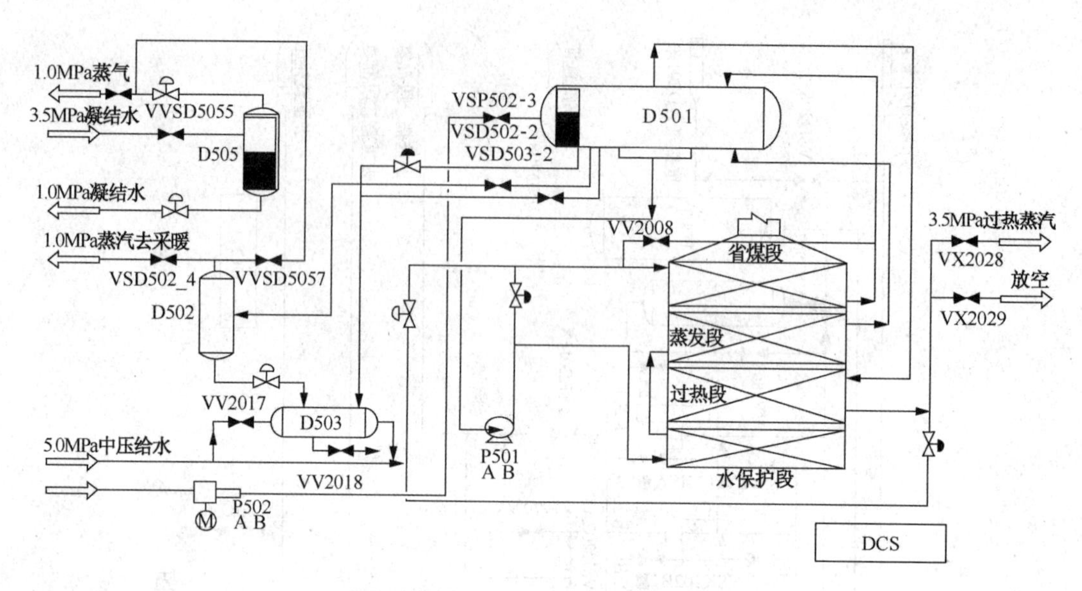

图 10－24　余热锅炉现场图

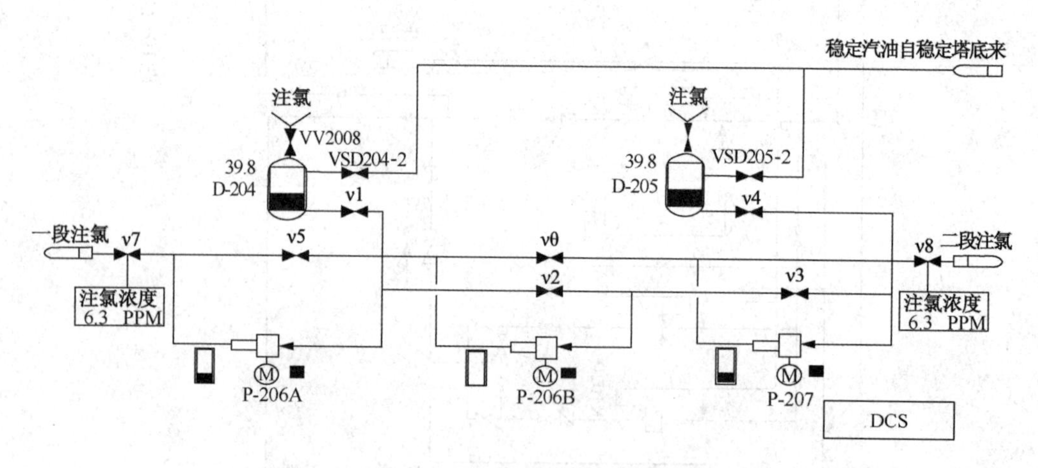

图 10－25　注氯系统现场图

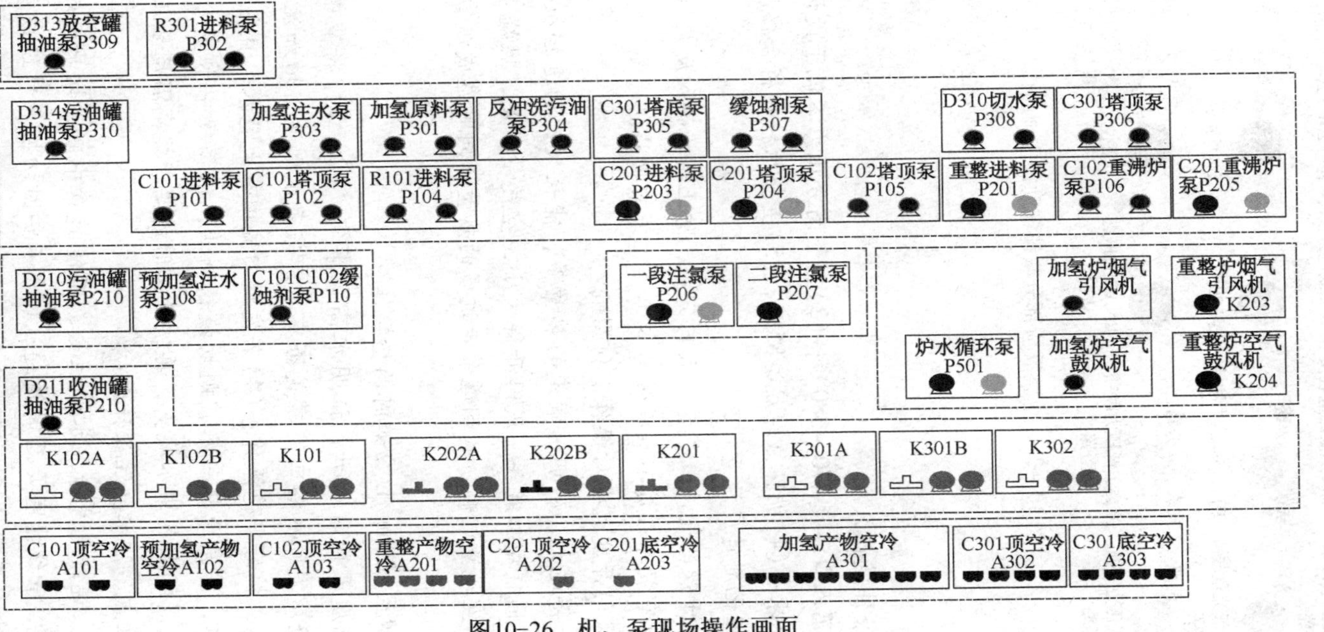

图10-26 机、泵现场操作画面

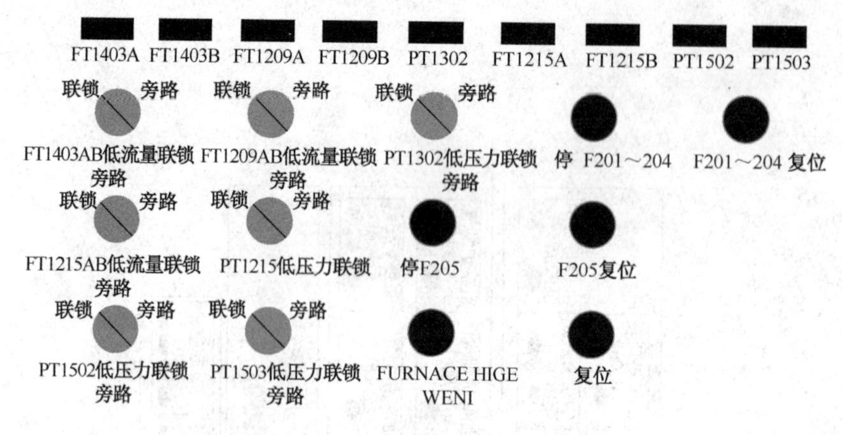

图 10-27　重整反应部分联锁辅助操作画面

1. 重整进油的条件是什么?

答:(1)各反应器入口温度370～380℃;(2)重整高分压力不低于设计值的80%;(3)循环氢量能达到指标要求;(4)循环氢纯度≯85%;(5)重整原料分析合格。

2. 在装卸重整催化剂时应注意什么?

答:要选择晴朗干燥的气候,尽量一天内完成,防止杂物带入反应器内,装卸时要轻拿轻放,防止破碎,所有装卸人员不准携带与本工作无关的物品。

3. 烟道挡板和风门开度大小对操作有何影响?

答:烟道挡板开得过大,从烟道带走的热量多,能耗大;烟道挡板开得过小,抽力不够,影响炉子燃烧,同样增加能耗。风门开得太小,空气量不足,燃烧不完全,浪费燃料;风门开得太大,入炉空气量过剩,从烟道带走过多的热量,同时造成炉管过多氧化,缩短炉管使用寿命。

4. 重整气中水增至100mg/L应如何调整操作?

答:(1)若氢纯度表同时上升,证明水高是事实;(2)立即将重整各入口温度降至480℃以下;(3)检查蒸发脱水塔回流罐是否有水,若无水则适当增加注氯量至3～5mg/L,加强预处理部分脱水,搞好平稳操作;(4)若发现回流罐有大量水,且气中水还在上升,则要检查是否原料带水,若是原料带水,则切换精制油,根据气中水多少再降温度至450～460℃,加大注氯量;(5)待气中水减少,再按开工时的要求提高温度至正常。

5. 正常生产中注氯、注水要注意什么?

答:(1)要均匀、连续地进行注水和注氯,不能随意中断,切忌大起大落;(2)注氯、注水泄漏要及时修复,管线堵塞要及时清通;(3)不要因切换原料造成参数变化而影响注氯、注水;(4)在气中水正常的情况下,注氯量通常在1.5～2.5μg/g之间,且随反应苛刻度增加,一个周期内催化剂使用时间延长而逐步加大注氯量。

6. 重整装置开工配套系统要做哪些准备工作?

答:(1)进出装置的原料油、生成油、液化气、燃料油(气)、氮气、氢气等配套储运符合开工要求,具备使用状态;(2)水(包括新鲜水、循环水、除盐水、生活水、消防水)电、风、汽系统符合开工要求，具备使用状态；(3)火炬放空，污水(含油、含硫及废水)等排放系统经检验符合开工要求，具备使用状态。

7. 蒸发脱水塔底循环泵在无备用情况下因故障需停下抢修，怎样才能维持重整正常生产？

答：立即换用精制油作预加氢进料，预分馏塔底油改循环回原料罐，半小时后蒸发脱水塔重沸炉可熄火，停下塔底循环泵进行抢修，这样以维持重整正常生产。

8. 在重整反应中为什么要注水、注氯？

答：重整催化剂是一种双功能催化剂，其脱氢功能和酸性功能要有良好的配合才能发挥出好的活性，所以必须保持催化剂上适宜的氯含量。由于系统中的水会逐渐带走其中的氯，因此必须不断地注入一定量的氯；为了保持一定量的气中水，使注入的氯均匀分散在催化剂上，所以也要注入一定量的水。

9. 重整催化剂中毒有什么现象？怎样预防？

答：现象：总温降迅速下降，稳定塔底油芳烃含量迅速下降，氢纯度迅速下降等。

预防措施：严格控制进料杂质含量，定期分析杂质含量，定期分析稳定塔底油芳烃含量及循环氢组成等。

10. 什么是汽油的辛烷值？

答：辛烷值是衡量汽油抗爆性的尺度。规定抗爆性差的正庚烷的辛烷值为零，抗爆性能好的异辛烷的辛烷值为100，将正庚烷和异辛烷按一定的比例配成标准燃料，用待测定的油与某标准燃料在同一发动机中同一条件下进行抗爆性能比较试验，若所测汽油和某一标准燃料的抗爆性能相同时，则标准燃料中异辛烷体积百分含量为所测汽油的辛烷值。

11. 在炼油厂里到处都可以看到工艺管线在架设过程中有意弯曲成“门”形为什么？

答：由于工艺管线中的流体温度通常都比正常气温高许多(或低许多)这就使得管线热胀或冷缩，产生热胀(或冷缩)的应力和对固定点推力，固定就可使管线损坏。当管线弯曲成“门”形后，可增加管线的弹性，使符合管线或在受热受冷后，从而减少固定点所受的应力和推力，避免损坏固定或管线。

12. 为什么催化剂烧焦时控制空气加入量可控制再生床层的温度？

答：再生时床层温升主要与含氧量有关，而与烟气及床层温度无关。空气与蒸汽量比例合适可避免过热，并使烧焦均匀彻底。

13. 在正常生产情况下脱水塔底脱硫罐投用的操作步骤是什么？

答：(1)稍开脱硫罐的入口阀进行预热及充压。(2)当脱硫罐压力与脱水塔压力平衡时，开罐底置换阀，将罐内的粉尘及气体置换干净。(3)待出口温度与入口温度相接近后，关闭置换阀，开出口阀和开大入口阀，然后慢慢关闭旁路阀。

14. 在生产过程中如何保护好重整催化剂？

答：(1)操作平稳，反应温度、压力没有大的波动；(2)严格控制重整原料中的杂质含量，确保符合工艺指标；(3)在循环氢压机停机时，加热炉熄火，停止重整进料；(4)空速不能过低；(5)氢/油比不能太小；(6)反应压力不应太低；(7)加强水－氯平衡的工作。

15. 造成稳定汽油辛烷值低的原因有哪些？应如何处理？

答：造成稳定汽油辛烷值低的原因：(1)反应温度低。(2)重整空速过大。(3)重整压力过高。(4)催化剂活性下降。(5)重整原料油芳烃潜含量低。(6)催化剂氯含量低。(7)精制油含硫及其他杂物含量不合格。(8)进料换热器内漏。

处理的方法：(1)提高反应温度。(2)降低重整进料量。(3)降低重整的压力。(4)检查进料油杂质分析是否超标；换算氢油比是否偏低；操作是否波动，并对症处理。(5)重整重新调整操作积极合作。(6)加大注氯量；(7)调整预加氢操作条件，调整汽提塔的操作。(8)停工检修。

第十一章 化工设备使用与维护

设备一般是指各种机械的总称，是企业固定资产的主要组成部分。是进行生产的物质技术基础。包括生产性设备、动力设备、传导设备、交通运输设备、科学研究设备、测量仪器仪表、公用设备等。

化工生产过程中会用到很多的设备，如泵、换热器、压缩机、塔、管道、阀门、储罐、压力容器等，这些设备构成了煤化工生产工艺必不可少的组成部分。本章主要从使用的角度来介绍集中典型设备。

一、设备的使用

1. 合理使用设备

使用设备必须按照设备的性能合理使用，提高设备利用率。一方面防止闲置不用，另一方面又要禁止滥用。

2. 使用设备要遵守五项纪律

① 正确按操作规程使用，安全规范操作；

② 保持设备清洁，按规定加油润滑；

③ 遵守设备交接制度；

④ 管理好工具、附件，不得遗失；

⑤ 发现异常立即停车，及时上报，检查处理。

3. 注意事项

① 认真培训设备操作人员：设备状态的好坏与操作者的使用水平直接相关。操作人员上岗不仅要对生产工艺进行培训，还要对设备使用、安全知识进行严格培训，达到“三懂四会”标准，才能正常上岗，成为一名合格的操作工，即“懂设备性能、懂操作技术、懂工艺流程；会使用、会保养、会检查、会排除故障”。

② 建立相应规章制度：各个主管部门要针对不同设备的特点，制定一套科学严谨、通俗易懂的规章制度。包括操作规程、工艺流程、定期检查维护规程、岗位责任制等，并把管好用好设备的责任制落实到人。

③ 充分发挥设备性能：首先根据生产特点及工艺流程，合理配备设备。根据设备结构性能合理安排生产任务，使之既满负荷，又不超负荷工作，为设备创造良好的工作环境和条件。安装必要的防护、防潮、防腐、保温或降温装置，配备必要的测量控制和安全仪器、仪表装置。

④ 掌握设备的磨损腐蚀规律，为设备的正常维修提供可靠信息。同时要重点分析设备的非正常磨损、腐蚀原因，为以后的设备管理使用提供依据。

二、设备的维护和保养

（1）定义

设备的维护和保养是指严格按操作规程精心使用、细致观察、随时改善设备运行状态，保证设备正常运转，延长使用寿命，提高设备利用率，主要内容和要求：清洁、润滑、调整紧固、防腐、整齐、安全六点。

（2）具体内容

按照操作规程精心使用，不滥用设备，定期检查，及时调整，保证设备技术状态完好。保证设备“三不漏”：不漏水、不漏油、不漏气。按照规定加注和更换润滑油、润滑脂，保持油路畅通。设备上油线、油标应清洁醒目。润滑油、润滑脂质量应符合要求，对精密、大型、重点专用设备实行四定管理：“定使用人员、定检修人员、定操作规程、定备品备件”。

（3）维护保养的类型

一般采用三级保养制：日常保养、一级保养、二级保养。日常保养简称日保：由操作工人负责，班前对设备检查、润滑，班中严格按照操作规程操作，发现问题及时处理，下班时对设备进行清扫，擦拭。一保：以操作工人为主，维修工人为辅，按计划对设备局部或重点部位拆卸检查、清污、疏通油路、清洗、调整各个部位。二保：以维修工人为主，操作工人为辅，对设备进行部分解体检查和修理，这就是通常所说的大修。

三、设备修理

（1）设备修理

设备修理是对设备物质磨损的一种补偿，分为以下几种形式：日常修理、事后修理、预防修理、生产修理、改善修理、预知修理。一般采用生产修理：生产修理是指事后维修和预防维修相结合的方式。重点设备预防维修，一般设备事后维修。

（2）维修的要求

了解性能、触类旁通、拆卸有序、装配完整、调试正常、磨合到位、清理彻底。

具体要求如下：对每台或每套设备的修理首先要了解性能，弄懂结构，弄懂工作原理。有结构说明书、安装说明书的要看懂说明书，知道哪一部分是什么形状，起什么作用。对以前未接触过的设备，参考已经修理过的同类设备，了解基本原则及结构，不能盲目拆卸，先拆开再说。对有相当工作经验的维修工，可先考虑拆卸后分析；在拆卸时注意配件的先后顺序，按拆卸的顺序放好，不要杂乱无章乱放一堆，防止安装时找不准顺序或部位。对有特殊要求的部位应做好标记，安装时按照标记安装，并且要按照设备的原有结构完整装配，切忌丢三落四，注意调整装配间隙，切勿强行装配。装配之后一定要在操作工的配合下调试正常，切勿装完之后不管不问，到运行时不能正常运转。调试正常之后对修理现场进行彻底清理。一方面是清洁生产的要求；另一方面是对之前安装的一次事后检查。清查是否遗落零配件，及时补救，预防不修小病，一修大病，造成重大损失。对于压力容器、非压力容器、阀门管道的维修，要严格遵循管道、容器维修操作规程，清楚介质特性，必要时用蒸汽惰性气体置换，内部操作必须配备专人监护，防止意外事故发生。

第一节　管道及阀门的使用与维修

一套化工装置之所以能进行生产，是由于工艺过程所必须的机械设备用管道按流程加以连接的结果。工艺生产装置的管道犹如人体的血管，没有它人就不能生存；同样工艺生产装置如果没有管道的连接也就不能生产。

在煤化工、石油化工等化工工程建设中，配管材料的费用约占设备材料总费用的23%，安装工时约占施工总工时的47%，设计工时约占工程设计总工时的40%，而且装置能否长期安全运行与管道的设计安装质量密切相关。

管道设计与安装是煤化工装置设计与安装的重要组成部分，是一门综合性的技术，既要求从事这项工作的工程技术人员具有工艺、设备、生产操作、检修和施工等方面的知识，也要求具备土建、机械、电工、仪表、系统工程等广泛的知识。

本节在全面分析石油化工工艺管道设计理论、安装原则、施工标准等主要内容的同时力求理论联系实际，突出工程实践，为化工工艺类毕业生从事化工装置的管理和工艺管道的安装与使用打下一定的基础。

一、管道

（一）化工管道

管道是由管子、管件、阀门以及管道上的小型设备等管道组成件连接而成的输送流体或传递压力的通道。

实际生产中各种管道输送的介质和操作参数千差万别，其危险性和重要程度也各有不同。因此目前工程上采用管道分级的办法，对各种管道分门别类地提出不同的设计、制造和施工验收要求，以确保各种管道在其设计条件下能安全可靠地运行。

1. 管道级/类别

表11－1列出了工业管道的分级。

表11－1　工业管道分级表

级别名称	设计压力/MPa	级别名称	设计压力/MPa
真空管道	$P<0$	中压管道	$1.6<P\leq10.0$
低压管道	$0<P\leq1.6$	高压管道	$P>10.0$

注：工作压力大于9MPa，且工作温度大于500℃的蒸汽管道可视为高压管道。

2. 设计压力

如何确定管道的设计压力，国际《工业金属管道设计规范》规定设计压力按下列要求确定。一条管道的设计压力(表压)，不应小于运行中遇到的可能内压或外压与温度相偶合时最严重条件下的压力。

3. 设计温度

管道的设计温度是指正常操作过程中，由压力和温度构成的最苛刻条件下的材料温度。

4. 公称压力

公称压力为管子、管件、阀门等在规定温度下允许承受的以压力等级表示的工作压力。公称压力的符号为*PN*，其公制单位为MPa，见表11－2。

表11－2　国内公称压力分级对照表

标　准　号	公称压力/MPa
GB 9112—88	0.25　0.60　1.0　1.6　2.0　2.5　4.0　5.0　10.0　15.0　25.0　42.0
SH 3406—96	1.0　2.0　5.0　6.8　10.0　15.0　25.0　42.0
JB/T 75—94	0.25　0.60　1.0　1.6　2.5　4.0　6.3　10.0　16.0　25.0
HG—97—20592	0.25　0.60　1.0　1.6　2.5　4.0　6.3　10.0　16.0　25.0
HG—97—20615	2.0　5.0　11.0　15.0　26.0　42.0

例：50 - $PN1.6DN50$　$PN1.6$ 表示公称压力为 16atm（1atm = 101.325KPa）；DN50 表示公称直径为 50mm。

外径：$\phi57 \times 3.5$cs　cs 表示材料为普通碳素钢；ss 表示材料为特种碳素钢。

5. 公称直径

为简化管道组成件的连接尺寸，便于生产和选用，工程上对管道直径进行了标准化分级，以“公称直径”表示，公称直径的符号为 *DN*，公制单位为 mm。公称直径为表征管子、管件、阀门等口径的名义内直径，其实际数值与内径并不完全相同。

目前国内外公称直径的分级基本相同，我国采用公制、美国采用英制，具体见表 11 - 3。

表 11 - 3　公称直径分级表

公制/mm	英制/in	公制/mm	英制/in	公制/mm	英制/in	公制/mm	英制/in
6	1/8	100	4	550	22	1150	46
8	1/4	125	5	600	24	1200	48
10	3/8	150	6	650	26	1250	50
15	1/2	175	7	700	28	1300	52
20	3/4	200	8	750	30	1350	54
25	1	225	9	800	32	1400	56
32		250	10	850	34	1500	60
40		300	12	900	36	1600	64
50	2	350	14	950	38	1700	68
65		400	16	1000	40	1800	72
80	3	450	18	1050	42	1900	76
90		500	20	1100	44	2000	80

（二）管道器材及选择

对各装置工程费用的统计分析表明，管道工程费用约占总工程费用的 10% ~30%，而管道器材在管道工程费用中所占的比例大致如下：

管子：35%；阀门：30%；保温材料：15%；管件（弯头、三通、异径管、管帽、法兰、垫片、紧固件）：20%；由此可见，管子、管件和阀门的费用约占管道工程费用的 85%，是管道器材费用的主要组成部分，如何合理地选择和确定这些管道器材非常重要。

1. 管子

① 按用途分类，可分为流体输送用、传热用、结构用和其他用等。

② 按材质分类，可分为金属管和非金属管。金属管：铸铁管、钢管、有色金属管。非金属管：橡胶管、塑料管、水泥管、石墨管、玻璃陶瓷管、玻璃钢管等。

③ 按形状分类，可分为套管、翅片管、各种衬里管等。

聚氯乙烯管（PVC 管）：广泛应用于石油化工、污水处理、矿山等领域，具有良好的耐腐蚀性能、机加工性能、力学性能。

PVC 管可分为 0.5、0.6、1.0、1.6 四个压力等级；适应温度范围：-15 ~60℃，温度过低易开裂，过高易老化。PVC 管一般分为轻型管和重型管两种。

玻璃钢管（FRP 管）：玻璃钢管是将浸有树脂基体的纤维增强材料，按照特定的工艺条件逐层缠绕到芯模上并进行固化而成。其管壁是一种层状结构，种类：FRP - W 型、FRP - R 型、FRP - F 型、FRP - H 型。

衬里管：衬橡胶、塑料、玻璃、陶瓷、搪瓷等。

2. 管件

管件在管道系统中起着改变走向、改变标高或改变直径、封闭管端以及由主管引出支管的作用。在石油化工装置中管道品种多，管系复杂，形状各异、繁简不同，所采用的管件品种、材质、数量也就很多，选用时需要考虑的因素也很复杂。

① 管件品种。管件的主要品种有弯头、异径管、三通、四通、加强管嘴、管帽、螺纹短节等。常用材料有普通碳素钢、合金钢、不锈钢等。

② 管件的用途。管件的用途见表 11－4。

表 11－4　管件的用途

管件名称	用　途	管件名称	用　途
活接头	直管与弯管的连接	异径管	改变管径
弯头	改变走向	管帽、丝堵	封闭管端
三通、四通	管路分支		

（3）管件的选择

管件的选择是指根据管道级别、设计条件（P、T）、介质特性、材料加工工艺性能、焊接性能、经济性以及用途来合理确定管件的温度－压力等级和管件的连接形式。

实际工程设计中，具体根据工程项目的管道器材选用规定、管道等级表以及管道布置要求选用管件的材料、压力等级、连接形式和种类。

管件的连接形式多种多样，相应的结构也有所不同，常用的有对焊连接、螺纹连接、承插焊连接和法兰连接四种形式。

① 法兰及紧固件。管道法兰是工业管道系统最广泛使用的一种可拆卸连接件，法兰及其紧固件包括法兰本身和起紧固密封作用的螺栓螺母和垫片。由这三部分组成的可拆卸连接件整体是管道的重要环节，法兰连接密封不好很容易造成物料的泄露，而泄露的原因除施工不良等因素外，正确选用法兰及其紧固件也很关键。

② 法兰的种类。管道法兰按与管子的连接方式分成以下五种基本类型：螺纹、平焊、对焊、承插焊和松套法兰，见图 11－1～图 11－8 所示。

法兰密封面：法兰密封面有宽面、光面、凹凸面、槽面及梯形槽面等几种。

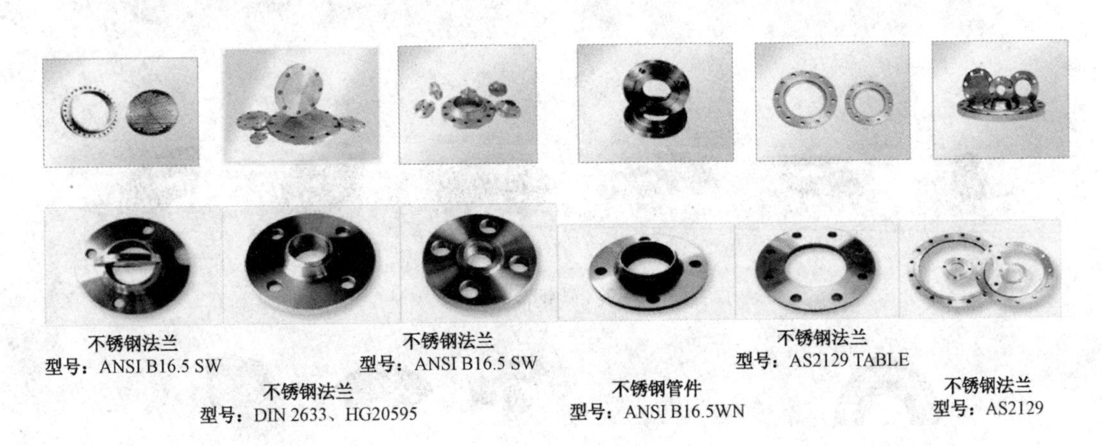

图 11－1　法兰与法兰盖

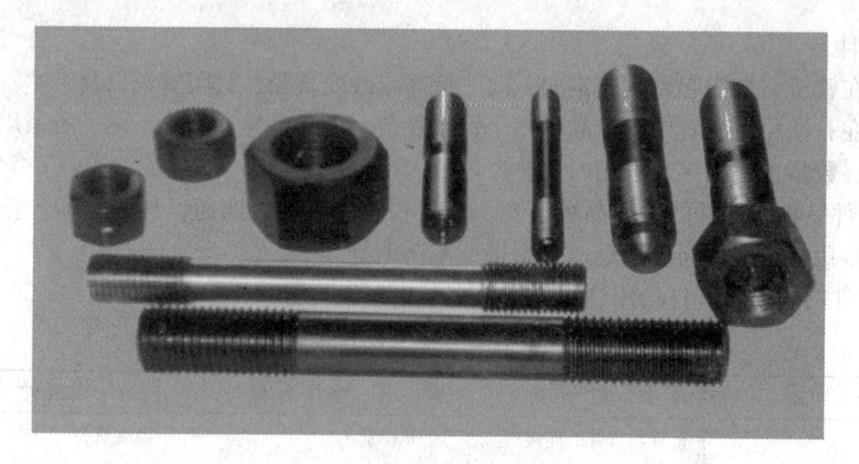

图 11－2　螺栓和螺母

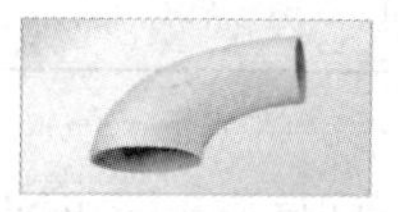

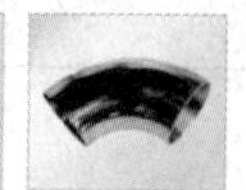

图 11－3　冲压弯头

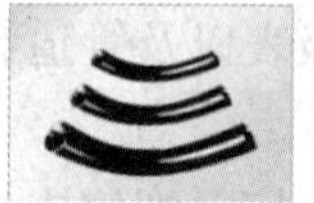

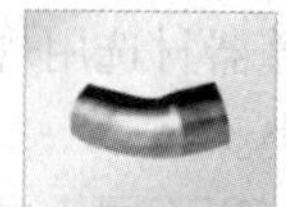

图 11－4　煨弯管

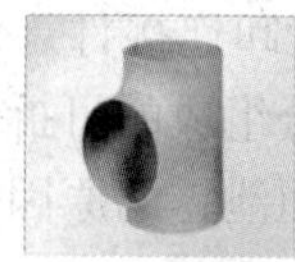
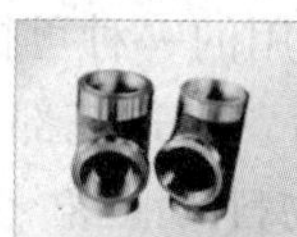

图 11－5　三通和四通

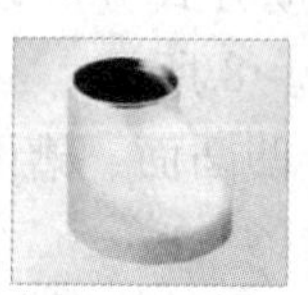

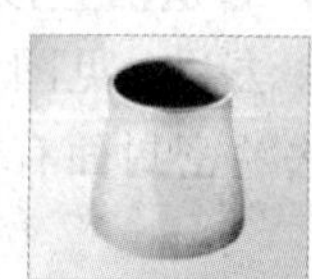

图 11－6　异径管

图 11－7　碳钢高压弯头

图 11－8　45°、90、°180°弯头

（三）管道的维护

1. 管道的保温

管道保温的目的是减小管内介质与外界的热传导从而达到节能防冻，以及满足生产工艺要求等。凡必须使管路流体的散热减至最小或控制在一定温度的管道都应保温，如蒸汽管、热水管以及化工生产中的一些工艺管道，常采用的方法是覆盖保温层。

凡必须使管道内流体的吸热减至最小或不允许表面结露的管道都应保冷，如制冷工艺管道，常采用的方法是覆盖保冷层。为防止管道内所输送的介质由于温度降低而发生凝固、冷凝结晶、分离或形成水合物等现象，管道都应给予加热保护，以补充介质的热损失，如重油输送管以及某些化工工艺管道等。常采用的方法是蒸汽伴管、蒸汽夹套或电热套，外面再连同管道一起覆盖保温层。

2. 管道的防腐

管道防腐的目的是为了使管道不受大气、地下水、管道本身所输送介质的腐蚀以及电化学腐蚀。在工程管道中防腐的方法很多，如涂漆、衬里、静电保护等，最常用的方法是涂漆。油漆种类很多，性能特点各不相同，要正确选用，才能保证和延长管外防腐涂层的寿命，选用时应考虑管道的敷设条件。要根据管壁温度和管外所处的周围环境不同，选用能耐壁温而且不与周围介质作用的涂料品种，还要考虑被涂管道的材料性能，施工条件的可能性、经济性等问题。

3. 管道的涂色

为了操作管理和检修的方便，应在不同的管道介质表面或保温层表面涂不同颜色的油漆或色环，以区别管道输送的介质种类，见表 11－5。

表 11－5　管道涂漆及色环颜色规定表

管道名称	颜色		管道名称	颜色	
	底色	色环		底色	色环
过热蒸汽管	红	黄	压缩空气管	浅蓝	黄
饱和蒸汽管	红		净化压缩空气管	浅蓝	白
废热气管	红	绿	乙炔管	白	
凝结水管	绿	红	氧气管	浅蓝	
余压凝结水管	绿	白	氢气管	深蓝	白
热水供水管	绿	黄	氮气管	深蓝	黄
热水回水管	绿	褐	氨管	橘黄	
疏水管	绿	黑	酸管	橘黄	褐
高热值煤气管	灰		碱液管	橘黄	黑
低热值煤气管	灰	黄	工业用水管	绿	
天然气管	灰	白	生活用水管	绿	
液化石油气管	灰	红	消防用水管	绿	红蓝
油管	橙		排水管	黑	

二、阀门

阀门是流体管路的控制装置，其基本功能是接通或切断管路介质的流通，改变介质的流通，改变介质的流动方向，调节介质的压力和流量，保护管路的设备的正常运行。工业用阀门的大量应用是在瓦特发明蒸汽机之后，近二三十年来，由于石油、化工、电站、冶金、船舶、核能、宇航等方面的需要，对阀门提出更高的要求，促使人们研究和生产高参数的阀门，其工作温度从超低温 -269℃到高温 1200℃，甚至高达 3430℃，工作压力从超真空 1.33×10^{-8}MPa(0.1mmHg)到超高压 1460MPa，阀门通径从 1mm 到 600mm，甚至达到 9750mm，阀门的材料从铸铁，碳素钢发展到钛、钛合金及高强度耐腐蚀钢等，阀门的驱动方式从手动发展到电动、气动、液动、程控、数控、遥控等。随着现代工业的不断发展，阀门需求量不断增长，一个现代化的石油化工装置就需要上万只各式各样的阀门，阀门使用量大，开闭频繁，但往往由于制造、使用选型、维修不当，发生跑、冒、滴、漏现象，由此引起火灾、爆炸、中毒、烫伤事故，或者造成产品质量低劣、能耗提高、设备腐蚀、物耗提高、环境污染，甚至造成停产等事故，已屡见不鲜。因此人们希望获得高质量的阀门，同时也要求提高阀门的使用、维修水平，除精心设计、合理选用、正确操作阀门之外，还要及时维护修理阀门，使阀门的“跑、冒、滴、漏”及各类事故降到最低限度。

1. 阀门的功能

阀门是流体管路的控制装置，在石油化工生产过程中发挥着重要作用。主要作用：接通和截断介质；防止介质倒流；调节介质压力、流量；分离、混合或分配介质；防止介质压力超过规定数值，保证管道或设备安全运行。

2. 阀门的分类

（1）通用分类法

这种分类方法既按原理、作用又按结构划分，是目前国际、国内最常用的分类方法。

分为：闸阀、截止阀、节流阀、仪表阀、柱塞阀、隔膜阀、旋塞阀、球阀、蝶阀、止回阀、减压阀、安全阀、疏水阀、调节阀、底阀、过滤器、排污阀等。

（2）按用途和作用分类

截断类：主要用于截断或接通介质流。如闸阀、截止阀、球阀、蝶阀、旋塞阀、隔膜阀。

止回类：用于阻止介质倒流，包括各种结构的止回阀。

调节类：调节介质的压力和流量如减压阀、调压阀、节流阀。

安全类：在介质压力超过规定值时，用来排放多余的介质，保证管路系统及设备安全。

分配类：改变介质流向、分配介质，如三通旋塞、分配阀、滑阀等。

（3）按压力分类

真空阀——工作压力低于标准大气压的阀门。

低压阀——公称压力 $PN<1.6$MPa 的阀门。

中压阀——公称压力 PN 为 2.5 ~ 6.4MPa 的阀门。

高压阀——公称压力 PN 为 10.0 ~ 80.0MPa 的阀门。

超高压阀——公称压力 $PN>100$MPa 的阀门。

（4）按介质工作温度分类

高温阀——$t>450$℃的阀门。

中温阀——120℃ $<t<450$℃的阀门。

常温阀——40℃ $<t<120$℃的阀门。

低温阀——-100℃ $<t<-40$℃的阀门。

超低温阀——$t<-100$℃的阀门。

(5) 按阀体材料分类

非金属阀门：陶瓷阀门、玻璃钢阀门、塑料阀门。

金属材料阀门：铸铁阀门、碳钢阀门、铸钢阀门、低合金钢阀门、高合金钢阀门及铜合金阀门等。

(6) 按公称通径分类

小口径阀门：公称通径 $DN<40$mm 的阀门。

中口径阀门：公称通径 DN 为 50～300mm 的阀门。

大口径阀门：公称通径 DN 为 350～1200mm 的阀门。

特大口径阀门：公称通径 $DN\geq1400$mm 的阀门。

(7) 按与管道连接方式分类

法兰连接阀门：阀体带有法兰，与管道采用法兰连接的阀门。

螺纹连接阀门：阀体带有螺纹，与管道采用螺纹连接的阀门。

焊接连接阀门：阀体带有焊口，与管道采用焊接连接的阀门。

夹箍连接阀门：阀体上带夹口，与管道采用夹箍连接的阀门。

3. 阀门的基本参数

公称通径：用作参考的经过圆整的表示口径大小的参数，用 *DN* 表示，如：*DN*100 是 4 英寸阀门，*DN*200 为 8 英寸阀门。

公称压力：经过圆整过的表示与压力有关的数字标示代号，如：*PN*6.3MPa 或 Class400。

4. 阀门的编号

为了便于认识选用，每种阀门都有一个特定的型号，以说明阀门的类别、驱动方式、连接方式、结构形式、密封面和衬里材料、公称压力及阀体材料，阀门的型号由七个单元组成，按下列顺序编制，见图 11－9 所示。

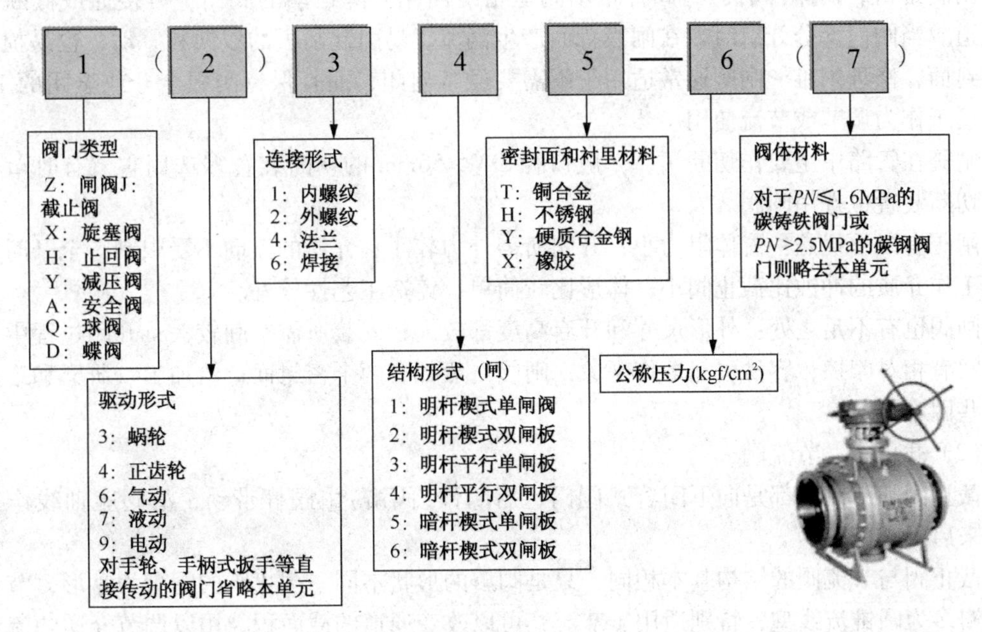

图 11－9 阀门的型号组成

例：Z41H－16阀门的含义：

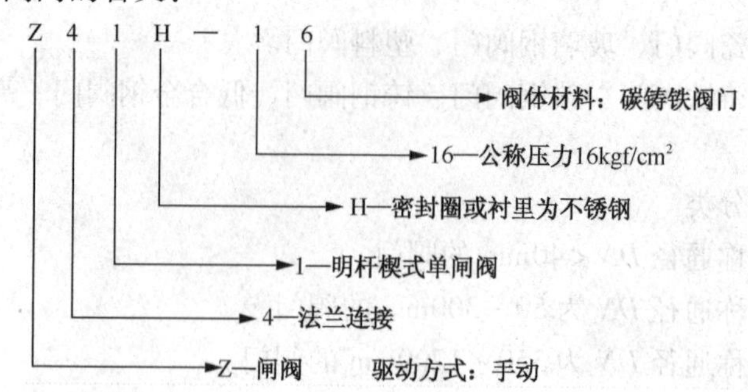

5. 常见阀门结构及应用

常见阀门见图11－10所示。

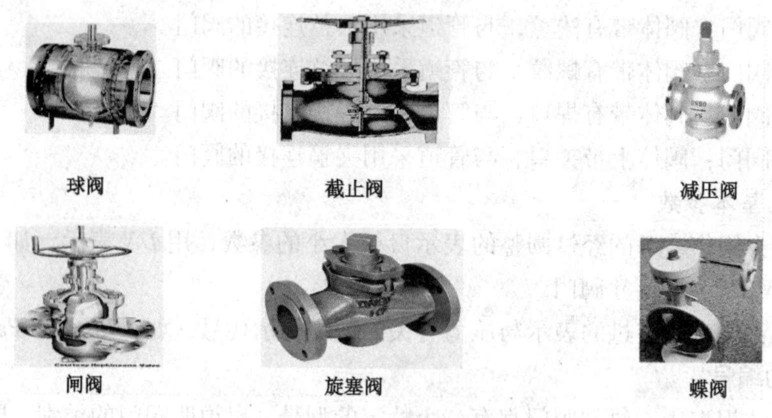

图11－10 常见阀门

(1) 闸阀

闸阀是指启闭体(阀板)由阀杆带动阀座密封面作升降运动的阀门，可接通或截断流体的通道。当阀门部分开启时，在闸板背面产生涡流，易引起闸板的侵蚀和震动，也易损坏阀座密封面，修理困难。闸阀通常适用于不需要经常启闭，而且保持闸板全开或全闭的工况。不适用于作为调节或节流使用。

闸阀在管路中主要作切断用，一般口径 $DN \geqslant 50$mm 的切断装置多选用它，有时口径很小的切断装置也选用闸阀。

闸阀有以下优点：流体阻力小；开闭所需外力较小；介质的流向不受限制；全开时密封面受工作介质的冲蚀比截止阀小；体形比较简单，铸造工艺性较好。

闸阀也有不足之处：外形尺寸和开启高度都较大；安装所需空间较大；开闭过程中，密封面间有相对摩擦，容易引起擦伤现象；闸阀一般都有两个密封面，给加工、研磨和维修增加一些困难。

(2) 截止阀、节流阀

截止阀和节流阀都是向下闭合式阀门，启闭件(阀瓣)由阀杆带动，沿阀座轴线作升降运动来启闭阀门。

截止阀与节流阀的结构基本相同，只是阀瓣的形状不同。截止阀的阀瓣为盘形，节流阀的阀瓣多为圆锥流线型，特别适用于节流，可以改变通道的截面积，用以调节介质的流量与压力。

截止阀、节流阀的特点：截止阀在管路中主要作切断用，节流阀在管路中主要作节流使用。截止阀有以下优点：

① 在开闭过程中密封面的摩擦力比闸阀小，耐磨。

② 开启高度小。

③ 通常只有一个密封面，制造工艺好，便于维修。

截止阀使用较为普遍，但由于开闭力矩较大，结构长度较长，一般公称通径都限制在DN≤200mm 以下。截止阀的流体阻力损失较大。因而限制了截止阀更广泛地使用。

(3) 球阀

球阀是由旋塞阀演变而来。它具有相同的启闭动作，不同的是阀芯旋转体不是塞子而是球体。当球旋转 90°时，在进、出口处应全部呈现球面，从而截断流动。

球阀的特点：球阀在管路中主要用来做切断、分配和改变介质的流动方向。它具有以下优点：

① 结构简单、体积小、重量轻，维修方便。

② 流体阻力小，紧密可靠，密封性能好。

③ 操作方便，开闭迅速，便于远距离的控制。

④ 球体和阀座的密封面与介质隔离，不易引起阀门密封面的侵蚀。

⑤ 适用范围广，通径从小到几毫米，大到几米，从高真空至高压力都可应用。

(4) 蝶阀

蝶阀操作特性：阀杆只做旋转运动，蝶板和阀杆没有自锁能力。要在阀杆上附加有自锁能力的减速器，使蝶杆能停在任意位置。

(5) 旋塞阀

流体直流通过，阻力降小、开启方便、迅速。

① 阀体形式：a. 直通式：截断介质；b. 三通式：改变介质方向或进行介质分配；c. 四通式：改变介质方向或进行介质分配

② 塞子：呈圆锥台状，内有介质通道，截面为长方形，通道与塞子的轴线相垂直。旋塞阀的塞子和塞体是一个配合很好的圆锥体，其锥度一般为 1:6 和 1:7。

③ 旋塞阀特点：旋塞阀在管路中主要用作切断、分配和改变介质流动方向的。旋塞阀是历史上最早被人们采用的阀件。由于结构简单，开闭迅速(塞子旋转四分之一圈就能完成开闭动作)，操作方便，流体阻力小，至今仍被广泛使用。目前主要用于低压、小口径和介质温度不高的情况下。

(6) 止回阀

止回阀是指依靠介质本身流动而自动开、闭阀瓣，用来防止介质倒流的阀门。

① 旋启式止回阀：流动阻力小，密封性能不如升降式。适用于低流速和流动不常变动的场合，不宜用于脉动流。

② 升降式止回阀：有直通式升降止回阀，立式升降止回阀两种。

③ 止回阀的特点：升降式止回阀的阀体形状与截止阀一样(可与截止阀通用)，因此它的流体阻力系数较大。

旋启式止回阀阀瓣围绕阀座外的销轴旋转，应用较为普遍。

碟式止回阀阀瓣围绕阀座内的销轴旋转。其结构简单，只能安装在水平管道上，密封性较差。

（7）减压阀

减压阀是靠膜片、弹簧、活塞等敏感元件改变阀瓣与阀座间的间隙，把进口压力减至需要的出口压力，并依靠介质本身的能量，使出口压力自动保持恒定。

（8）安全阀

安全阀是自动阀门，它不借助任何外力，利用介质本身的压力来排出一定量的流体，以防止系统内压力超过预定的安全值。当压力恢复到安全值后，阀门再自行关闭以阻止介质继续流出。

安全阀的选用要求：①灵敏度高；②具有规定的排放压力；③在使用过程中保证强度、密封及安全可靠；④动作性能的允许偏差和极限值。

（9）疏水阀

疏水阀是用于蒸汽管网及设备中，能自动排出凝结水、空气及其他不凝结气体，并阻止水蒸气泄漏的阀门。根据疏水阀工作原理的不同，可分为以下几种类型：①机械型：依靠阀内凝结水液面高度的变化而动作。②热静力型：依靠液体温度的变化而动作。③热动力型：依靠液体的热动力学性质的变化而动作。

6. 阀门的选用

阀门选用应遵循以下原则：①输送液体的性质；②阀门的功能；③阀门的尺寸；④阻力损失；⑤温度和压力；⑥阀门的材质（WCB：碳素铸钢；LCB：低温钢）。

7. 阀门的检验和安装

（1）阀门的检验

① 阀门的外观检查：阀门安装前，应逐个检查填料函，填料是否充实，其压盖螺栓是否有足够的调节余量，铸铁阀体是否有裂纹、砂眼等缺陷，阀杆无锈蚀、弯曲，螺纹无缺陷。

② 阀门压力试验：

a. 低压阀门应从每批（同厂、同规格、同型号、同时到货）中抽查10%（不少于1个）进行压力试验，如有不合格再抽查20%，仍有不合格则逐个进行压力（强度与严密性）试验。

b. 高、中压和有毒、乙类火灾危险的介质上的阀门均应逐个进行强度、严密性试压。

c. 阀门试压应用清洁的水进行，如工作介质为轻质石油产品（如液化石油气）或温度大于120℃的石油蒸馏产品的阀门，试压介质要用煤油进行。

d. 强度试验压力值在阀门的公称压力≤32MPa时，应取1.5倍的公称压力；公称压力≥32MPa，阀门强度试验压力应取1.3～1.4倍的公称压力，且时间不少于5min。

e. 公称压力小于1.0MPa，同时公称直径≥600mm的闸阀，可以不单独进行强度、严密性试验，在工艺系统试压时一起完成。对焊阀门的严密性试压必须单独进行，强度试压在系统试压时进行。

f. 试验合格的阀门应及时排尽内部积水，密封面涂上防锈漆，关闭阀门，封闭出入口，用塑料布包好，编好号，填写好阀门试压记录，入库备用。

g. 试验不合格的阀门应解体检查，重新组装试压。

h. 强度与严密性试压时，应尽量排净体腔内的气体后再起压。止回阀试压时压力应从进口端引入，出口端堵塞。试验截止阀，闸阀、阀瓣与阀板应打开。

（2）阀门安装

① 阀门安装的一般要求：

a. 法兰式螺纹连接的阀门应在关闭状态下进行。

b. 焊接阀门与管道焊接时要用氩弧焊打底，以保证其内部光洁平整。焊接时阀门应处在开启状态，以防局部过热变形。焊接高压注水阀门时要把阀体打开，把胶皮垫圈挑出，防止胶圈被烫坏。

c. 安装阀门前应根据介质流动方向，确定其安装方向。

d. 安装在水平管道上的阀门要垂直向上，水平向上或向下倾斜45°，其中心线要尽量取齐。

e. 安装铸铁阀门(黑色、银色)时，须防止强力连接或受力不均引起损坏。

② 安全阀安装的要求：

a. 垂直，不得倾斜；

b. 在管道投入试运时，安全阀应及时进行调校，调校的压力应按设计要求进行。当设计无要求时，其开启压为工作压力的1.05～1.15倍。回座压力应大于工作压力的0.9倍，每个安全阀要反复调校3次以上方可认为调校合格，重新铅封，并填写《安全阀调查试验记录》。

安全阀安装还须同时注意以下要求：

a. 安全阀进口管路的通径不宜小于安全阀进口的公称通径；

b. 排入大气气体安全阀的放空管出口应高于操作面2.5m以上，在室内的须引至室外；

c. 安全阀排泄管较长时应给予固定，以防震动；

d. 如排放的是有毒或易燃流体时，安全阀排泄管应高出周围最高建筑物或设备2m，且15m以内不得有明火。

8. 阀门的维护保养

对阀门的维护可分两种情况：保管维护和使用维护。

(1) 保管维护

保管不当是阀门损坏的重要原因之一。

阀门保管不能乱堆乱垛，小阀门放在货架上，大阀门可在库房地面上整齐排列，不要让法兰连接面接触地面，保护阀门不致碰坏。

短期内暂不使用的阀门应取出石棉填料，以免产生电化学腐蚀损坏阀杆。

对刚进库的阀门要进行检查，如在运输过程中进了雨水或污物，要擦试干净，再予存放。

阀门进出口要用蜡纸或塑料片封住，以防进去脏东西。

对能在大气中生锈的阀门加工面要涂防锈油加以保护。

放置室外的阀门必须盖上油毡或苫布之类防雨、防尘物品。存放阀门的仓库要保持清洁干燥。

(2) 使用维护

使用维护在于延长阀门寿命和保证启闭可靠。

阀杆螺纹经常与阀杆螺母摩擦，要涂一点黄油或石墨粉，起润滑作用。不经常启闭的阀门要定期转动手轮，对阀杆螺纹加润滑剂以防咬住。室外阀门要对阀杆加保护套，以防雨、雪、尘土锈污。如阀门系机械传动，要按时对变速箱添加润滑油并保持阀门的清洁。不要依靠阀门支持其他重物，不要在阀门上站立。阀杆特别是螺纹部分，要经常清洁并添加新的润滑剂，防止尘土中的硬杂物磨损螺纹和阀杆表面，影响使用寿命。

9. 阀门的操作

对于阀门不但要会安装和维护，而且还要会操作。

（1）手动阀门的开闭

手动阀门是使用最广的阀门，它的手轮或手柄是按照普通的人力来设计的，考虑了密封面的强度和必要的关闭力。有些人习惯于使用板手，应严格注意不要用力过大过猛，否则容易损坏密封面，或扳断手轮、手柄。

启闭阀门用力应该平稳，不可冲击。某些冲击启闭的高压阀门各部件已经考虑了这种冲击力与一般阀门不能等同。

对于蒸气阀门，开启前应预先加热，并排除凝结水，开启时应尽量徐缓，以免发生水击现象。

当阀门全开后应将手轮倒转少许，使螺纹之间严紧，以免松动损伤。

对于明杆阀门，要记住全开和全闭时的阀杆位置，避免全开时撞击上死点。并便于检查全闭时是否正常。假如阀瓣脱落，或阀芯密封之间嵌入较大杂物，全闭时的阀杆位置就要变化。

管路初用时内部脏物较多，可将阀门微启，利用介质的高速流动将其冲走，然后轻轻关闭（不能快闭、猛闭，以防残留杂质夹伤密封面），再次开启，如此重复多次，冲净脏物，再投入正常工作。

常开阀门，密封面上可能粘有脏物，关闭时也要用上述方法将其冲刷干净，然后正式关严。

如手轮、手柄损坏或丢失应立即配齐，不可用活络扳手代替，以免损坏阀杆四方，启闭不灵，以致在生产中发生事故。

某些介质，在阀门关闭后冷却，使阀件收缩，操作人员就应于适当时间再关闭一次，让密封面不留细缝，否则，介质从细缝高速流过，很容易冲蚀密封面。

操作时如发现操作过于费劲，应分析原因。若填料太紧，可适当放松，如阀杆歪斜，应通知人员修理。有的阀门在关闭状态时，关闭件受热膨胀，造成开启困难；如必须在此时开启，可将阀盖螺纹拧松半圈至一圈，消除阀杆应力，然后扳动手轮。

（2）注意事项

① 200℃以上的高温阀门，由于安装时处于常温，而正常使用后温度升高，螺栓受热膨胀，间隙加大，所以必须再次拧紧，叫做“热紧”，操作人员要注意这一工作，否则容易发生泄漏。

② 天气寒冷时水阀长期闭停，应将阀后积水排除。汽阀停汽后也要排除凝结水。阀底有如丝堵，可将它打开排水。

③ 非金属阀门有的硬脆，有的强度较低，操作时，开闭力不能太大，尤其不能使猛劲。还要注意辟免物件磕碰。

④ 新阀门使用时，填料不要压得太紧，以不漏为度，以免阀杆受压太大，加快磨损，而又启闭费劲。

10. 阀门的检修

检修阀门时要求在干净的环境中进行。首先清理阀门外表面，检查外表损坏情况，并作记录。接着拆卸阀门各零部件，用煤油清洗（不要用汽油清洗，以免引起火灾），检查零部件损坏情况，并作记录。

对阀体阀盖进行强度试验。如系高压阀门还要进行无损探伤，如超声波探伤、X 光探伤。

对密封圈可用红丹粉检验阀座、闸板(阀办)的吻合度。检查阀杆是否弯曲，有否腐蚀，螺纹磨损如何。检查阀杆螺母磨损程度。

对检查到的问题进行处理。阀体补焊缺陷，堆焊或更新密封圈，校直或更换阀杆，修理一切应修理的零部件；不能修复者更换。

重新组装阀门。组装时垫片、填料要全部更换，进行强度试验和密封性试验。

11. 常见故障及预防

(1) 一般阀门

① 填料函泄漏：这是跑、冒、漏的主要方面，在工厂里经常见到。产生填料函泄漏的原因有下列几点：a. 填料与工作介质的腐蚀性、温度、压力不相适应；b. 装填方法不对，尤其是整根填料备用旋放入，最易产生泄漏；c. 阀杆加工精度或表面光洁度不够，或有椭圆度，或有刻痕；d. 阀杆已发生点蚀，或因露天缺乏保护而生锈；e. 阀杆弯曲；f. 填料使用太久已经老化。g. 操作太猛。

② 关闭件泄漏：通常将填料函泄漏叫外漏，将关闭件泄漏叫做内漏，关闭件泄漏，在阀门里不易发现。

关闭件泄漏可分两类：一类是密封面泄漏；另一类是密封件根部泄漏。

引起泄漏的原因：密封面研磨得不好；密封圈与阀座、阀瓣配合不严紧；阀瓣与阀杆连接不牢靠；阀杆弯扭，使上下关闭件不对中；关闭太快，密封面接触不好或早已损坏；材料选择不当，经受不住介质的腐蚀；将截止阀、闸阀作调节使用，密封面经受不住高速流动介质的冲击；某些介质在阀门关闭后逐渐冷却，使密封面出现细缝，也会产生冲蚀现象；某些密封圈与阀座、阀瓣之间采用螺纹连接，容易产生氧浓差电池，腐蚀松脱；因焊渣、铁锈、尘土等杂质嵌入，或生产系统中有机械另件脱落堵住阀芯，使阀门不能关严。

③ 阀杆升降失灵：引起该故障的原因：操作过猛使螺纹损伤；缺乏润滑剂或润滑剂失效；阀杆弯扭；表面光洁度不够；配合公差不准，咬得过紧；阀杆螺母倾斜；材料选择不当；例如阀杆与阀杆螺母为同一材质，容易咬住；螺纹波介质腐蚀(指暗杆阀门或阀杆在下部的阀门)；露天阀门缺少保护，阀杆螺纹粘满尘砂，或者被雨、露、霜、雪等锈蚀。

④ 其他：阀体开裂一般是冰冻造成的。天冷时阀门要有保温伴热措施，否则停产后应将阀门及连接管路中的水排净(如有阀底丝堵，可打开丝堵排水)。

手轮损坏：撞击或长杠杆猛力操作所致。只要操作人员或其他有关人员注意便可避免。

填料压盖断裂：压紧填料时用力不均匀，或压盖有缺陷。压紧填料要对称地旋转螺丝，不可偏歪。制造时不仅要注意大件和关键件，也要注意压盖之类次要件，否则影响使用。

阀杆与闸板连接失灵：闸阀采用阀杆长方头与闸板 T 形槽连接形式较多，T 形槽内有时不加工，因此使阀杆长方头磨损较快，主要从制造方面来解决。但使用单位也可对 T 行槽进行补加工，让它有一定光洁度。

双闸板阀门的闸板不能压紧密封面：双闸板的张力是靠顶楔产生的，有些闸阀顶楔材质不佳(低牌号铸铁)，使用不久便磨损或折断。顶楔是个小件，换下原来的铸铁件。

(2) 自动阀门

① 弹簧式安全阀：故障之一密封面渗漏。原因：①密封面之间夹有杂物；②密封面损坏。这种故障要靠定期检修来预防。故障之二，灵敏度不高。原因：①弹簧疲劳；②弹簧使

用不当。弹簧疲劳无疑应该更换。弹簧使用不当是使用者不注意一种公称压力的弹簧式安全阀有几个压力段，每一个压力段有一种对应的弹簧。如公称压力为16kgf/cm^2(1kgf/cm^2 = 98.066KPa)的安全阀，使用压力是2.5～4kgf/cm^2 的压力段，安装了10～16kgf/cm^2 的弹簧，虽也能凑合开启，但忽高忽低，很不灵敏。

② 止回阀。常见故障：阀瓣打碎；介质倒流。

引起阀瓣打碎的原因：止回阀前后介质压力处于接近平衡而又互相“拉锯”的状态，阀瓣经常与阀座拍打，某些脆性材料(如铸铁、黄铜等)做成的阀瓣就被打碎。预防的办法是采用阀瓣为韧性材料的止回阀。

介质倒流的原因：密封面破坏；夹入杂质。修复密封面和清除杂质就能防止倒流。

以上关于常见故障及预防方法的叙述只能起启发作用，实际使用中，还会遇到其他故障，要做到主动灵活地预防阀门故障的发生，最根本的一条是熟悉它的结构、材质和动作原理。

第二节　泵的使用及维护

泵的种类繁多，密封形式各异，规格型号多样，工作介质不同，这就使各种泵的使用及维护有所不同，要根据泵的现实工作情况正确操作与维护。但泵的共性也构成泵的操作及维护要共同遵循以下规律：

① 精心操作，规范运行，正确启闭进、出阀门，泵体高位安装时要灌泵(自吸泵除外)，新安装泵要点动式启动，严禁反转、空转，禁止利用泵体当作承载物。

② 每班检查润滑油是否符合规定，及时补充及更换润滑油、润滑脂，冬季与夏季油脂要区别使用。

③ 经常检查泵的轴承温度，应不高于环境温度35℃，一般最高不超80℃。

④ 安装有电流表、压力表的要经常观察电流、压力是否正常。

⑤ 经常检查轴封处的滴漏情况，填料密封以点漏为宜，不能出现线漏，机械密封应无任何泄漏。

⑥ 不能利用泵的进口阀门调节泵的流量，不能将泵长时间出口封闭运行，经常观察泵的流量，注意泵有无噪声、振动等，发现问题及时报告处理。

⑦ 寒冷季节长期不用时应排空泵内物料，间隔时间较长时再次启动之前应盘泵。

⑧ 保持泵及周围场地卫生，及时处理跑、冒、滴、漏，做好泵及附属设备的防腐、保湿、降温工作。

遇到下列情况应立即停手处理：

① 不能正常启动；

② 突然发生剧烈振动；

③ 泵内发出异常声响；

④ 电流、电压超过额定值；

⑤ 泵不出液；

⑥ 泵及周围有异味。

风机的使用及维护与泵大体相同，特别应注意的一点是泵不能利用进口调节泵的流量，要利用出口调节流量。

第三节　塔设备的使用与维护

一、塔的种类

精馏塔是进行精馏的一种塔式气液接触装置，又称为蒸馏塔，精馏塔有板式塔与填料塔两种主要类型。根据操作方式又可分为连续精馏塔与间歇精馏塔。

二、塔设备运行时期的巡回检查内容及方法

（一）操作条件

1. 检查方法

① 察看压力表、温度计、流量表；

② 检查设备操作记录。

2. 问题的判断或说明

① 压力突然下降——泄露；

② 压力上升——填料阻力增加或踏板阻力增加，或设备阻塞。

（二）物料变化

1. 检查方法

① 目测观察；

② 物料组成分析。

2. 问题的判断或说明

① 内漏或操作条件被破坏；

② 混入杂物、杂质。

（三）防腐层、保温层

1. 检查方法

目测观察。

2. 问题的判断或说明

对室外保温的设备，着重检查在100℃以下的雨水侵入处，保温材料变质处，长期经外来微量的腐蚀性流体侵入。

（四）附属设备

1. 检查方法

目测观察。

2. 问题的判断或说明

① 进出管阀门的连接螺栓是否松动、变形；

② 管架、支架是否变形、松动。

（五）基础

1. 检查方法

① 目测观察；

② 水平仪。

2. 问题的判断或说明

基础如出现下沉或裂纹，会使塔体倾斜，踏板不水平。

（六）塔体

1. 检查方法

① 目测检查(渗透探伤)；

② 磁粉探伤；

③ 敲打检查；

④ 超声波斜角探伤；

⑤ 发泡剂检查；

⑥ 气体检查器。

2. 问题的判断或说明

塔体的接管处容易出现裂纹或泄漏。

三、塔设备常见问题的分析与处理

（一）管道表面结垢

1. 分析

① 被处理物料中含有机械杂质(如泥、沙等)；

② 被处理物料中有结晶析出和沉淀；

③ 硬水所产生的水垢；

④ 设备结构材料被腐蚀而产生的腐蚀产物。

2. 处理方法

① 加强管理，考虑增加过滤设备；

② 清除结晶、水垢、腐蚀产物；

③ 采取防腐蚀措施。

（二）连接处失去密封能力

1. 分析

① 法兰连接螺栓没有拧紧；

② 螺栓拧得过紧而产生塑性变形；

③ 由于设备在工作中发生振动，而引起螺栓松动；

④ 密封圈产生疲劳破坏(失去弹性)；

⑤ 垫圈受介质腐蚀而坏；

⑥ 法兰面上的衬里不平；

⑦ 焊接法兰翘曲。

2. 处理方法

① 拧紧松动螺栓；

② 更换变形螺栓；

③ 消除振动，拧紧松的螺栓；

④ 更换变质的垫圈；

⑤ 选择耐腐蚀垫圈换上；

⑥ 加工不平的法兰；

⑦ 更换新法兰。

（三）塔体厚度减薄

1. 分析

设备在操作中受到介质的腐蚀、冲蚀、摩擦。

2. 处理方法

减压使用或修理腐蚀严重部分或设备报废。

（四）塔体局部变形

1. 分析

① 塔局部腐蚀或过热使材料强度降低，而引起设备变形；

② 开孔无补强或焊接处的应力集中，使材料的内应力超过屈服极限而发生塑性变形；

③ 受外压设备，当工作压力超过临界工作压力时，设备失稳而变形。

2. 处理方法

① 放在局部腐蚀产生；

② 矫正变形或切割下严重变形处，焊上补板；

③ 稳定正常操作。

（五）塔体出现裂缝

1. 分析

① 局部变形加剧；

② 焊接的内应力；

③ 封头过度圆弧弯曲半径太小会未经返火便弯曲；

④ 水力冲击作用；

⑤ 结构材料缺陷；

⑥ 振动与温差的影响。

2. 处理方法

裂缝修理。

（六）塔板越过稳定操作区

1. 分析

① 气相负荷减小或增大，液相负荷减小；

② 塔板不水平。

2. 处理方法

① 控制气相、液相流量。调正降液管、出入口堰高度；

② 调正塔板水平度。

（七）塔板上鼓泡元件脱落和腐蚀

1. 分析

① 安装不牢；②操作条件破坏；③泡罩材料不耐腐蚀。

2. 处理方法

① 重新调正；

② 改善操作，加强管理；

③ 选择耐腐材料，更新泡罩。

第四节　换热器的保养和维护

换热器维护要从以下几个方面着手：换热器的操作条件、换热介质的性质、腐蚀速度和运行周期决定了换热器维护管理的内容。现以广泛使用的列管式换热器为例，讨论换热器维护管理方法。

一、启动

① 首先利用壳体上附设的接管，将换热器内的气体和冷凝液(如果流体为蒸汽时)彻底排净，以免产生水击作用，然后全部打开排气阀。

② 先通入低温流体，当液体充满换热器时，关闭放气阀。

③ 缓缓通入高温流体，以免由于温差大，流体急速通入而产生热冲击。

④ 温度上升至正常操作温度期间，对外部的连接螺栓应重新紧固，以防垫片密封不严而泄漏。

二、停车

① 首先切断高温流体，待装置停车前再切断冷流体。当石油化工生产需要先切断低温流体时，可采用旁路或其他方法，同时停止高温流体供给。如果较早地切断冷流体，则有可能因热膨胀而使设备遭到破坏。

② 换热器停车后必须将换热器内残留的流体彻底排出，以防冻结、腐蚀和水锤作用。

③ 排放完液体后可吹入空气，使残留液体全部排净。

三、运行和维护

① 对于采用法兰连接的密封处，因螺栓随温度上升(150℃以上)而伸长，紧固部位发生松动，因此，在操作中应重新紧固螺拴。

② 对于高温、高压和危险有毒的流体，对其泄漏要严格控制，应注意以下几点：

a. 从设计角度出发尽量减少法兰连接，少使用密封垫片；

b. 从安装角度出发紧固操作要方便；

c. 采用自紧式结构螺栓，这样在升温升压时不需要重新紧固。

③ 换热器操作一段时间后性能会降低，应注意以下几个问题：

a. 传热表面上结污严重，传热效果显著下降；

b. 污垢将使管内径变小，流速相应增大，压力损失增加；

c. 产生管子胀口泄漏及腐蚀；

d. 操作条件不符合设计要求而使材料产生疲劳破坏。

④ 为使换热器长期连续运行，必须定期进行检查与清洗。

四、换热器的维护检修要点

为了保证换热器长久正常运行，必须对设备进行维护与检修，以保证换热器连续运转，减少事故的发生。在检查过程中除了查看换热器的运转记录外，主要是通过目视外观检查来弄清是否有异状，其要点如下：

1. 温度的变动情况

测定和调查换热器各流体出入口温度变动及传热量降低的推移量，以推定污染的情况。

2. 压力损失情况

要查清因管内、外附着的生成物而使流体压力损失增大的推移量。

3. 内部泄漏

换热器的内部泄漏：管子腐蚀、磨损所引起的减薄和穿孔；因龟裂、腐蚀、振动而使扩管部分松脱；因与挡板接触而引起的磨损、穿孔；浮动头盖的紧固螺栓松开、折断以及这些部分的密封垫片劣化等。由于换热器内部泄漏而使两种流体混合，从安全方面考虑应立即对装置进行拆开检查，因为在一般情况下，可能会发生染色、杂质混入而使产品不符合规格，质量降低，甚至发生装置停车的情况，所以通过对换热器低压流体出口的取样和分析来及早发现其内部泄漏是很重要的。

4. 外部情况

对运转中换热器的外部情况检查是以目视来进行的，其项目有：

① 接头部分的检查：要检查从主体的焊接部分、法兰接头、配管连接部向外泄漏的情况或螺栓是否松开。

② 基础、支脚架的检查：要检查地脚螺栓是否松开，水泥基础是否开裂、脱落，钢支架脚是否异常变形、损伤劣化。

③ 保温、保冷装置的检查：要检查保温保冷装置的外部有无损伤情况，特别是覆在外部的防水层以及支脚容易损伤，所以要注意检查。

④ 涂料检查：要检查外面涂料的劣化情况。

⑤ 振动检查：检查主体及连接配管有无发生异常振动和异音。如发生异常的情况，则要查明其原因并采取必要的措施。

5. 测定厚度

长期连续运转的换热器要担心其异常腐蚀，所以按照需要从外部来测定其壳体的厚度并推算腐蚀的推移量。测定时要使用超声波等非破坏性的厚度测定器。

6. 操作上的注意事项

换热器不能给予剧烈的温度变化，普通的换热器是以运转温度为对象来采取热膨胀措施的，所以急剧的温度变化在局部上会产生热应力，而使扩管部分松开或管子破损等，因此温度升降时特别需要注意。

冷却水温度不要超过所需要的度数：在换热器上是使用海水作为冷却水。冷却水出口温度如达50℃以上，则会促进微生物异常繁殖、副食生成物的分解附着，并急剧引起管子腐蚀、穿孔、导致性能降低，所以要注意。

要充分注意压力、温度异常上升，要充分了解换热器的设计条件，使用仪表来检查压力、温度有无异常上升。

7. 拆开检查、维修检查

根据换热器的故障、性能降低等有关规定，定期地停止运转并要进行拆开检查，其要点如下：

(1) 拆开时的外观检查

为了判明各部分的全面腐蚀、劣化情况，所以拆开后要立即检查污染的程度，水锈的附着情况，并根据需要进行取样分析实验。

（2）壳体、通道和管板的检查

按照一般结构，拆开后的内外侧检查以肉眼检查为主。对腐蚀部分可用深度计或超声波测厚仪进行壁厚测定，判明是否超出允许范围。其次是通道、隔板往往由于使用中水垢堵塞和压力变化等情况而弯曲，或因垫圈装配不良流体从内隔板前端漏出引起腐蚀。另外管板由于扩管时的应力、管子堵塞和压力变化等影响容易弯曲，所以必须进行抗拉等项目的测定。

（3）传热管的检查

管子内侧缺陷在距管板100mm范围内（从管板算起），可用侧径表测定，如超过以上范围要用带放大镜的管内检查器进行肉眼检查。缺陷的大小可由检查器上的刻度测得，但其深度用目测就很难正确掌握，管子材质如系非磁性的，可用涡流探伤器测定其腐蚀量。固定管板式换热器的管子缺陷也可用超声波探伤器以水深法来测定。

（4）装配、复位、测试

清扫检查或保养修理后的换热器按照装配顺序、要领，一边进行耐压试验以检查其是否异常，一边即进行装配、复位。

换热器发生爆炸的原因：

① 自制换热器，盲目将换热器结构和材质做较大改动，制造质量差，不符合压力容器规范，设备强度大大降低。

② 换热器焊接质量差，特别是焊接接头处未焊透，又未进行焊缝探伤检查、爆破试验，导致焊接接头泄漏或产生疲劳断裂，进而大量易燃易爆流体溢出，发生爆炸。

③ 由于腐蚀（包括应力腐蚀、晶间腐蚀），耐压强度下降，使管束失效或产生严重泄漏，遇明火发生爆炸。

④ 换热器做气密性试验时，采用氧气补压或用可燃性精炼气体试漏，引起物理与化学爆炸。

⑤ 操作违章、操作失误，阀门关闭，引起超压爆炸。

⑥ 长期不进行排污，易燃易爆物质（如三氯化氮）积聚过多，加之操作温度过高导致换热器（如液氯换热器）发生猛烈爆炸。

⑦ 氧爆炸。

换热器发生泄漏的原因：

换热器发生燃烧爆炸、窒息、中毒和灼伤事故大都是由于泄漏引起的。易燃易爆液体或气体因泄漏而溢出，遇明火将引起燃烧爆炸事故，有毒气体外泄将引起窒息中毒，有强腐蚀流体漏出将会导致灼伤事故。最容易发生泄漏的部位有焊接接头处、封头与管板连接处，管束与管板连接处和法兰连接处。

第五节　反应器的使用与维护

反应器实现反应过程的设备，广泛应用于化工、炼油、冶金、轻工等工业部门。常用反应器的类型有：①管式反应器。由长径比较大的空管或填充管构成，可用于实现气相反应和液相反应。②釜式反应器。由长径比较小的圆筒形容器构成，常装有机械搅拌或气流搅拌装置，可用于液相单相反应过程和液液相、气液相、气液固相等多相反应过程。用于气液相反应过程的称为鼓泡搅拌釜（见鼓泡反应器）；用于气液固相反应过程的称为搅拌釜式浆态反应器。③有固体颗粒床层的反应器。气体或（和）液体通过固定的或运动的固体颗粒床层以实现多相反应过程，包括固定床反应器、流化床反应器、移动床反应器、涓流床反应器等。④塔式反应器。用于实现气液相或液液相反应过程的塔式设备，包括填充塔、板式塔、鼓泡塔等。⑤喷射反应器。利用喷射器进行混合，实现气相或液相单相反应过程和气液相、液液相等多相反应过程的设备。⑥其他多种非典型反应器。如回转窑、曝气池等。

一、反应器保温应注意的几个问题

1. 循环介质进、出口的选择

目前国内生产的夹套玻璃反应器循环介质进出口主要有宝塔头、法兰口两种，以宝塔头居多。宝塔头接口虽然方便，但却有许多弊端：首先，外型上呈逐渐缩小的造型容易产生阻力影响循环介质的流速，高速流动的液体还会因此形成对玻璃的冲力进而形成对夹套的压力，对玻璃反应器具有潜在的破坏力；其次宝塔形和玻璃的脆性决定了它只能与软管直接连接，因为目前软橡胶类材料的耐温能力不超过250℃，因此使用宝塔头接口意味着您选择的产品物料温度很难超过210℃，对于20L以上的中试级反应器而言，传热阻力更大，可达到的温度值只会更低；而且使用橡胶软管还不能避免橡胶会老化的问题。所以推使用法兰接口，这也是国外同行通用的接口，它可以避免宝塔头接口的许多弊端，惟一的缺点就是装卸较繁琐。现在也有快开式连接，其实使用起来也很方便快捷，比宝塔头与橡胶类软管连接还更省力。有些公司开发的夹套玻璃反应器全部使用法兰接口，目前尚无用户提出不同意见。

2. 真空夹层

其原理在于消除热传导中的空气对流因素，就像保温瓶胆抽真空。玻璃反应容器采用三层设计时，对外层夹套抽真空并封闭形成真空夹层，这样反应保温效果好。而且低温时，外层玻璃表面无水雾亦不会结霜，反应清晰可见；高温时外层玻璃表面不炙热，可免除烫伤危险。但三层玻璃反应器的应力点很多，烧制成功率不高，容积越大的反应器越是这样。

3. 内置耐腐蚀盘管

该配件也可起到加热、冷却器的功能，还可充当支撑骨架固定柔性温度测量探头，不影响搅拌桨的尽量放大，可谓功能很多。作为加热器时可通蒸汽、热水或热油；作为冷却器时可通水、冷的醇水混合液和冷油甚至液氮。常见的制作方法有薄壁PTFE包被金属管道。有不少人排斥使用内置盘管，认为它清洗不方便，其实包被薄壁PTFE的金属管道与固定在大型金属反应釜体上的盘管不一样，前者很容易拆卸和清洗，而且造价并不高，可更换使用。须注意不锈钢喷镀PTFE的方法并不可取，不仅是因为镀层太薄易剥落而且喷镀成本高，最重要的原因是喷镀完毕后形成的是有细小网孔的网状镀层，并不能起到防止化学腐蚀的作用。

4. 测温套及测温点

目前市场上大多数玻璃反应器使用的是固定式温度计玻璃套管来测物料温度，套管从盖子上固定处深入釜内某一深度。这样做的缺点很多：

① 搅拌棒在某一转速段可能出现强烈的共振，可能撞击温度计玻璃套管。

② 中试级的反应器(20～50L)的玻璃套管处于搅拌轴与内壁的中央，使用涡轮式搅拌桨时很容易被叶片打到，致使叶片不能做到尽可能地大而影响搅拌效果。

③ 当物料装得多的时候，套管受力大易折裂，物料装得少的时候则套管可能接触不到物料而无法测温。现已开发了插入深度可调的温度计套管可弥补第三种缺陷。另外还开发了

可与内置换热盘管捆绑使用的可任意弯曲的温度探头，这样就可将测温点置于靠近反应器内壁的任一深度，并且不影响使用更大搅拌半径的搅拌桨叶。当然这种应用的前提是须同时使用内置换热盘管。另外，国外已有从底部阀门中央突出部位内置温度探头来进行温度的数字测量，一般突出部位最高点比釜底高 1～2cm。这种方式测量的是底部物料的温度，比较适合于小型反应器和应搅动混匀的液体，对于较大的反应器或黏度大的物料不合适。而且对于较大的反应器而言，夹套高度也大，因为高温流体密度小，低温流体密度大，一般在夹套下部循环介质温度要比上部低。所以对大型反应器而言，底部测温的方式测得物料温度是偏低的。如果循环介质的流速足够的快，这种偏差要小些，但高速流体也同时对反应器的强度提出了更高的要求，这恰恰是大型玻璃反应器夹套不如小型玻璃反应器的地方。

5. 保温措施

玻璃反应器配套一般使用仪器级温控设备，其价值不菲，因此配套时用户不会选择加热制冷功率过大的设备。利用釜体外层保温套和循环介质管道保温套可以有效地降低设备与外界空气的热交换，从而提高升降温速度，也避免选择功率更高价格也更高的设备。玻璃反应器与空气接触的面积大，不能因为要求反应过程的可视化而牺牲升降温速度，选择带可视窗的釜体外层保温套，可以解决这一矛盾。

二、管式反应器的日常维护要点

管式反应器与釜式反应器相比较，由于没有搅拌器一类的转动部件，故具有密封可靠、振动小、管理和维护简便的特点。但是经常性的巡回检查仍是不可少的。运行中出现故障时必须及时处理，绝不能马虎了事。其维护要点如下：

① 反应器的振动通常有两个来源，一是超高压压缩机的往复运动造成的压力脉动的传递；二是反应器末端压力调节阀频繁动作而引起的压力脉动。振幅较大时要检查反应器入口、出口配管接头箱紧固螺栓及本体抱箍是否有松动，若有松动应及时紧固。但接头箱紧固螺栓的紧固只能在停车后才能进行。同时要注意碟形弹簧垫圈的压缩量，一般允许为压缩量的 50%，以保证管子热膨胀时的伸缩自由。反应器振幅控制在 0.1mm 以下。

② 要经常检查钢结构地脚螺栓是否有松动，焊缝部分是否有裂纹等。

③ 开停车时要检查管子伸缩是否受到约束，位移是否正常。除直管支架处碟形弹簧垫圈不应卡死外，弯管支座的固定螺栓也不应该压紧，以防止反应器伸缩时的正常位移受到阻碍。

三、釜式反应器的维护

（一）反应釜完好标准

（1）运行正常，效能良好

a. 设备生产能力能达到设计规定的 90% 以上；

b. 带压釜需取得压力容器使用许可证；

c. 机械传动无杂音，搅拌器与设备内加热蛇管，压料管内部件应无碰撞并按规定留有间隙；

d. 设备运转正常，无异常振动；

e. 减速机温度正常，轴承温度应符合规定；

f. 润滑良好，油质符合规定，油位正常；

g. 主轴密封及减速机，管线、管件、阀门，人(手)孔、法兰等无泄漏。

(2) 内部机件无损坏，质量符合要求

a. 釜体，轴封、搅拌器、内外蛇管等主要机件材质选用符合图纸要求；

b. 釜体，轴封、搅拌器、内外蛇管等主要机件安装配合，磨损、腐蚀极限应符合检修规程规定；

c. 釜内衬里不渗漏，不鼓包，内蛇管装置紧固可靠。

(3) 主体整洁，零附件齐全好用

a. 主体及附件整洁，基础坚固，保温油漆完整美观；

b. 减压阀、安全阀、疏水器、控制阀、自控仪表、通风、防爆、安全防护等设施齐全灵敏好用，并应定期检查校验；

c. 管件、管线、阀门、支架等安装合理，横平竖直，涂色明显；

d. 所有螺栓均应满扣、齐整、紧固。

(二) 釜式反应器的维护要点

① 反应釜在运行中，严格执行操作规程，禁止超温、超压。

② 按工艺指标控制夹套(或蛇管)及反应器的温度。

③ 避免温差应力与内压应力叠加，使设备产生应变。

④ 要严格控制配料比，防止剧烈反应。

⑤ 要注意反应釜有无异常振动和声响，如发现故障，应检查修理并及时消除。

四、搪玻璃反应釜维护

① 加料要严防金属硬物掉入设备内，运转时要防止设备振动，检修时按化工厂搪玻璃反应釜维护检修规程(HGJ1008—79)执行。

② 尽量避免冷罐加热料和热罐加冷料，严防温度骤冷骤热。搪玻璃耐温剧变小于120℃。

③ 尽量避免酸碱介质交替使用，否则将会使搪玻璃表面失去光泽而腐蚀。

④ 严防夹套内进入酸液(如果清洗夹套一定要用酸液时，不能用 $pH<2$ 的酸液)，酸液进入夹套会产生氢效应，引起搪玻璃表面像鱼鳞一样大面积脱落。一般清洗夹套可用2%的次氯酸钠溶液，最后用水清洗夹套。

⑤ 出料釜底堵塞时可用非金属棒轻轻疏通，禁止用金属工具铲打。对粘在罐内表面上的反应物要及时清洗，不宜用金属工具，以防损坏搪玻璃衬里。

第十二章　自动化仪表基础知识

第一节　自动化介绍

一、自动化概念

1. 什么是自动化

化工生产过程自动化就是在化工设备、装置及管道上，配置一些自动化装置，替代操作工人的部分直接劳动，使某些过程变量能准确地按照预期需要的规律变化，使生产在不同程度上自动地进行。这种部分地或全部地通过自动化装置来管理化工生产过程的办法，就称为化工生产过程自动化，简称为化工自动化。

2. 自动化是如何实现的

以液体储槽为例说明自动化是如何实现的。液体储槽是生产上常用的设备，通常用来作为中间容器或成品储罐。从前一个工序来的物料连续不断地流入储槽，而槽中的液体又送至下一工序进行加工或包装。流入量或流出量的波动都会引起槽内液位的波动，储槽液位过高，液体有可能溢出槽外造成浪费。液位过低，储槽可能被抽空，有被抽瘪而报废的危险。因此，维持液位在设定的标准值上是保证储槽正常运行的重要条件。这可以采用以储槽液位为操作指标，以改变流出量为控制手段，达到维持液位稳定的目的。

储槽液位人工控制原理如图 12－1 所示。操作人员用眼睛观察玻璃液位计的液位高度，并通过神经系统告诉大脑；大脑根据眼睛看到的液位高度加以思考，并与生产上要求的液位标准值进行比较，得出偏差大小和方向，然后根据经验发出操作命令。按照大脑发出的命令，操作人员用双手去改变阀门开度，以调整流出流量，使流出量等于流入流量，最终使液位保持在设定的标准值上。储槽液位人工控制逻辑如图 12－2 所示，人的眼、脑、手三个器官，分别承担了检测、运算和执行三个任务，通过眼看、脑想和手动等一系列行为，共同来完成测量、求偏差、再控制以纠正偏差的全过程，保持了储槽液位的恒定。

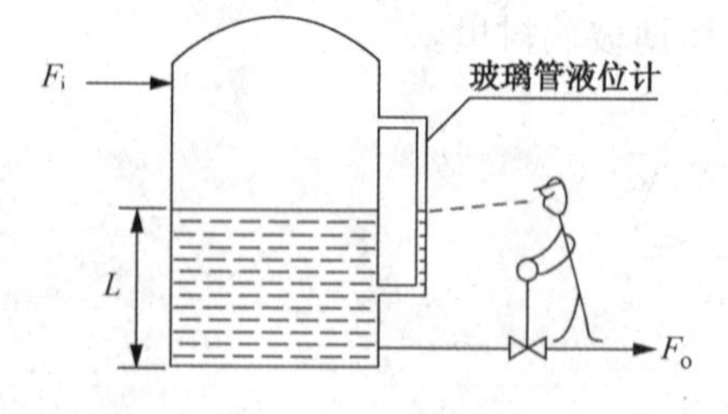

图 12－1　液位人工控制原理图

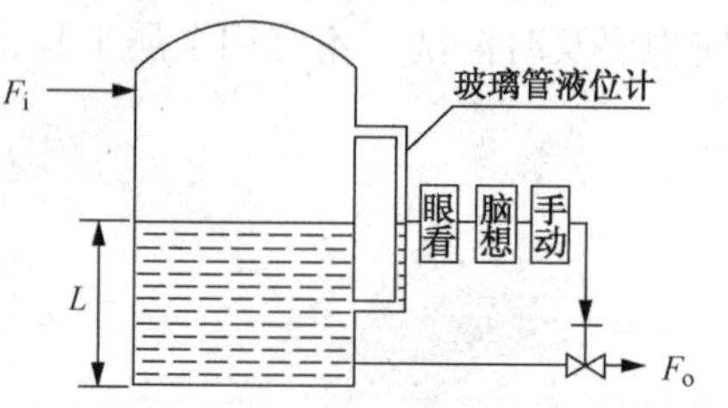

图 12－2　液位人工控制逻辑图

随着工业生产装置的大型化和对生产过程的强化，生产流程更为复杂。人工控制受生理上限制，越来越难以满足大型现代生产的需要。因此，人们在长期的生产和科学实验中经过不断探索发现，如果能找到一套自动化装置替代人工操作，将液体储槽和自动化装置结合在一起，构成一个自动控制系统，那么就可以实现自动控制了。

储槽液位自动控制原理如图 12－3 所示。液位变送器将储槽液位的高度测量出来并转换为标准统一信号，控制器接受变送器送来的标准信号，与工艺要求保持的储槽液位高度标准信号相比较得出偏差，按某种运算规律输出控制信号。控制阀接受控制器输出的控制信号以改变阀门的开度，从而调整流出量，使储槽液位保持稳定，这就是自动控制。图 12－4 是储槽液位自动控制流程图。图中 LT 表示液位变送器，LC 表示液位控制器，SV 表示设定值，LV 表示液位控制阀(图中仪表符号功能可查表 12－1)。它们组合起来，构成了自动化装置。

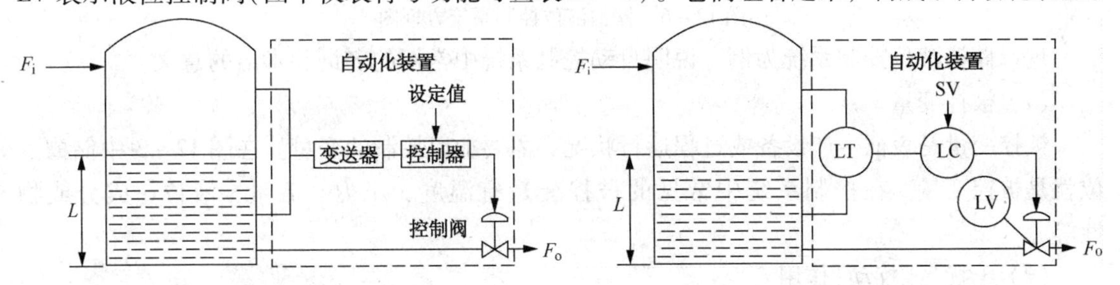

图 12－3　液位自动控制原理图　　　　图 12－4　液位自动控制流程图

通过以上示例的对比分析可知，在储槽液位自动控制中，液位变送器、控制器和控制阀分别替代了人工控制中人的眼睛、大脑和双手的职能，他们和液体储槽一起，构成了一个自动控制系统。这里液体储槽称为被控对象，简称对象或过程。

综上所述，一般自动控制系统是由被控对象和自动控制装置两大部分组成的。或者说自动控制系统是由被控对象、检测元件与变送器、控制器和执行器等四个基本环节所组成的。

3. 自动控制系统的方框图

在研究自动控制系统时，为了能更清楚地说明系统的结构及各环节之间的信号联系和相互影响，一般用方框图加以表示。自动控制系统的方框图就是从信号流的角度出发，将组成自动控制系统的各个环节用带箭头的信号线相互连接起来的一种图形，如图 12－5 所示。

方框图中每个方框代表系统中的一个环节，方框之间用一条带有箭头的直线表示它们相互间的联系，线上箭头表示信号传递的方向，线上字母说明传递信号的名称。箭头指向方框的信号为该环节的输入信号，箭头指离方框的信号为该环节的输出信号。

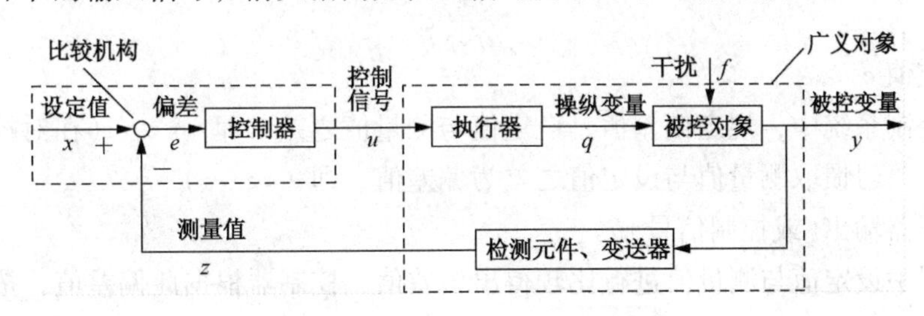

图 12－5　自动控制系统方框图

几点说明：

① 箭头还具有单向性，即方框的输入信号只能影响输出信号，而输出信号不能影响输入信号。

② 方框图中各线段所表示的是信号关系，而不是指具体的物料或能量。

③ 图中的比较机构实际上是控制器的一个部分，不是独立的元件，为了更醒目地表示其比较作用，才把它单独画出。比较机构的作用是比较设定值与测量值并得到其差值。

储槽液位控制系统方框图如图 12－6 所示。

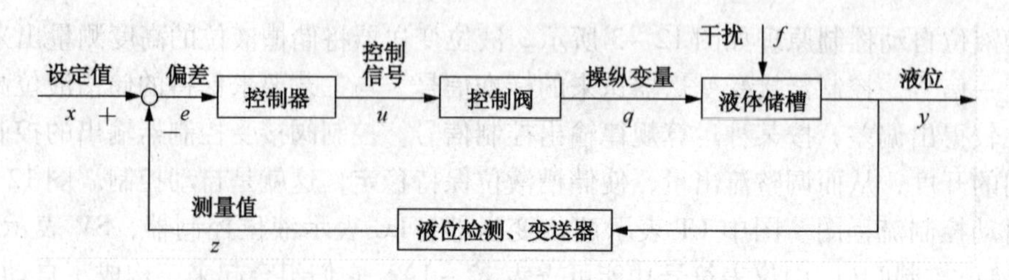

图 12 - 6　储槽液位控制系统方框图

现以储槽液位控制系统为例，说明自动控制系统中常用的名词和术语的意义。

（1）被控变量 y

被控变量是表征生产设备或过程运行状况，需要加以控制的变量。在图 12 - 3 中储槽液位就是被控变量。在控制系统中常见的被控变量有温度、压力、流量、液位、成分或物性等。

（2）干扰(或扰动)作用 f

在生产过程中凡是作用于对象，引起被控变量变化的各种外来因素都叫干扰(或扰动)作用。在图 12 - 3 中流入储槽液体的流量或压力变化就是干扰。

（3）操纵变量 q

在控制系统中受控制器操纵，并使被控变量保持在设定值的物料量或能量，被称为操纵变量。在图 12 - 3 中出料流量就是操纵变量，用来实现控制作用的具体物料称为控制介质。一般地说，流过控制阀的流体就是控制介质。

控制阀输出信号的变化称为控制作用，控制作用具体实现对被控变量的控制。

（4）设(给)定值 x

设定值是一个与工艺要求的(期望的)被控变量相对应的信号值。在图 12 - 3 中与生产期望的储槽液位相对应的信号值就是设定值。

（5）测量值 z

测量值是检测元件与变送器的输出信号值。在图 12 - 3 中液位变送器的输出信号值就是测量值。

（6）偏差值 e

在自动控制系统中，规定偏差值是设定值与测量值之差，即 $e=x-z$(在对控制器的特性分析和调校时，习惯取测量值与设定值之差为偏差值，即 $e=z-x$)。

（7）控制器输出(或控制信号) u

在控制器中设定值与测量值进行比较得出偏差值，控制器根据此偏差值，按一定的控制规律进行运算得到一个结果，与此结果对应的信号值，即为控制器输出。

（8）检测变送器

检测变送器是检测元件与变送器的简称。检测元件是将被测变量转换成宜于测量的信号的元件。变送器是接受过程变量(输入变量)形成的信息，并按一定的规律将其转换成标准统一信号的装置。例如，温度变送器、压力变送器、流量变送器、液位变送器等。

（9）执行器

执行器是自动控制系统的终端环节。它响应控制器发出的信号，用于直接改变操纵变量，达到控制被控变量的目的。它可以是控制阀，也可以是变频调速电机等。

(10) 被控对象

被控对象通常是需要控制其工艺变量的生产设备、机器、一段管道或设备的一部分。例如，各种塔器、反应器、换热器、各种容器、泵和压缩机等。在图 12－3 中，储槽就是被控对象。

(11) 反馈

把系统的输出信号通过检测元件与变送器又引回到系统输入端的作法称为反馈。当系统输出端送回的信号取负值与设定值相加时，属于负反馈；当反馈信号取正值与设定值相加时，属于正反馈。自动控制系统一般采用的是负反馈。

4. 自动化控制系统的组成

自动化控制可以分为两大类系统：一类是开环系统，另一类是闭环系统。

若系统的输出信号对控制作用没有影响，则称为开环控制系统，系统的输出信号不反馈到输入端，不形成信号传递的闭合回路。例如，化肥厂的造气自动机，工作时不管煤气发生炉的工况如何，自动机都周而复始不停地运转，除非操作人员干预，否则自动机不能自动地根据炉子的实际工况来改变操作，这是开环系统的缺点。开环控制系统结构如图 12－7 所示。

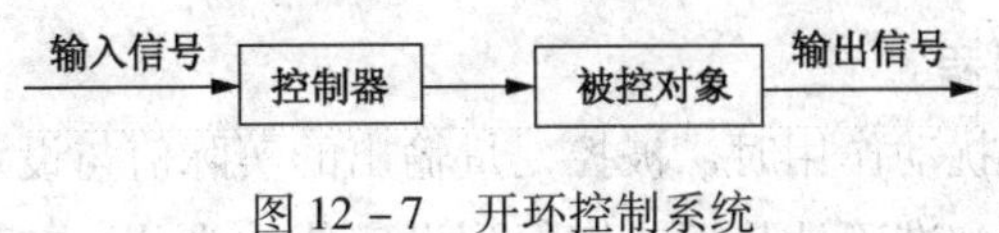

图 12－7　开环控制系统

闭环系统中必然要有反馈环节。所谓反馈是指把输出信号通过测量变送器又引回到输入端，反馈信号与给定信号相叠加，反馈信号取负值属于负反馈，反馈信号取正值属于正反馈。过程控制系统一般采用负反馈。例如，图 12－4 所示的液位自动控制系统属于闭环系统，在控制系统中，信号沿箭头方向传递，最后又回到原来的起点，从信号传递的角度看，构成闭合回路。

闭环系统采用负反馈，可以使系统的输出信号受外界扰动和内部参数变化而发生的变化小，具有一定的抑制扰动、提高控制精度的特点，开环系统不能做到这一点。闭环系统的突出优点是控制精度高，抗干扰能力强，只要被控变量的实际值偏离给定值，系统自动产生控制作用减少偏差。由于闭环系统靠偏差进行控制，在整个控制过程始终存在偏差，若控制元件的参数配置不当，容易引起系统振荡，系统不稳定，所以存在稳定性与精确性的矛盾。而开环控制系统的结构简单，容易实现。

图 12－8 为简单控制系统的方块结构图。从图 12－8 中可以看出自动控制系统主要由被控对象、控制阀、测量变送器、控制器四部分组成。

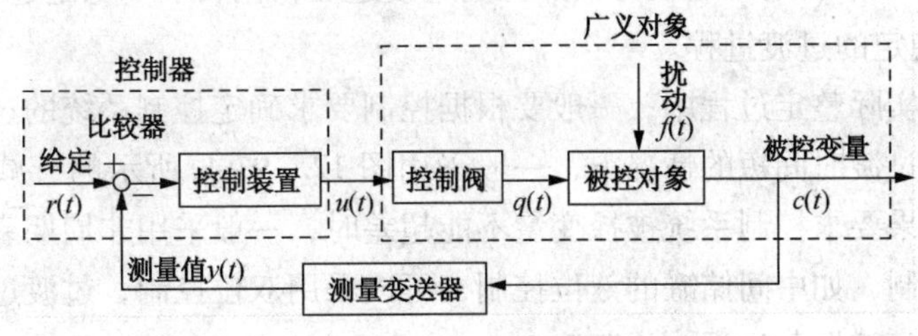

图 12－8　控制系统的方块结构图

① 被控对象：被控制的工艺设备、机器或者生产过程。输出信号是被控变量，用 $c(t)$ 表示被控变量随时间变化关系式。输入信号有两个，分别为操纵变量 $q(t)$ 和扰动 $f(t)$，表示操纵变量随时间变化关系式及干扰随时间变化关系式。

② 控制阀(也称为执行器)：具体实施操纵的执行装置。输出信号是系统的操纵变量 $q(t)$，化工生产中多为物料流量。输入信号是控制器的输出信号 $u(t)$。

③ 测量变送器"把被控变量转换成易于测量的量并转换成标准信号的装置。输出信号是系统的测量值 $y(t)$，输入信号是被控变量 $c(t)$。

④ 控制器：包括比较器、控制装置、给定装置，是对控制系统的信号进行比较、处理的装置。输出信号 $u(t)$ 驱动控制阀，输入信号包括测量值 $y(t)$ 和给定值 $r(t)$。

控制器、控制阀、测量变送器被统称为自动化装置，被控对象、控制阀、测量变送器合在一起被称为广义对象。在一些教材中有这样的说法：自动控制系统包括自动化装置和被控对象两个部分或自动控制系统包括控制器和广义对象两个部分。

必须强调在自动控制系统中，用箭头表示系统中信号的走向，信号具有单向性，只能沿一个方向传递。具体信号传递方向可从方块结构图看出。

二、自动化系统的控制规律

1. 控制系统的过渡过程

控制系统在受到阶跃扰动作用时，被控变量输出的实际值与设定值之间出现了偏差，要求被控变量能平稳、迅速和准确地趋近或恢复到设定值。为此，在稳定性、快速性和准确性方面提出了相应的控制指标，以便衡量其控制品质。在自动化领域内，把被控变量不随时间变化的相对平衡状态称为系统的静态。

系统在静态受到扰动的作用后平衡被打破，系统进入动态，在控制作用下，系统又逐渐进入一个新的平衡状态。这种从原有平衡状态过渡到新的平衡状态的整个过程，称为自动控制系统的过渡过程。图 12－9 为过渡过程的几种基本形式，其中图 12－9(a)所示为阶跃扰动作用，表示系统受到的干扰；图 12－9(b)所示为发散振荡过程，它表明系统在受到阶跃扰动作用后，控制作用非但不能把被控变量调回到设定值，反而使其剧烈地振荡，从而越来越远离设定值；图 12－9(c)所示为等幅振荡过程，它表明系统在受到阶跃扰动作用后，控制作用使被控变量在设定值附近作等幅振荡，而不能稳定下来；图 12－9(d)所示为衰减振荡过程，它表明系统在受到阶跃扰动作用后，被控变量经过一段时间振荡后最终能趋向于一个稳定状态；图 12－9(e)所示为非周期衰减的单调过程，它表示被控变量经过很长时间才能趋近设定值；图 12－9(f)所示为非周期的发散过程。图 12－9(b)和 12－8(f)属于不稳定过程，图 12－8(c)表示的过渡过程为临界稳定过渡过程，也属于不稳定过程；图 12－9(d)和 12－9(e)属于稳定的过渡过程。

在控制系统的实际整定过程中，一般要根据控制要求确定控制系统的过渡过程形式。在扰动比较频繁要求过渡时间短的情况下，一般采用图 12－9(d)所示的衰减振荡过程，在动态中达到平衡；如果要求控制系统被控变量不能超差时，一般采用非周期衰减过程；对一些要求不高的变量控制，如中间储罐的液位控制，可以采用双位控制，过渡过程采用等幅振荡形式。理论上采用衰减振荡过程更为普遍。

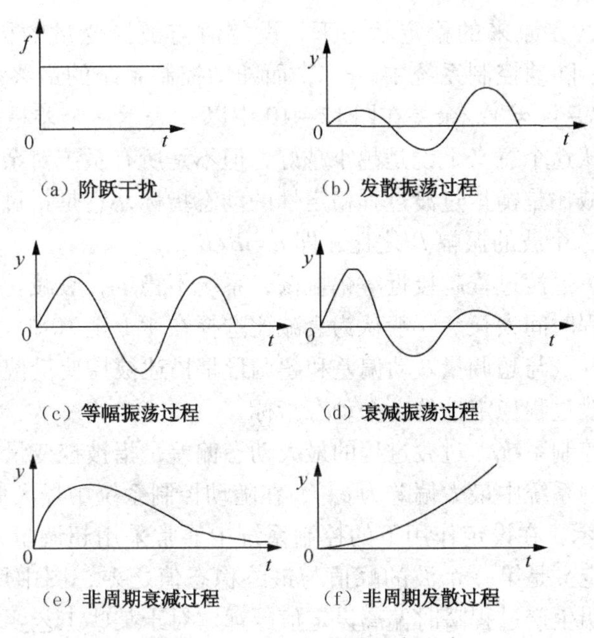

图 12－9　过程的几种基本形式

2. 控制系统的控制指标

图 12－10 所示为控制系统的过渡过程曲线，图 12－10(a)为定值控制系统的过渡过程曲线及指标表示，图 12－10(b)为随动控制系统的过渡过程曲线及指标表示。用过渡过程评价系统质量时，习惯上用下面几项指标。这些指标均以原来的稳定状态为起点作参照。

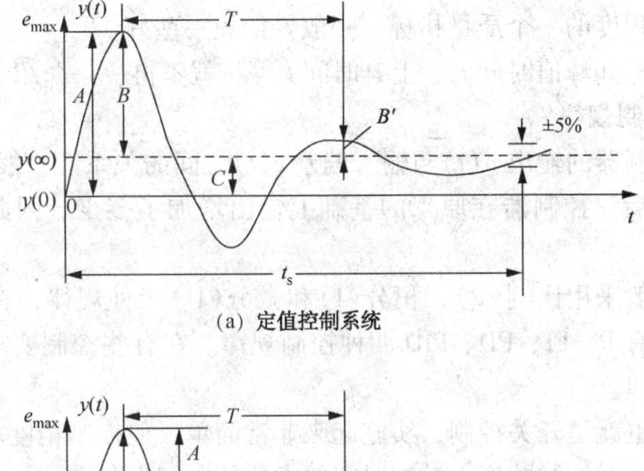

(a) 定值控制系统

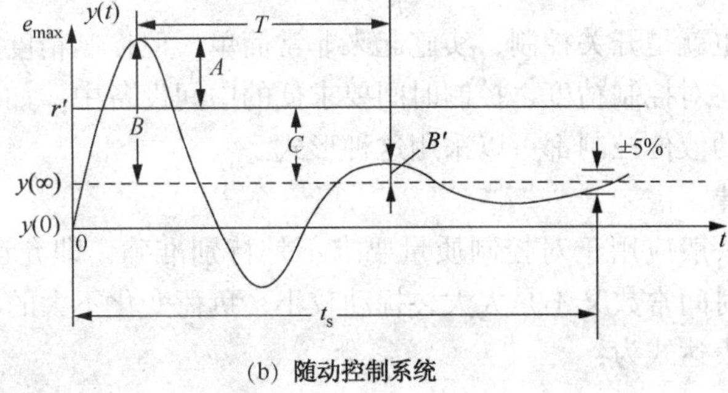

(b) 随动控制系统

图 12－10　系统的过渡过程曲线与控制指标示意图

① 余差 $e(\infty)$。余差是控制系统过渡过程终了时，设定值 r 与被控变量稳态值 $y(\infty)$之差，即 $e(\infty)=r-y(\infty)$。

定值控制系统中，在原来的稳定状态下，设定值与被控变量的检测值相等，即 $r=y(0)$，$e(\infty)=y(\infty)$。随动控制系统中 $r=r'$，而随动控制系统的最终稳态值一般不超过设定值，余差 $e(\infty)=r'-y(\infty)$。余差在图 12－10 中以 C 表示，余差是反映控制准确性的一个重要的稳态指标，从这个意义上说是越小越好，但不是所有系统对余差要求都很高。

② 衰减比 n。衰减比是衡量过渡过程稳定性的动态指标，它是指过渡过程曲线第一个波的振幅 B 与同方向第二个波的振幅 B' 之比，即 $n=B/B'$。

显然衰减比越小，过渡过程越接近等幅振荡，系统不稳定；衰减比越大，过渡过程越接近单调过程，过渡过程时间太长。一般认为衰减比选择在 4:1 至 10:1 之间为宜。

③ 最大动态偏差 e_{max} 与超调量 δ 动偏差和超调量是描述被控变量偏离设定值最大程度的物理量，也是衡量过渡过程稳定性的一个动态指标。

对干扰作用下的控制系统，过渡过程的最大动态偏差是指被控变量第一个波的峰值与设定值之差。在定值控制系统中最大偏差为 e_{max}，在随动控制系统中最大偏差为 $e_{max}-r'$，在图 12－10 中用字母 A 表示。在设定作用下的控制系统中通常采用超调量来表示被控变量偏离设定值的程度，它的定义是第一个波的峰值与最终稳态值之差，图中用字母 B 表示。最大偏差或超调量越大表明生产过程瞬时偏离设定值越远。对于某些工艺要求比较高的生产过程需要限制动态偏差。

④ 振荡周期 T。过渡过程曲线同方向相邻两波峰之间的时间称为振荡周期或工作周期，它是衡量系统控制过程快慢程度的一个质量指标，一般希望短一些好。

⑤ 过渡时间 t_s。过渡时间是指系统受到扰动作用开始，到进入新的稳态所需要的时间。

新的稳态一般指被控变量的波动范围在稳态值的 ±5%（或 ±2%）内。过渡时间也是衡量系统控制过程快慢程度的一个质量指标，一般希望短一些好。

此外，还有些指标如峰值时间 t_p、上升时间 t_r 等，就不再一一介绍了。

3. 控制系统的控制规律

控制规律是指控制器的输出 $u(t)$ 与输入偏差 $e(t)$ 之间的关系。一般以增量的形式表示，表示当输入偏差变化后，控制器在原来的基础上输出增加了多少。因此，在后面的表达式中，均省略了“△”。

常规控制装置一般采用比例（P）、积分（I）和微分（D）三种规律，在使用时可以合理选择。常用的控制规律有 P、PI、PD、PID 四种控制规律。在有些控制要求不高的情况下，有时也采用双位控制规律。

所谓的双位控制也就是开关控制，实施起来非常简单，但控制精度较低，过渡过程成等幅振荡形式，一般用在对控制精度、控制时间要求低的中间设备中。如化工生产中的中间储罐、普通的抽水马桶的液位控制都可以采用这种形式。

（1）比例控制规律

纯比例控制规律一般应用于对控制质量要求不是特别准确，即允许有一定的静偏差存在，而且广义对象的时间常数又不是太大，扰动较小，负荷变化不大的场合。

比例控制规律的表达式为：

$$u(t)=K_c e(t) \tag{12-1}$$

式中　K_c 表示比例放大倍数，K_c 越大比例作用越强。

采用纯比例的控制器一般把积分作用置于最大值，微分作用切断。比例环节开环阶跃响应曲线如图 12－11，比例作用的输出变化与输入变化成正比，且时间上没有滞后。

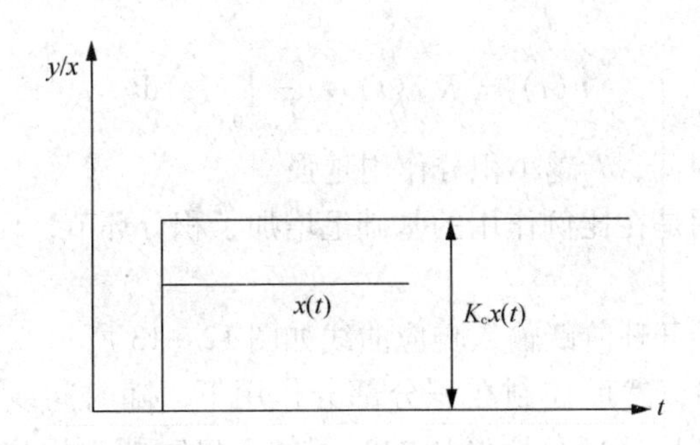

图 12－11　比例环节举例及阶跃响应曲线

在常规控制器中，一般用比例度 δ 表示比例作用的强弱。比例度 δ 定义为：

$$\delta = \frac{e/(Z_{\max} - Z_{\min})}{u/(u_{\max} - u_{\min})} \times 100\% \tag{12-2}$$

式中，e 为控制器输入信号的变化量；u 为输出信号的变化量；$(Z_{\max} - Z_{\min})$ 为输入信号的变化范围，$(u_{\max} - u_{\min})$ 为输出信号的变化范围。式(12－2)适用所有类型的控制器，但对于单元组合式仪表，由于其输入信号与输出信号的范围相等，因此式(12－2)简化为：

$$\delta = \frac{1}{K_c} \times 100\% \tag{12-3}$$

因此，比例度越小比例放大倍数越大，比例作用也就越强。反之比例度越大，比例作用也就越弱。

(2) 比例积分控制规律

比例积分控制规律是指输出量与输入量的积分成正比。如图 12－12(a) 所示的水槽液位对象，由于采出流量一定，液位的变化依据流入量与流出量的差值与时间的积分成正比。图 12－12(b) 为积分环节的阶跃输入响应曲线。积分环节的数学表达式为：

$$y(t) = \frac{1}{T_i}\int_0^t x(t)\,dt \tag{12-4}$$

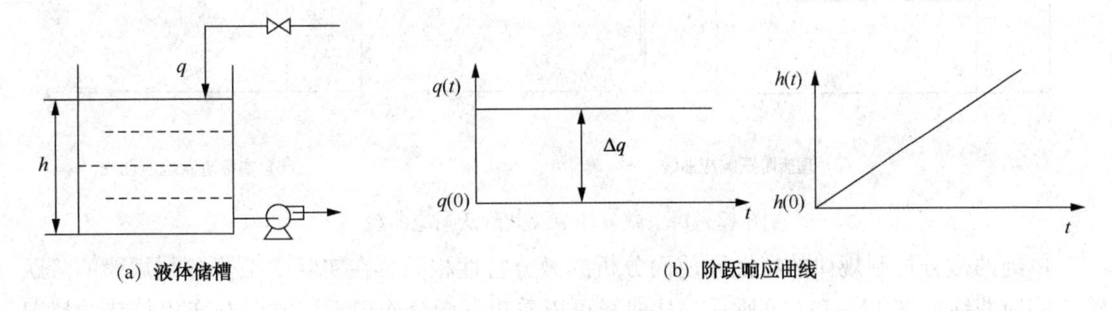

图 12－12　积分对象及其阶跃响应曲线

只要偏差存在，单纯的积分作用中控制器的输出就不断变化，因此也就能够克服偏差，但动作较慢，因此一般没有单独使用纯积分作用的。

在纯比例控制规律的基础上，将积分时间调整到适当的值，即增加积分作用，就形成了比例积分控制规律。比例积分控制规律主要用在广义对象时间常数不大，控制精度要求高，扰动不太频繁的场合。

比例积分作用的表达式为：

$$u(t) = K_c e(t) + \frac{K_c}{T_i}\int_0^t e(t)\,dt \tag{12-5}$$

式中的 T_i表示积分时间，T_i越小积分作用越强。

显然，比例积分作用是在比例作用的基础上增加了积分环节，而比例放大倍数也同时影响到积分部分。

比例积分控制规律的开环阶跃输入响应曲线如图 12－13 所示。当输入发生阶跃变化后，比例输出立即突变到 $K_c A$，然后控制在积分部分作用下，随时间线性增长，斜率为 K_c/T_i。因此，当控制器输出达到比例部分所经历的时间的 2 倍时即为积分时间。在控制器的校验中，积分时间的校验就是依据此原理。

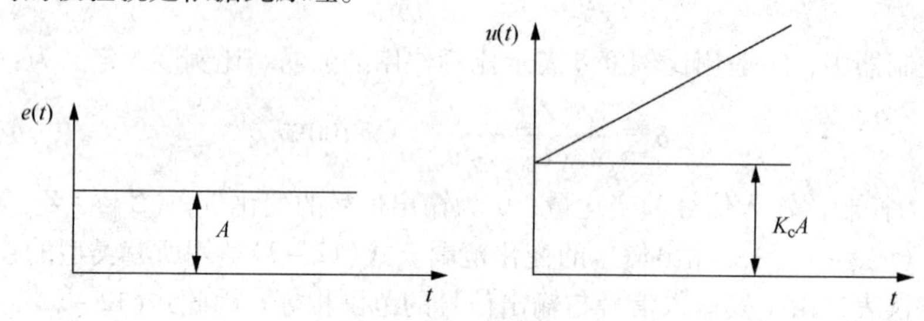

图 12－13　比例积分规律开环阶跃输入响应曲线

（3）比例微分控制规律

微分环节是自动控制系统中常用到的环节，其特点是输出量与输入量的变化率成正比，即输出变化量是输入量的微分。微分环节的表达式为：

$$y(t) = T_d \frac{dx(t)}{dt} \tag{12-6}$$

以上表示的是理想状态下的微分，实际的微分环节常带有惯性，图 12－14 分别表示微分环节理想和实际的阶跃响应曲线。

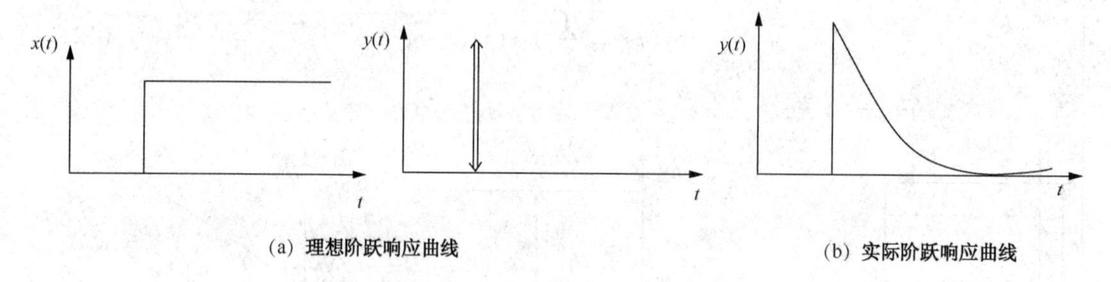

（a）理想阶跃响应曲线　　（b）实际阶跃响应曲线

图 12－14　微分环节及其阶跃响应曲线

单纯的微分控制规律的特性同前面分析的微分特性相同。在实际中微分控制规律的阶跃输入响应曲线如图 12－14(b)所示。从曲线可以看出，微分作用无偏差但有变化趋势的情况下，输出就有变化，也就是说具有超前控制的特点，但微分作用也很少单独使用。

比例微分控制规律是在比例作用的基础上增加了微分控制规律。比例微分控制规律一般应用于控制质量要求不是很严格，允许静偏差存在，而广义对象的时间常数较大的场合。

比例微分控制规律的表达式为：

$$u(t) = K_c e(t) + K_c T_d \frac{de(t)}{dt} \tag{12-7}$$

式中的 T_d表示微分时间，T_d越大微分作用越强。显然，比例微分控制规律是在比例作用的基础上增加了微分控制规律，而比例部分也同时影响到微分环节。

比例微分控制规律的开环阶跃输入响应曲线如图 12－15 所示。在输入阶跃的瞬间，控制器的输出达到最大值 K_cK_dA，其中微分部分的输出为 $K_cA(K_d-1)$，然后输出按照指数规律下降。当下降到微分部分的 63.2% 时所经历的时间乘以微分增益 K_d 即为微分时间。在控制器校验时，依据此原理进行微分时间的测试。

（4）比例积分微分控制规律

按照以上分析，在控制要求指标较高，而时间常数又比较大的场合，应采用比例积分微分控制规律。从理论上讲，PID 控制规律是最好的控制规律，但由于参数整定及投运都比较困难，因此，没有较高要求时并不采用。

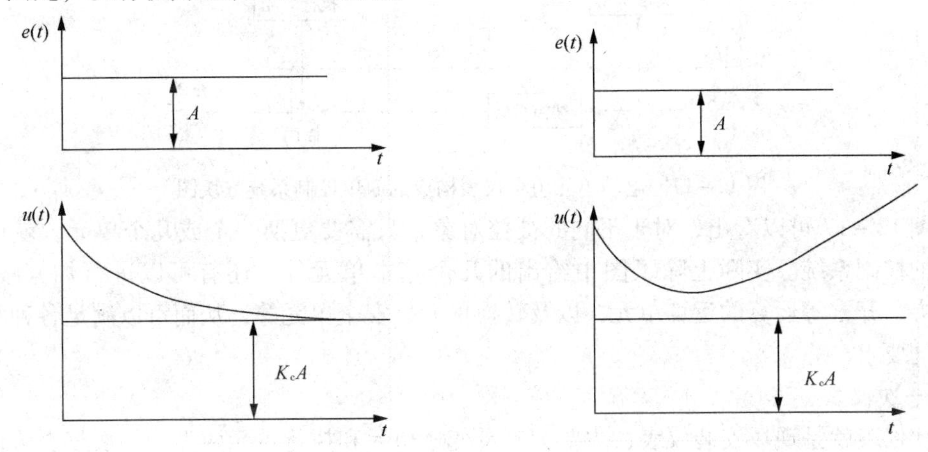

图 12－15　比例微分规律开环阶跃输入响应曲线　　图 12－16　比例积分微分规律开环阶跃响应曲线

比例积分微分控制规律的表达式为：

$$u(t)=K_ce(t)+\frac{K_c}{T_i}\int_0^t e(t)\,\mathrm{d}t+K_cT_d\frac{\mathrm{d}e(t)}{\mathrm{d}t} \tag{12-8}$$

比例积分微分控制规律的开环阶跃输入的响应曲线如图 12－16 所示。在阶跃输入的瞬间，控制器输出为比例微分部分，随着时间的增加，微分部分逐渐下降，积分部分逐渐增加，最后为比例积分输出。

第二节　仪表基本知识

在现代工业生产中，自动化仪表广泛地应用在生产的各个环节，了解仪表的基本知识是非常必要的。目前，我国许多企业中仍在应用电动单元组合仪表 DDZ－Ⅲ，在这里主要介绍 DDZ－Ⅲ型的基本知识。

一、仪表的类别

单元组合仪表可以分为现场安装仪表和控制室安装仪表两大部分。

由电动单元组合仪表构成的简单控制系统如图 12－17 所示。图中被控对象代表生产过程中的环节，被控对象的输出为被控变量，如温度、压力、流量等工艺参数。这些工艺参数首先由检测变送单元变换为相应的电信号，该信号一方面送到显示单元供记录显示，另一方面送到调节单元与给定单元送来的给定值比较。调节单元根据比较的偏差，按照一定的运算规律如比例、积分、微分等运算关系发出控制信号，控制执行元件的动作，将阀门开大或开小，改变操纵变量，如生产工艺中的燃料油、蒸汽等介质流量，直到被控变量与给定值相等。

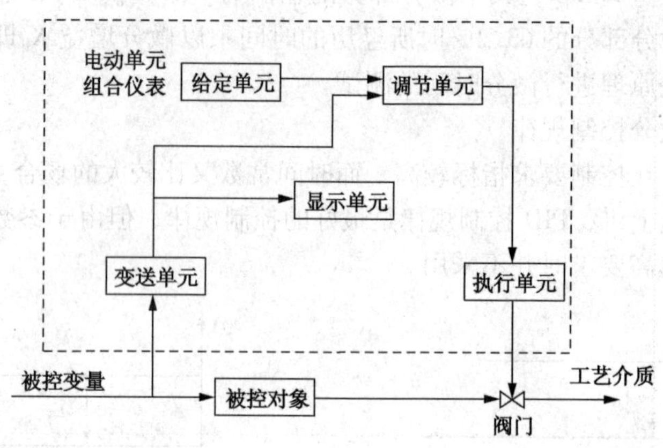

图 12－17　电动单元组合仪表构成的简单控制系统方块图

从图 12－17 可以看出，对于不同的被控对象，只需要更换一个或几个单元，就可以组成不同的控制系统。实际上除了图中给出的几个基本单元外，还有可以进行加、减、乘、除、乘方、开方等运算的运算单元，以及转换单元、安全单元等，从而可以满足各种复杂控制系统的要求。

1. 一次仪表

一次仪表就是现场安装仪表，主要为测量变送单元和执行单元两类。一次仪表传输信号为 4～20mA 直流电流，由 24V 直流电源箱统一供电。

（1）变送单元类

变送单元能将各种被测参数，如温度、压力、流量液位等物理量转换成对应的 4～0mA 直流电流，传送到显示、调节等单元供显示记录或控制。变送单元的主要品种有温度变送器、压力变送器、流量变送器、差压变送器等。

（2）执行单元类

指操作阀门之类的执行元件，可以按照控制器输出的控制信号改变操纵变量的大小，实现控制目的。执行单元的品种有角行程电动执行器和直行程电动执行器等。

2. 二次仪表

二次仪表就是控制室内安装仪表，主要为转换单元类、调节单元类、运算单元类、显示单元类、给定单元类和辅助单元类。二次仪表之间传输信号为 1～5V 直流电压，由 24V 直流电源箱统一供电。

（1）转换单元类

转换单元是电动单元组合仪表与其他类型仪表之间联系的桥梁，将电压、频率等电信号或 20～200kPa 的标准气压信号转换成相应的 4～20mA 直流电流信号，从而与仪表的控制系统连接起来。转换单元的品种有直流毫伏转换器、频率转换器、气－电转换器等。

（2）调节单元类

调节单元将来自变送单元的测量信号与给定信号进行比较，按照偏差给出控制信号，去控制执行器的动作，使测量值与给定值相等。调节单元的品种有比例调节器、比例积分调节器、比例微分调节器、比例积分微分调节器以及具有特殊功能的调节器等。

(3) 运算单元类

运算单元将几个直流电流信号或电压信号进行加、减、乘、除、乘方、开方等数学运算，适用于多参数综合控制、配比控制、流量信号的温度压力校正运算等。运算单元的品种有加减器、乘除器、开方器等。

(4) 显示单元类

显示单元对各种参数进行指示、记录、报警和积算，供操作人员监视控制系统工况使用。显示单元的品种有比例积算器、开方积算器。

(5) 给定单元类

给定单元输出4~20mA直流电流，作为被控变量的给定值送到调节单元，实现定值控制。给定单元的输出也可以供给其他仪表作为参考基准值。给定单元的品种有恒流给定器、比值给定器和时间程序给定器等。

(6) 辅助单元类

辅助单元有操作器、阻尼器、限幅器、安全栅等。操作器用于手动操作；阻尼器用于压力流量等信号的平滑、阻尼；限幅器用于限制电流电压信号的上、下极限。安全栅用于将危险场所与非危险场所隔开，起安全防爆作用。

二、仪表的位号表示

1. 仪表功能标志

仪表功能标志是用几个大写英文字母的组合表示对某个变量的的操作要求，如TIC、PDRCA等。其中第一位或两位字母称为首位字母，表示被测变量，其余一位或多位称为后继字母，表示对该变量的操作要求，各英文字母在仪表功能标志中的含义见表12-1。

表12-1　仪表功能字母代号

项目	首位字母		后继字母		
	被测变量或引发变量	修饰词	读出功能	输出功能	修饰词
A	分析		报警		
B	烧嘴、火焰		供选用	供选用	供选用
C	电导率			控制	
D	密度	差			
E	电压(电动势)		检测元件		
F	流量	比率			
G	毒性气体或可燃气体		视镜、观察		
H	手动				高
I	电流		指示		
J	功率	扫描			
K	时间、时间程序	变化速率		操作器	
L	物位		灯		低
M	水分或湿度	瞬动			中、中间
N	供选用		供选用	供选用	供选用
O	供选用		节流孔		
P	压力、真空		连接或测试点		

续表

项目	首位字母		后继字母		
	被测变量或引发变量	修饰词	读出功能	输出功能	修饰词
Q	数量	积算、累计			
R	核辐射		记录、DCS 趋势记录		
S	速度、频率	安全		开关、联锁	
T	温度			传送(变送)	
U	多变量		多功能	多功能	多功能
V	振动、机械监视			阀、风门、百叶窗	
W	重量、力		套管		
X	未分类	X 轴	未分类	未分类	未分类
Y	事件、状态	Y 轴		继动器、计算器、转换器	
Z	位置、尺寸	Z 轴		驱动器、执行元件	

为了正确区分仪表功能，根据设计标准《过程检测和控制系统用文字代号和图形符号》(HG/T 20505—2000)，理解功能标志时应注意如下几个方面。

① 功能标志只表示仪表的功能，不表示仪表的结构。这一点对于仪表的选用至关重要。例如要实现 FR(流量记录)功能，可选用流量或差压变送器及记录仪。

② 功能标志的首位字母选择应与被测变量或引发变量相对应，可以不与被处理变量相符。例如，某液位控制系统中的控制阀，其功能标志应为 LV，而不是 FV。

③ 功能标志的首位字母后面可以附加一个修饰字母，使原来的被测变量变成一个新变量。如在首位字母 P、T 后面加 D，变成 PD、TD，分别表示压差、温差。

④ 功能标志的后继字母后面可以附加一个或两个修饰字母，以对其功能进行修饰。如功能标志 PAH 中，后继字母 A 后面加 H，表示压力的报警为高限报警。

2. 仪表位号

仪表位号由仪表功能标志和仪表回路编号两部分组成，如 FIC－116，TRC－158 等，其中仪表回路编号的组成有工序号(例中数字编号中的第一个 1)和顺序号(例中数字编号中的后两位 16、58)两部分。在行业标准 HG/T 20505—2000 中，仪表位号的确定有如下规定：

① 仪表位号按不同的被测变量分类，同一装置(或工序)同类被测变量的仪表位号中顺序号可以是连续的，也可以不连续；不同被测变量的仪表位号不能连续编号。

② 若同一仪表回路中有两个以上功能相同的仪表，可在仪表位号后附加尾缀(大写英文字母)以示区别。例如 FT－201A、FT－201B 表示该仪表回路中有两台流量变送器。

③ 当不同工序的多个检测元件共用一台显示仪表时，显示仪表的位号不表示工序号，只编顺序号；对应的检测元件位号表示方法是在仪表编号后加数字后缀并用“－”隔开。例如一台多点温度记录仪 TR－1，其对应的检测元件位号为 TE－1－1、TE－1－2 等。

第三节　自动控制系统及应用

一、简单控制方案的实现

简单控制系统的控制方案确定首先应根据生产工艺的要求，确定被控变量和操纵变量；

根据工艺的特点选择检测和执行装置；然后根据控制目标的要求和被控对象的特性，选择控制器及控制规律、控制器参数。

（一）简单控制系统的构成

简单控制系统又称单回路反馈控制系统，是指由一个测量变送环节、一个控制器环节、一个执行器环节和一个被控对象组成的一个被控变量的控制系统。简单控制系统的结构简单，实施起来比较容易。简单控制系统在生产过程自动化中应用最广泛，粗略的数据表明占生产过程控制系统总量的80% ~90%。

简单控制系统的测量变送器将被控变量检测并转换成控制器能接受的统一标准信号，在控制器内部与给定值(内给定或外给定)进行比较，按照控制器选择的控制算法进行运算，控制器运算的结果传输到执行器，执行器依据该信号改变阀门开度，改变操纵变量的大小，从而控制被控变量。

图 12－18 所示为换热器的温度控制系统，通过对加热蒸汽流量的控制保证物料出口温度符合工艺的要求。

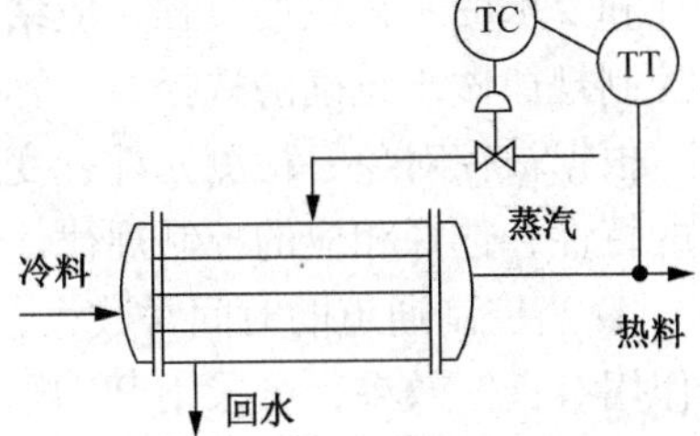

图 12－18　换热器温度控制系统

当换热器有扰动输入(如冷物料的入口温度下降)时，加热后的出口温度必然下降，则温度测量的输出信号减小，控制器的输出信号增加，控制阀的开度增大，蒸汽流量增加，使换热器的出口温度增加。

（二）控制方案的确定

1. 被控变量的选择

在生产中影响工艺过程的工艺变量很多，必须深入了解工艺机理，找出对产品质量、产量、安全、节能等方面起着决定作用，并且可以检测到的工艺变量。在确定被控变量时主要应注意以下几个方面：

① 被控变量一定是反映工艺操作指标或状态的重要参数；

② 被控变量是为保持生产稳定，需要经常调整的变量；

③ 如果工艺变量本身(如温度、压力、流量、液位等)就是要求控制的指标，称之为直接指标；

④ 被控变量应是易于检测且灵敏度足够大的变量。

2. 操纵变量的选择

在系统的被控变量选定以后，就选择操纵变量去保证被控变量的指标。当工艺上有几种变量可供选择时，要根据过程控制通道和扰动通道特性对控制质量的影响来合理选择操纵变量。选择时应注意以下原则：

① 操纵变量是工艺上合理且允许调整又可控制的变量；

② 所选的操纵变量应是对被控变量的影响大而灵敏的，即控制通道的放大系数大、时间常数小，保证控制作用有力、及时；

③ 使扰动通道的时间常数尽量大，放大系数尽量小，把控制阀尽量靠近干扰输入点，以减小扰动的影响。

3. 控制器的选择

控制器是控制系统的核心，是决定控制系统控制质量的主要因素之一。控制器的选择应根据广义对象的特性，考虑到生产工艺的特点以及企业整体自动化的水平来选择。

作为自动控制系统的控制器有多种类型，可以采用电气设备搭接逻辑回路，也可以利用电子元器件自行设计，最多的是采用现成的仪表或计算机类装置。在化工生产中，控制系统大多是闭环控制系统，因此多采用控制器、计算机控制或者采用带有PID功能的中大型可编程控制器(PLC)作为控制装置。

(1) 控制器控制规律的选择

在自动控制系统中控制器(调节器)根据偏差值，按照控制规律输出控制信号给执行器。

控制器总是按照人们事先规定好的控制规律来动作的。这种控制规律就是控制器输入信号以后，它的输出信号(即控制信号)的变化规律。控制器的工作原理和结构形式各不相同，但基本的控制规律只有几种，即双位控制、比例控制、积分控制、微分控制等。实际应用中多是它们的某种组合，如比例积分控制、比例积分微分控制等。不同的控制规律适用于不同特性和要求的工艺生产过程，应结合具体过程以及控制系统其他各个环节的特性，对控制器的控制规律做出正确的选择。

根据被控对象、检测元件、变送器、执行器及控制作用途径等特性，即广义对象控制通道的特性，选择相应的控制规律。选择的基本原则可归纳为以下几点。

① 当控制通道的时间常数大，或多容量引起的容量滞后大时，如温度控制系统采用微分作用有良好效果，可采用PD规律；如果控制系统不希望出现余差，采用积分作用可以消除余差，可以选用PID控制规律。这种情况一般不选用PI控制规律，因积分作用有滞后而影响控制质量。流量控制系统是典型的快过程，一般采用PI规律，且比例度要大，积分时间可小。对只需要实现平均液位控制的场合，宜采用纯P作用，比例度要大。温度控制系统具有测量滞后和热传递滞后的特点，一般采用PID规律，比例度范围为20～60，积分时间常数较大，微分时间约为积分时间的1/40压力控制系统的情况不同，有运行快的，参照流量系统；有运行慢的，则要按照温度系统设置。

② 当控制通道时间常数较小，而负荷变化也较小时，为消除余差，可以采用PI控制规律，如流量控制系统一。

③ 当控制通道时间常数较小，而负荷变化很大时，选用微分作用易引起振荡，一般采用P或PI控制规律。如果控制通道时间常数非常小，可采用反微分作用来提高控制质量。

④ 当广义对象控制通道时间常数或时滞很大，而负荷变化又很大时，简单控制系统无法满足要求，可以采用复杂控制系统来提高控制质量。

(2) 控制器的正、反作用判断

闭环控制系统之所以能够克服偏差，原因是具有负反馈，因此必须保证设计的控制系统的各个环节连接在一起后，被控变量的检测值与设定值成相减的关系。

组成控制系统的四个环节(检测元件与变送器、执行器、被控对象、控制器)中，其他环节的特性不宜改变，只有在其他三个环节确定以后，通过选择控制器的正反作用方向来保证整个环节具有负反馈。

所谓环节的作用方向是指，当环节的输入发生变化以后输出的变化方向。如果输出变化的方向与输入的变化方向一致，则该环节为正作用方向。否则，为反作用方向。

① 检测元件与变送器环节该环节的输入是被控变量，输出是变送器的输出信号。一般情况下为了表示清楚，变送器的信号与被控变量的变化方向一致，为正作用方向。

② 执行器环节在化工生产中，执行器多为气动薄膜控制阀，其输入为控制器输出控制信号，输出为阀门开度。因此，气开阀为正方向，气关阀为反作用方向。阀门的气开、气关

是可以选择的，依据是保证在断电或断气的故障状态，阀门的状态能使工艺处于安全的或节能的或保证产品质量的状态。

③ 被控对象环节现在讨论的是控制通道，因此，对象的输入是操纵变量，输出是被控变量。若操纵变量增加，被控变量也增加，被控对象为正作用方向。否则，为反作用方向。

④ 控制器环节控制器的输入是偏差，输出是到控制阀上的控制信号。由于偏差比较机构与控制器为一整体，因此，控制器的输入信号有被控变量的检测值和设定值两个。有些教材上定义为：偏差增加，控制器的输出信号也增加，控制器为正特性、反作用。为了便于判断，在这里我们定义如下：当控制器处于正作用时，检测信号增加，控制器的输出也增加；反作用时相反。由于检测信号与设定信号方向相反，因此，设定信号增加相当于检测信号减小。

简单控制系统中控制器作用方向判断方法：要想使整个系统具有负反馈，只需使组成系统的四个环节的作用方向相乘为负，即四个环节分别为“三反一正”或“三正一反”。

控制器的作用方向判别方法：依次判断被控对象、控制阀、检测元件与变送器的作用方向，然后根据“三反一正”或“三正一反”的原则，对号入座确定控制器的正、反作用。

控制器作用方向判断举例如下：

a. 加热炉出口温度控制系统如图 12 – 19 所示，燃料流量为操纵变量。为了安全和节能的原因，控制阀采用气开阀为正作用，记作“ + ”；温度检测与变送器也为正作用，也记作“ + ”；当燃料流量增加时，出口温度应该上升，因此对象为正作用，也记作“ + ”；根据“三正一反”原则，控制器应选用反作用。

b. 氨冷器的出口温度控制系统如图 12 – 20 所示。为了安全和节能的原因，控制阀采用气开式为正作用，记作“ + ”；温度检测与变送器也为正作用，也记作“ + ”；当液氨流量增加时，出口温度应该下降，因此对象为反作用，也记作“ – ”；根据“三正一反”原则，控制器应选用正作用。

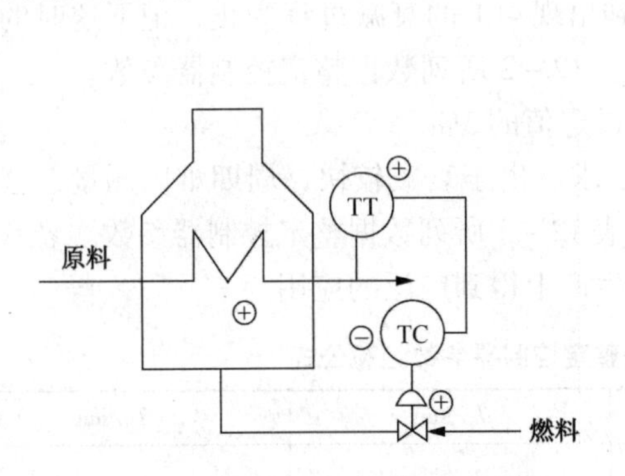

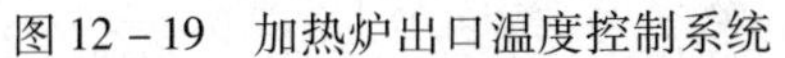
图 12 – 19　加热炉出口温度控制系统

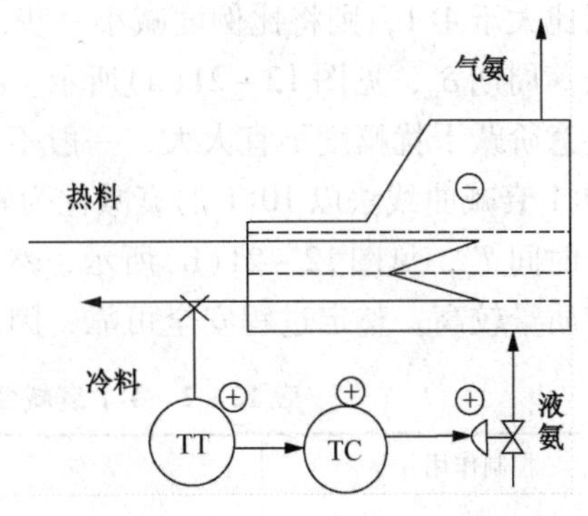

图 12 – 20　氨冷器的出口温度控制系统

⑤ 控制器参数的工程整定：按设计要求安装调试好的控制系统必须设置合适的控制器参数(比例度、积分时间和微分时间)才能提高控制系统的品质指标，如果控制器的参数设置不当，则不能得到良好的控制质量，甚至成为一个不稳定的控制系统。设置和调整 PID 参数，统称为控制器参数整定。

整定控制器参数的方法很多，这里只介绍衰减曲线法。

衰减曲线法是在纯比例作用基础上，找出达到规定衰减比的比例度值，然后用一些半经验公式求取 P、I、D 参数。有 4:1 衰减曲线法和 10:1 衰减曲线法两种(图 12 – 21)。

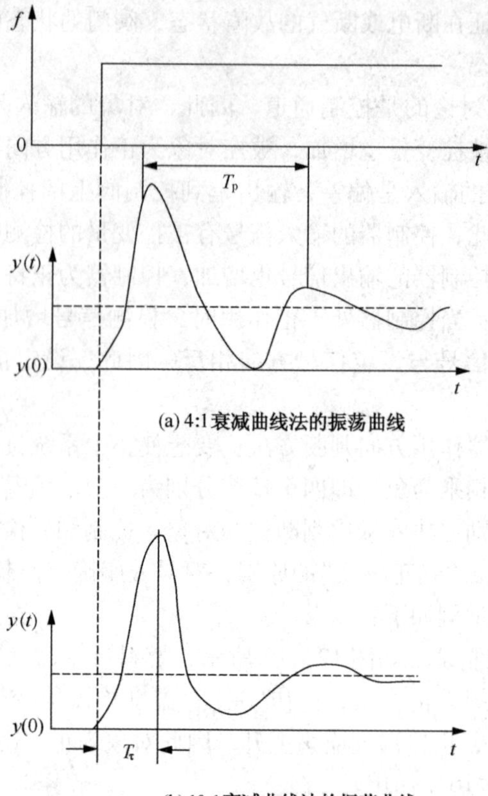

图 12－21　衰减曲线法的振荡曲线

4∶1 衰减曲线法以 4∶1 的衰减比为整定要求，先选定某一比例度，将系统闭合，待系统稳定后，改变设定值或生产负荷，加以幅度适宜的阶跃扰动，观察过渡过程曲线的衰减比，若衰减比大于 4∶1，则将比例度减小一些，直到出现 4∶1 的衰减过程为止，记下这时的比例度和振荡周期 δ_p，见图 12－21(a)所示。根据表 12－2 所列数据整定控制器参数。

注意阶跃干扰幅度不宜太大，一般不超过设定值的 5%。

10∶1 衰减曲线法以 10∶1 的衰减比为整定要求。由于衰减较快，周期难以测量，这时可测上升时间 T_τ，见图 12－21(b)所示，然后按表 12－3 所列数据整定控制器参数。衰减曲线法整定质量较高，整定过程安全可靠，因而在生产上得到广泛的应用。

表 12－2　4∶1 衰减曲线法整定控制器参数经验公式

控制作用	δ/%	T_I/min	T_d/min
比例(P)	δ_S		
比例＋积分(PI)	$1.2\delta_S$	$0.5T_p$	
比例＋积分＋微分(PID)	$0.8\delta_S$	$0.3T_p$	$0.125T_p$

表 12－3　10∶1 衰减曲线法整定控制器参数经验公式

控制作用	δ/%	T_I/min	T_d/min
比例(P)	δ_S'		
比例＋积分(PI)	$1.2\delta_S'$	$2T_\tau$	
比例＋积分＋微分(PID)	$0.8\delta_S'$	$1.2T_\tau$	$0.4T_\tau$

由表12－2和表12－3可以看出，知道了比例度δ后，可以根据经验得到积分时间T_i和微分时间T_d。

4. 检测装置和执行装置的选择

在确定控制方案的时候，就应考虑到检测方法和执行装置的类型和种类，本节只是简单说明一般考虑原则。

（1）检测装置的选择

检测装置是整个控制系统的基础，要求检测装置必须准确、快速、灵敏度高，选择时除主要考虑以上因素外，还应注意以下几点。

a. 结合工艺特性确定装置类型。不同变量有多种检测方法，在具体使用中必须具体选择。如对于大流量一般多采用差压法，小流量多采用转子流量计检测，但对于脏污类介质的流量测量一般不能采用以上两种方法，可以考虑采用电磁流量计等；又如温度的检测，在实际中如信号需要进行管理时，一般采用热电阻与热电偶两种检测元件，原则上温度较高时采用热电偶，温度低时采用热电阻，但实际选择时还要考虑到究竟选择哪一种热电偶、热电阻，同时应考虑到规格（保护套管类型、长度等）与哪种显示或控制仪表连接、是否需要温度变送器等。

b. 结合工艺变量确定量程。合理选择检测仪表的量程，可以提高检测的精度。在能够完全检测、显示工艺变量的基础上，最好选择量程小的检测装置。但对于采用弹性元件测量压力、差压等检测装置时，还应避免让检测装置长期工作在弹性元件检测的上限值上，因此，选择这类仪表的量程一般要适当大些。

c. 根据工艺要求选择精度等级。工艺上对于控制的精度都有要求，检测装置的精度等级选择必须经过计算确定，可以选择等级高于计算值的仪表，如计算得到的允许相对误差为0.8%，应选择0.5级仪表，而不能选择1.0级仪表。

d. 考虑仪表的现状。在条件满足要求的前提下，最好选用使用较多的仪表，便于维护和替换。

（2）执行装置的选择

执行装置在化工生产中类型相对比较单一，多采用气动控制阀，在个别场合采用电动执行机构。执行装置的选择主要考虑执行装置的种类及执行装置的正反作用形式。

a. 执行装置类型的选择。如果采用液体、气体流量作为操纵变量，一般采用气动控制阀；采用固体流量作为操纵变量时，采用电动伺服执行机构。气动执行装置按照其执行装置的不同，有薄膜式和活塞式。现在随着变频调速技术的成熟，对于泵出口流量的控制执行装置，可以用变频器直接控制电动机的转速。

b. 流量特性的选择。根据对象的特性，合理选择执行装置的流量特性，可以校正被控对象的非线性，尽可能使广义对象近似成线性。

c. 执行装置材料的选择。由于执行装置与工艺介质直接接触，必须考虑到介质的性质，合理选择执行装置的材料。

d. 执行装置正反作用的选择。执行装置的正反作用是指控制信号增加后执行装置的开度变化情况，若控制信号增加，开度增大，操纵变量增加，为正作用。如气开阀为正作用，气关阀为负作用。气开、气关阀的选择主要考虑在断电或断气的故障状态下，执行装置的状态能够保证设备或工艺过程处于安全或节能状态或保证产品质量。如燃料或蒸汽流量控制阀一般采用气开阀，保证在故障状态阀门关闭，使设备不会因为高温而损坏。如图 12－22 和图 12－23 所示的控制系统，控制阀均采用气开阀。但如果不进行加热，设备内介质会出现凝固等状况时，蒸汽阀门就要采用气关阀。

二、典型控制系统

简单控制系统是工业生产中最主要采用的控制系统，但在工艺要求较高或控制对象特殊等情况下，单纯的简单控制系统不能够满足生产的要求，人们就要根据工艺的要求设置新的控制系统。最主要的控制系统包括串级控制系统、比值控制系统、前馈控制系统、均匀控制系统等。随着计算机用于生产控制，许多用常规控制仪表不可能实现的控制方法也得以实现，如自适应控制、多变量解耦控制等新型控制系统给生产带来了许多方便，大大提高了控制系统的控制质量。

（一）串级控制系统

1. 精馏塔中的串级控制系统

以精馏塔塔釜温度控制为例说明。精馏塔塔釜温度是保证提馏段产品分离纯度的重要指标，一般要求其稳定在一定数值上。通常采用改变加热蒸汽量的方法来克服各种扰动(如进料流量、温度以及组分等的变化)对温度的影响，保证塔釜温度的稳定。但是由于控制器的输出信号只是控制阀门的开度，蒸汽流量波动时使阀门前后的压差发生变化，在相同的开度下实际流入精馏塔的蒸汽量是不同的，而且精馏塔体积很大，温度对象滞后也大，当蒸汽流量变化较厉害时，就很难保证温度稳定在要求的设定值上。如果要求的温度指标很严格，采用前面提到的控制方案就很难达到控制要求。

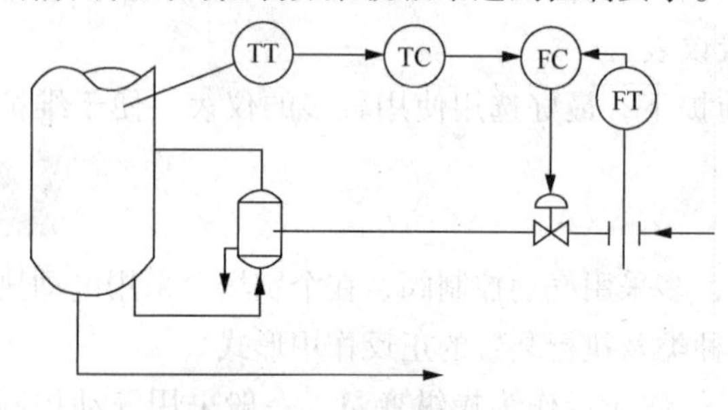

图 12－22　精馏塔塔釜温度与蒸汽流量串级控制系统

精馏塔的主要扰动是蒸汽流量的波动，因此可以将蒸汽的流量与温度控制器要求的实际流量进行比较，若流量不符合温度控制器的要求，就进行调整，即增加一个流量控制系统。把温度控制器的控制要求与流量的检测信号比较，只需在流量控制器内部比较单元内进行，也就是将温度控制器的输出信号作为流量控制器的给定值，如图 12－22 所示。这样就把温度控制器和流量控制器串联在一起，称为精馏塔塔釜温度与蒸汽流量的串级控制系统。因此，串级控制系统是指一个自动控制系统由两个串联控制器通过两个检测元件构成两个控制回路，并且一个控制器的输出作为另一个控制器的给定。

把温度控制器与流量控制器串联在一起，形成的串级控制系统能很好地克服蒸汽流量的扰动影响。

2. 串级控制系统的构成

串级控制系统应有两个控制器、两个检测变送器、一个执行器、两个被控对象，其方块图如图 12－23 所示。

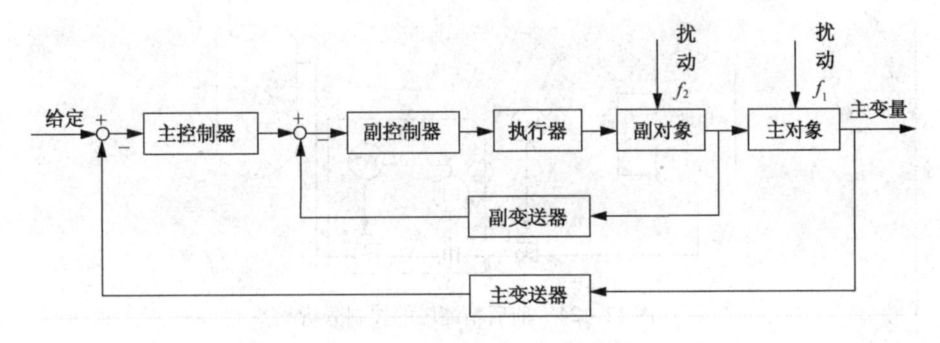

图 12－23　串级控制系统方块图

按照精馏塔塔釜温度与蒸汽流量的串级控制系统分析可知，串级控制系统有温度控制和流量控制两个控制回路，塔釜温度是工艺要求控制的变量，被称为主被控变量(主变量)，而蒸汽流量是为了控制塔釜温度这个主变量而引入的辅助变量，被称为辅助被控变量(副变量)。温度控制器为主控制器，流量控制器是按照蒸汽流量的检测值与温度控制器(主控制器)的输出值的偏差工作的，其输出直接操纵执行器，被称为副控制器。被塔釜温度(主变量)表征的工艺设备称为主对象，被蒸汽流量(副变量)表征的工艺设备称为副对象。检测塔釜温度(主变量)和蒸汽流量(副变量)的变送器分别称为主、副变送器。由副变送器、副控制器、执行器和副对象组成的控制回路被称为副回路，由主变送器、主控制器、副回路和主对象构成的回路被称为主回路。

由于引入副回路，不仅能迅速克服副回路干扰，而且对主对象的干扰也能迅速克服，即副回路具有先调、粗调、快调的特点。

3. 串级控制系统的特点

串级控制系统总体为定值控制系统，但副回路是随动控制系统。主控制器根据负荷和条件的变化不断调整副回路的设定值，使副回路适应不同的负荷和条件。串级控制系统概括起来有如下特点：

① 由于副回路的快速作用，对进入副回路的扰动能够快速克服，如果副回路未能快速克服而影响到主变量，还有主控制器的进一步控制，因此总的控制效果比单回路控制系统大大提高。

② 串级控制系统能改善对象的特征。由于副回路的存在，可使控制通道的滞后减小，提高主回路的调节质量。

串级控制系统主要应用在被控对象滞后较大、控制指标要求较高的场合。对于串级控制系统的设置应从副变量的选择，主、副控制器的控制规律和控制参数及正、反作用等几个方面来考虑。

(二) 均匀控制系统

1. 均匀控制系统应用场合

在生产过程中生产设备之间经常会紧密相连，变量相互影响。如在连续精馏过程中，甲塔的出料是乙塔的进料。精馏塔的塔釜液位与进料量都应保持平稳，这也就是说甲塔的液位应保持稳定，乙塔的进料流量也要稳定，按此要求如果分别设置液位控制系统和流量控制系统，如图 12－24 所示，当甲塔塔釜液位升高时，液位控制器要求阀门 1 开大，使乙塔进料量增加，流量控制器要求减小阀门 2 的开度，阻止进料的增加。显然这是相互矛盾的，无法使两个控制系统稳定。

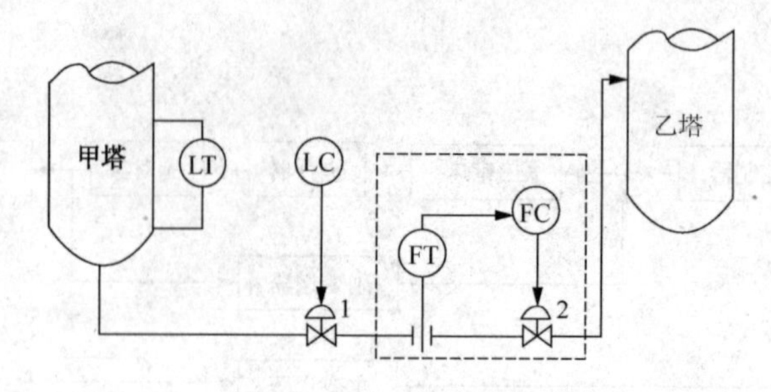

图 12－24　前后精馏塔的控制分析

由于进、出料是一对不可调和的矛盾，可以在两塔之间增加有一定容量的缓冲器，但除了要增加投资和占地面积外，对易产生自聚或分解的物料也是行不通的。另外的解决办法是相互做出让步，就是要使它们在物料的供求关系上均匀协调，统筹兼顾，即在有扰动时，两个变量都有变化，而且变化幅度协调，共同来克服扰动。为达到这一目的而设计的控制系统应具有以下特点：

① 扰动产生后，两个变量在过程控制中都是变化的。

② 两个变量在控制过程中的变化应是缓慢的(不急于克服某一变量的偏差)。

③ 两个变量的变化在允许的范围内，可以不是绝对平均，可以按照工艺分出主、次。

根据以上特点，只要对控制器的控制参数进行调整，延缓控制速度和力度即可。这种类型的控制系统称之为均匀控制系统。

2. 均匀控制系统的方案

常用的均匀控制系统有简单均匀和串级均匀两种。将图 12－24 中的两个控制系统去掉一个，如图 12－24 中去掉虚线的流量控制系统，然后调整其控制参数为大比例度、大积分时间。因此，简单均匀在结构上与简单控制系统一致。

图 12－25 为串级均匀控制系统，增加一个副回路的目的是为了消除控制阀前后的压力波动及对象自衡作用的影响。从结构上看与普通串级完全相同，区别也只是控制器参数的设置及控制目的不同，这也是判断是否为均匀控制系统的条件。

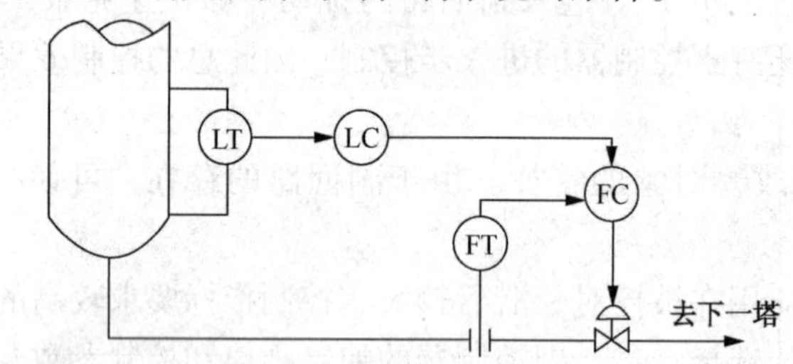

图 12－25　精馏塔塔釜液位与出口流量串级均匀控制系统

简单均匀控制系统的方块图如图 12－26 所示。显然使用了均匀控制系统以后，两个变量都在一定程度上变化，但兼顾了两个变量的要求。

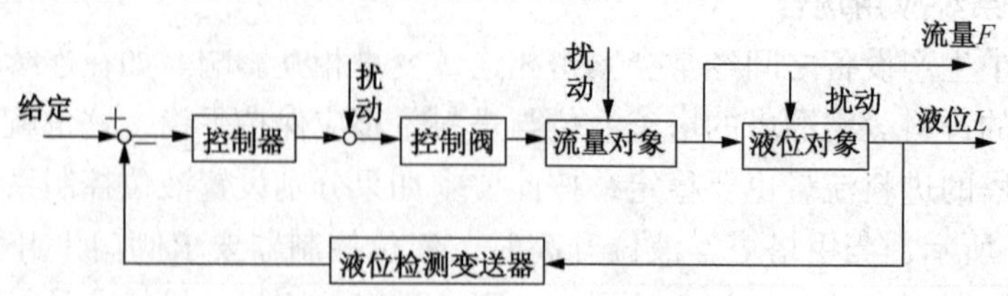

图 12－26　精馏塔简单均匀控制系统方块图

（三）比值控制系统

在化工生产过程中，常常遇到要求两种或两种以上的物料按照一定的比例混合或进行化学反应。一旦比例失调就会影响产品的质量和产量，甚至可能造成生产事故或发生危险。如氨合成反应中的氢气、氮气之比要求控制在3∶1，如果发生偏离就会使氨的产量下降，如果控制得好，波动范围从0.2%下降到0.05%，就能增产1%～2%。要保证几种物料成一定比例关系，一般地说应采用比值控制系统，也可以分别设置流量控制系统，使其与设定值成比例关系，但要求主动量的波动要小。

在比值控制方案中，要保持比值关系的两种物料必有一种处于主导地位，这种物料的流量称为主动量(以下用 F_1 表示)，其信号叫主动信号，如氨氧化反应中氨的流量。另一种物料的流量则随着主动流量按比例变化，这种物料流量叫从动量(以下用 F_2 表示)，其信号叫从动信号，如氨氧化反应中的空气的流量。主动量一般是对生产至关重要或较贵重或生产过程中不允许控制的。

这里主要介绍两种比值控制系统的类型。

1. 开环比值控制系统

开环比值控制系统是按照主动流量的检测值，通过比值控制器直接控制从动物料上的阀门开度，如图12－27所示。图中 F_1 为主动量，F_2 为从动量，FY表示比值运算器。当 F_1 发生变化时，通过比值控制器FY运算改变阀门开度，从而改变 F_2 的流量。这种控制方案的检测取自 F_1，控制作用信号送到 F_2，而 F_2 的流量不可能反过来影响到 F_1 的流量，因此是开环控制。

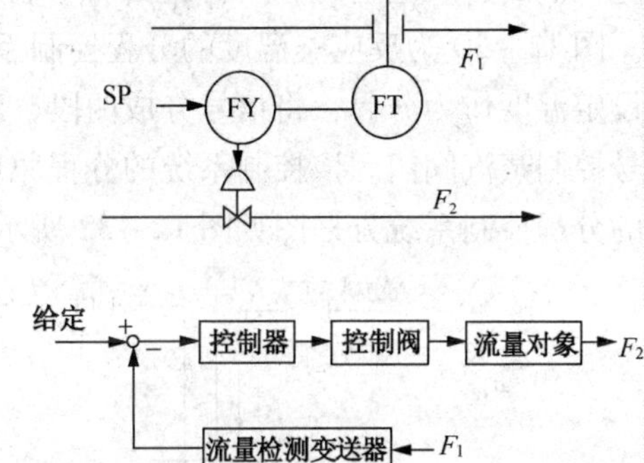

图12－27　开环比值控制系统及其方块图

开环比值控制系统的优点是需要的仪器少，系统结构简单，但由于没有形成闭环控制系统，比值控制器只能改变阀门的开度，却不能保证 F_2 的实际流量真正跟随 F_1 变化，所以开环比值系统应用的场合很少，主要用在从动量相对稳定的场合。

2. 单闭环比值控制系统

为了克服从动量的不稳定，在从动量上增加一个闭环控制回路。按照乘法控制实施方案或除法控制实施方案，把主动量的信号送给乘法器或除法器运算，结果作为从动量控制器的设定值或测量值。图12－28中分别为用乘法器和除法器实施的单闭环比值控制系统，图12－28(a)图 F_1Y 代表乘法器，(b)图中 F_1Y 代表除法器。

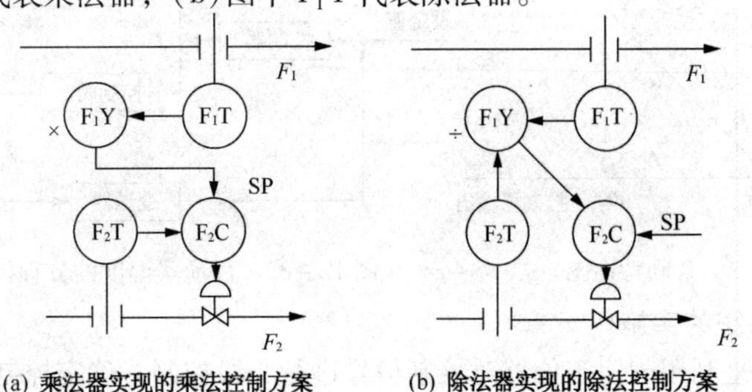

图12－28　单闭环比值控制系统

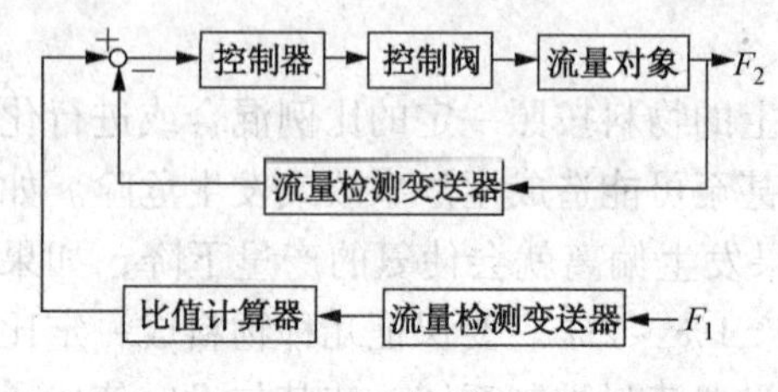

图 12－29　乘法控制方案方块图

无论是除法方案还是乘法方案，都能保证从动量跟随主动量变化。同时由于从动量的闭环控制保证了它的流量稳定在主动量的要求值上。这种控制方案实施方便，比值精确，应用最广泛。但由于主动量未加控制，所以总的流量不固定。图 12－29 为乘法控制方案方块图。

（四）分程控制系统

1. 分程控制系统的概念

一般情况下，一个控制器仅控制一个控制阀。在某些场合需要将一个控制器的输出分成两段或两段以上，分别控制两个或两个以上的控制阀，这种类型的控制系统称为分程控制系统。分程控制系统是通过阀门定位器或电一气阀门定位器来实现的，即将控制器的分段信号分别转换成 20～100kPa。

例如，反应釜的温度控制，反应器内物料配好以后，开始需要对反应器加热才能启动反应过程。随着反应进行，不停地放热，温度升高，又必须带走热量，以维持反应温度的稳定。图 12－30 为反应釜温度的分程控制系统。温度不同时控制器的输出信号也不同，将反应设定温度作为分界，将信号分成两段，温度高对应的信号控制冷却水阀门，温度低对应的信号控制蒸汽阀门。该控制系统的分程原理示意图及阀门动作见图 12－31 所示。反应釜温度的分程控制系统方框图见图 12－32 所示。

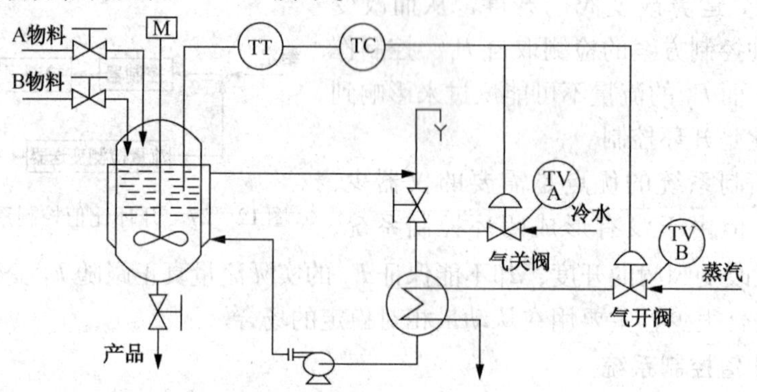

图 12－30　反应釜温度的分程控制系统

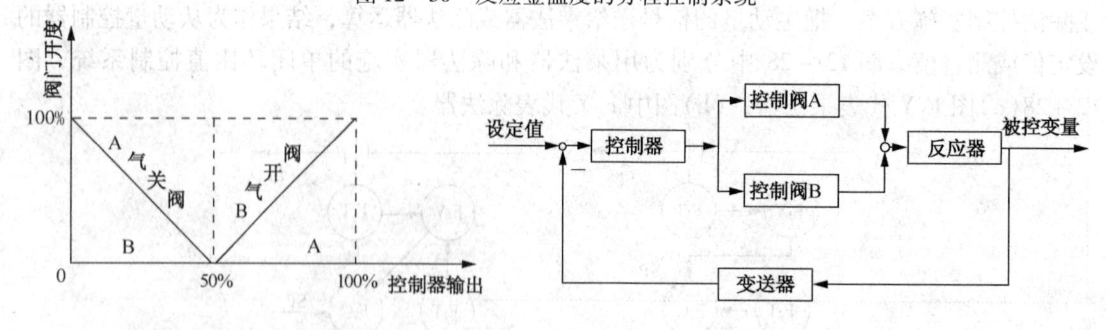

图 12－31　A、B 阀特性图

图 12－32　反应釜温度的分程控制系统方框图

2. 分程控制系统的实施

分程控制系统是利用阀门定位器对控制信号进行分段控制，确定控制阀的气开、气关形式和分程信号是分程控制信号的关键。

（1）控制阀气开、气关形式的选择

控制阀气开、气关形式的选择仍然依据简单控制系统中讨论的要求。由于分程控制系统是两个或两个以上的操纵变量，如果两个调节通道的正反特性相反时，两个阀门的开关形式选择相反。图12－30反应器温度控制中，冷剂和热剂流量对反应器温度影响相反，因此，选择阀门的开关形式相反。为了保证在故障状态，反应器不会因温度过高而出现危险，冷水阀门打开（气关阀），热剂阀门关闭（气开阀）。

（2）控制器作用方向判断

正确选择控制器的作用方向，保证控制系统的控制质量，同时也是控制信号分区的依据。用其中的一个控制阀及其对应的被控对象与测量变送器、控制器组成的单回路系统，按照“三反一正”和“三正一反”的原则进行判断。

图12－30所示的反应釜的温度分程控制系统中，冷水阀采用气关阀，为反作用；冷水量增加，反应器温度下降，该对象为反作用；测量变送器为正作用，控制器选择反作用。

控制器为反作用，则温度增加时，控制器输出信号减小。也就是说温度高时，输出信号小，此时冷水阀应动作，所以信号分段如图12－31所示。

反应釜温度的分程控制系统的组成方框图见图12－32。

（五）三冲量控制系统

所谓的“冲量”实质是指系统中的变量。为了提高控制系统的品质，往往要引入辅助冲量来构成多冲量控制系统，也就是引入系统中变量的检测值。

工业锅炉是工业生产中重要的动力设备，即使小型工业锅炉的蒸汽生产量也在10t/h以上，而锅炉的汽包体积并不大，当用户的蒸汽使用量等发生变化时，汽包的液位变化会很大。如果汽包的水位过低，很容易使水全部汽化而烧坏炉子，甚至有时可能引起爆炸；如果水位过高则会影响汽水分离效果使蒸汽带水，影响后面设备的安全。因此，汽包液位控制是非常重要的。

影响汽包液位的因素很多，最主要的有蒸汽负荷和给水流量的波动，由于蒸汽量是用户需要的而不可控，因此，选择给水流量作为液位控制的操纵变量，构成液位控制的单回路控制系统，即单冲量控制系统。

但如果蒸汽负荷变化较大，这种单参数的控制系统品质会很差，很容易产生危险，其主要原因是虚假液位。虚假液位的产生是由于当蒸汽负荷突然加大（用汽量增大）后，汽包压力突然降低，水会急速汽化，出现大量气泡，使水的体积似乎增大了很多，形成了“虚假液位”，液位检测装置的检测值会增大，控制器误认为液位很高而减小阀门的开度。结果是本应急需供水的汽包反而减少了供水量，势必会影响生产，甚至造成危险。造成这种情况的主要原因是蒸汽用量的波动，引入蒸汽流量这个变量作为前馈量，与原来的液位控制系统一起组成特殊的前馈—反馈控制系统，即形成锅炉二冲量控制系统。蒸汽流量信号通过加法器与液位信号叠加，虚假液位产生时，液位信号试图关小给水阀，而蒸汽信号要求加大阀门的开度，这样就可以克服虚假液位的影响。

为了提高控制质量，如果考虑到给水流量的波动，再引入给水流量的冲量，形成特殊的前馈—串级控制系统。图12－33为锅炉三冲量控制系统的原理图。

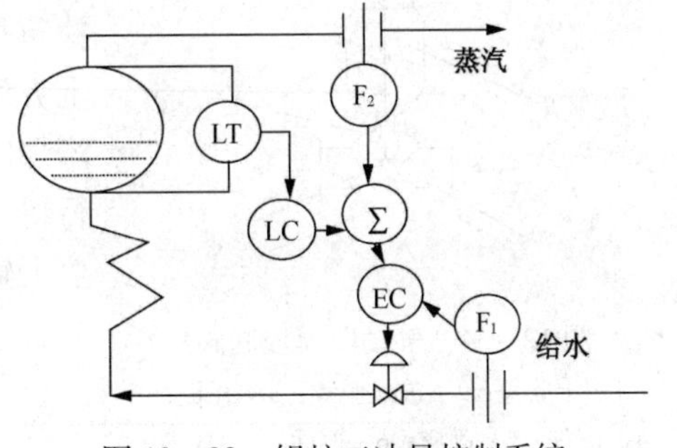

图12－33　锅炉三冲量控制系统

第四节　化工阀门

一、阀门的种类

1. 阀门的种类

执行器是自动控制系统中的一个重要组成部分，其作用是根据控制器输出的信号，直接控制能量或物料等操纵介质的输送量，达到控制温度、压力、流量、液位等工艺变量的目的。

由于执行器安装在生产现场，长年与生产介质直接接触，且往往工作在高温、高压、深冷、强腐蚀、易堵塞等恶劣条件下，因此，如果对执行器选择不当或维护不善，就会使整个控制系统不能可靠工作，或严重影响系统的控制质量。

根据使用的能源种类，执行器可分为气动、电动和液动三种。其中气动执行器以压缩空气为能源，具有结构简单、工作可靠、价格便宜、防火防爆等优点，在自动控制中用得较多。

2. 气动薄膜控制阀的结构及工作原理

气动薄膜控制阀由执行机构和调节机构两部分组成。执行机构将控制器(或转换器或阀门定位器)的输出信号(0.02～0.10MPa)转换成直线位移或角位移，两者之间为比例关系；调节机构则将执行机构输出的直线位移或角位移转换为流通截面积的变化，从而改变操纵变量的大小。

执行机构有薄膜式(有弹簧和无弹簧)、活塞式和长行程式三种类型。其中薄膜式和活塞式输出直线位移，长行程式输出转角位移(0°～90°)。活塞式输出推力大，常用于高静压、高压差和需较大推力的场合；长行程式输出的行程长、转矩大，适用于转角的蝶阀、风门等。薄膜式执行机构具有结构简单、动作可靠、维修方便、价格便宜等特点，所以使用最为广泛。

薄膜式执行器也称为气动薄膜控制阀，其结构示意图如图 12－34 所示(有弹簧)。当压力信号引入薄膜气室后，在波纹膜片 2 上产生推动力，使阀杆 8 产生位移，直至弹簧 9 被压缩产生的反作用力与压力信号在膜片上产生的推力相平衡为止。阀杆的位移就是气动薄膜执行机构的行程。

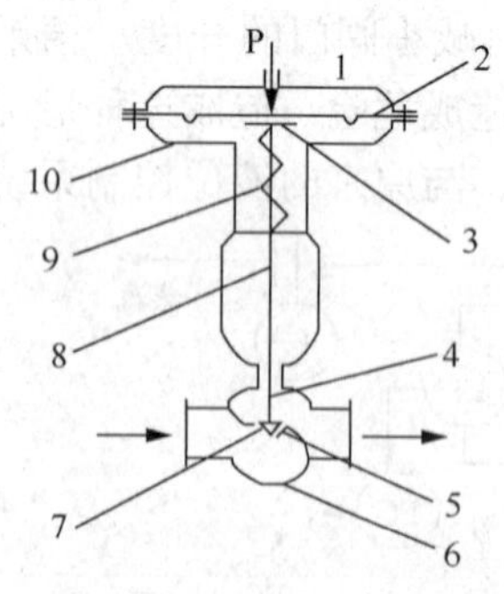

图 12－34　气动薄膜控制阀

1—上膜盖；2—波纹膜片；3—托板；4—阀杆；5—阀座；6—阀体；7—阀芯；8—推杆；9—平衡弹簧；10—下膜盖

气动执行机构按作用方式分类可分为正作用式和反作用式。当压力信号增加时，阀杆向下移动称为正作用执行机构，正作用执行机构的压力信号是通入波纹膜片上方气室，图 12－34 是正作用执行机构；当压力信号增加时，阀杆向上移动称为反作用执行机构，反作用执行机构的压力信号是通入波纹膜片下方气室，即在下膜盖上输入信号。

二、调节机构介绍

调节机构的类型包括直通阀(单座式如图 12－35 和双座式图 12－36)、角阀(图 12－37)、三通阀(图 12－38)、隔膜阀(图 12－39)、蝶阀(图 12－40)、高压阀、偏心旋转阀和套筒阀等。直通阀和角阀供一般情况下使用，其中直通单座阀适用于要求泄漏量小的场合；直通双座阀适用于压差大、口径大的场合，但其泄漏量要比单座阀大；而角阀适用于高压差、高黏度、含悬浮物或颗粒状物质的场合。三通阀适用于需要分流或合流控制的场合，其效果比两个直通阀要好；蝶阀适用于大流量、低压差的气体介质，而隔膜阀则适用于有腐蚀性的介质。总之，调节机构的选择应根据不同的使用要求而定。

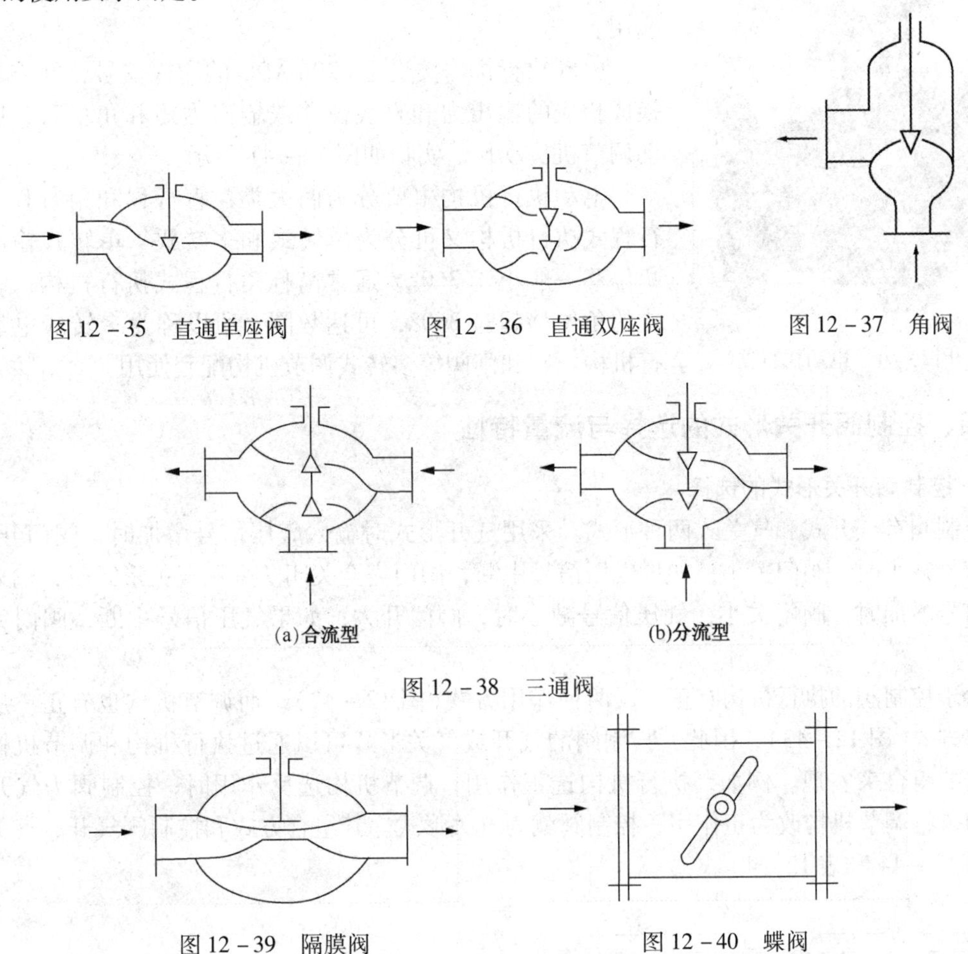

图 12－35　直通单座阀

图 12－36　直通双座阀

图 12－37　角阀

图 12－38　三通阀

图 12－39　隔膜阀

图 12－40　蝶阀

三、执行机构介绍

1. 气动执行机构

气动执行器采用气动执行机构。气动执行器具有结构简单、动作可靠稳定、输出力大、安装维修方便、价格便宜和防火防爆等优点，在工业生产中被广泛应用，特别是在石油、化工等生产过程。

气动执行机构接受电/气转换器(或电/气阀门定位器)输出的气压信号，并将其转换成相应的推杆直线位移，以推动调节机构动作。

气动执行机构有薄膜式、活塞式和长行程式三种类型。

执行机构有正作用和反作用两种作用方式。输入信号增加，执行机构推杆向下运动，称为正作用；输入信号增加，执行机构推杆向上运动，称为反作用。

2. 电动执行机构

电动执行器(图 12－41)采用电动执行机构。电动执行器具有动作较快、适于远距离的信号传送、能源获取方便等优点；其缺点是价格较贵，一般只适用于防爆要求不高的场合。但由于其使用方便，特别是智能式电动执行机构的面世，使得电动执行器在工业生产中得到越来越广泛的应用。

电动执行机构接受 4～20mADC 的输入信号，并将其转换成相应的输出力和直线位移或输出力矩和角位移，以推动调节机构动作。实物如图 12－41 所示。

电动执行机构主要分为两大类：直行程和角行程。角行程式执行机构又可分为单转式和多转式。单转式输出的角位移一般小于 360°，通常简称角行程式执行机构；多转式的角位移超过 360°，可达数圈，所以称为多转式电动执行机构，它和闸阀等多转式调节机构配套使用。

图 12－41　电动执行器

四、控制阀开关形式的选择与流量特性

1. 控制阀开关形式的选择

控制阀有气开式和气关式两种形式。采用气开形式时输入气压信号增加时，阀门开大；气压信号减小时，阀门关小；如果气压信号中断，阀门完全关闭。采用气关形式时，输入的气压信号增加时，阀门关小；气压信号减小时，阀门开大；如果气压信号中断，阀门完全打开。

由于控制阀的执行机构有正、反两种作用方式(图 12－42)，而调节机构也有正、反两种安装方式(图 12－43)，因此，控制阀的气开或气关形式可以通过执行机构和调节机构不同方式的组合来实现。例如，执行机构选正作用，调节机构选反作用时，控制阀为气开形式；如果将调节机构改为正作用，控制阀就为气关形式。其组合方式和控制阀气开、气关形式见图 12－44 和表 12－4。

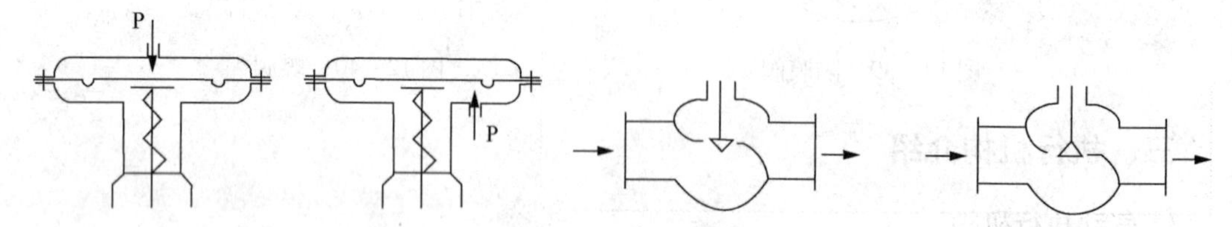

图 12－42　执行机构的正、反两种作用方式　　图 12－43　调节机构的正、反两种安装方式

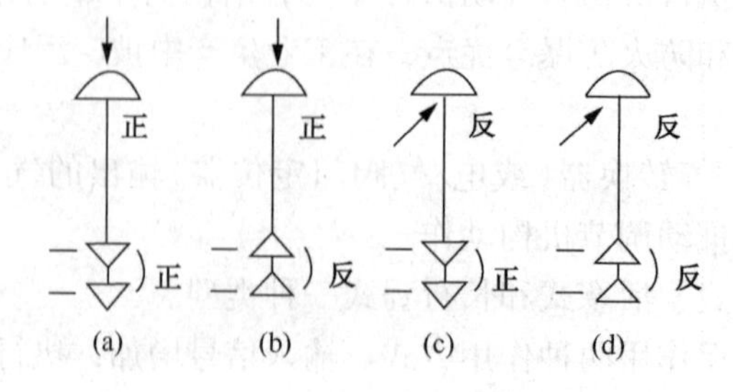

图 12－44　组合方式图

表 12-4 组合方式表

序号	执行机构	调节机构	气动执行器	序号	执行机构	调节机构	气动执行器
(a)	正	正	气关	(c)	反	正	气开
(b)	正	反	气开	(d)	反	反	气关

气开形式或气关形式的选择首先要从工艺生产上的安全要求出发，考虑的原则是信号压力中断时应保证操作人员和设备的安全。如果控制阀处于打开位置时危害性小，则应选用气关阀，以使气源系统发生故障中断时阀门自动打开，保证安全。反之控制阀处于关闭位置时危害性小，则应选用气开阀。例如，装在燃料油或燃料气喷嘴前的控制阀往往采用气开形式，这样一旦信号中断便切断燃料。又如锅炉供水的控制阀通常采用气关形式，以保证在信号中断后不致将锅炉汽包烧坏。

其次，要从保证产品质量出发，使在信号压力中断时不降低产品的质量。例如，精馏塔回流量的控制阀常采用气关形式，这样一旦发生事故，控制阀完全打开，使生产处于全回流状态，从而防止了不合格产品输出。

另外，还可以从降低原料、动力损耗、介质的特点等方面来考虑。

2. 控制阀的流量特性

控制阀的流量特性指的是介质流过阀门的相对流量与阀杆相对行程之间的关系，即：

$$\frac{Q}{Q_{\max}} = f\left(\frac{l}{L}\right) \tag{12-9}$$

式中 $\frac{Q}{Q_{\max}}$——相对流量，即控制阀某一开度流量与阀门全开时的流量之比；

$\frac{l}{L}$——相对开度，即控制阀某一开度行程与阀门全开时的行程之比。

流过阀门的流量不仅与阀杆行程有关，也与阀门前后的压差有关。制造商提供的是具有理想流量特性的控制阀，即阀门前后压差固定条件下的流量特性。

常用的理想流量特性有直线型、对数型和快开型三种。

(1) 直线型

直线流量特性是指控制阀的相对流量与阀杆的相对行程成线性关系，即单位行程变化引起的流量变化是常数。其数学表达式为：

$$\frac{\mathrm{d}\left(\frac{Q}{Q_{\max}}\right)}{\mathrm{d}\left(\frac{l}{\mathrm{L}}\right)} = K \tag{12-10}$$

式中，K 为常数，即控制阀的放大倍数。

将式(12-10)积分，并代入边界条件可得到：

$$\frac{Q}{Q_{\max}} = \frac{1}{R} + \left(1 - \frac{1}{R}\right)\frac{l}{L} \tag{12-11}$$

式中，R 为控制阀的可调比(最大流量与最小流量之比)，一般为 30。

具有这种流量特性的控制阀，流量的相对变化量与阀门开度变化时的阀杆位置有关。在小开度时流量相对变化值大，灵敏度高，不易控制；而在大开度时流量相对变化值较小，使控制不够及时。

(2) 对数型(等百分比型)

对数流量特性是指单位相对行程变化引起的相对流量变化与此点的相对流量成正比关系，即控制阀的放大系数是变化的，随流量的增加而增大。其数学表达式为：

$$\frac{\mathrm{d}\left(\frac{Q}{Q_{\max}}\right)}{\mathrm{d}\left(\frac{l}{\mathrm{L}}\right)} = K\left(\frac{Q}{Q_{\max}}\right) \tag{12-12}$$

具有这种流量特性的控制阀流量的相对变化量是相等的，即流量变化是等百分比的。因此，在小开度时控制阀的放大系数较小，可以平稳缓和地进行调节。而在大开度时，控制阀的放大系数也较大，使调节灵敏有效。

(3) 快开型

具有这种流量特性的控制阀，在阀门开度较小时就有较大的流量，随着阀门开度的增加，流量很快就接近最大值；此后再增加阀门开度，流量的变化甚小，故称为快开型。快开特性控制阀适用于要求迅速开闭的切断阀或双位控制系统。

图 12-45 中给出以上三种流量特性的曲线。当控制阀安装在管路中时，由于控制阀的开度变化引起管路阻力变化，从而控制阀上的压降也发生相应的变化，工作状态下的控制阀流量特性称为工作流量特性。

如图 12-46 所示，控制阀与管路串联，控制阀开度增加后管路中的流量增加，从而引起管路压降 ΔP_{F} 增加，控制阀上的压降 ΔP_{V} 下降，使流量特性偏离理想的流量特性，畸变程度与压降比 S 有关。S 的定义为：

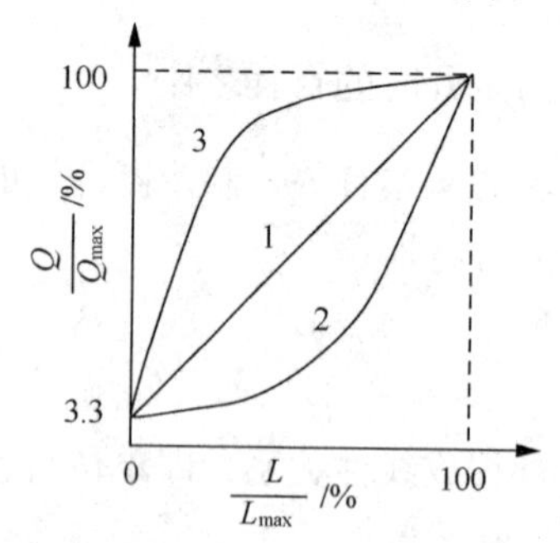

图 12-45 控制阀理想流量特性

1—线性型；2—对数型；3—快开型

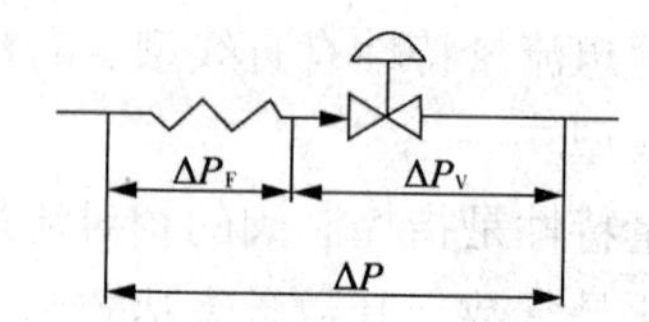

图 12-46 控制阀与管路串联连接示意图

$$S = \frac{(\Delta P_{\mathrm{V}})_n}{\Delta P} = \frac{(\Delta P_{\mathrm{V}})_n}{(\Delta P_{\mathrm{V}})_n + (\Delta P_{\mathrm{F}})_m} \tag{12-13}$$

式中 $(\Delta P_{\mathrm{V}})_n$ ——控制阀全开时阀上的压降，kPa；

$(\Delta P_{\mathrm{F}})_m$ ——控制阀全开时管路上的总压力损失(控制阀除外)，kPa

工作流量特性畸变趋势，如图 12-47 所示，从图 12-47 可以看出，在 $S=1$ 时管道阻力损失为零，系统的总压差全部落在控制阀上，实际工作特性与理想特性是一致的。随着 S 的减小，管道阻力损失增加，不仅控制阀全开时的流量减小，而且流量特性也发生很大畸变，S 越小时流量特性畸变得越厉害。直线特性趋近于快开特性，对数特性趋近于直线特性。

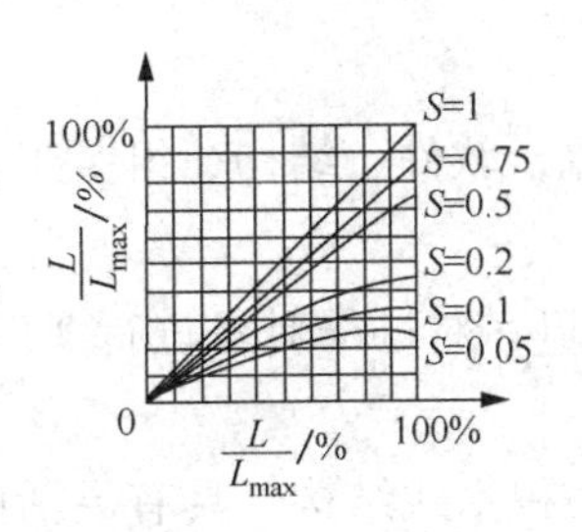

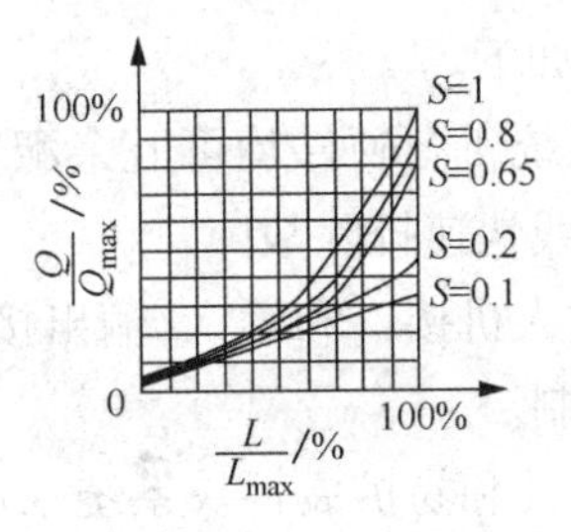

图 12－47　串联管道时控制阀的工作流量特性

目前应用最多的流量特性是直线流量特性和对数流量特性，因此控制阀流量特性的选择就是在这两种之间进行选择。主要从以下两个方面考虑：

① 从静态考虑选择控制阀的理想流量特性原则是希望控制系统的广义对象是线性的，即当工况发生变化，如负荷变动、阀前压力变化或设定值变动时，广义对象的特性基本不变，这样才能使整定后的控制器参数在经常遇到的工作区域内都适应，以保证控制质量。如果当工况发生变化后，广义对象的特性有变化，由于不可能随时修改常规控制器的参数，控制质量将会下降。

在生产过程中，有些控制对象和测量变送环节的特性可能发生变化。由于控制阀也是广义对象中的一部分，其又有不同的流量特性可供选择，因此，可以根据不同的对象特性选择不同的流量特性，使控制阀在控制对象或测量变送环节的特性发生变化时，起到一个校正环节的作用。

② 从配管情况（S 值的大小）角度选择理想流量特性。实际生产过程中，控制阀大部分与管路串联连接，因此，可采用系统的压降比 S 确定理想流量特性。经验选择法见表12－5。

表 12－5　根据压降比 S 确定控制阀理想流量特性

压降比 S	$S>0.6$			$0.6>S>0.3$		
工作流量特性	直线	等百分比	快开	直线	等百分比	快开
理想流量特性	直线	等百分比	快开	等百分比	等百分比	直线

从表 12－5 可见，压降比 S 大于 0.6 时，选择的理想流量特性与工作流量特性相同；压降比在 0.3～0.6 范围内，由于工作流量特性畸变较严重，因此，工作流量特性是线性时应选择理想流量特性是对数流量特性。当压降比 S 小于 0.3 时，由于畸变特别严重，不宜采用普通控制阀。

第五节　集散控制系统

集散控制系统是 20 世纪 70 年代中期发展起来的、以微处理器为基础的、实行集中管理、分散控制的计算机控制系统。由于该系统在发展初期以实行分散控制为主，因此又称为分散型控制系统或分布式控制系统（DistributedControlSystem，DCS），简称为集散系统或 DCS。

集散控制系统是计算机技术、控制技术和通信技术发展到一定阶段的产物，既有对生产装置的分散控制，又实现了管理上的集中统一，这样减少了用一台计算机进行集中控制的危险性，同时充分利用计算机控制的记忆、判断、通信和控制规律多样性等优点，便于操作和统一的管理。总之，集散控制系统的出现使生产过程控制过渡到一个新的阶段。

DCS 的主要特点如下。

① 可靠性高。系统所有硬件均可冗余配置；软件、结构、组装工艺设计可靠；系统的抗干扰能力强；能在线快速排除故障。

② 实时性。通过人机接口和输入/输出接口，对过程对象进行实时采集、处理、分析、记录、监视、操作控制。

③ 适应性、灵活性和易扩展性。系统采用积木式结构，具有灵活的配置，可适应不同用户各种大小不等的系统规模要求，对组态进行修改可改变控制方案。

④界面友好性。DCS 系统软件是面向工业控制技术人员和生产操作人员的，其使用界面与之相适应。

一、DCS 系统的构成

集散控制系统的组成包括现场监控站(监测站和控制站)、操作站(操作员站和工程师站)、上位机和通信网络等部分，如图 12－48 所示。

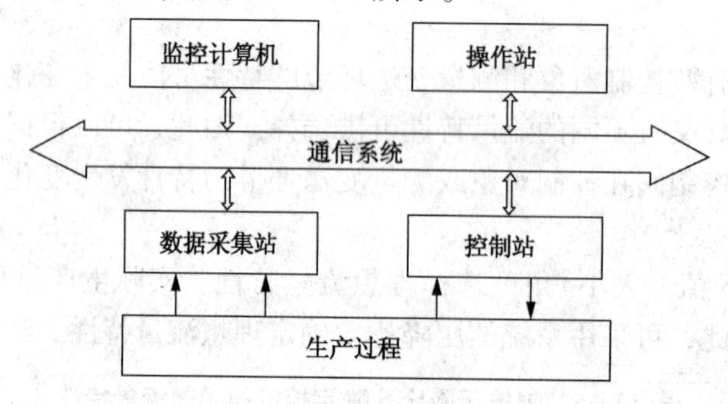

图 12－48　集散控制系统基本构成图

现场监测站直接与生产过程相连接，实现对过程非控制变量进行数据采集。它完成数据采集和预处理，并对实时数据进一步加工，为操作站提供数据，实现对过程变量和状态的监视和打印，实现开环监视，或为控制回路运算提供辅助数据和信息。

现场控制站也直接与生产过程相连接，它的功能比现场监测站更强，不仅要对控制变量进行检测、处理，还要输出控制信号驱动现场的执行机构，自主实现生产过程的闭环控制。

操作员站简称操作站，是操作人员进行过程监视、过程控制操作的主要设备。操作站提供良好的人机交互界面，用以实现集中显示、集中操作和集中管理等功能。

工程师站主要用于对 DCS 进行离线的组态工作和在线的系统监督、控制与维护。工程师能够借助组态软件对系统进行离线组态，并在 DCS 在线运行时实时地监视 DCS 网络上各站的运行情况。

上位计算机用于全系统的信息管理和优化控制。

通信网络是集散控制系统的中枢，它连接 DCS 的监测站和控制站、操作站、工程师站、上位计算机等部分，完成各部分之间的数据、指令及其他信息的传递，进行数据和信息共享，从而实现整个系统协调一致地工作。

可见，操作站、工程师站和上位计算机构成集中管理部分；现场监测站、现场控制站构成分散控制部分；通信网络是连接集散系统各部分的纽带，是实现集中管理、分散控制的关键。

二、控制站及其与现场的连接

1. 控制站的主要功能

DCS 控制站的功能十分丰富，下面简单列举两条。

① 取代二次表，完成控制、显示、记录功能。DCS 控制系统中设置了许多运算模块，可以完成大多数的运算要求。除各种 PID 运算，加、减、乘、除、开方等运算外，还具有完成积算、温压补偿、前馈补偿、比值运算等的专用模块。只要是模拟仪表具有的功能，都可以由软件来实现。

② 扩展了模拟仪表的功能。在 DCS 中有许多模拟控制无法实现或实现非常困难的功能，通过编程可以很容易实现各种新型控制系统。

2. 控制站的构成

控制站是一个可独立运行的计算机监测和控制系统，包含了机柜、电源、输入/输出(I/O)通道和控制计算机等部分。

① 机柜控制站的所有设备都是按照一定的规则安放在机柜内的。机柜采用金属多层机架式结构，如图 12－48 所示，每层设置许多卡件槽，用以安装各种卡件。为了散热在机柜内安装散热电扇，控制室内安装空调。

② 电源电源采用冗余配置，它是具有效率高、稳定性好、无干扰的交流供电系统。柜内直流稳压电源的电压一般有 5V、±12V(±15V)、±24V 等。根据生产的需要，还有不间断电源(UPS)对其供电。

③ 控制计算机主要由 CPU，存储器、总线 I/O 通道等基本单元组成。I/O 通道包括有模拟量 I/O 通道、开关量(数字量)I/O 通道及脉冲量输入通道等几种。

模拟量输入通道(AI)所接入的信号是生产过程中各种连续的物理量(如温度、压力、流量、液位等)，输入的电信号一般有热电阻或热电偶产生的毫伏级电压信号、标准电流信号(4～20mA)、1～5V 标准电压信号。

模拟量输入通道一般由端子板、信号调理器、A/D 模板及柜内连接电缆等构成。

模拟量输出通道(AO)一般输出连续的 4～20mA 直流电流信号，用来控制各种电动执行机构的行程，或通过调速装置(如变频调速器)控制电机的转速。

模拟量输出通道一般由 D/A 模板、输出端子板及柜内连接电缆构成。

开关量输入通道(DI)输入各种限位开关、继电器或电磁阀联动触点的开关状态，输入信号可以是交流电压信号、直流电压信号。

开关量输入通道一般由端子板、DI 模板及柜内连接电缆等构成。

开关量输出通道(DO)用于控制电磁阀、继电器、指示灯、报警器等仅仅具有开、关两种状态的设备。

开关量输出通道一般由端子板、DO 模板及柜内连接电缆等构成。

脉冲量输入通道(PI)接受现场仪表如涡轮流量计、转速表等输出的脉冲信号，它由端子板、PI 模板及柜内连接电缆等构成。

每个站至少应有一个 CPU 单元、一个电源单元和一个通信单元，输入输出 I/O 单元的个数根据工艺过程配置，但不能超过规定的个数。

在实际使用中为了提高控制安全，对于卡件、通信总线等都采用冗余配置。所谓的冗余是指对于关键的部件或设备配备了并联的备份模件，采用在线并联或离线热备份工作方式，当工作主模件出现故障时，备份模件可以立即接替主模件的全部工作，并且故障模件可在系统正常运行的情况下在线进行拆换。冗余措施应用于DCS控制系统的多种场合，包括通信总线、操作员站、各种控制卡件等。

图12-49为一对一的设备连接，即不同的回路与DCS系统的输入输出接口之间为一对一的物理连接。

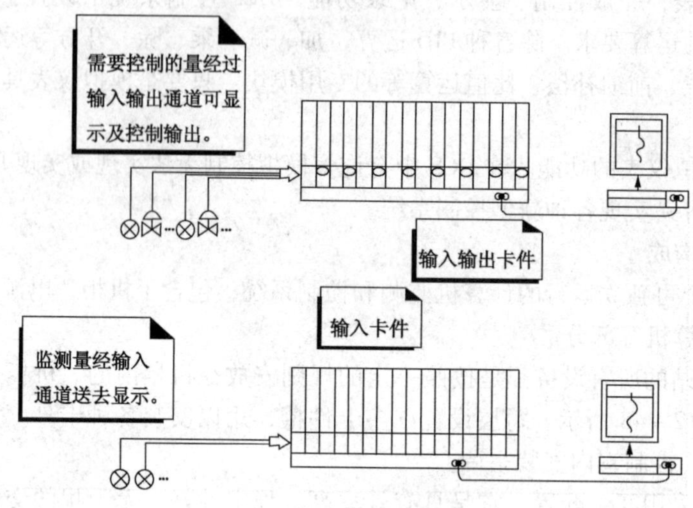

图12-49　信号连接图

三、操作站及其功能

操作站是操作人员和管理人员进行过程监视、工艺控制操作、系统在线组态修改的主要设备，它为操作人员和系统提供了完整的人机接口，用以实现集中显示、操作和管理功能。DCS控制系统的操作员站由以下几个部分组成：操作台、处理机系统、存储设备、显示设备、操作员键盘和打印设备等。

一般DCS控制系统的操作站是操作员与DCS系统的接口。通过操作站操作员可以监视生产过程，利用专用键盘或触摸屏对生产过程进行各种操作，自动完成各种生产报表。

在DCS中为了使操作员便于操作，控制系统以仪表图的形式进行显示。不同的DCS系统有些区别，CENTUM-CS中的连续量显示仪表图如图12-50所示。

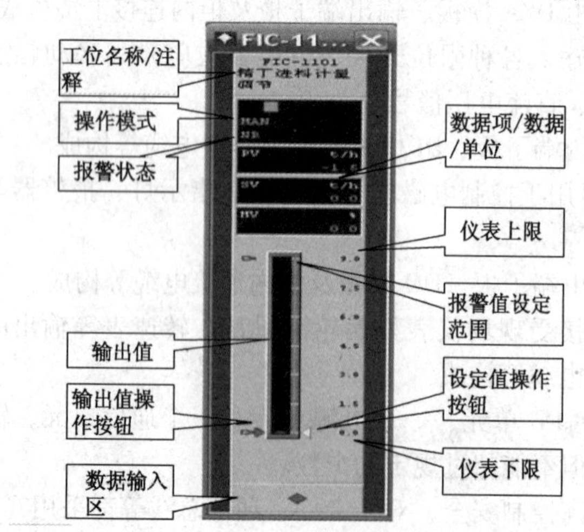

图12-50　CENTUM-CS PID仪表画面

DCS 系统一般提供以下显示画面：

① 综观显示画面其作用是把反馈控制系统、顺序控制系统、各种操作画面定义在一个个显示块中，以便了解过程系统的综合概貌。

② 分组显示画面每页可以显示 8 个工位号的仪表图，并对应显示过程控制的测量值 PV、设定值 SV、输出值 MV，可以对其进行调整。

③ 调整画面主要用以显示一个工位号反馈控制的内部仪表或顺序控制的顺序元素的各种设定参数、控制参数、3 点调整趋势图和仪表图。

④ 趋势组画面用不同的颜色和线型显示 8 个工位号的趋势图。

⑤ 趋势点画面显示趋势组画面中某一个数据项，如图 12 – 51 所示。

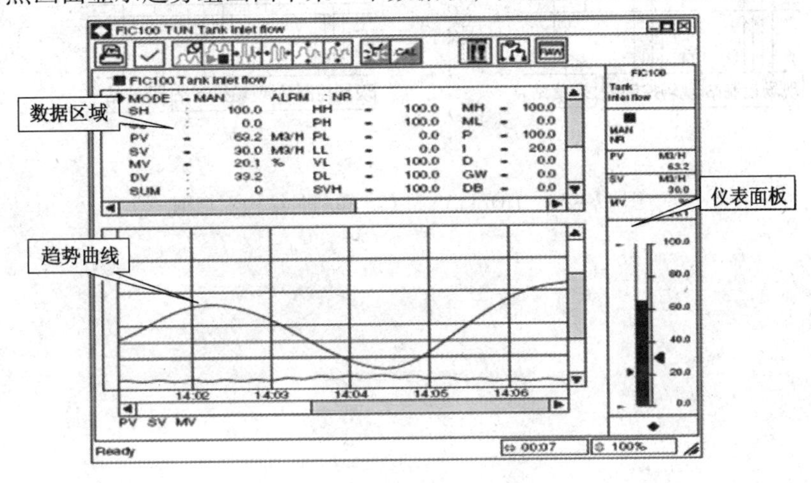

图 12 – 51　CENTUM – CS 趋势画面

⑥ 流程图画面可以用图形、颜色和数据，将设备和控制系统图案化，以满足用户监视和操作的要求。

⑦ 报警概要画面按报警发生的顺序，依次在主显示区显示 20 个报警信息。

四、DCS 体系

经过 30 多年的发展，集散控制系统的结构不断更新。DCS 的层次化体系结构已成为它的显著特征，使之充分体现集散控制系统集中管理、分散控制的思想。若按照功能划分，集散控制系统分成以下四层分层体系结构，如图 12 – 52所示。直接控制级主要完成控制监视站的功能，而其他三级为管理级，只是功能更加丰富，将办公自动化与企业管理自动化等方面的内容也引入到集散控制系统中，便于企业的经营管理与控制。但一般企业大都只是用到过程管理和直接控制级，经营管理级则更少使用。

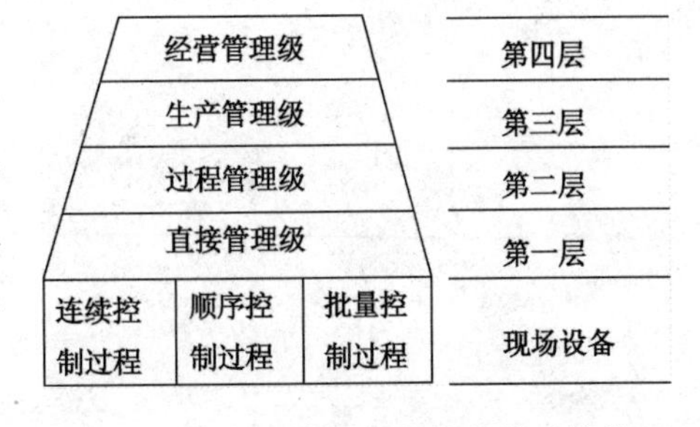

图 12 – 52　集散控制系统的体系结构

图 12 – 53 给出了生产过程现场控制与更高层管理网络之间的联系。通过现场总线，不仅实现了现场通信设备之间的信息共享，同时又将现场运行的信息送到远离现场的控制室，并进一步实现了与操作终端、上层管理网的连接和信息共享。

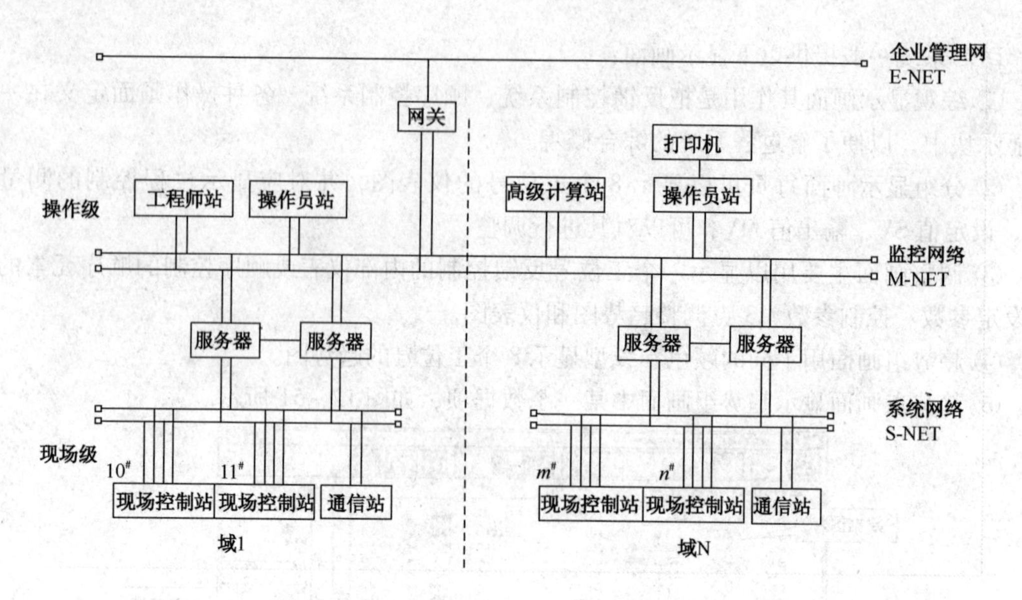

图 12－53　HOLLiAS MACS 和利时结构示意图

参 考 文 献

1 王松汉，何细藕．乙烯工艺与技术．北京：中国石化出版社，2000.
2 中国石油化工集团公司职业技能鉴定指导中心．乙烯装置操作工．北京：中国石化出版社，2006.
3 中国石油化工集团公司职业技能鉴定指导中心．甲醇装置操作工．北京：中国石化出版社，2006.
4 王焕梅．有机化工生产技术．北京：高等教育出版社，2007.
5 侯侠．煤化工生产技术．北京：中国石化出版社，2012.
6 中国石油化工集团公司职业技能鉴定指导中心．重整装置操作工．北京：中国石化出版社，2006.
7 赵锦全．化工过程及设备．北京：化学工业出版社，1998.
8 罗杰．石油化工机器．北京：中国石化出版社，1993.
9 郑智宏．煤化工生产基础知识．北京：化学工业出版社，2006
10 马祥麟．石油化工装置仿真实训．北京：中国石化出版社，2006.
11 王松汉，乙烯装置技术与运行．北京：中国石化出版社，2009.
12 沈本贤．石油炼制工艺学．北京：中国石化出版社，2009.
13 中国石油化工集团公司职业技能鉴定指导中心．聚丙烯装置操作工．北京：中国石化出版社，2006.
14 中国石油化工集团公司职业技能鉴定指导中心．常减压装置操作工．北京：中国石化出版社，2006.
15 贺天华，高凯．酸生产装置操作工．北京：化学工业出版社，2003.

参 考 文 献